U0223827

中国地震年鉴

CHINA EARTHQUAKE YEARBOOK

2011

地震出版社

图书在版编目（CIP）数据

中国地震年鉴．2011／《中国地震年鉴》编辑部编．—北京：地震出版社，2022.12
ISBN 978-7-5028-5481-2
Ⅰ．①中…　Ⅱ．①中…　Ⅲ．①地震-中国-2011-年鉴　Ⅳ．①P316.2-54

中国版本图书馆 CIP 数据核字（2022）第 145854 号

地震版　XM5293/P(6293)

中国地震年鉴（2011）
《中国地震年鉴》编辑部　编

责任编辑：刘素剑　郭贵娟
特约编辑：董　青　李玉梅
责任校对：凌　樱

出版发行：地震出版社
北京市海淀区民族大学南路 9 号　　邮编：100081
发行部：68423031　68467993　　传真：68467991
总编办：68462709　68423029
编辑室：68467982
http://seismologicalpress.com
E-mail：dz_press@163.com
经销：全国各地新华书店
印刷：北京广达印刷有限公司

版（印）次：2022 年 12 月第一版　2022 年 12 月第一次印刷
开本：787×1092　1/16
字数：609 千字
印张：25
书号：ISBN 978-7-5028-5481-2
定价：198.00 元

《中国地震年鉴》编辑委员会

《中国地震年鉴》编辑部

2011年12月7日，中国地震局与广东省人民政府在广州举行共同推进珠江三角洲地区防震减灾工作合作协议签字仪式

（广东省地震局　提供）

2011年8月31日，中国地震局党组书记、局长陈建民（左四），云南省委副书记、省长李纪恒（中）会见云南省地震局党组全体成员

（云南省地震局　提供）

2011年7月28日，中国地震局党组书记、局长陈建民（左）出席国家防震减灾科普教育示范基地揭牌仪式

（河北省地震局　提供）

2011年6月29日，中国地震局党组书记、局长陈建民（右二）听取甘肃省地震局工作汇报

（甘肃省地震局　提供）

2011年1月19日，中国地震局党组成员、副局长刘玉辰（主席台左二）出席安徽省地震局领导班子任职宣布大会

（安徽省地震局　提供）

2011年5月31日，中国地震局党组成员、副局长赵和平（左三）考察兰州国家搜寻与救护基地建设

（甘肃省地震局　提供）

2011年11月23—29日，中国地震局党组成员、副局长修济刚（右五）赴湖南省地震局调研防震减灾工作

（湖南省地震局　提供）

2011年1月4—7日，中国地震局党组成员、纪检组组长张友民（左三）赴重庆市地震局考核党风廉政建设责任制落实情况，并对地震台站干部职工进行春节慰问

（重庆市地震局　提供）

2011年1月28日，中国地震局党组成员、副局长阴朝民（右四）赴天津市地震局调研防震减灾工作

（天津市地震局　提供）

2011年5月6日，北京市地震局举办“5·12”防灾减灾日北京市防震减灾工作集体采访暨《汶川大地震冲击波》赠书活动

（北京市地震局　提供）

2011年3月30日，天津市人民政府召开天津市2011年度防震减灾工作会议

（天津市地震局　提供）

2011年5月12日，河北省邯郸市地震局开展“5·12”防灾减灾日大型宣传活动

（河北省地震局　提供）

2011年10月18日，黑龙江省第十一届人民代表大会常务委员会第二十八次会议审议《黑龙江省防震减灾条例（草案）》

（黑龙江省地震局　提供）

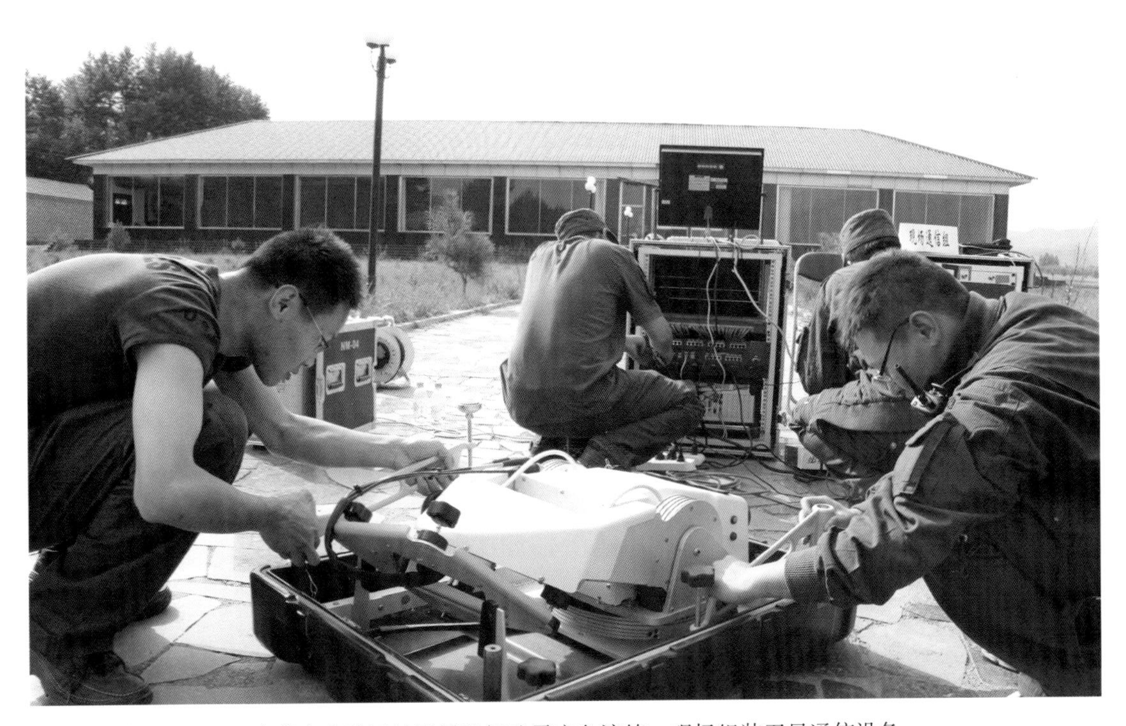

2011年9月15日，内蒙古自治区地震局组织地震应急演练，现场组装卫星通信设备

（内蒙古自治区地震局　提供）

2011年5月15日，山东省菏泽市开展地震应急救援演练

（山东省地震局　提供）

2011年3月11日，上海市地震局积极应对“3·11”日本大地震影响

（上海市地震局　提供）

2011年5月10日，重庆市地震局、重庆科技馆联合重庆市地震应急救援队、西南大学、重庆师范大学共同举办防震减灾科普知识竞赛

（重庆市地震局　提供）

2011年11月25日，中国地震局工作组赴江西省检查市县防震减灾工作

（江西省地震局　提供）

2011年4月27日，云南宾川主动源探测实验启动仪式在宾川大银甸实验基地举行

（云南省地震局　提供）

2011年3月25日，广西壮族自治区地震局专家针对缅甸7.2级地震作客广西电视台资讯频道《今日关注》节目，就社会广泛关注的热点问题进行解答

（广西壮族自治区地震局　提供）

2011年5月12日，海南省委宣传部、海南省地震局、海口市政府、海口市委宣传部联合举办纪念汶川特大地震三周年暨全国防灾减灾日宣传活动

（海南省地震局　提供）

2011年4月，中国地震局第一监测中心科研人员在西藏开展GPS测量

（中国地震局第一监测中心　提供）

2011年5月23日，中国地震局工程力学研究所举行2011年度中美地震工程合作协调人工作会议

（中国地震局工程力学研究所　提供）

2011年3月9日，国防大学外军高级军官代表团参观中国地震台网中心

（中国地震台网中心　提供）

目　　录

专　　载

中国地震局党组书记、局长陈建民在2011年全国地震局长会暨党风廉政建设工作会议上的讲话（摘要）…………（3）
中国地震局党组书记、局长陈建民在中国地震局依法行政工作领导小组会议上的讲话（摘要）…………（19）
中国地震局党组书记、局长陈建民在2011年地震科技工作会议上的讲话（摘要）……（23）
中国地震局党组成员、副局长刘玉辰在2011年全国震害防御工作会议上的讲话（摘要）…………（29）
中国地震局党组成员、副局长赵和平在2011年全国地震应急救援工作会议上的讲话（摘要）…………（37）
中国地震局党组成员、副局长修济刚在2011年中国地震局直属机关党建工作会议上的讲话（摘要）…………（49）
中国地震局党组成员、纪检组长张友民在主持召开华北和东北片区党风廉政建设工作调研座谈会上的讲话（摘要）…………（55）
中国地震局党组成员、副局长阴朝民在第三届全国地震标准化技术委员会成立大会上的讲话（摘要）…………（56）
辽宁省防震减灾条例…………（59）

地震与地震灾害

2011年全球$M \geq 7.0$地震目录…………（67）
2011年中国大陆及沿海地区$M \geq 4.0$地震目录…………（68）
2011年地震活动综述…………（72）
2011年中国地震灾害情况综述…………（74）
2011年全球重要地震事件的震害及影响…………（81）
各地区地震活动
首都圈地区…………（83）
北京市…………（83）
天津市…………（83）
河北省…………（84）
山西省…………（84）

内蒙古自治区 …………………………………………………………………………… (84)
辽宁省 ……………………………………………………………………………………… (85)
吉林省 ……………………………………………………………………………………… (86)
黑龙江省 …………………………………………………………………………………… (86)
上海市及其邻近地区 ……………………………………………………………………… (86)
江苏省 ……………………………………………………………………………………… (87)
浙江省 ……………………………………………………………………………………… (87)
安徽省 ……………………………………………………………………………………… (87)
福建省及其近海（含台湾地区） ………………………………………………………… (88)
江西省 ……………………………………………………………………………………… (88)
山东省 ……………………………………………………………………………………… (89)
河南省 ……………………………………………………………………………………… (89)
湖北省 ……………………………………………………………………………………… (89)
湖南省 ……………………………………………………………………………………… (90)
广东省 ……………………………………………………………………………………… (90)
广西壮族自治区 …………………………………………………………………………… (90)
海南省 ……………………………………………………………………………………… (91)
重庆市 ……………………………………………………………………………………… (91)
四川省 ……………………………………………………………………………………… (91)
贵州省 ……………………………………………………………………………………… (92)
云南省 ……………………………………………………………………………………… (92)
陕西省 ……………………………………………………………………………………… (92)
甘肃省 ……………………………………………………………………………………… (93)
青海省 ……………………………………………………………………………………… (93)
宁夏回族自治区 …………………………………………………………………………… (93)
新疆维吾尔自治区 ………………………………………………………………………… (94)

重要地震与震害

2011 年 1 月 1 日新疆乌恰 5.1 级地震 ……………………………………………………… (95)
2011 年 3 月 8 日河南太康 4.1 级地震 ……………………………………………………… (95)
2011 年 6 月 8 日新疆托克逊 5.3 级地震 …………………………………………………… (95)
2011 年 7 月 25 日新疆青河 5.2 级地震 …………………………………………………… (96)
2011 年 8 月 11 日新疆维阿图什—伽师交界 5.8 级地震 ………………………………… (96)
2011 年 9 月 15 日新疆于田 5.5 级地震 …………………………………………………… (96)
2011 年 10 月 13 日山东鄄城与河南范县交界 4.1 级地震 ………………………………… (97)
2011 年 10 月 16 日新疆精河 5.0 级地震 …………………………………………………… (97)
2011 年 11 月 1 日新疆尼勒克、巩留交界 6.0 级地震 ……………………………………… (97)
2011 年 12 月 1 日新疆莎车 5.2 级地震 …………………………………………………… (97)

防震减灾

2011 年防震减灾工作综述 …………………………………………………………………（101）

防震减灾法制建设与政策研究

2011 年防震减灾法制建设工作综述 ……………………………………………………（104）

2011 年防震减灾政策研究工作综述 ……………………………………………………（108）

2011 年地震标准化建设工作 ……………………………………………………………（110）

地震监测预报

2011 年地震监测预报工作综述 …………………………………………………………（112）

2010 年度地震监测预报工作质量全国统评结果（前三名） ……………………………（115）

2011 年中国测震台网运行年报 …………………………………………………………（123）

2011 年中国地震前兆台网运行年报 ……………………………………………………（125）

中国地震背景场探测项目综述 …………………………………………………………（131）

各省、自治区、直辖市，中国地震局直属单位监测预报工作

北京市 ……………………………………………………………………………………（135）

天津市 ……………………………………………………………………………………（136）

河北省 ……………………………………………………………………………………（137）

山西省 ……………………………………………………………………………………（138）

内蒙古自治区 ……………………………………………………………………………（139）

辽宁省 ……………………………………………………………………………………（141）

吉林省 ……………………………………………………………………………………（142）

黑龙江省 …………………………………………………………………………………（143）

上海市 ……………………………………………………………………………………（144）

江苏省 ……………………………………………………………………………………（145）

浙江省 ……………………………………………………………………………………（148）

安徽省 ……………………………………………………………………………………（149）

福建省 ……………………………………………………………………………………（151）

江西省 ……………………………………………………………………………………（152）

山东省 ……………………………………………………………………………………（154）

河南省 ……………………………………………………………………………………（155）

湖北省 ……………………………………………………………………………………（156）

湖南省 ……………………………………………………………………………………（158）

广东省 ……………………………………………………………………………………（159）

广西壮族自治区 …………………………………………………………………………（160）

海南省 ……………………………………………………………………………………（161）

重庆市 ……………………………………………………………………………………（162）

四川省 ……………………………………………………………………………………（163）

贵州省 …… (165)
云南省 …… (166)
陕西省 …… (168)
甘肃省 …… (169)
青海省 …… (171)
宁夏回族自治区 …… (171)
新疆维吾尔自治区 …… (172)
中国地震局地球物理勘探中心 …… (173)
中国地震局第二监测中心 …… (174)
台站风貌
江苏南京地震台 …… (175)
甘肃平凉中心地震台 …… (176)
浙江湖州地震台 …… (176)
新疆喀什基准台 …… (177)
吉林长春合隆地磁台 …… (178)
地震灾害预防
2011 年地震灾害预防工作综述 …… (179)
2011 年防震减灾新闻宣传综述 …… (181)
各省、自治区、直辖市地震灾害预防工作
北京市 …… (182)
天津市 …… (183)
河北省 …… (184)
山西省 …… (185)
内蒙古自治区 …… (186)
辽宁省 …… (188)
吉林省 …… (189)
黑龙江省 …… (190)
上海市 …… (191)
江苏省 …… (192)
浙江省 …… (194)
安徽省 …… (195)
福建省 …… (197)
江西省 …… (198)
山东省 …… (199)
河南省 …… (200)
湖北省 …… (202)
湖南省 …… (203)
广东省 …… (204)

广西壮族自治区 …………………………………………………………………………（206）
海南省 ……………………………………………………………………………………（206）
重庆市 ……………………………………………………………………………………（208）
四川省 ……………………………………………………………………………………（208）
贵州省 ……………………………………………………………………………………（210）
云南省 ……………………………………………………………………………………（210）
陕西省 ……………………………………………………………………………………（212）
甘肃省 ……………………………………………………………………………………（213）
青海省 ……………………………………………………………………………………（214）
宁夏回族自治区 …………………………………………………………………………（215）
新疆维吾尔自治区 ………………………………………………………………………（216）
地震灾害应急救援
2011 年地震灾害应急救援工作综述 ……………………………………………………（218）
各省、自治区、直辖市地震灾害应急救援工作
北京市 ……………………………………………………………………………………（220）
天津市 ……………………………………………………………………………………（221）
河北省 ……………………………………………………………………………………（222）
山西省 ……………………………………………………………………………………（223）
内蒙古自治区 ……………………………………………………………………………（225）
辽宁省 ……………………………………………………………………………………（226）
吉林省 ……………………………………………………………………………………（227）
黑龙江省 …………………………………………………………………………………（228）
上海市 ……………………………………………………………………………………（229）
江苏省 ……………………………………………………………………………………（230）
浙江省 ……………………………………………………………………………………（232）
安徽省 ……………………………………………………………………………………（232）
福建省 ……………………………………………………………………………………（234）
江西省 ……………………………………………………………………………………（236）
山东省 ……………………………………………………………………………………（237）
河南省 ……………………………………………………………………………………（238）
湖北省 ……………………………………………………………………………………（239）
湖南省 ……………………………………………………………………………………（241）
广东省 ……………………………………………………………………………………（242）
广西壮族自治区 …………………………………………………………………………（244）
海南省 ……………………………………………………………………………………（245）
重庆市 ……………………………………………………………………………………（247）
四川省 ……………………………………………………………………………………（247）
贵州省 ……………………………………………………………………………………（250）

云南省 …………………………………………………………………………………………（251）
陕西省 …………………………………………………………………………………………（252）
甘肃省 …………………………………………………………………………………………（253）
青海省 …………………………………………………………………………………………（254）
宁夏回族自治区 ………………………………………………………………………………（254）
新疆维吾尔自治区 ……………………………………………………………………………（255）

重要会议

2011 年国务院防震减灾工作联席会议 ………………………………………………………（257）
全国贯彻实施《中华人民共和国防震减灾法》座谈会 ……………………………………（258）
2011 年全国地震局长会暨党风廉政建设工作会议 …………………………………………（259）
2012 年度全国地震趋势会商会 ………………………………………………………………（260）
全国地震系统援疆工作会议 …………………………………………………………………（260）
天津市防震减灾工作会议 ……………………………………………………………………（261）
山西省防震减灾工作会议 ……………………………………………………………………（261）
内蒙古自治区防震减灾工作电视电话会议 …………………………………………………（262）
辽宁省防震减灾工作会议 ……………………………………………………………………（262）
黑龙江省 2012 年度地震趋势会商会 …………………………………………………………（262）
上海市防震减灾联席会议 ……………………………………………………………………（263）
江苏省防震减灾工作联席会议 ………………………………………………………………（263）
安徽省防震减灾工作领导小组会议 …………………………………………………………（264）
福建省地震系统工作会议 ……………………………………………………………………（264）
江西省地震局长会议 …………………………………………………………………………（265）
山东省防震减灾工作领导小组会议 …………………………………………………………（266）
河南省防震减灾工作会议 ……………………………………………………………………（266）
湖南省防震减灾工作会议 ……………………………………………………………………（267）
广东省防震减灾工作会议 ……………………………………………………………………（267）
广西壮族自治区防震减灾工作会议 …………………………………………………………（268）
海南省防震减灾工作联席（扩大）会议 ……………………………………………………（268）
重庆市气象地震工作会议 ……………………………………………………………………（269）
四川省防震减灾领导小组扩大会议 …………………………………………………………（269）
四川省防震减灾 40 年总结大会 ………………………………………………………………（270）
贵州省防震减灾工作联席会议 ………………………………………………………………（270）
云南省抗震救灾指挥部会议 …………………………………………………………………（271）
陕西省地震局防震减灾工作会议 ……………………………………………………………（271）

科技进展与成果推广

2011 年地震科技工作综述 ……………………………………………………………………（275）

科技成果

汶川地震发生机理及其大区动力环境研究 …………………………………………………（277）
汶川地震三维发震构造、现今运动状态和区域活动断层发震危险性综合评价 ………（277）
新型流动卫星激光测距系统 TROS1000 …………………………………………………（278）
强震监测预报技术研究 ……………………………………………………………………（279）
汶川地震周围的地壳应力场及震前应力方向集中研究 …………………………………（280）
中国地震局地球物理勘探中心科技开发 …………………………………………………（281）
黑龙江省区域地震台网智能管理软件系统研发 …………………………………………（281）
通用多功能多通道前兆数据采集器的研制 ………………………………………………（281）

专利及技术转让

2011 年中国地震局专利情况 ……………………………………………………………（283）

科技进展

青藏高原东部及邻区地壳上地幔结构和变形特征研究 …………………………………（284）
基于 IPv6 的地震测震数据采集系统研发…………………………………………………（286）
水库地震近场监测技术研究 ………………………………………………………………（286）
水库地震监测与预测技术研究 ……………………………………………………………（288）
城市工程的地震破坏与控制 ………………………………………………………………（290）
宏观震害等级标准研究 ……………………………………………………………………（292）
城镇建筑物群体震害预测方法研究 ………………………………………………………（292）
强震动记录误差分析方法与校正处理技术研究 …………………………………………（293）
地震次生灾害危险性评估及震时成灾的数值模拟 ………………………………………（293）
数字强震动加速度仪质量检定技术研究 …………………………………………………（294）
基于网络理论的电力供应系统地震应急技术 ……………………………………………（294）
基于地震发生全概率的灾情数值分析方法研究 …………………………………………（295）
核电厂抗震设计规范（GB 50267—97）修订 ……………………………………………（296）
金沙江下游梯级水电站水库地震监测系统建设 …………………………………………（297）
工业电气设备地震安全研究 ………………………………………………………………（298）
重庆市都市区活断层探测与地震危险性评价 ……………………………………………（299）
华北克拉通岩石圈构造及深部过程的研究：主动源和被动源综合地震学方法 ………（300）
用超长观测距地震宽角反射/折射剖面研究华北克拉通北部岩石圈结构和性质 ……（300）
中国地震活断层探察——华北构造区深地震反射和折射剖面综合探测 ………………（301）
中国地震活断层探察——南北地震带中南段深地震反射和折射剖面综合探测研究……（302）
中国综合地球物理场观测——青藏高原东缘地区 ………………………………………（302）
水驱前缘动态监测的微地震精确定位方法研究 …………………………………………（302）
应急流动观测与科学产品加工关键技术研究 ……………………………………………（303）
山西省地震局科技进展 ……………………………………………………………………（304）
吉林省地震局科技进展 ……………………………………………………………………（304）
广东省地震局科技进展 ……………………………………………………………………（305）

云南省地震局科技进展 …………………………………………………………………… (305)
陕西省地震局科技进展 …………………………………………………………………… (305)
甘肃省地震局科技进展 …………………………………………………………………… (306)
青海省地震局科技进展 …………………………………………………………………… (306)
新疆维吾尔自治区地震局科技进展 ……………………………………………………… (306)
科学考察
黑龙江省地震局漠河北（境外）6.6 级地震灾害调查 ………………………………… (308)

机构·人事·教育

机构设置
中国地震局领导班子成员名单 …………………………………………………………… (311)
中国地震局机关司、处级领导干部名单 ………………………………………………… (311)
中国地震局所属各单位领导班子成员名单 ……………………………………………… (313)
中国地震局局属有关单位机构变动情况 ………………………………………………… (321)
人事教育
2011 年中国地震局人事教育工作综述 …………………………………………………… (325)
2011 年中国地震局人才培养工作综述 …………………………………………………… (326)
2011 年中国地震局系统教育培训工作情况 ……………………………………………… (328)
局属单位教育培训工作
上海市地震局 ……………………………………………………………………………… (329)
广东省地震局 ……………………………………………………………………………… (329)
广西壮族自治区地震局 …………………………………………………………………… (329)
云南省地震局 ……………………………………………………………………………… (330)
陕西省地震局 ……………………………………………………………………………… (330)
甘肃省地震局 ……………………………………………………………………………… (330)
青海省地震局 ……………………………………………………………………………… (331)
新疆维吾尔自治区地震局 ………………………………………………………………… (331)
人物
2011 年通过研究员（正研级高级工程师）专业技术职务任职资格人员名单………… (332)
2011 年获得专业技术二级岗位聘任资格人员名单 ……………………………………… (332)

合作与交流

合作与交流项目
2011 年中国地震局合作与交流综述 ………………………………………………………… (335)
2011 年出访项目 …………………………………………………………………………… (337)
2011 年来访项目 …………………………………………………………………………… (337)

2011 年港澳台合作交流项目 …… （338）
学术交流
“震害预测研究”学术研讨会 …… （339）
中国地震学会地壳深部探测专业委员会换届工作会议暨学术研讨会 …… （339）
河南省地球物理学会 2011 年常务理事会会议 …… （340）
第三届风险分析与危机反应国际学术研讨会 …… （340）
广东省地震局学术交流活动 …… （340）
云南省地震局学术交流活动 …… （341）
陕西省地震局学术交流活动 …… （341）

计划·财务·纪检监察审计·党建

发展与财务工作
2011 年中国地震局发展与财务工作综述 …… （345）
财务、决算及分析 …… （347）
国有资产 …… （347）
机构、人员、台站、观测项目、固定资产统计 …… （348）
纪检监察审计工作
2011 年地震系统纪检监察审计工作综述 …… （350）
党建工作
2011 年中国地震局直属机关党建工作综述 …… （353）

附　　录

2011 年中国地震局大事记 …… （357）
2011 年地震系统各单位离退休人员人数统计 …… （361）
地震科技图书简介 …… （364）
《中国地震年鉴》特约审稿人名单 …… （369）
《中国地震年鉴》特约组稿人名单 …… （370）

专　　载

主要收载党中央、国务院、中国地震局领导有关防震减灾工作的重要讲话；国务院、国务院办公厅和中国地震局及省级机关印发的有关防震减灾工作的重要法规和文件。

中国地震局党组书记、局长陈建民
在2011年全国地震局长会暨党风廉政建设工作会议上的讲话
（摘要）

（2011年1月11日）

这次会议的主要任务是：深入学习领会党的十七届四中、五中全会精神，以科学发展观为指导，全面落实党中央、国务院关于防震减灾工作的重大部署，认真贯彻十七届中央纪委六次全会精神，回顾总结2010年和“十一五”期间的工作，科学规划“十二五”时期的事业发展，统筹部署2011年防震减灾和党风廉政建设工作。

一、防震减灾和党风廉政建设工作回顾

一年来，认真学习贯彻党的十七届四中、五中全会精神和《国务院关于进一步加强防震减灾工作的意见》(简称国发〔2010〕18号文件）要求，中国地震局上下牢固树立防震减灾根本宗旨意识，坚持两手抓两手硬，全力推进防震减灾事业向“更深层次、更宽领域、更高水平”发展，出色完成了玉树抗震救灾任务，防震减灾和党风廉政建设各项工作成效显著。

（一）关于防震减灾工作

一是统筹谋划，奋发作为，落实重大部署坚决有力。党中央、国务院高度重视防震减灾工作，胡锦涛总书记、温家宝总理、回良玉副总理等领导同志多次就加强防震减灾工作作出重要指示和批示。2010年年初，国务院召开了全国防震减灾工作会议，并公开印发国发18号文件，从国家层面对防震减灾工作进行部署和动员，为“十二五”及稍长一段时期的防震减灾工作确立了目标，明确了任务。

为了贯彻落实党中央要求，开好全国防震减灾工作会议，中国地震局党组深入基层调查研究，汲取各级政府和有关部门的经验，充分利用以汶川地震科学总结与反思为载体的深入学习实践科学发展观活动成果，为国务院部署全国防震减灾工作，提出了一系列的政策建议。全国防震减灾工作会后，立即召开全国地震局长会，迅速传达会议精神，全面部署地震系统贯彻落实工作。专题研讨“怎样面对下次汶川地震”，做好应对大震巨灾的有力准备。研究制定了加强地震科技、监测预报和市县工作等方面的指导意见，进一步细化实化贯彻落实措施。

加强协同，全力推动各地各部门贯彻落实国务院重大部署。国务院抗震救灾指挥部及时督促检查，并组织应急办和发展改革、公安、民政、住房和城乡建设、卫生等部委，对部分省份进行了实地检查。积极配合全国人大赴广东、广西开展执法调研。按照局党组的总体要求，各级地震部门有力推动贯彻落实工作。截至2010年底，28个省（自治区、直辖市）召开了会议，22个省印发了文件，对本地区的贯彻落实工作进行安排部署。

2010年10月，党中央召开了党的十七届五中全会，这是全面总结“十一五”经济社会发展，科学规划“十二五”宏伟蓝图的一次重要会议。中国地震局党组及时组织学习领会胡锦涛总书记的重要讲话和全会精神，全面部署贯彻落实工作。要求全体干部职工牢牢把握科学发展的主题，把编制防震减灾“十二五”规划作为贯彻落实党中央重大部署的重要抓手，将防震减灾放到国家经济社会发展大局和远景规划中去谋划。

二是依法履职，科学应对，玉树抗震救灾成效显著。继汶川特大地震之后，玉树又发生强烈地震，给人民生命财产和经济社会发展造成了重大损失。地震发生后，胡锦涛总书记、温家宝总理第一时间作出批示，中央领导多次亲赴灾区，慰问受灾群众，指导抗震救灾。国务院迅速启动Ⅰ级响应，回良玉副总理率国务院抗震救灾总指挥部当天赶到灾区，指挥抗震救灾。在党和政府的坚强领导下，克服了历史罕见的救灾困难，夺取了抗震救灾的重大胜利。

按照总指挥部的统一部署，会同总参、公安、武警、安监、兰州军区等部门组成抢险救灾组，紧急组织各类救援队伍2.3万余人，全力开展抢险救援行动，最大限度地减少了人员伤亡。中国地震局会同科技、国土、环保、气象等部门组成地震监测组，全力加强余震监视跟踪、地质灾害隐患排查、环境污染监测、气象保障和卫星数据服务，为科学救灾、防治次生灾害提供了有力支撑。协助中央宣传部、国务院新闻办公室强化信息发布，加强科普宣传，正确引导舆情。

汶川特大地震以后，大力强化能力建设，完善应急机制，挖掘科技潜能，开展岗位练兵，加强培训演练，应急实战能力显著提升。玉树地震发生后，立即启动Ⅰ级响应，成立前后方指挥部，统一领导、靠前指挥，实现了上下贯通、前后支持和区域协作，确保了各项工作有力、有效开展。震后5分钟完成定位、2分钟测定余震，及时发布地震参数、震源机制、破裂过程、地震动分布预估图等11种应急基础产品，为党中央、国务院指挥抗震救灾提供决策依据；国家救援队和青海、西藏、甘肃、陕西、宁夏等省级救援队紧急奔赴灾区，承担急难险重任务，充分发挥了专业优势；迅速开展现场应急和科学考察，编制灾区烈度分布图，修订灾区抗震设防标准，为恢复重建、全国强震趋势研判、重大工程抗震设防提供科学依据。

这次应对玉树地震的有力行动是地震系统的理念新统一、力量新凝聚、资源新统筹、能力新拓展。再次表明，我们这支队伍关键时刻拉得出、顶得上、靠得住，是讲政治、顾大局、甘奉献的队伍。在这次行动中，涌现出2个全国抗震救灾英雄集体、3名全国抗震救灾模范。

三是精心组织，全面部署，“十二五”规划进展顺利。系统开展能力评价体系等发展战略研究，充分吸收汶川地震科学总结与反思成果、玉树抗震救灾新经验，科学确立事业发展的战略和目标。突出重大项目计划的顶层设计和各级各类规划的相互衔接，编制完成事业发展规划和14个专项规划。省级规划全部完成编制，多数已报规划主管部门审批，市县规划也在积极推进。

重点项目立项和实施工作全面推进。地震背景场探测项目和社会服务工程初步设计得到批复，地震烈度速报与预警工程等项目及专业基础设施专项建设规划已上报发展改革委，电磁监测试验卫星列为国家“十二五”民用航天首批启动项目。地方项目积极推进，一批省市投资项目基本确定。汶川特大地震恢复重建项目建设全力推进，中国地震科学环境观测与探察计划完成年度任务，陆态网络项目近90%的基准站已投入试运行，兰州国家陆地搜寻与救护基地开工建设。

四是创新举措，整体推进，监测预报工作进一步加强。印发了加强监测预报工作的意见，明确了新时期加强监测预报工作的指导思想、重点任务和政策措施，这是加快发展监测预报工作的纲领性文件，也是我们坚定不移地整体推进监测预报实践的重要举措。

着力强化震情跟踪措施，更加突出中长期预测和大形势分析的作用，密切关注中国主要活动块体的运动状态，细化落实年度重点危险区跟踪方案，改进短临工作机制。着力推进预测预报改革，在5个单位开展了震情会商改革试点，建立了学科组、省局、台站相结合的会商机制。圆满完成上海世博会、广州亚运会、三峡试验蓄水的震情监视与保障工作。

强化监测系统运行管理，规范丰富了各学科的资料产出和数据产品。对监测系统运维情况首次开展绩效考评，对观测数据和技术开始进行效能评估与清理。开展了首都圈和川滇地区烈度预警技术试点，启动基于150个台的烈度速报系统软硬件改造，完成30个重点台站观测环境优化改造，观测系统内在质量和实效不断提高。

五是依法行政，规范管理，震害防御工作进一步强化。狠抓城市和重大工程抗震设防，完成了近3000项重大建设工程的地震安全性评价，参与23个城市总体规划和15项重大工程专项审查。大力推进农村民居地震安全工程，新建地震安全农居示范点6000多个，惠及近70万农户。积极参与校舍安全工程实施。

50多个城市活断层探测进展顺利，整理修编了21个城市活断层探测成果，并在城乡规划建设中得到应用。审核注册307名一级安评工程师，认定了27个甲级、25个乙级安评资质单位，颁发了安评收费管理办法。地震区划图的编制、《核电厂抗震设计规范》等标准的修订进展顺利。

中国地震局党组专题研究市县工作，调整充实市县工作指导委员会，印发加强市县工作的指导意见，把防震减灾工作中心任务落实到基层。各地积极探索落实工作责任制的新途径，大力推进防震减灾工作纳入地方政府责任目标考核体系。基层地震机构基本保持稳定，山东、陕西等地还得到了加强。

广泛开展防震减灾社会宣传，新增7个国家级科普教育基地、近百个地震安全示范社区，创作了一批科普宣传产品。仅防灾减灾日期间，全国开展宣传活动1500余场、发放宣传品200多万份。

六是健全体系，完善机制，应急救援能力进一步增强。《国家地震应急预案》修订稿已上报国务院，天津、安徽、山西等地完成了省级政府地震应急预案修订。地震应急演练日趋经常化，各地举行各类应急演练达10万余次，呈现出政府、企业、学校、社区以及军队广泛参与的良好局面。

强化应急联动机制建设，与总参、公安、武警、安监等建立了部门联动机制；与中国科学院等建立了灾害遥感信息合作机制；与中国移动、中国联通等建立了资源共享机制。地方各级地震部门与有关方面的协作联动进一步加强。

国家救援队完成扩编，队伍规模和装备水平得到提升，出色完成了玉树、舟曲以及海地、巴基斯坦等国内国际紧急救援任务。吉林、北京、贵州、广西完成省级地震救援队组建。至此，全国省级地震救援队全部建成，山西、河北、江苏、云南等省还组建了第2支省级地震救援队。市县救援队伍和志愿者队伍不断壮大。

七是深化改革，开放交流，地震科技工作迈出新步伐。印发加强地震科技工作的意见，部署科技创新工作。设立地震科技星火计划，支持省局和市县解决关键应用技术问题。成立第7届地震科技委员会，打破封闭模式，聘请了8名系统外知名科学家，增设了5名外籍委员。"973"、科技支撑等项目进展顺利，活动地块边界带动力过程与强震预测课题通过验收，在美国《自然：地球科学》发表的论文被列为亮点文章，一些成果已应用于实际工作。

与30余个国家、地区和组织开展交流与合作，举办了第五届国际地应力研讨会、发展中国家地震监测技术培训班，选送管理和技术骨干赴日本、德国和英国培训。援建印度尼西亚、缅甸、老挝等国的地震台网建成并正式移交，援建巴基斯坦、萨摩亚等国的地震台网进展顺利。远东地区地磁场、重力场及深部构造观测与模型研究等重点合作项目立项成功。首次联合实施海峡两岸人工测深和地震台站联网观测。

八是围绕中心，服务全局，各项保障工作有力有效开展。扎实推进学习实践活动整改落实，以建设学习型党组织和开展"讲党性、重品行、作表率"为抓手，大力推进创先争优活动。召开直属机关第七次党代会，加强党的组织建设和思想建设。从调查研究、制度建设、落实整改出发，统筹指导、整体推进地震系统党的建设和精神文明建设。

认真贯彻全国人才会议精神，制定了深化干部人事制度改革纲要实施意见，加强干部的培养、选拔、管理与使用。完成了38个单位领导班子调整考核和局机关部分干部选拔工作，调整补充了12个单位后备干部队伍，完善了领导班子副职竞争上岗实施方案，增加了笔试环节，并在6个单位副职选拔中施行。青年骨干人才培养项目实施效果明显。事业单位岗位设置工作完成率达84.5%，22个单位机构调整和出版社转企改制顺利完成。

召开了政策法规第一次工作会议，动员安排全系统政策法规工作。组织开展了3个重点课题和9个专题的政策研究，37个单位开展了125个选题研究，印发30期政策参阅。应急条例修订送审稿报送国务院，水库地震监测管理部门规章通过审议，印发了标准化行业管理办法，新颁布2项国家标准、6项行业标准。继陕西、上海之后，山东、重庆完成地方法规修订，7个省提交人大审议，20个省列入立法计划或规划，四川人大发布了农村民居抗震设防管理决定。

积极筹措事业经费，中央财政年度投入21亿元，"十一五"期间年均投入20亿元，为事业发展提供了资源和条件保障。推进预算公开，首次在局门户网站公布了2010年部门预算书，增进了公众的理解与支持。开展经营性国有资产管理改革调研，形成了改革指导意见草案。

制定了地震突发事件信息上报标准和信息报送规定，信息报送及时畅通。稳步推进政府信息公开，不断完善门户网站建设。加强新闻发布和舆论引导。档案、保密和安全管理工作不断加强。

关心职工切身利益，不断改善职工工作条件和生活待遇。召开第五次老干部工作会议，落实各项待遇，办好老年大学，丰富精神文化生活，增强事业发展的凝聚力。

（二）关于党风廉政建设工作

2010年，中国地震局坚决贯彻落实党中央、国务院和中央纪委反腐倡廉的决策部署，按照年初确定的4项任务，突出重点，强化措施，全面推进，着力解决突出问题，加快推进惩治和预防腐败体系建设，以党风廉政建设和反腐败工作的新成效保障事业健康发展。

一是强化政治责任，为重大决策部署落实提供有力保障。中国地震局党组坚持党风廉政建设与防震减灾工作一起抓，以高度的政治责任把贯彻落实党中央、国务院关于防震减灾工作重大决策部署的监督检查，作为党风廉政建设工作的重要任务。着重加强各单位贯彻落实全国防震减灾工作会议精神和国发18号文件要求、全国地震局长会暨党风廉政建设工作会议精神，以及学习实践活动整改落实的监督检查；加强上海世博会、广州亚运会安保任务落实和汶川特大地震灾后恢复重建项目实施的监督检查；局机关有关部门对90余件重大事项进行了督查督办，保证了中国地震局党组重大决策部署的贯彻落实。中国地震局党组坚持以严肃的政治纪律保障重大决策部署的顺利实施，在玉树地震应急处置和抗震救灾中采取强有力的组织措施，加强对有关单位履职情况的检查，针对不良倾向及时严肃政治纪律。

二是加强教育监督，领导干部廉洁自律意识进一步增强。按照党中央的要求，及时部署贯彻实施《廉政准则》，中国地震局党组同志先行一步，以中心组学习带动全体党员干部认真学习和深刻领会，把《廉政准则》作为党风党纪教育的重要内容，在局门户网站设专题专栏，开展不同形式的廉政教育，党员干部廉洁自律意识进一步提高。各单位各部门结合实际对照检查，认真分析薄弱环节和主要问题，并以学习贯彻《廉政准则》为主题开好领导班子民主生活会。多数单位将党员领导干部履行《廉政准则》情况列入党风廉政建设责任制和干部考核内容，有些单位将《廉政准则》纳入新任处级干部任前廉政知识测试内容。

认真落实领导干部监督制度和有关规定，通过党风廉政责任制考核、巡视、指导领导班子民主生活会、党政主要负责人和纪检组长（纪委书记）向局党组述职述廉、认真执行谈话和函询制度等有效措施，进一步加强了对领导干部特别是“一把手”的监督制约。驻局纪检组与新任纪检组长、部分单位班子成员和机关新任司级领导干部进行廉政谈话。一些单位制定并认真执行干部任职谈话制度，增强了新任干部的责任意识。

创新巡视工作模式，试点“审计先行”，提高了巡视工作的针对性和有效性。实现审计财务联网，强化预算资金执行情况实时监督。

三是开展专项治理，重点领域反腐倡廉工作进一步深化。按照中央纪委部署，开展党中央扩大内需促经济增长的政策落实情况检查，组织各单位对庆典、研讨会、论坛活动自查自纠，继续开展工程建设领域突出问题的专项治理。结合地震系统实际，继续开展“小金库”专项治理，对发现的问题要求及时整改，推进经营活动和财务运作的规范，对存在问题单位的领导班子和有关领导进行严肃批评。开展了结转和结余资金清查，建立了对结转和结余资金统一管理制度，形成了有效控制的长效机制。严格执行厉行节约有关规定，与上年相比，三类会议数量减少30%，各类会议数量减少50%，出国（境）团组数量减少7个，公务用车购置得到严格控制。

四是狠抓案件查办，惩治违纪违规问题力度进一步加大。高度重视信访举报，不断加大案件查办力度。

五是推进制度建设，从源头上防治腐败工作进一步深入。认真贯彻落实胡锦涛总书记关于反腐倡廉制度建设的指示精神，围绕健全权力运行制约和监督机制，从教育、监督、预防、惩治4个方面，统筹谋划，开展了为期2年的反腐倡廉制度建设活动。立足反腐倡廉建设科学化，把反腐倡廉各项规章制度和要求有机连接起来，努力实现从制度要素建设向制度体系建设的全面转变；注重把反腐倡廉延伸到防震减灾各领域各方面，强化人财物事的监管，解决突出问题，形成包括基本制度、专项制度、具体制度的反腐倡廉制度体系，着力推进惩治和预防腐败体系建设。

一年来各项工作取得新成绩，为"十一五"收官画上了圆满的句号，防震减灾工作呈现统筹发展、快速推进的良好局面。站在"十二五"新的历史起点，总结回顾"十一五"的工作十分必要。

"十一五"是中国防震减灾发展史上极不平凡的五年。五年来，党中央、国务院始终把防震减灾作为关系经济社会发展全局的重要工作，统筹部署、强力推进。明确了三大战略要求，确立了国家2020年防震减灾奋斗目标，设立了全国防灾减灾日，颁布实施了《国家防震减灾规划》，修订了《中华人民共和国防震减灾法》。召开了全国防震减灾工作会议等一系列重要会议，对防震减灾工作进行了全面有力部署。这期间，震情形势极为复杂，前半期异常平静，后半期强震连发，地震灾害极端严重。党中央、国务院坚强领导，全国人民万众一心，以最快速度、最大力量，奋勇夺取了抗震救灾伟大胜利。这期间，以农居、校舍等地震安全民生工程实施为标志，社会能力建设迈出关键步伐，国家防震减灾能力提升力度空前。这期间，各级政府领导有力，相关部门主动担当，各族群众积极参与，全社会共同抵御地震灾害局面形势喜人。

——这五年，我们经受住了重大考验和挑战，积累了有效应对大震巨灾的宝贵财富。广大地震工作者亲身参与了汶川、玉树抗震救灾举国行动，留下了刻骨铭心的记忆。地震灾害造成的惨重损失，增强了我们责任重于泰山的使命感；中华民族伟大的抗震救灾精神，坚定了我们奋勇前行的信心；急难险重的抗震救灾任务，锤炼了我们迎难而上的意志；困难中前行、挫折中提升，铸就了我们永不言弃的精神；应对大震巨灾的实践检验，指明了我们改革发展的努力方向。经过汶川地震的洗礼，我们更加牢固树立最大限度减轻地震灾害损失的根本宗旨意识，及时运用科学总结与反思成果，全面提升应对大震巨灾能力，在玉树地震中，迅速凝聚全系统力量，出色完成了抗震救灾任务。

——这五年，我们始终坚持以科学发展观为统领，推进防震减灾工作的思路不断丰富完善。按照党中央、国务院的战略部署，立足多震灾的基本国情和复杂多变的震情形势，着眼人民群众和经济社会不断增长的地震安全需求，科学把握中国特色社会主义的时代特征和防震减灾事业发展进程，集中集体智慧，形成了牢固树立"震情第一"观念，切实加强"两个能力"建设，建立健全"3+1"体系，始终坚持"四个面向"的工作思路，进一步确立了防震减灾根本宗旨和全面预防观等新理念，有力地促进了事业又好又快发展，国家防震减灾能力明显提高。

——这五年，我们始终坚持创新发展，防震减灾工作体制机制更加健全。基本形成政府统一领导、部门分工负责的防震减灾组织领导体系。国务院每年召开联席会议，明确要求，部署工作。地方各级政府也普遍建立了领导小组或联席会议制度，研究工作，解决问题。一些地方还将防震减灾工作纳入政府责任目标考核体系，推进任务落实。社会广泛参与的动员机制得到加强，群测群防活动、志愿者队伍建设方兴未艾，防震减灾逐步成为全社会的自觉行动。《中华人民共和国防震减灾法》的修订进一步完善了法律制度，《汶川地震灾后恢复重建条例》有力指导了恢复重建。各级人大经常开展防震减灾执法检查，依法行政和法制监督得到加强。

——这五年，我们始终坚持震情第一，服务大局不辱使命。面对复杂的震情形势，异常平静时，我们更加警惕；大震频发时，我们勇于担当；遭受挫折时，我们毫不气馁。我们恪尽职守，紧盯震情，科学研判地震趋势。我们牢记使命，反应迅速，在大震巨灾面前，坚定担当主体责任，以实际行动诠释了根本宗旨。我们服务大局，保障有力，圆满完成了北京奥运会、新中国成立60周年大庆、上海世博会、广州亚运会和三峡试验蓄水等地震安保任务，多次完成国际救援和援外地震台网建设任务。

——这五年，我们始终坚持统筹协调，综合能力不断提升。数字地震项目竣工并及时投入运行，监测基础更加扎实，监测台网从规模向效能提升，速报产品更加丰富，监测能力大幅提高。震情跟踪更加强化，短临预报实践锲而不舍，中长期预报作用发挥得到重视。大力开展地震活断层探测、城市地震小区划和重大工程地震安全性评价，全面加强城市和重大工程的抗震设防。推动地震安全农居示范点建设，惠及660多万农户，地震安全农居建设从部门行为成为国家战略和农民自觉行动。实现了“横向到边、纵向到底”的预案体系，初步形成了部门联动、区域联动、军地联动的应急机制，应急演练逐步常态化、综合化。国家地震救援队的先行示范作用，全面带动了各级、各类救援队伍快速发展。应急避难场所建设上升为法律要求，成为城市规划的必备设施。颁布实施《国家地震科学技术发展纲要》，明确科技工作的定位和主要任务。大力拓宽科研经费渠道，大幅改善科技创新基础条件，组织实施“973”、科技支撑和行业专项等重大科技项目，取得了一批科技成果。

——这五年，我们始终坚持两手抓两手硬，党风廉政建设卓有成效。一是围绕中心，服务大局，把党风廉政建设融入防震减灾工作统筹谋划部署。坚持防震减灾工作任务与党风廉政建设工作一起部署、一起落实、一起考核，通过局党组成员带头落实责任制、签订责任书、明确任务分工、责任制年度考核等措施，形成党组（党委）统一领导、纪检组（纪委）协调配合、各有关部门齐抓共管的领导体制和工作机制，强化了党风廉政建设责任制的落实。二是教育先导，拓宽领域，把党风廉政宣传教育作为反腐倡廉建设的重要基础。以廉政文化建设为重要载体，以党性党风党纪教育为重点，开展了具有地震部门特色的岗位廉政教育、示范教育和警示教育，努力夯实反腐倡廉建设基础。发挥宣传教育先导作用，以领导干部讲党课、专题辅导报告、组织参观、网站宣传、知识竞赛等形式拓宽教育领域，扩大教育覆盖面，营造良好廉政文化氛围，地震系统广大党员干部廉洁自律意识得到进一步增强。三是突出重点，完善举措，把对领导班子及成员特别是“一把手”的监督摆到更加突出位置。出台对主要负责同志教育监督的意见，以落实党风廉政建设各项制度为根本，以开展巡视、责任制考核、指导领导班子民主生活会、开展专项治理和检查、党政主要负责人和纪检组长、纪委书记向局党组述职述廉等为抓手，以规范“三重一大”决策程序、推进政务公开、完善群众监督机制为着力点，强化了领导干部特别是“一把手”的监督。四是创新制度，关口前移，把完善机制作为从源头上预防腐败的根本措施。通过反腐倡廉制度建设活动，以加快推进惩治和预防腐败体系为重点，以制约和监督权力为核心，以容易滋生腐败的重点领域和关键环节为突破口，在民主决策、干部选拔、财务管理、项目监管等方面陆续制定了一批重要制度。通过审计与财务联网、领导干部个人重大事项报告等手段探索监督关口前移，不断完善拒腐防变教育长效机制、反腐倡廉制度体系、权力运行监控机制，从源头上预防腐败力度不断增强。五是严肃纪律，加强治本，把案件查办作为遏制腐败行为的有效手段。惩治有力，预防才能有效。局党组正确把握反腐倡廉建设与防震减灾工作关系的大局，认真分析研究地震系统滋生腐败的领域，不断加大查办案件力度，严肃党纪政纪，有效遏制了腐败行为。注重把办案成果向预防成果转化，通过案件剖析，警示教育了干部职工特别是领导干部，促进了开发性实体和项目资金等腐败易发多发领域的监管，加快了相关制度体系的完善和预防腐败长效机制的形成，查办案件治本功能得到有效发挥。

与此同时，党的建设、人才队伍、离退休干部工作和职工生活等方面均取得了可喜的进展，为事业发展、维护稳定、促进和谐发挥了十分重要的作用，提供了坚强有力的保障。

过去的五年，是地震部门自身能力快速提升的五年，是防震减灾社会能力建设取得重大进展的五年，是防震减灾社会影响显著增强的五年，是防震减灾事业全面进步的五年，也是党风廉政建设扎实推进的五年。这些成就的取得，归功于党中央、国务院的正确领导，得益于有关部门以及各级党委政府的大力支持，得益于人民群众的高度关心和充分理解，得益于广大地震工作者的真抓实干。总结过去，历程艰辛难忘，成绩来之不易，经验尤其宝贵。展望未来，机遇十分难得，发展未有穷期，我们仍需努力！

二、科学谋划“十二五”防震减灾事业发展

党中央要求，“十二五”时期要以科学发展为主题，以加快转变经济发展方式为主线，把加快转变经济发展方式贯穿于经济社会发展全过程和各领域。胡锦涛总书记指出，要“坚持兴利除害结合、防灾减灾并重、治标治本兼顾、政府社会协同，提高对自然灾害的综合防范和抵御能力”，对做好“十二五”防灾减灾工作提出了总体要求。

步入“十二五”的第一个工作日，回良玉副总理就主持召开了国务院防震减灾工作联席会议。会议充分肯定了2010年防震减灾工作取得的显著成效，科学分析了新形势、新要求，对“十二五”规划、震情监测预报、城乡抗震设防、应急管理体系建设、灾后重建和群众安置等当前重点工作进行了全面部署。回良玉副总理指出，要进一步认清当前震情形势的复杂严峻性、做好防震减灾工作的重要性、中国防震减灾体系的薄弱性、防震减灾能力建设的系统性。

回良玉副总理强调，加强防震减灾能力建设是一项复杂的系统工程，不能靠“单打一”，需要系统施策、多管齐下。必须系统做好测、报、防、抗、救等各环节工作，坚持预防为主，强化防灾备灾、抗灾救灾、恢复重建等各阶段的有序衔接；必须系统运用各种减灾手段，做到工程措施与非工程措施相结合，法律手段、行政手段、经济手段、科技手段、教育手段相结合；必须系统整合各方资源力量，做到政府社会协同、军队地方配合、区域部门联动；必须系统部署各区域的防震减灾工作，在统筹安排的基础上，集中优势力量，切实加强地震危险区等重点地区的防范工作。

"十二五"时期，是防震减灾事业发展的重要战略机遇期，也是关键攻坚期，对于全面实现国家2020年防震减灾奋斗目标至关重要。我们必须准确把握新形势，认真落实新要求，科学谋划"十二五"防震减灾工作。

（一）"十二五"事业发展面临的形势

地震灾害严峻挑战经济社会发展。随着经济社会的快速发展，地震灾害对经济的冲击日益加剧，对社会的影响愈加广泛。破坏性地震在造成人民生命财产损失的同时，还极易扰乱社会生产生活秩序，严重破坏生态环境，危及公共安全和可持续发展环境。严峻的震情形势和人民群众日益增长的地震安全需求对防震减灾工作提出了更高要求。

防震减灾工作处于大好发展机遇期。党和政府高度重视以人为本、保障民生，防震减灾在经济社会发展中的作用更加突出。国务院专门发布了指导防震减灾工作的纲领性文件，国家对防震减灾事业的投入不断加大，行政、科技、社会等资源对防震减灾工作的支撑更加有力，政府主导、全社会共同抵御地震灾害的大好局面基本形成。防震减灾已成为国家总体外交和人道主义事务的重要组成部分，中国参与国际防震减灾行动日趋广泛，影响不断扩大。地震系统广大干部职工的根本宗旨意识更加牢固，攻坚克难、奉献事业的愿望更加迫切。

面对严峻挑战与大好机遇，我们必须深刻认识到，防震减灾工作还存在城乡建设和基础设施抗震能力不足、应急救援体系尚不健全、群众防灾避险意识和能力有待提高等问题，小震大灾、大震巨灾的现象依然存在，这是我们必须面对的客观现实。

（二）"十二五"防震减灾工作需要坚持的主要原则

做好"十二五"防震减灾工作，实现国发18号文件确定的2015年阶段目标，必须深入贯彻落实科学发展观，依靠科技，依靠法制，依靠全社会力量，坚持科学防震减灾，依法防震减灾，合力防震减灾，提高发展的全面性、协调性、可持续性。

坚持科学防震减灾。更加注重以人为本，牢固树立防震减灾根本宗旨意识，始终把保护好人民群众生命财产安全作为出发点和落脚点，并贯穿于防震减灾工作的全过程。更加注重统筹兼顾，把握震情和震灾特点，在区域上，统筹东部和西部，促进区域协调发展；在战略上，统筹城市和农村，加快城乡共同发展；在业务上，统筹三大体系，实现工作全面发展；在事权上，统筹中央和地方，落实发展责任；在途径上，统筹内外、专群结合，凝聚发展力量。更加注重科技创新，提升科技对事业发展的贡献率，加强成果转化，把国内外先进科学技术广泛应用到防震减灾各领域。

坚持依法防震减灾。推进社会管理法治化，不断健全完善防震减灾法律法规体系，全面履行法定职责，依法、规范、有效开展防震减灾工作。推进公共服务多样化，紧紧抓住国家建立基本公共服务体系的机遇，建立防震减灾公共服务网络，丰富公共服务产品，满足日益增长的地震安全需求。推进内部管理规范化，提高内部事务管理的质量和效能，适应政务公开、政务服务的新要求。

坚持合力防震减灾。提升服务决策能力，当好参谋助手，为政府科学决策、部署工作献计献策。提升部门协作能力，健全平时协作机制和震时联动机制，共同做好各项工作。提升动员社会能力，有效开展宣传教育，引导全社会积极参与，增强防震减灾群众基础。

（三）"十二五"事业发展需要关注的重点问题

谋划"十二五"，关键要以规划布局统筹全面发展，以重点突破带动整体发展，以深化改革促进创新发展，以提升素质实现持续发展。

第一，统筹协调，构建事业发展科学格局。紧紧围绕国发 18 号文件的贯彻落实，细化“十二五”事业发展目标，完善政策措施，统筹“3 +1”体系协调发展。按照区域经济优势互补、主体功能定位清晰、国土空间高效利用、人与自然和谐相处的国家发展战略要求，结合震情震灾特点和各地工作实际，部署防震减灾战略行动，实施好国家地震安全、中国地震科学环境观测与探察、地震预测预报推进等重大计划。统筹资源配置，落实新一轮西部大开发、援疆和援藏战略，向西部多震区和重点监视防御区倾斜。统筹安排科技支撑、行业专项、地震科技星火计划等项目，向监测预报应用性、实用性研究重点倾斜。重视发挥市县基层机构的作用，在项目设立、人员培训、技术指导等方面，加大支持力度。为构建适应国家经济社会发展战略，满足全社会地震安全需求，各方力量积极参与的防震减灾新格局作出积极努力。

第二，突出重点，促进事业发展全面协调。按照监测预报体系发展目标，进一步优化台网布局，完善功能，丰富产出，大力推进预测预报探索实践，发挥长中短临预测的减灾作用，不断满足政府风险决策需要和人民群众地震安全需求。按照“科学防灾、积极避灾”的要求，大力开展基础探测工作，加强抗震设防要求与行业抗震设计规范的衔接，强化监管，把防震保安工作纳入新农村建设，全面提升民居的抗震能力，实现有效减灾。以高效应对大震巨灾为目标，加强地震应急指挥体系、救援队伍建设，全方位做好应对准备。充分发挥科技支撑引领作用，加强地震监测预测预警、震灾预防、应急救援等领域关键技术和实用方法的研发应用。坚持正确的舆论导向，努力培育先进的减灾文化，加强新闻宣传、法制教育和科学普及，引导全社会积极主动减灾。要致力于破解事业发展重点难点问题，使监测预报基础更加扎实，震害防御措施更加有力，应急救援手段更加有效，科技支撑作用更加突出，社会动员效果更加显著。

第三，改革创新，增强事业发展生机活力。按照国家改革的总体要求，努力消除制约事业发展的体制机制障碍，进一步转变职能，把该管的管好、该放的放开，完善中央、地方上下贯通和军地协调、区域协作、全民动员的工作机制。进一步深化资金、项目、经营性国有资产等管理工作的改革，形成资源配置合理、效益充分发挥的运行机制。更好地运用政策法规引导和支持事业发展，逐步形成内容配套、执行有力的政策法规保障体系。进一步明确各类机构和单位的功能定位与重点任务，形成分工合理、特色突出的组织结构体系。

第四，提高素质，夯实事业发展人才基础。按照“以用为本”的要求，围绕重点领域、重点学科和重点科技问题，组建一批高水平的科技创新团队，支持和培养一批中青年科技创新领军人才，分层次、有计划地引进一批急需紧缺专门人才。适应社会管理和公共服务的新需求，加强管理队伍建设和培养，加大干部交流任职力度。开展全员知识更新，实施管理人员政治素质和业务能力培训、科技人才创新能力培训、一线人才专业岗位培训、市县人才职业技能培训，全面提升队伍整体素质。

三、2011 年防震减灾工作的主要任务

2011 年是贯彻落实国家防震减灾重大部署、确保“十二五”良好开局的关键之年。新

年伊始，阿根廷、智利接连发生7.1级地震，中国新疆乌恰、云南盈江、江苏建湖等地也发生了较大影响的地震，震情形势要求我们必须严阵以待。全局上下要以高度的政治责任感，立足于防大震、谋发展、提能力、增实效，全面做好年度各项工作。

（一）抓紧发布实施“十二五”规划

要按照新的发展要求，尽快完善“十二五”事业发展规划和各专项规划，力争在一季度发布实施。继续推进省市县“十二五”防震减灾规划编制工作，依法纳入同级国民经济和社会发展规划，形成上下配套、左右协调、衔接有序的规划体系，保障事业科学发展。

在加快推进地震烈度速报与预警工程、地震预报实验场等重大项目立项的同时，各相关司室、项目法人单位和建设单位要按照项目管理办法，精心组织实施好地震背景场探测项目和国家地震社会服务工程。要组织好项目团队，明确项目实施管理的责任分工，严格落实项目法人责任制和项目负责人制。要科学制定实施计划，统筹安排土建、设备采购、系统集成等环节的工作，提高项目执行能力。要严格项目资金和质量控制，规范资金使用程序，全面落实招投标制、合同制和监理制。各地要针对中央、地方项目的不同特点，加强项目统筹，按照成熟一个立项一个，实施一个见效一个的原则，抓紧推进地方项目建设。特别需要强调的是，2011年是汶川恢复重建的收尾之年，是玉树恢复重建的关键之年。地震部门承担了十分重要的任务，要积极配合有关部门，全力做好相关工作，确保重建任务顺利完成，为实现建设美好新家园的目标作出积极贡献。

（二）进一步加强地震监测预报工作

要以贯彻落实加强监测预报工作意见为主线，进一步理顺工作机制，统筹推进监测预报工作。健全、完善震情强化跟踪工作制度和震情会商机制，科学动态研判震情形势。建立监测、预报、科研、实验有机结合的工作机制，强化震情跟踪监视工作与中长期危险性预测研究的结合，努力提高地震预测预报的科学性和规范性。要研究建立科学总结反思常态制度，系统总结10年来年度趋势判定的得失成败，推进观测台网和预测方法的清理评估工作。认真做好纪念建党90周年等重大活动的震情监视与保障工作。

加强观测系统建设和管理，在台网扩能增效上狠下功夫。抓紧改造150个国家强震台的技术系统，尽快完善北京、昆明等地310个地震烈度台的速报功能，研究编制地震仪器烈度等相关技术标准，开展川滇、首都圈等重点地区烈度预警系统试验。大力推进新建观测系统技术规程编制、软硬件技术指标制定等工作。组织好陆态网络试运行和验收工作。调整完善流动观测布局，清理流动观测手段和技术装备，实现全国基本场复测常规化。推进台网运维保障体系建设，加强监测设备入网管理，推进地震数据共享平台建设，提升信息网络安全保障水平。施行《水库地震监测管理办法》，加大行业管理力度。培养选拔预报领军人才，抓好专业技术人员的培训和岗位考核，继续开展地震速报等岗位大练兵。

（三）不断增强地震灾害综合防御能力

各级地震部门要严格依法履责，密切配合有关部门，以城乡规划编制审查、重大项目可行性论证为平台，以开展监督检查为手段，完善协同工作机制，保证抗震设防要求和地震安全性评价落实到位。要结合新农村建设、农村危旧房改造等涉农工作，深入推进农村民居防震保安工作，积极配合实施好校舍安全工程。总结推广先进经验，继续大力推进地震安全示范社区建设，逐步夯实基层单元的防震减灾基础。要完善抗震设防标准体系，完成新一代地震区划图的编制发布、《核电厂抗震设计规范》的修订，积极推进各行业抗震设计规范与抗震设防要求的协调统一。要细化完善行政许可程序，规范安评管理，实施安评工程师执业制度，提高安评质量。完成15条活动断层地质填图、10余个地级城市活动断层探测。

要坚持运用社会资源，充分借助大众媒体，持续开展科普宣传教育活动，提高社会公众对防震减灾工作的认同感和参与度。加强部门合作，创作防震减灾科教片等作品，完善科普教育资源库，提高宣传效果。修订防震减灾科普教育基地管理办法，规范各级教育基地建设。组织实施好防灾减灾日等重要时段的强化宣传，集中开展农村地震安全民居和校舍安全工程专项宣传。

各地要研究制定具体措施，落实加强市县工作指导意见的要求。开展市县防震减灾管理系统示范建设，总结推广经验，进一步明确市县工作任务。要继续推进防震减灾工作纳入政府责任目标考核体系，落实基层防震减灾工作责任。

（四）稳步提高地震应急救援能力

要加快推进新修订《国家地震应急预案》的颁布实施，编制国务院抗震救灾指挥部应急工作规程，制订地震应急预案编制指南，指导和推进各级各类地震应急预案的修订。要继续强化部门、区域、军地应急联动机制建设，深化与武警部队的合作，研究制定加强抗灾救灾队伍建设和抢险救援协同行动指导意见。要完善检查制度，开展应急检查，制订地震应急演练指南，大力推进演练工作。要制订地震重点危险区应急准备方案，开展风险评估，落实各项应急对策措施。

要不断提升国家救援队多点和跨区域实施救援的能力，制定地震专业救援队伍建设标准和现场救援行动指南，完善救援训练教官培养机制，加强队伍训练、考核测评，推动各地地震专业救援队伍标准化建设。要加强各级地震现场工作队伍建设，建立队伍建设标准和队员上岗制度，优化现场调查评估技术规范，重视遥感、无人机等新技术的应用，提升服务抢险救援的能力。推进实施社区志愿者地震应急救援训练与考核大纲，提高志愿者队伍整体技能。

完善地震应急指挥系统功能，建立应急服务产品快速产出流程。建设国家省市县灾情速报平台，加强与有关行业、媒体和网站的灾情信息共享，充实灾情速报人员网络，拓展灾情快速获取手段和信息报送渠道，不断提升灾情速报能力。继续加强应急避难场所建设。

（五）扎实推进地震科技创新与国际交流合作

继续组织实施好“973”、科技支撑和行业专项等项目，持续推进基础理论研究，强化急需关键技术研发。加强国家重点实验室建设，结合国家野外科学观测研究站建设，启动首批局重点实验室建设。全力做好电磁监测试验卫星项目实施准备，抓紧开展地面应用系统立项工作，组织实施好遥感地震监测与应急应用示范工程先期攻关项目。

加强科技项目全过程管理，修订行业专项管理办法，规范项目立项、过程监管和验收，强化信息公开、数据共享和成果推广应用，开展项目后评估。加大开放合作力度，支持系统外科研院所、高校和企业，开展防震减灾核心科技问题攻关。建立科技项目分类评价制度，完善科技委咨询评议制度，健全科学民主决策机制。

稳定持续支持重点学科、重点领域的研究群体，开展前瞻性基础研究，带动科技队伍建设，提升科技创新能力和竞争力。统筹院所长基金和地震科技星火计划，促进局所合作，支持省局开展科技创新活动，促进基层科技人才培养。

深化与重点和发达国家的合作，组织好中美地震科技研讨会等双边合作活动。支持参加国际组织活动，加速优秀人才培养。积极参与国际紧急救援行动，推进援建巴基斯坦和萨摩亚等国地震台网建设。组织好海峡两岸地震科技研讨会及人工测深二期项目，强化与台港澳地区的交流合作。

（六）大力开展创先争优活动

要以更加有力的组织、更加鲜明的主题、更加有效的形式，紧紧围绕推动科学发展、促进社会和谐、服务人民群众、加强基层组织的总体要求，突出重点难点，组织广大党员，带动广大职工，真抓实干，深入广泛开展创先争优活动。

要把创先争优列入党组（党委）重要工作日程，广泛开展公开承诺，认真做好领导点评。把“五个好”“五带头”作为公开承诺和领导点评的主要内容，公开承诺形式，创新点评方式，加强监督检查，在承诺、践诺、评诺的实践中彰显创先争优活动的特色和亮点，以创先争优活动的扎实开展，推动中心任务完成和队伍建设。

继续抓好党的各项建设，大力推动党的十七届五中全会精神的学习贯彻，持续加强学习型党组织建设。深入贯彻《中国共产党党和国家机关基层党组织工作条例》，着力抓好基层党组织带头人队伍建设。组织广大基层党组织集中开展纪念建党 90 周年系列活动。

（七）统筹做好各项保障工作

继续加强干部队伍建设。制定领导班子建设规划实施意见，做好领导班子考核调整、公务员招录调任与培训，选好干部，配强班子，加强公务员队伍能力建设。贯彻落实干部人事制度改革规划纲要，制定综合考核评价办法，客观准确考核评价领导班子和领导干部。制定后备干部队伍建设规划，做好后备干部的考察认定和培养使用。加强干部选拔任用专项检查，匡正选人用人风气。组织实施好人才队伍建设重大计划和工程、青年骨干人才出国留学等项目，加大对高层次人才队伍、科技创新团队的培养力度。完成部分单位编制调整，规范地震台站机构，在推行事业单位聘用制度的基础上，完善事业单位岗位管理。

继续强化政策法规保障。加强对国发 18 号文件贯彻落实的调研，总结推广各地经验，及时提出政策建议，提高政策执行效果。继续实施好 3 个全局性课题研究，推动全系统政策研究开展。全力配合做好应急条例修订审议，启动预报条例修订预研究和立法后评估，努力推进地方立法。总结“五五”普法，实施“六五”普法规划。完成 10 多项国家和行业标准的报批发布，开展重大建设项目相关标准和地震标准分体系表研究，加大标准实施监督力度。推进地方政策法规工作机构和队伍建设，加大工作力度，强化依法行政能力。

继续完善财务和国有资产管理。以结转和结余资金管理改革与财务信息系统建设为突破口，进一步强化预算和财务管理，提高预算执行能力，充分发挥资源效益。出台经营性国有资产管理改革指导意见和管理办法，稳步推进改革工作，逐步规范经营方式和收益分配，完善国有资产监管体系。要探索资产管理新模式，为实现定员定额与资产状况相结合的预算管理体系奠定基础。

进一步关心职工生活，着力解决好艰苦台站职工、困难职工的实际问题。加强离退休干部党支部建设和思想政治建设，落实离退休干部政治待遇和生活待遇，改进离退休干部服务管理工作，在推动防震减灾科学发展、促进社会和谐中发挥好离退休干部的积极作用。做好新闻宣传和舆情跟踪引导。继续做好信访维稳、保密、安全生产和后勤服务等工作。

四、2011 年党风廉政建设的主要任务

胡锦涛总书记在十七届中央纪委第六次全会上发表了重要讲话，从党和国家事业发展全局和战略的高度，全面总结了党风廉政建设和反腐败斗争取得的成效和经验，科学分析了当前反腐倡廉形势，明确提出了2011 年党风廉政建设和反腐败工作的主要任务。着重阐述了切实把以人为本、执政为民贯彻落实到党风廉政建设和反腐败斗争之中的重要性、紧迫性和总体要求。强调要把实现好、维护好、发展好最广大人民根本利益作为一切工作的出发点和落脚点，坚持权为民所用、情为民所系、利为民所谋，认真解决损害群众利益的突出问题和反腐倡廉建设中群众反映强烈的突出问题。胡锦涛总书记的重要讲话，体现了新时期党风廉政建设和反腐败工作的新思路、新要求、新举措。

结合地震系统实际，学习领会胡锦涛总书记的重要讲话精神，就是要把“以人为本、执政为民”理念贯穿于党风廉政建设工作始终，具体体现在3 个方面：一是把维护广大人民群众根本利益、解决损害群众利益的突出问题作为工作的出发点和落脚点；二是把地震系统易滋生腐败的重点领域和关键环节中群众反映强烈的突出问题作为突破口；三是把严格执纪与教育、保护、挽救干部有机结合起来，通过严格管理，保证干部、经费、项目安全，作为关心爱护干部的着力点。各单位各部门要认真学习、贯彻落实十七届中央纪委第六次全会精神，准确把握胡锦涛总书记重要讲话的深刻内涵，继续深入推进反腐倡廉建设，着力提升反腐倡廉的科学化水平。

随着防震减灾社会管理和公共服务职能的进一步强化、政府投入力度不断加大、重大工程建设项目和重大科研项目立项和实施、经费投入大幅度增长，地震系统反腐倡廉建设面临严峻挑战。我们应清醒地认识到，党风廉政建设和反腐败工作仍存在薄弱环节和不容忽视的问题，务必引起我们高度重视，认真研究，切实加以解决。

2011 年工作的总体要求是：全面贯彻落实十七届中央纪委第六次全会和国务院第四次廉政工作会议精神，坚持以人为本的理念，坚持标本兼治、综合治理、惩防并举、注重预防的方针，以建立健全惩治和预防腐败体系为重点，以“六个加强”为抓手，切实抓好党风廉政建设各项任务落实，推进反腐倡廉建设科学化，为促进事业健康发展提供有力保证。

（一）加强监督检查，保证重大决策部署的贯彻落实

认真学习贯彻党的十七届五中全会精神是当前和今后首要政治任务。各单位各部门要研究提出贯彻落实措施，纪检监察部门要严肃政治纪律，会同有关部门加强贯彻落实情况和政治纪律执行情况的监督检查，为全会精神落到实处提供保证。

要继续加强党中央、国务院和局党组重大决策部署贯彻落实情况的监督检查，重点检查国发18 号文件和“十二五”规划编制和实施、加强监测预报工作、市县工作以及纪检监察审计队伍建设等文件的落实情况。纪检监察部门要会同有关部门把发现问题和督促整改作为重要任务，完善首问负责制、限时办结制、责任追究制等制度，有效整合监督资源，切实提高监督检查的针对性和有效性，促进防震减灾各项任务的落实。

积极探索效能监察，提高行政效能，推动重大决策部署贯彻实施。开展地震灾后恢复重建资金使用、地震安评项目质量的效能监察，提升行政管理和服务社会的能力和水平。

（二）加强教育监督，全力促进廉洁自律和作风建设

认真贯彻落实党中央关于加强领导干部反腐倡廉教育的相关文件，以理想信念和党性党风党纪教育为重点，深入开展示范教育、警示教育和岗位廉政教育，结合“十五”网络软件项目暴露出的问题，组织好警示专题教育，推进地震系统廉政文化建设，增强反腐倡廉教育的针对性和实效性。进一步强化对领导干部监督，对6个单位进行党风廉政责任制考核，安排7个单位党政主要负责人和纪检组长（纪委书记）向局党组述职述廉，严格执行谈话制度；安排8个单位巡视，对8个单位巡视回访，加强对整改落实情况的监督检查；坚持民主集中制，“三重一大”事项严格按规定集体决策，指导6个单位领导班子民主生活会；加强对职能部门关键岗位监督制约，规范工作程序，对分管人财物和项目的岗位实行刚性轮岗制度。

（三）加强制度创新，推进惩治和预防腐败体系建设

落实《建立健全惩治和预防腐败体系2008—2012年工作规划》（以下简称《工作规划》）已经进入关键阶段，各单位要在完善惩治和预防腐败体系各项制度的基础上，加强督促检查，抓紧落实《工作规划》确定的各项任务。

开展反腐倡廉制度建设活动是贯彻落实《工作规划》的重要举措。机关各部门要进一步发挥示范引导作用，抓紧完成相关制度制修订工作。各单位要按照统一部署，全面完成反腐倡廉制度建设活动各项任务。

要认真总结和充分吸纳多年来制度建设和执行中的经验和教训，特别是国家地震安全工程实施在即，要抓紧总结“十五”项目管理的经验教训，强化制度建设，改进和完善重大项目管理模式，围绕“限权、制衡、程控、公开、监督”五个方面，加强权力制约监督，切实把预防腐败的要求落实到重大项目的各个环节，建设科学有效的监控机制。严格的管理，规范的程序，严肃的纪律，是局党组贯彻以人为本理念，对干部职工的关心和爱护，也是对大家最大的保护。

制度的生命力，关键在于执行。要加强制度执行的监督检查，在制度执行上领导干部要发挥表率作用，要把制度执行情况纳入党风廉政建设责任制考核和述职述廉内容，对执行不力的要坚决追究责任，切实维护制度的严肃性。各单位各部门要选择2～3项重要管理制度进行分析评估，剖析完整性、科学性和可操作性，跟踪执行效果，为完善制度和提升制度执行力提供科学依据。年底前要对各单位制度建设活动进行检查验收和评估，对成绩突出的要进行通报表彰。

（四）加强专项治理，着力解决经费监管方面的问题

贯彻落实胡锦涛总书记的重要讲话精神，2011年要以解决经费监管方面存在的突出问题为主线，重点抓好3个方面的专项治理：一是开展重大项目、科研项目专项治理。采取自查和重点检查的方式，查找监管制度、经费预算和使用等方面的问题，采取有效措施进行整改。年底前，有关部门要建立项目后评价机制，对项目、课题进行质量评估与追踪问效；要建立诚信评估机制，对科研人员进行诚信评估，以此作为项目申报、专业技术职务晋升的重要依据。对出现严重质量和经济问题、管理不规范、验收不合格的项目，要追究承担单位责任。二是继续深化开发性实体、“小金库”专项治理。从规范开发性实体经营活动和财务管理入手，实行财务统一管理，建立合理收益分配制度，出台实施《经营性国有资产管理办法》。三是按照党中央统一部署，认真开展庆典、研讨会、论坛和公务用车等专项治理。

加大审计监督力度，重点开展预算执行、领导干部经济责任和开发性实体审计，强化重点项目和科研项目执行中的跟踪审计，加强预算审计和资金使用监管。巩固审计与财务联网成果，推行审计电算化。逐步推广巡视工作“审计先行”，积极探索片区联合审计和引进外部中介审计。

（五）加强案件查办，严厉惩治违纪违规等腐败行为

坚持惩防并举，进一步加大查处案件工作力度。要将专项治理与案件查办相结合，注重发现案件线索，严肃查处经营活动中虚列成本、偷逃税收的行为；严肃查处设立“小金库”、财务造假、公款私存等违反财经纪律的行为；严肃查处在项目和课题中报销个人费用、套取现金、乱发工资和津补贴等谋取私利的行为；严肃查处违反政治纪律和组织人事纪律的行为。坚持依法依纪办案，抓好案件审理，规范工作程序。

（六）加强组织领导，确保反腐倡廉各项任务的落实

认真落实党风廉政责任制。要根据党中央新修订的《关于实行党风廉政建设责任制的规定》，尽快修订相关办法。各单位各部门要以此为契机，坚持和完善党风廉政建设工作的领导体制和工作机制，明确责任分工，推动工作落实。领导班子要对党风廉政建设负全面领导责任，班子主要负责人要认真履行第一责任人的职责，班子其他成员要对职责范围内的党风廉政建设负主要领导责任，真正落实“一岗双责”。对不履行“一岗双责”、分管工作内出现严重违纪违规问题的要进行问责。

切实发挥职能部门作用。各职能部门做好党风廉政建设工作是职责所系、责无旁贷，要认真履行职能，把党风廉政建设任务列入本部门的议事日程，主动抓好业务范围内的反腐倡廉建设，充分发挥各自在人财物事监督和管理手段方面的优势，认真完成分工任务，加强部门间协调配合，努力形成分工明确、责权清晰、协调配合的监督体系和工作机制。纪检监察部门要主动加强与各部门的协商和沟通，健全完善工作协调机制，在工作部署、政策制定中广泛听取业务部门的意见，集中各部门智慧，努力形成共同推进反腐倡廉建设的整体合力。

加强纪检监察审计队伍建设。坚持把以人为本、执政为民贯彻到纪检监察队伍建设中去，纪检监察干部要用以人为本、执政为民统一思想、指导实践，以更高的标准、更严的要求切实履行党和人民赋予的职责。要充分认识对党负责和对人民负责的一致性，把忠诚于党和服务人民统一起来，把增强履行职责能力和提高服务群众能力统一起来，刻苦钻研纪检监察业务和各方面知识，自觉加强实践锻炼，着力提高维护群众利益、保障群众权益的本领。要保持谦虚谨慎、艰苦奋斗、奋发有为的精神状态和坚持原则、恪尽职守、秉公执纪的职业操守，进一步树立可亲、可信、可敬的良好形象，践行“做党的忠诚卫士、当群众的贴心人”。

（中国地震局办公室）

中国地震局党组书记、局长陈建民
在中国地震局依法行政工作领导小组会议上的讲话（摘要）

（2011 年 4 月 27 日）

为贯彻落实《国务院关于加强法治政府建设的意见》，加强对地震系统依法行政工作的组织领导，中国地震局成立依法行政工作领导小组，召开领导小组第一次会议，专门研究部署地震系统依法行政工作。

胡锦涛总书记在中共中央政治局集体学习时发表重要讲话，强调全面推进依法行政，弘扬社会主义法治精神，并从体制机制创新、增强领导干部依法行政意识和能力、提高制度建设质量、规范行政权力运行、保证法律严格执行等方面，对推进依法行政提出了明确要求。2010 年，国务院召开依法行政工作会议，发布《国务院关于加强法治政府建设的意见》，对推进依法行政工作进行全面部署。

地震部门作为政府防震减灾工作的主管部门，依法履行防震减灾社会管理职责，全面推进依法行政，是一个需要深入研究和做好的重大课题。在 2011 年全国地震局长会上，我们提出要坚持科学防震减灾、依法防震减灾、合力防震减灾。为全面部署地震系统依法行政工作，法规司牵头起草《中国地震局关于进一步加强依法行政的意见》，以及有关法制工作、法制人员和执法管理等规范性文件。在起草过程中征求了各单位、各部门的意见，进一步修改完善后，尽快发布实施，并抓好贯彻落实。

一、提高认识，高度重视依法行政工作

依法行政是建立法治政府的根本要求，是促进事业发展的重要保障，是增强防震减灾综合能力的有力手段。推进依法行政，首先要提高认识。随着法治国家的建设、法治政府的建立和法治社会的形成，地震部门强化依法行政意识、加强依法行政工作，尤为重要，其意义主要体现在以下几个方面：

一是坚持依法行政是巩固防震减灾工作格局的需要。经过多年实践，中国防震减灾工作形成了党委政府统一领导、部门协调配合、社会广泛参与的工作格局，这与胡锦涛总书记提出的社会管理格局是一致的。工作格局的形成体现了党和政府以人为本、执政为民的理念，体现了防震减灾在经济社会发展大局中的作用，体现了加强防震减灾社会管理的重要性。工作格局的形成对促进防震减灾事业全面、协调、可持续发展具有深远的意义。在依法治国、建立法治政府的大环境下，坚持依法行政，是巩固防震减灾工作格局的必然要求。

二是坚持依法行政是健全防震减灾工作机制的需要。建立有效的工作机制，对工作开展和事业发展非常重要。近年来，我们从防震减灾的实际出发，在震前、震时和震后各领

域工作中，为辅助政府决策、协调部门联动、动员社会参与，建立了一系列工作机制。工作机制的建立需要以法制为依据，工作机制的运行需要以法制作保障，工作机制的建立和运行就是依法行政。

三是坚持依法行政是形成防震减灾工作合力的需要。防御和应对地震灾害，必须依靠全社会共同的力量。坚持依法行政，就是要充分依靠法制手段，动员和引导各主体积极有效地参与防震减灾活动。随着经济社会发展和社会公众法制意识的增强，通过法制明确各方面的职权和职责，权利和义务，有利于形成防震减灾的合力，营造共同防震减灾的社会环境。

四是坚持依法行政是提升防震减灾工作效能的需要。随着地震监测预报、震灾预防和紧急救援工作体系的逐步健全，进一步提升防震减灾效能和整体能力，必须健全防震减灾社会管理体系，使防震减灾工作实现基础与能力并进，速度与质量并进，规模与效能并进。依法加强防震减灾社会管理，是各级地震部门的职责。按照建立法治政府的要求，加强和规范社会管理，健全社会管理体系，必须坚持依法行政。

二、依靠法制，促进事业更高层面发展

地震系统各单位要树立法制观念，全面认识地震部门作为防震减灾工作主管部门所承担的职责，切实将依法行政贯穿防震减灾工作的全领域、全过程，立足国家和社会的需求，完善工作措施，把工作做得更实、更好，促进防震减灾事业向更高层面发展。

第一，从观念上，要强化依法行政意识，站在更高层面认识部门工作定位。依法行政是政府的行为准则。地震部门是政府防震减灾工作主管部门，一方面，承担着促进防震减灾事业发展的职责；另一方面，承担着防震减灾社会管理的职责。各级地震部门必须按照经济社会发展、政府职能转变和法律法规的要求，找准工作定位。依法行政是全方位、全领域的工作，在日常管理工作中做到依法行政，是履行主管部门职责、发挥主导作用的要求。机关各部门特别是业务部门代表中国地震局管理防震减灾相关领域的工作，必须牢固树立依法行政意识，提升依法行政能力。

第二，从制度上，要完善防震减灾立法，站在更高层面规范防震减灾工作。制度建设是依法行政的前提。随着中国特色社会主义法律体系的建成，中华人民共和国防震减灾法制框架基本建立，法律制度不断健全，更加符合时代特征，为做好依法行政工作奠定了良好基础。继续完善防震减灾法律制度，规范防震减灾行为，全面做到有法可依，仍然是当前和今后一个时期的重要任务。进一步推进防震减灾立法，要从强化国家防震减灾工作格局出发，从促进政府部门协调配合出发，从动员全社会共同参与出发，从有利于形成工作合力出发。要体现经济社会对防震减灾的新需求，体现政府对防震减灾工作的新要求，体现近年来防震减灾实践的新经验，为事业发展提供更加有力的制度保障。

第三，从要求上，要全面履行法定职责，站在更高层面推进事业科学发展。履行法定职责是政府部门的使命。《中华人民共和国防震减灾法》明确了各级地震部门的职责，同时对各级政府、相关部门和社会组织的职责进行了明确的规定。履行法定职责，要着眼防震减灾服务经济社会发展的各层面、各领域、各环节，立足为经济社会科学发展提供安全保

障。必须全面正确履行自身的法定职责，贯彻工作部署，落实工作措施，健全工作体系，提升工作水平。同时，在制定防震减灾政策、确定发展战略和应对地震灾害等方面，为政府职责履行当好参谋、助手。在区域战略、产业发展、城乡规划和工程建设等方面，为政府相关部门履行防震减灾职责做好服务。在宣传减灾文化、普及防震知识、公开地震信息和动员社会参与等方面，为社会公众提供服务。分析日本9.0级地震的经验启示，其完备的减灾法律和有力的减灾计划，保证了全社会在震前和震时一致的减灾行动，在大震巨灾面前，房屋建筑较好的抗震性能、先进的预警系统和民众较高的防灾素质，对防御和应对地震灾害发挥了重要作用，一条重要的经验就是得益于严格的法律制度与执行。推进各层面法定职责的全面落实，对逐步提升防震减灾综合能力非常重要。

第四，从措施上，要健全社会管理体系，站在更高层面力求防震减灾实效。强化社会管理是防震减灾的重大课题。胡锦涛总书记在2011年初省部级主要领导干部社会管理及其创新专题研讨班的重要讲话中，从以人为本、执政为民的高度，将包括地震在内的自然灾害防范工作纳入社会管理范畴，明确要求加强监测预警机制建设、应急体系建设、防灾救灾能力建设。对防震减灾而言，在三大工作体系建设的基础上，健全社会管理体系，是防震减灾能力从量的积累实现质的转变的必然要求。健全防震减灾社会管理体系必须以法制为依据，以法制作保障。强化社会管理，就是要以部门行动引导社会联动，把业务能力转化成减灾能力，以工作成效实现减灾实效。政策研究、法规制定、规划实施、监测预测、震灾预防、应急救援、恢复重建、科技创新、知识普及和社会宣传等方面，都要着眼于社会，着力于管理，站在更高层面开展工作。

三、强化措施，努力提升依法行政水平

推进工作的关键在于措施的落实，科学的措施来自于科学的认识和深入的研究。地震系统广大干部职工要注重调研、注重学习，善于分析、善于思考，在这方面机关要率先垂范。只有通过学习、思考和研究，提高认识，才能够制定出好的政策、好的措施，才能提升我们的工作水平。做好依法行政工作，要在学习掌握国家的方针政策、法律法规和总体要求的基础上，再结合实际研究制定有效的措施，积极加以推进。近年来，地震部门依法行政工作取得了可喜进展，法制框架更加完善，普法教育更加深入，行政执法更加有力，法制监督更加强化，职能履行更加全面，但距离建立法治政府的要求还有一定的差距。进一步推进依法行政，要做到以下几个方面：

一要做到立、行并重。通过立法实现有法可依，是依法行政的基础。在立法方面，既要进一步健全《中华人民共和国防震减灾法》配套的法规规章，也要完善相关工作制度和技术标准，实现各项工作的制度化、规范化、标准化。在执行方面，把法律制度弄明白，把落实措施做到位，自觉遵守法律，依法管理和推进相关工作。

二要做到权、责统一。防震减灾法律法规是规范全社会的，也是规范我们地震部门的。法律制度赋予了地震部门有关管理职权，在履职过程中，必须坚持权力和责任的统一。要做到依法管理、敢于管理、善于管理，运用法制手段把防震减灾工作管住、管好。当前社会对防震减灾非常关注，更加凸显了我们的责任，职责履行是否全面、是否到位，直接关

系工作成效和事业发展。

三要做到管、做分开。推进依法行政要理顺局系统内部的行政管理体制。从地震部门的机构职能定位来说，局机关是决策机构，业务中心是执行机构，科研院所是研究机构。推进依法行政，要处理好机关与业务中心、研究所的关系，在职能履行、业务支撑、科技创新和项目实施中，做到管、做分开，各司其职，各负其责，把各个单位的能动性、创造性最大限度地释放出来。

四要做到上、下联动。推进依法行政要形成全国一盘棋。各级地震部门要依法履行各自职能，上下联动，整体推进。特别要注重发挥市县地震部门依法管理社会、服务社会的窗口作用。局机关各部门要按照各自职能，加强对全局系统相关工作的业务指导和督促检查。要关注各地工作动态，分析研判工作热点、焦点和难点。要加强调查研究，广泛听取基层意见，及时研究解决依法行政和事业发展中出现的新情况、新问题，推进各项工作有序开展。

（中国地震局办公室）

中国地震局党组书记、局长陈建民在2011年地震科技工作会议上的讲话（摘要）

（2011年6月8日）

这次会议是在“十二五”开局之年召开的一次重要会议，也是学习贯彻温家宝总理在中国科协第八次全国代表大会上的重要讲话精神，深入落实全国防震减灾工作会议和《国务院关于进一步加强防震减灾工作的意见》精神的一次重要会议。开好这次会议，对于科学地分析当前地震科技面临的新形势、新任务，更好地发挥地震科技的支撑引领作用，促进防震减灾事业在新的历史起点上更好更快地发展，具有重要意义。

一、近年来地震科技工作取得显著进展

近年来，特别是2009年地震科技工作会议以来，在党中央、国务院的正确领导下，我们以科学发展观为指导，以最大限度减轻地震灾害损失为根本宗旨，汲取汶川地震科学总结与反思成果，按照全国地震科技大会和《国家地震科学技术发展纲要（2007—2020年）》绘制的宏伟蓝图稳步推进各项工作，把发挥地震科技对防震减灾事业发展的支撑引领作用、提高科技创新的贡献率作为推进事业发展的重要驱动力，统一思想，合力奋进，采取了一系列重大措施，地震科技工作取得了显著成效，突出体现在以下三个方面。

一是地震科技发展有了新举措。经党中央批准，中国地震局恢复设立科学技术司，进一步加强了对地震科技工作的领导，提升了宏观管理能力；研究出台了《关于进一步加强地震科技工作的意见》，组织编制了《中国地震局“十二五”地震科技规划》，明确了推动地震科技创新、提升社会管理和公共服务水平的思路和举措；进一步优化地震科技布局，明确了研究所、任务型事业单位、省级地震局在科技工作中的定位；设立了“地震科技星火计划”专项，为省级地震部门打开了科技工作经费渠道；成立了新一届科技委，并首次邀请5名国际知名专家作为科技委外籍委员；部分省局还独立设置了科技管理机构。

二是地震科技管理进行了新探索。引入全过程管理理念，对科技项目管理进行了新的尝试。在规划和立项阶段，认真研究，严格论证，提出了以项目库落实科技规划目标和任务的模式，并遴选出“十二五”期间重点科技项目。在项目执行阶段，落实项目年度进展报告和中期检查、抽查制度。在项目验收阶段，严格验收标准，刚性增加系统外评审专家比例，实施信誉监督和问责制，对于执行不力的项目责令整改，对个别未完成目标任务的项目坚决不予通过验收，初步实现了科研项目的全过程动态管理。首次编制了地震系统科技工作年报，会同中科院和国家自然科学基金会，组织27名国内外知名专家，编写《中国地震减灾中地震学面临的巨大挑战和重大工程》咨询报告。对建立地震系统科技活动的多元分类评价体系进行了政策研究。

三是地震科技创新取得了新进展。以3个“973”项目和自然科学基金项目为重点，扎实推进基础研究。其中“活动地块边界带动力过程与强震预测”项目已通过验收，在《自然：地球科学》上发表的论文被列为亮点文章。以5个国家科技支撑计划项目和地震行业科研专项为主体，全力开展急需关键技术攻关研究，其中，“强震监测预报技术研究”等2个项目通过验收，向科技部推荐重大科技成果15项，部分成果应用于汶川、玉树抗震救灾和恢复重建，取得了良好的社会效益。正在实施的科技支撑项目还为“国家地震烈度速报与预警工程”提供了科学储备和关键技术支持。全国地震基础性探查工作全面展开。地震电磁监测试验卫星列入“十二五”民用航天发展规划首批启动项目。组织玉树地震综合科学考察，获得了大量珍贵的第一手资料。

二、准确把握地震科技工作面临的新形势和新任务

加快科技发展，是贯彻实施“十二五”规划和全面建设小康社会的重要内容，科技进步是推动防震减灾事业发展的根本动力。未来五年，是中国全面建设小康社会、建设创新型国家的关键时期，也是防震减灾事业发展的重要战略机遇期和全面实现2020年防震减灾奋斗目标的攻坚时期。

综观地震科技面临的形势，我们必须进一步增强紧迫感、危机感和忧患意识，乘势而上，攻坚克难，主动迎接挑战，努力突破地震科技发展的瓶颈，提升防震减灾整体能力。

第一，要准确把握防震减灾事业发展的总体要求。近年来，伴随着经济社会快速发展和国内外一系列大震巨灾，地震灾害对经济社会和人民生活的冲击日益加剧，防震减灾事关经济社会发展全局的认识越来越深入人心。在全面建设小康社会宏伟目标的进程中，党和政府对防震减灾工作提出了新的更高要求，人民群众对地震安全提出了更殷切的期望，社会各界更加关注潜在的地震威胁。2010年全国防震减灾工作会议的召开和国务院18号文件的出台，明确了当前及今后一个时期防震减灾工作的指导思想、工作目标和主要任务，提出了一系列进一步推进防震减灾工作的重大举措。

贯彻落实国务院对防震减灾工作的总体要求，推进防震减灾事业向更深层次、更宽领域、更高水平发展，关键在于努力提高防震减灾基础能力。加快地震科学技术发展，增加防震减灾工作各个环节的科技含量，是做好社会管理和公共服务、全面提升防震减灾综合能力的重要保障和支撑。比如，在实现防震减灾内部管理向社会管理跨越的过程中，地震中长期预测、地震安全性评价、地震区划、应急救援、次生灾害预防等方法理论和技术手段，可以更好地为依法行政、经济建设和抗震救灾提供科学依据。在促进公共服务方面，通过不断丰富科技服务产品和建立公共服务技术平台，使震情与预警信息发布、灾情评估、减隔震技术等成果及时服务于政府决策和公众生活。因此，只有不断提升地震科技水平，才能更好地满足社会日益增长的需求，有效增强全社会防御地震灾害的能力。

第二，创新型国家建设为地震科技发展创造了良好环境。党中央、国务院近年来连续发布实施国家中长期科学和技术发展规划纲要、国家中长期人才发展规划纲要和国家中长期教育改革和发展规划纲要，确立了科技是关键、教育是基础、人才是保障的战略布局，完成了科教兴国战略、人才强国战略、建设创新型国家战略的顶层设计，为我们做好新形

势下的地震科技工作指明了方向。为实现到2020年使中国的自主创新能力显著增强，取得一批在世界具有重大影响的科学技术成果，进入创新型国家行列，国家出台了一系列政策措施加快科技创新，加速推进科技创新基地建设，持续加大科技经费投入，2010年科技经费投入达到2005年的3倍，全国科学研发（R&D）经费接近7000亿元，有望进入世界前三位。

创新型国家建设为地震科技发展创造了良好环境，地震科技经费投入有了稳定较快增长，仅财政部投入的科研经费就从2001年的1.07亿元增长到2011年的4.87亿元，增长了近4倍。在国家重点实验室、野外科学观测研究站、人才队伍建设等方面也都得到了国家有关部门的大力支持，基本上缓解了长期以来科技经费严重不足的问题，各单位科研条件均得到较大改善，科研氛围更加浓厚，普遍实现了由求生存到谋发展的重大转折。可以说，我们正处于地震科学技术发展机遇和条件最好的时期，必须抓住机遇，瞄准国家防震减灾目标和世界地震科技前沿，坚定信心，知难而进，不断开创地震科技发展的新局面。

第三，防震减灾事业亟需科技率先突破发展瓶颈。防震减灾工作科技性强，科技含量高，所面对的是一系列世界性的科技难题，目前制约防震减灾事业发展的主要问题很多是科技问题。在监测预报领域，我们对地震孕育发生机理的认识还很肤浅，传感器研制多年未取得突破性进展，地震短临预报仍处于科学探索阶段；在震害防御领域，地震成灾致灾机理认识有待深化，抗震设防技术研究亟待加强；在应急救援领域，灾情获取和快速评估技术难以满足现场地震应急需要；在科技基础性工作方面，全国范围的基础探测工作刚刚起步等等。只有依靠科技，我们才能破解当前防震减灾面临的关键难题，支撑防震减灾事业发展；只有依靠科技，才能通过前瞻性前沿性研究，为发展提供不竭动力，引领防震减灾事业发展。

同时，地震科技本身也孕育着新的突破。许多国家将创新提升到国家战略层面，作为后金融危机时代实现可持续发展的首选，大型科技计划密集出台，全球科技发展进入了最为活跃的创新时代，前沿科技领域孕育着新的突破。地震科学所需要的科学研究手段不断改进，特别是宽频带、大动态数字地震台网、空间对地观测、深部探测等观测手段不断创新，信息技术、超算等基础条件平台不断改善，与其他学科的交叉融合使地震科学取得重大突破成为可能。全球大震频发也引发了对许多科学问题新的思考，如日本地震海啸引发的核安全问题，新西兰克赖斯特彻奇地震引发的液化问题，这些都在催生着地震科学的进步。有关国家纷纷加大研发力度，把科技创新作为提升抵御地震灾害能力的重要手段，国际地震科技竞争与交流合作达到历史新高，地震科技有望迎来新的突破和进展。

地震科技工作者应该主动把地震科学纳入地球系统科学中去研究，我们的科研基于观测和实验，但不能缺乏对地球科学整体的关注，如果仅限于自己所研究的局部或者枝叶末节，深陷于各种数据的汪洋大海，其结果必然是盲人摸象，着力越多往往离科学研究的真谛越远，这也是我们近年来反复强调要加强监测、预报、科研、实践紧密结合的原因。当前科学技术的发展，无论是在理论层面还是方法层面，都面临着越来越多元化的选择，对于我们所从事的地震科学研究，我认为有必要用一些辩证法和方法论的指导，不时回顾走过的历程，用整体的、发展的观点从长时间尺度去研究，不能用局部的考察代替整体的把握、用个别案例的剖析代替对全局的认识，要在漫长的地质过程中分析地震的本质，思考运动变化的规律。

我们也必须清醒地看到，虽然我们在防震减灾工作的各个方面都取得了明显的进步，但在基础研究和关键技术等方面仍未取得突破性的进展，甚至对一些重大基础科学问题的发展方向和技术路线还存在认识不清的问题；科技工作总体布局虽初步形成，但开放流动、竞争协作的创新局面尚未形成，相关配套政策和管理机制仍有待完善；产学研结合不够紧密，成果转化率不高；科研与需求脱节，“两张皮”的现象仍较严重；科技人才队伍虽不断壮大，但创新人才和优秀团队明显不足，骨干人才流失现象需要进一步重视；科技资源分散，在一些重大战略问题和关键技术研究领域难以集中资金和力量实施重点突破……

总之，地震科技工作机遇与挑战并存，我们要客观、科学地认知地震科学所处的发展阶段，充分认识发展道路上的困难和挑战，更要牢牢把握难得的发展机遇，增强责任感、使命感，努力实现地震科技发展的新突破。

三、围绕防震减灾上层次上水平，大力推进地震科技创新

防震减灾工作每一步发展都离不开科技的支撑引领，防震减灾工作必须把科技创新作为灵魂和基点，坚定不移地贯彻实施《国家地震科学技术发展纲要（2007—2020 年)》，以地震科学重大基础研究和防震减灾三大体系发展急需解决的关键技术突破为重点，明确发展目标，确定优先领域，抓好关键环节，通过稳定支持基础研究、大力开展应用研究，强化科技基础性工作，组织实施重大科技专项和科学工程，全面提升地震科技创新能力，实现最大限度减轻地震灾害损失的目标。

一是依靠科技着力提升防震减灾的基础能力。在监测方面，要建设现代化立体地震观测系统，要依托现代数据处理技术，建设准确快捷的地震参数测定发布系统，推进先进的地震烈度速报预警系统建设；在预测预报方面，要加快推进有物理意义的预测理论方法探索，做到长期预报有成效，中期预报有突破，短临预报有认识，震后趋势判定有作用；在震害防御方面，设防的基础数据要更详实，成灾机理更清楚，灾害风险预测、安全性评价、抗震设防技术更加成熟，努力做到抗震设防管理更有底气；在应急救援方面，面向大震巨灾的灾情信息收集评估技术，要从依靠人力调查为主转变到依靠多手段现代信息获取技术上来，要发展指挥辅助决策系统，研发配备专业搜救装备，确保应急救援更加有序有力。

二是依靠科技全面加强防震减灾的公共服务和社会管理。着眼政府、社会和公众对地震科技的需求，促进科学技术向防震减灾公共服务能力的转化，如区划图要更加符合社会对抗震设防的要求；要充分利用地震科技资源，进一步挖掘科技服务潜能，加快推进已有地震科技成果推广转化，拓展丰富服务产品，如地震参数和烈度的速报要满足信息社会的公众需求；要面向地震的应急救援决策、城市发展规划、地震安全性评价、公众素质教育、对外援助等重点服务领域，探索实施地震科技专项行动，突破一批关键技术，集成开发成套服务产品；要制定完善相关政策标准，推进地震科技产业化环境建设，利用市场机制，引导和培育地震科技服务中介机构、地震科技创新企业等，积极发展地震科技服务产业。

要加强防震减灾软科学研究，探索适应中国国情的地震灾害对策。要通过科技手段，从传统的人力驱动型管理向数字化、网络化、信息化高效管理转变。

四、强化管理和服务，努力提升地震科技贡献率

当前各级地震部门要把强化科技管理，提升服务保障能力作为重点，抓好贯彻落实。

第一，形成协调配合的管理合力。地震科技管理是一项复杂的系统工程，要科学设计、统筹协调，有步骤地系统推进科技管理决策体制、评价体系以及科技人员管理等改革，最大限度地调动和激发地震系统的创新活力。科技管理部门要充分发挥综合协调职能，组织提出重大基础理论问题，研究制定科技发展规划和政策，组织管理重大科技项目和科技平台建设；发展财务部门要积极开拓科技投入渠道，健全投入机制，提高投资效益；各业务主管部门要研究梳理科技需求，配合开展科技攻关，推广转化科技成果，核心是运用科技提高业务能力；地震系统各单位要按照中国地震局的统一布局，着力解决区域防震减灾中的科技问题，并争取在重大科技问题方面有所建树。

第二，强化科研项目全过程管理。要进一步加强项目立项、实施、验收和后评估的全过程管理。在立项申报阶段，要坚持科学论证，避免临时拼凑。在项目执行阶段，要加强监督检查。在验收阶段，要严格验收标准和程序。项目完成情况要与单位和个人信誉挂钩，对于任何科研不端行为实行“零容忍”。要逐步建立项目后评估机制，在项目验收后一段时间内，增加对其成果转化应用的检查。加强科技信用管理，鼓励并约束地震科技人员遵纪守法、潜心研究、尽职尽责完成工作任务。

第三，推动产学研用深度结合。地震科技创新需要业务和科技密切配合、良性互动。业务管理部门要进一步找准业务发展面临的关键科学技术需求，科技部门要整合资源、聚焦需求、努力突破制约发展的瓶颈。要在地震观测仪器设备、地震信息收集发布、地震灾害评估、地震应急辅助决策、农村民居地震安全、地震安全性评价、烈度速报与预警等重点领域，强化技术开发、应用示范、市场引导培育和研发生产等环节，突破一批基础性关键技术与集成技术，直接应用于防震减灾能力提升。要特别重视应用性科研成果向实际应用的转化，探索建立地震科技孵化器和仪器研发中试基地，加速推进产学研用结合的技术创新体系建设。

第四，稳定支持基础研究。对于基础和前沿研究，必须进一步予以重视和加强。要着眼地震科学前沿，进一步明确重点领域和主攻方向，把有限的科技资源集中于防震减灾业务和服务方面急需解决的重大科技问题上。要继续大力推进特色研究所建设，充分发挥地震系统研究所在基础研究领域的主力军作用。要保持基础研究稳定投入和竞争性经费的适当比例，激发基础研究的动力和活力。加强重点实验室、野外科学研究观测站等基础条件平台建设。

第五，建设优秀科技人才队伍。坚定不移地实施人才强业战略，进一步完善科技人才队伍结构，完善人才工作体制机制。要着眼于防震减灾事业战略需求和国际地震科技前沿，通过培养和引进高水平领军人才、挖掘内部潜力、加强青年科研梯队建设等方式，努力建设一支引领地震科技发展、着眼长远的科技人才队伍。要加强政策研究和科技保障机制建

设，稳定支持和培养造就一批创新能力强、潜心研究的地震科技领军人才和优秀科研团队。要继续坚持“走出去”和“请进来”的开放合作机制，加强与国内科研院所、高等院校以及世界知名地震科研机构的交流合作，鼓励系统外高水平科学家参与或联合开展科学研究，充分发挥“外脑”作用。要建立发挥防震减灾任务导向和科学家自由探索相结合的双力驱动机制，努力冲击防震减灾科技难题。

第六，营造良好的创新环境。要深入落实《中国地震局关于进一步加强地震科技工作的意见》，进一步完善促进地震科技创新的配套政策体系。要减少科研人员的事务性工作，确保用于科研活动的时间不少于工作时间的六分之五。要积极倡导良好的学风建设，大力营造敢为人先、敢于创造、敢冒风险、敢于怀疑批判的氛围，鼓励探索，宽容失败，提倡学术平等和学术争鸣，调动广大科技人员的积极性创造性，促使高水平人才脱颖而出。要加快建立地震系统科技工作的分类评价体系，客观、公正、科学地评价科研人员的劳动成果。要加强科研项目经费使用的管理，在不违反国家科研项目管理和财经纪律的前提下，营造宽松自由的科研环境，建立一定的激励机制，不断提高科技人员收入，改善他们的生活和工作条件。还要不断提高地震部门各级行政管理人员的科学素养，研究所和事业单位要加强对科研人员和科技活动的服务，避免科研管理行政化倾向。

（中国地震局办公室）

中国地震局党组成员、副局长刘玉辰
在2011年全国震害防御工作会议上的讲话（摘要）

（2011年3月1日）

一、“十一五”震害防御工作进展突出，成效显著

2004年全国防震减灾工作会议以来，在中国地震局党组的正确领导下，各级地震部门以党的十七大和十七届三中、四中、五中全会精神为指导，深入贯彻落实科学发展观，努力践行防震减灾根本宗旨，以实现防震减灾工作奋斗目标和三大战略要求为核心，以提高全社会防震减灾综合能力为重点，全面履行法定职责，震害防御各项工作取得突出进展。

（一）经受了大地震的考验

21世纪以来，相继发生了汶川地震和玉树地震，人员伤亡惨重，经济财产损失和社会影响巨大，防震减灾工作经受了一场前所未有的考验和实践检验。地震发生后，地震系统广大干部职工在党中央、国务院的坚强领导下，与全国人民一道攻坚克难，夺取了抗震救灾的重大胜利。震害防御战线的同志们，在局党组的统一领导下，全力以赴投入到抗震救灾之中，及时收集整理灾区地震构造、地震活动等基础资料，为紧急救援工作提供参考；获得了数千条主震和强余震记录，填补了中国强地震近场加速度记录的空白，丰富了国际强震动记录数据库；全方位、多渠道、高强度组织开展紧急避险、自救互救等防震减灾科普知识宣传，为稳定正常生活、生产秩序发挥了积极作用；迅速组织工程震害和地震破裂带考察，修订灾区地震动参数区划，为灾区恢复重建和发展抗震理论、改进抗震技术、修订抗震规范提供了重要依据；会同灾区政府和有关部门，及时编制灾后恢复重建防震减灾规划、地震遗址博物馆规划，开展了地震遗址、遗迹保护；汶川地震后，开展了科学总结与反思，全面总结震害防御工作经验和启示，提出了进一步完善震害防御领域工作的设想和建议。

多年来坚持不懈地推进地震灾害综合防御的工作实践，在汶川、玉树等地震中经受住了实战检验。震区所有严格按照地震安全性评价结果进行抗震设防的重大工程，基本没有造成严重破坏，即使在Ⅹ度以上极震区，达到抗震设防要求的一般建筑，也仍有许多没有倒塌；我们组织推广建设的地震安全示范农居，在遭遇Ⅶ～Ⅷ度地震影响时完好无损，有效保护了人民群众的生命安全；我们组织推广建设的防震减灾科普示范学校，老师学生在震后第一时间沉着应对、迅速疏散、科学避险，最大限度地减少了伤亡；我们长期坚持开展的全社会防震减灾知识普及宣传，促进了社会公众对地震防、抗、救科学知识的了解和掌握，减轻了地震可能造成的人员伤亡，保证了震后社会稳定和抗震救灾工作的有序进行。

（二）依法管理震害防御社会事务的能力显著提升

震害防御领域法制建设进一步加强。在《中华人民共和国防震减灾法》修订过程中，

完善了抗震设防基本法律制度，提高了学校医院等人员密集场所建设工程的设防标准，强化了建设工程强制性标准与抗震设防要求的衔接。各地积极推进地方性法规、规章和规范性文件的制修订，进一步细化了震害防御工作的相关制度和措施，稳步推进震害防御依法行政，积极协调各级政府和法制部门，做好抗震设防要求等行政许可事项清理保留工作，积极推进建设工程抗震设防要求管理纳入基本建设管理程序，全国大部分省级地震局和市县地震部门进入当地政府政务服务中心，集中办理行政许可事项，公开程序，阳光审批，促进了防震减灾法定职能的履行。

建设工程抗震设防要求和地震安全性评价监督管理进一步规范。各地积极争取各级人大和政府支持，组织开展了抗震设防要求和重大建设工程地震安全性评价专项执法检查，一些市县通过媒体定期公告建设工程抗震设防要求办理情况，促进了建设单位和社会公众对地震安全的关注，重大工程地震安全性评价数量稳步提升，5 年来，全国共审批 10000 余项重大建设工程抗震设防要求。印发了一系列加强地震安全性评价管理的规范性文件，全面实施地震安全性评价工程师执业资格制度，完成了首次地震安全性评价工程师注册和单位资质重新认定，实现了以行政许可制度为依托的社会化行业管理。

地震安全农居工程等社会防灾行动深入开展。2006 年国务院召开了农村民居防震保安工作会议，各地认真贯彻会议精神，成立组织领导机构，落实工作措施，形成了政府主导、部门协同、社会积极参与的工作机制，大力推进地震安全农居示范工程建设。据不完全统计，5 年来，各地建成地震安全农居示范点 24000 多个，惠及 660 多万个家庭，改善了长期以来农村房屋不设防的被动局面，激发和带动了农民群众建设安全家园的积极性。新疆抗震安居房在 30 多次 5 级以上地震中无一受损、无一伤亡，取得了突出的减灾实效。各级地震部门积极参与中小学校舍安全工程建设选址、安全鉴定、抗震设防要求确定、宣传教育、防灾演练及其分片包干等工作，有力地推动了校安工程的实施。积极推进防震减灾示范社区创建活动，部分地震安全示范社区已在抗震救灾中发挥了较好的减灾效果。

（三）市县防震减灾工作蓬勃发展

中国地震局充分发挥市县防震减灾工作指导委员会和各职能部门的作用，研究支持市县防震减灾工作的政策措施，印发了《关于加强市县防震减灾工作的指导意见》，着力推动市县防震减灾基层工作协调、稳定、快速发展。各级政府认真落实防震减灾法定职责，健全地震工作机构，加强人员管理与业务培训，95% 以上的市（地）和 70% 以上的县（市、区）设立有地震机构，市县防震减灾队伍已超过 10000 人。全国“一盘棋”思想在全系统取得共识。省级地震部门通过创新管理理念、理顺管理机制、推行目标责任考核、加大项目经费支持，不断探索推进市县防震减灾工作的途径。市县地震部门抢抓机遇，发挥自身优势，地震监测预报、震灾预防、应急救援三大工作体系建设迅猛发展，环境条件和技术能力随之发生重大变化，已经成为防震减灾服务经济社会发展的重要力量。

（四）防震减灾宣传教育日益深入

中国地震局围绕提高全民防震减灾科学素质的目标，紧密结合防震减灾中心工作和社会稳定发展需求，科学制定防震减灾宣传教育规划，确定年度宣传教育工作重点任务，建立有效激励机制，指导和推动全国防震减灾宣传教育工作。各地着力加强经常性防震减灾宣传教育体系建设，密切部门联动和社会协作，开办了地震科普网站，建设防震减灾科普场馆，创建防震减灾科普示范学校，开展防震减灾科学知识进机关、进学校、进企业、进社区、进农村、进家庭“六进”活动。短短几年中，已建成了防震减灾科普示范学校近4200所，防震减灾科普场馆2300多处，被认定为国家地震科普教育基地的就有58处。充分利用唐山大地震纪念日、防灾减灾日等重点时段，采取防震减灾知识竞赛、防震减灾科普夏令营、防震减灾征文、防震减灾知识巡回宣讲等形式，组织开展了针对性强、辐射面广、效果显著的重大宣传活动，扩大了防震减灾科普宣传效果，营造了防震减灾工作和谐发展的社会氛围。

（五）震害防御基础性工作稳步推进

作为公共服务产品的重要组成部分，活断层探测、城市地震小区划和震害预测等基础性工作得到稳步推进。在“十五”期间“中国地震活动断层探测技术系统”建设基础上，继续针对地震重点监视防御区和主要地震构造区，实施“区域地震活动断层探测与地质填图”等项目。各地结合国家重大项目，有序安排城市活动断层探测工作，积极推进探测成果在城市规划和土地利用中的有效应用。城市地震小区划和震害预测等基础性工作系统化和动态化管理，进一步夯实了城市震害防御工作基础。同时，切实加强和完善强震观测和资料分析研究，组织开展震害防御关键技术和减隔震技术研究推广应用，开展重大生命线工程地震预警和自动处置系统研究。

二、努力践行防震减灾根本宗旨，全面提高震害防御能力

进入21世纪以来，全球地震灾害频繁发生，安全与发展成为人类社会共同应对的挑战。国内外地震灾害经验教训充分表明，防御措施是否到位，直接影响着防震减灾的实效，2010年发生的新西兰、智利地震与海地地震造成的人员伤亡和经济损失形成了鲜明对比；汶川特大地震中，严格落实了抗震设防要求的建筑与抗震能力低下的建筑损失形成了鲜明对比；新疆农居工程经受住了多次中强地震检验完好无损，与2011年发生在云南盈江4.8级地震造成5000多间民房严重受损也形成了鲜明对比。中国是多地震国家，地震灾害对人民生命财产安全和经济社会发展的影响将长期存在。研究表明，未来一个时期中国的震情形势严峻而复杂，汶川地震、玉树地震造成的严重灾害表明中国综合抗御地震灾害的能力与发达国家相比仍有较大差距，与保障社会经济协调稳定发展的需求仍有较大差距，我们必须清醒地认识到这些差距在今后一个时期将长期存在，这也是我们防震减灾工作始终努力的方向。

在经历了汶川、玉树等地震灾害及其夺取抗震救灾胜利的实践后，中国的防震减灾事业发展环境正在发生深刻变化。各级政府和社会公众对多震灾国情的认识更加深刻，坚持防灾减灾并重、政府社会协同，全面提升国家防震减灾能力，已成为政府和全社会的共识与行动。修订后的《中华人民共和国防震减灾法》更加明确了政府、社会和公众的防震减灾责任与义务，防震减灾法制保障更加有力。党和政府以人为本的执政理念和日益增强的综合国力，为全面防御地震灾害提供了强有力的政治、经济、物质等保障。2010年召开的全国防震减灾工作会议和会后印发的国务院18号文件，对实现国家防震减灾奋斗目标任务作出了进一步的部署。各级地震部门紧密围绕国家防震减灾重大决策部署，抓住机遇，创

新思路，科学谋划“十二五”防震减灾事业发展，中国防震减灾事业发展的政治、法制、人文、科技和社会等环境不断优化，为动员、引导和组织全社会力量实现国家防震减灾目标创造了更加有利的条件。

“十二五”时期是全面建设小康社会的关键时期，也是实现国家防震减灾目标任务的关键时期，党的十七届五中全会对加强防灾减灾体系建设提出了部署要求。作为防震减灾工作和最大限度减轻地震灾害损失最有效、最直接的途径，震害防御在实现国家防震减灾奋斗目标的实践中涉及面最广、任务最重、需求最大。我们要紧紧抓住和用好“十二五”防震减灾事业发展大好机遇，牢固树立防震减灾根本宗旨意识，全面贯彻落实党和国家防震减灾重大决策，奋力开创震害防御工作新局面。

（一）适应发展形势，注重统筹兼顾，着力推进震害防御工作科学发展

在2011年的全国地震局长会暨党风廉政建设工作会议上，中国地震局党组书记、局长陈建民提出了以人为本、注重统筹兼顾、注重科技创新的科学防震减灾原则，这是总结多年来防震减灾工作经验，全面分析防震减灾工作面临形势后得出的基本认识。“十二五”时期，中国将构筑区域经济优势互补、主体功能定位明确、国土空间高效利用、人与自然和谐相处的区域发展格局，促进东、中、西部和城乡协调发展，实现速度和结构质量效益相统一、经济发展和人口资源环境相协调。震害防御工作必须紧跟国家经济建设的步伐，按照国家经济建设战略布局的总体要求，把服务于经济建设作为工作的落脚点、着力点，把统筹区域和城乡地震安全、统筹社会公众防灾素质和工程建设抗震设防能力的提高，作为工作的基本目标和主要途径。汶川、玉树地震灾害表明，伤亡和损失最重的都是城市中的老旧建筑、高速城市化形成的“城中村”，以及城乡接合部、乡镇和广大农村地区。随着城市化进程的加快、财富快速积累和人员高度集中，地震导致普通住宅等一般建筑的倒塌破坏将成为人员伤亡的主要因素。因此，在继续推进城市防御地震灾害工作的同时，必须下大力气提升农村地区抗御地震灾害的能力；在继续保证重大工程地震安全的同时，必须高度重视一般建设工程的抗震设防，全面提升中国城乡抗御地震灾害的能力。要进一步加强防震减灾科学普及能力建设，促进防震减灾科学普及与提高公民科学素质工程相结合，与国家公共服务体系建设相结合，普及防震减灾科学知识，繁荣和发展先进的防震减灾文化。要进一步加强震害防御科技创新服务能力建设，大力推进基础探测工作，着力加强抗震基础理论和减隔震技术的研发与推广应用，以扎实的基础工作服务于城乡建设规划，以先进的防御技术支撑引领震害防御发展，以科学的防御政策保障经济社会发展和国家地震安全。

（二）查找薄弱环节，加强法制建设，巩固发展震害防御依法行政基础

依法行政是现代政治文明的重要标志，推进依法行政、建设法治政府是各级政府的基础性和全局性工作，是加强社会主义民主政治建设、落实依法治国基本方略的重大举措，也是加强政府自身建设、提高行政管理水平的根本途径。防震减灾作为国家公共安全管理的重要组成部分，关系到人民群众的生命财产安全，关系到国家经济建设的持续发展和社会稳定，更要深入贯彻依法治国基本方略，大力加强法制建设，依法推进各项工作的发展。《中华人民共和国防震减灾法》颁布实施以来，经过各级地震部门的共同努力，中国防震减灾依法行政局面初步形成，社会依法参与防震减灾事务的意识逐渐增强，地震系统依法行政的能力和水平有了较大的提高。但是，与经济社会发展的客观需求相比，与依法治国、建设法治政府的基本要求相比，防震减灾依法行政还存在不小的差距，防震减灾工作中社会管理特征最明显、职能最丰富的震害防御工作显得尤为突出。在抗震设防管理方面，《中华人民共和国防震减灾法》已经确立了基本的法律制度，但是操作性强的行政法规、地方法规还不够，支撑管理的许多标准尚未制定，保证抗震设防要求得到有效落实的部门协调工作机制和制度还没有全面形成，抗震设防要求和地震安全性评价监督检查的措施、方法和抓手还不多；在依法履行职责中，地震系统自身的规范性还不够，敢于执法、善于执法的局面尚未形成。这些问题是我们制度中的“软肋”，工作中的“短腿”，必须抓紧研究解决。要在《中华人民共和国防震减灾法》的总框架之下，进一步完善各级法规和标准，进一步推进地震部门由内部管理向社会管理的重大转变，探索完善执法检查、行政执法的机制和制度，进一步规范震害防御行政审批服务，加强部门协作，强化抗震设防要求全过程管理，不断提高地震部门管理社会、服务公众的能力，巩固和发展依法行政的良好局面。

（三）强化各方责任，广泛动员社会，合力推动震害防御工作协调发展

防震减灾是一项复杂的社会系统工程，必须强化责任、广泛动员，真正形成政府主导、部门协作、全社会共同参与的局面。要牢固树立防御和减轻地震灾害政府负责的理念，逐步推行地方政府将防震减灾工作纳入责任目标考核体系，促进各级地方政府依法履行《中华人民共和国防震减灾法》定职责。各级地震部门作为防震减灾工作主管部门，要科学研判防震减灾工作形势，密切关注经济社会发展的动向和需求，积极为政府研究部署防震减灾工作出谋划策，做好政府的参谋和助手。在工作部署上，必须与政府的中心工作相结合，服从和服务于经济社会发展的中心工作。在工作方式上，必须加强与各有关部门和社会各界的主动协调，密切配合，形成全社会合力提升抗御地震灾害能力的工作机制。在抗震设防要求落实上，要加强与各行业部门合作，科学研究制定建设工程抗震设防标准，合理制定抗震设防监督管理机制和制度，做到行业之间衔接统一，部门之间共同协作；在震害防御关键技术攻关上，要加强与科研院所和大专院校的合作，充分利用社会资源，多学科交叉融合，提升震害防御的科技支撑能力。在防震减灾宣传教育上，要加强部门协作，在不断提升地震部门自身科普宣教能力的同时，充分依靠主流媒体、新兴媒体和各级各类科普场馆、文化站（馆）等社会资源，努力提高防震减灾科学普及率，提高全社会防震减灾意识和技能，形成全民共同参与防震减灾的格局。在基层工作上，要深入总结农村民居、中小学校舍安全等工程组织实施经验，进一步完善政府、部门、社会协同做好震害防御工作的体制机制，合力推进地震安全民居、安全社区、安全企业等震害防御基层基础工作，不断提高全社会防震减灾综合能力。

（四）坚持反腐倡廉，扎实开展创先争优，实现党风廉政建设和震害防御业务工作的双丰收

震害防御领域的许多工作都要面向社会、面向基层、面向群众，工作做得好与差，不仅体现了地震部门的社会管理和公共服务能力，也反映出地震部门的作风和效能，更关系到地震部门的公信力和形象。近年来，随着国民经济建设和社会的快速发展，抗震设防要求和地震安全性评价工作任务繁重，相关行政许可的监督管理已成为地震系统党风廉政建设工作的重要组成内容。各地要按照紧紧围绕推动科学发展、服务经济社会、加强能力建设、提高工作水平的要求，全面贯彻中纪委第六次全会和国务院第四次廉政工作会议精神，认真落实全国地震局长会暨党风廉政建设工作会议精神，以开展“讲党性、重品行、做表率”为抓手，以开展创先争优活动为契机，加强党风、政风、行风、作风建设，要进一步规范震害防御领域的地震行政许可服务，做到程序规范、时限合法、服务到位，进一步加强安评质量的效能监察，提升安评服务工程建设的能力和质量，在重大项目管理和各项震害防御工作中，科学决策、规范管理，促进党风廉政建设和创先争优活动与震害防御各项业务工作相结合，以良好的道德品行、职业操守、科学精神和务实高效的工作，切实提高各级地震部门社会管理和公共服务能力，切实提高震害防御工作效能和水平，致力营造地震部门依法行政、廉洁奉公、勤政效能、服务社会的良好形象。

三、“十二五”期间震害防御工作的主要任务

（一）全面加强建设工程抗震设防监管

抗震设防是全社会抗御地震灾害能力的重要基础，是实现最大限度减轻地震灾害的重要途径。各地要在不断完善重大建设工程抗震设防要求管理的基础上，着力推进一般建设工程抗震设防要求管理，突出学校医院等人员密集场所和公共建筑的监管，以发布新一代全国地震区划图为契机，加大推广实施力度，以推进纳入城乡基本建设管理程序为抓手，进一步完善部门协同工作机制，在抓好城市建设工程监管的同时，探索向村镇延伸，实现抗震设防要求的全覆盖、全过程监管。进一步加强抗震设防标准化工作，在编制好新一代全国地震区划图的同时，研究制定建设工程抗震设防要求标准，大力推进并积极参与各行业抗震设计规范的制定和修订，促进抗震设计规范与抗震设防要求的衔接，确保抗震设防要求在工程建设中得到落实。要继续完善地震安全性评价相关行政许可制度，加强地震安全性评价行业和资质管理，进一步完善并实施安评工程师制度，建立质量终身负责制，加强报告评审，保证安评工作质量。

（二）大力加强市县防震减灾工作

各地要以贯彻落实加强市县工作指导意见为主线，以推进防震减灾责任制落实为抓手，加强市县防震减灾工作。2010 年中国地震局下发的市县工作指导意见体现了局党组对市县工作的重视，也是总结多年来市县防震减灾工作实践得出的经验，文件明确了市县防震减灾工作的指导思想、总体要求和基本任务。各地各级地震部门要按照意见的要求，密切联系当地实际，细化具体落实措施，使市县地震部门这一防震减灾工作面向社会最直接、最有效的力量得到充分发挥。要在不断加强机构、人才建设的同时，加大对市县机构领导干部和业务骨干的培训力度，持续提高工作人员的业务素质和工作能力。在 2010 年召开的全国防震减灾工作会议上，回良玉副总理明确要求“要研究完善防震减灾考核指标体系，确保防震减灾工作责任的落实”，会后印发的 18 号文件在大众媒体公布，国家的要求明显提高，社会的需求明显加强。充分发挥各级地方政府的责任意识，是抓好新时期防震减灾工作的重要环节。各地要大力推进防震减灾工作纳入地方政府责任目标考核体系，把这项工作作为履行职责的重要措施，加大与各级地方政府的沟通，力争逐步形成逐级考核的完整体系。

（三）积极推进震害防御示范试点工作

积极探索，寻求突破，开展示范试点，以点带面推动全面发展，已经成为推进震害防

御工作的重要而且成功的经验。各地要通过继续强化技术服务和宣传引导，结合新农村建设、危旧房改造、移民搬迁等涉农建设项目，扎实推进农村民居地震安全示范工程实施，再建一批国家级、省级地震安全农居示范村点和抗震农居，为全面实施农村民居地震安全工程奠定基础。要以数量、质量双提高为方向，进一步推进地震科普示范学校建设，通过开展防震减灾知识普及、组织应急演练等手段，促进提高科普示范学校建设质量，增强中小学生防震减灾意识和防震避震能力。要继续大力推动地震安全示范社区建设，切实做到有部署，有要求，有检查，使这一新生事物成为推动全社会抗御地震灾害能力提升的有生力量。积极探索开展地震安全示范企业建设，选择不同地区、不同类型、不同规模的企业，组织开展国家和省级地震安全示范企业建设试点工作，建立样板，为全面推进地震安全企业建设提供指导。

（四）不断深化震害防御基础性工作

基础性工作是推进震害防御工作发展并取得实效的重要支撑，国务院18号文件对此专门提出了要求。各地和各有关单位要以“地下清楚”为目标，加强全国统筹和区域合作，深化震害防御基础性工作。近两年来，国家陆续批准了背景场探测、“喜马拉雅”计划等系列重大工程，项目涉及的各有关单位要精心组织实施、密切协同配合，高质量完成任务，提高项目产出和效益；各地要依托国家项目，努力争取地方投入，推进本地区地震构造调查和城市活断层探测等工作，形成合力，扩大基础探测覆盖面；要大力推进城市地震小区划、震害预测，以及重大建设工程和建筑物抗震能力普查等基础性工作，为城市规划和工程建设提供依据。同时，要适时组织开展中国海域地震区划，为国家海域功能区划、海域经济发展提供服务。另外，还要加强区划安评、结构抗震、基础探测、震害预测、重大工程地震预警和紧急自动处置等震害防御领域关键技术研究和推广应用，提升震害防御的科技支撑能力。

（五）努力拓展震害防御社会服务领域

提供社会服务是震害防御工作的重要内容，也是社会管理的延伸。2010年国家已经批准了地震安全社会服务工程，该项目旨在集成现有防震减灾成果，建立信息服务系统，为有关部门和社会提供地震安全服务。震害防御系统建设是项目的重要组成部分，项目实施涉及的各有关单位，要充分利用现有的基础探测、地震区划、震害预测、工程震害等基础资料，加强集成，形成专业数据库，建设城乡一体化震害防御服务平台。省级以下各级地震部门要依托国家项目，积极争取地方配套，努力建立全覆盖技术服务系统，提升基础工作服务于各层次震害防御工作的能力。同时，要针对政府、有关部门、社会公众、专业技术人员等不同服务对象，研究生产地震基础信息、地震区划、重大工程抗震、地震风险管理等方面的服务产品，满足不同层次的需求，不断拓展震害防御的社会服务领域和能力。

（六）加强防震减灾科普宣传教育

防震减灾科普宣传教育是防震减灾工作的重要组成部分，涉及面广，任务繁重，全国防震减灾会议和全国地震局长会都提出了明确的要求。各级地震部门要按照国家和中国地震局党组的要求，开拓思路，创新工作，把科普宣传教育工作抓实抓好，提升防震减灾的“软实力”。要注重部门联动和协作，进一步密切与党委宣传、组织部门，以及政府人力资源、教育、科技、民政等有关部门合作，建立长效宣传机制，大力推进防震减灾纳入中小学安全教育内容，大力推进防震减灾科普宣传教育进党校工作，扩大宣传深度和广度。要充分利用社会资源，大力推进防震减灾优秀作品的创作和推广，丰富宣传资源，提高宣传效果。要加强基础设施建设，推进防震减灾科普教育基地建设，推进防震减灾示范学校建设，进一步夯实宣传阵地。要充分利用新闻、网络等大众传媒，不断创新科普宣传教育手段和方式，抓住有利时段，广泛开展防震减灾宣传，集中开展农居工程、校安工程等专项宣传，坚持正确舆论导向，提高全社会地震安全意识，为提升全社会地震灾害综合防御能力营造良好的氛围。

（中国地震局办公室）

中国地震局党组成员、副局长赵和平在2011年全国地震应急救援工作会议上的讲话（摘要）

（2011年7月12日）

一、2010年和“十一五”期间地震应急救援工作回顾

2010年，中国共发生5级以上地震28次，造成2705人死亡，270人失踪，11088人受伤，经济损失235.7亿元。特别是青海玉树7.1级强烈地震，造成严重人员伤亡和经济损失，是继2008年四川汶川8.0级地震后面临的又一次重大考验。在中国地震局党组和各级党委政府的坚强领导下，各级地震部门深入学习实践科学发展观，认真贯彻落实全国防震减灾工作会议和2010年全国地震局长会暨党风廉政建设工作会议精神，努力推进地震应急救援工作科学、统筹、协调发展，各项工作取得了显著成效。

（一）迅速反应，科学应对，全力做好玉树抗震救灾工作

玉树7.1级地震发生后，中国地震局立即启动Ⅰ级响应，第一时间派出国家救援队和地震现场应急工作队，启动西北地区地震应急联动机制，选派适应高原条件的邻近省区地震救援队驰援灾区，按照国务院总指挥部的统一部署，会同总参、公安、武警、安监、兰州军区等部门组成抢险救灾组，紧急组织各类救援队伍2.3万余人，全力开展抢险救援行动，最大限度地减少了人员伤亡和财产损失。会同科技、国土、环保、气象等部门组成地震监测组，全力加强余震监视跟踪、地质灾害隐患排查、环境污染监测、气象和卫星数据服务，为科学救灾、防治次生灾害提供了有力支撑。同时，协助中共中央宣传部、国务院新闻办公室强化信息发布，加强科普宣传，正确引导舆情。地震部门的各有关单位在统一部署下，全力参与玉树抗震救灾。玉树地震的成功应对加强了地震部门在大震巨灾应急处置中的重要作用，展示了地震工作者素质过硬的精神风貌和甘于奉献的无私精神。中国地震局玉树地震现场应急工作队和云南省地震局玉树地震应急工作组被评为全国抗震救灾英雄集体，尹光辉、沙成宁、金战兵3名同志被评为全国抗震救灾模范。

（二）紧盯震情，周密部署，扎实做好地震应急准备工作

针对严峻的震情形势，对重点危险区地震应急准备进行了安排和部署。危险区各牵头单位和相关部门依据有关要求，制定应急准备工作方案，开展地震风险评估、生命线系统隐患调查、应急救援队伍培训、应急演练等工作，为应对地震灾害做好预案、机制、技术、人员等各项准备，确保震时的有力有序和科学应对。辽宁、山西对辖区内的抗震救灾物资、各类救援队伍情况进行全面调查，建立数据库，对抗震减灾能力做到事先有数。上海、广东、天津、湖北等地针对重大活动制定专项地震安全应急保障方案。山西、海南、黑龙江等地强化地震应急指挥体系建设，调整扩大了防震减灾领导小组成员单位。甘肃、海南等

地抗震救灾指挥部办公室在省地震局挂牌，明确职责，制定工作制度。江西、海南等地加强市县地震应急救援的基础能力，实现在大多数市县建立地震应急指挥中心、指挥软件和基础数据库系统、越野车辆、卫星电话或短波通讯台、现场装备、避难场所等。天津、广东、辽宁、新疆、江西、四川、云南、宁夏、重庆等地开展了地震应急工作检查。广西、山东、河北积极推进 12322 公益平台向市县延伸，河北、新疆等地利用热线拟定地震事件统一答复口径，与公众有效互动，妥善处置多个地震事件。

（三）建章立制，规范管理，应急救援规章制度不断健全

汲取汶川、玉树等重特大地震灾害抗震救灾经验启示，组织《国家地震应急预案》《破坏性地震应急条例》修订工作，目前分别进入国务院和国务院法制办的审批程序。编制了《中国地震局机关地震应急工作规程》，制定了地震应急预案编制系列标准和地震应急演练指南。天津、安徽、山西、黑龙江、重庆等地完成了省级政府地震应急预案修订，其他省份正在开展新一轮地震专项预案修订工作。全国应急预案体系不断完善，各级各类地震应急预案已达 30 万件。地震应急演练日趋常态化，汶川地震以来，全国举行各级各类地震应急演练 30 多万次。陕西、山东省地震局联合教育等部门，出台学校预案编制指南、地震应急疏散演练工作指导意见，加强学校等人口密集场所的应急工作。完成《地震应急工作检查管理办法》《地震灾情速报规定》《地震现场工作管理规定》《地震灾害直接损失评估标准》修订工作。河北出台《河北省人民防空工程兼作地震应急避难场所技术标准》，四川、陕西、新疆、河北、西藏、宁夏、安徽、重庆等地出台《地震应急工作检查管理办法》，山西出台《山西省应对地震灾害应急救援队伍管理办法》。通过这些制度的制修订，促进了地震应急救援管理工作的制度化和规范化。

（四）强化协同，形成合力，应急救援联动机制逐步完善

不断拓宽应急联动的领域，强化部门间的应急联动机制建设，努力形成抗震救灾合力，进一步加强与总参、公安、武警、安监等部门联动机制，与中科院等部门和单位建立了重大地震灾害应急遥感合作机制，与中国移动、中国联通等建立了资源共享机制。江西、湖北、浙江、河南、山西、陕西、云南、西藏、甘肃、青海、新疆、黑龙江等地进一步加强与军队、应急办、消防、通信、民政等部门的沟通与协调，就震时应急联动、信息共享、日常培训演练等深化合作机制，取得了良好效果。中南地震应急联动协作区五省（区）应急办联合签署了《中南区五省（区）政府地震应急协作联动协议》，将地震应急协作联动扩展到整个政府层面，进一步提升了区域联动的层次和水平，开创了区域协作联动的新局面。

（五）壮大队伍，强化管理，应急救援队伍能力日益增强

国家地震灾害紧急救援队完成了扩编工作，队伍规模、装备水平和实战技能均得到大幅提升，出色完成了玉树地震、舟曲泥石流、海地地震、巴基斯坦洪灾 4 次 5 批国内外紧急救援任务。兰州国家陆地搜寻与救护基地正在抓紧施工建设。省级地震救援队伍蓬勃发展，吉林、北京、贵州、广西、重庆等先后组建省级地震救援队，截至目前，全国 31 个省（自治区、直辖市）都已建立了省级救援队，共 38 支，云南由军队、武警、消防 3 支力量组成了省救援总队，河北、山西、江苏、吉林、湖北还组建了第 2 支省级地震救援队，福建建立了 3 支省级地震救援队。中国地震局会同武警总部共同研究加强武警部队抗灾救灾力量建设，双方刚刚在兰州成功地召开了队伍建设的现场会，依托各地的工化中队在每个省（自治区、直辖市）、新疆建设兵团均建立了一支专业救援队伍，全国共计 33 支 2176 人。甘肃和陕西的地震灾害紧急救援队参与了舟曲泥石流救援，福建的地震灾害紧急救援队参与了山体滑坡救援，省级地震救援队的实战能力大幅提高。市县救援队已发展到有 1000 多支。

（六）面向全局，细化措施，应急救援服务能力逐步提升

从服务抗震救灾工作和服务领导决策大局出发，加强了地震应急指挥服务保障机制，调动局属各研究所、直属单位的积极性，发挥各自优势，细化各项方案，形成应急科技支撑合力，提供了震前应急准备、震时应急响应和震后应急处置各个时段的形式多样，内容丰富的服务产品。在玉树地震抗震救灾中，快速产出应急救灾专题图件，为中央领导指挥决策提供服务保障，震后当日上午两次向国务院提出紧急救援、交通保障、次生灾害排查、救灾物资调集等建议；次日上午向国务院抗震救灾总指挥部提供了灾区和重灾区范围以及灾区遥感评估图像，为抢险救灾部队开展搜救及拉网式排查提供科学指引。地震应急指挥技术系统的保障作用更加明显，逐步形成了《震区基本信息》《灾情简报》《灾情动态跟踪报告》《辅助决策建议报告》、应急专题图集等不同时段的一整套系列服务产品。云南省地震局、广西壮族自治区地震局、四川省地震局的地震应急指挥中心均开展了对辖区外地震的远程应急响应，追踪震情、灾情和抗震救灾的各项进展，与国家局指挥中心实时互动，为省级政府不断提供各类信息和应对建议，及时总结借鉴应急经验教训。辽宁、云南等省全面更新地震应急基础数据库，提升了地震应急指挥系统服务保障能力。

过去的五年，是防震减灾史上极不平凡的五年，是遭受地震灾害重大损失的五年，也是我们党和政府团结领导全国人民，充分发挥社会主义制度的优越性，奋勇夺取汶川、玉树特大地震灾害抗震救灾和恢复重建伟大胜利的五年。五年来，中国地震局党组坚定不移地贯彻执行党中央、国务院防震减灾决策部署，不断丰富发展防震减灾工作思路，以最大限度地减轻地震灾害损失为根本宗旨，着力提升防震减灾基础能力、社会管理和公共服务能力，科学依法合力推进防震减灾各项事业发展。地震部门的全体干部职工，变压力为动力，变需求为责任，在实践中探索，在困难中拼搏，在反思中提高，在工作中创新。从汶川地震到玉树地震，短短的一年多时间，地震部门应对大震的整体能力显著提升，受到中央领导的高度肯定和人民群众的广泛好评。

五年来，我们加强法制建设，推进了应急救援管理的科学依法。充分汲取国内外防震减灾经验教训，特别是汶川地震抗震救灾经验启示，修订施行了《中华人民共和国防震减灾法》，组织开展《破坏性地震应急条例》修订。形成了各级政府预案、部门预案、企事业单位预案、人员密集场所预案、基层组织预案和重大活动预案的体系网络，应急演练更趋实战。形成了地震现场、灾害评估、避难场所、地震烈度、震害等级等一系列国家和地方标准。出台了预案管理、灾情速报、灾害评估、现场工作、队伍建设、市县应急工作等一系列管理文件和制度，有力促进了地震应急救援工作的科学规范发展。

五年来，我们经受严峻考验，积累了应对大震巨灾的丰富经验。汶川、玉树等新中国成立以来灾害损失最大、救援难度最大的地震事件，不仅全面检验了地震部门的应急救援工作，也全面检验了国家的地震应急救援综合能力。从汶川地震应急救援和抗震救灾工作有力有序有效，到玉树地震应急救援和抗震救灾科学依法统一，中国地震应急救援从管理体制、工作机制到国家动员和应急救援行动，都发生了深刻变化，这种变化不仅体现在取得了两次重特大地震抗震救灾工作的伟大胜利，更体现在政府、部门和社会共同应对突发地震事件的能力得到质的提升和飞跃，形成和发展了伟大的抗震救灾精神。地震部门在这两次重特大地震灾害应急救援实践中，不仅经受住了全面考验，而且工作一次做得比一次好。我们不仅在教训中成长，更在实践中诠释了地震部门在党和人民需要的关键时刻，能够顶得上、靠得住、做得好。

五年来，我们加强队伍建设，发挥了专业救援队伍的关键作用。国家地震灾害紧急救援队成立十年来，能力不断提升，通过了联合国重型国际救援队的测评，在我国的汶川、玉树、舟曲，以及印度尼西亚、海地、巴基斯坦、日本、新西兰等一系列国内外救灾行动中，表现出色，成为一支国内外非常信赖的救援队伍。在 2011 年国家救援队成立十周年之际，温家宝总理专门题词，回良玉副总理接见救援队并发表了重要讲话，给予了极高的评价。在国家队示范带动下，各地地震救援队伍发展迅速，已经成为中国地震灾害救援行动的重要力量。地震现场工作队人员结构逐步优化，装备更加科学，行动更加迅速，作用更加突出。地震救援队和现场工作队在历次地震灾区承担“急难险重”的任务，发挥了关键作用，得到了各级政府和灾区人民的高度赞誉。

五年来，我们完善联动机制，提升了应对地震灾害的处置能力。全国建立 6 个地震应急协作联动区，健全完善各协作区的工作制度，增强区域地震快速响应和应急救援联动能力。深化部门合作，加强与总参、武警部队应急联动，强化与公安、外交、交通、商务、安监、民航、测绘、气象、中科院、中国移动和中国联通等部门单位应急机制，强化信息互通、资源共享、协同应对的交流与合作，积极推动社会公众参与地震应急救援，提高社会公共资源的应急救援利用率。应急协调联动工作机制的健全完善，有力促进了政府、部门、社会和军地应急救援资源的有效集成和科学配置，协同应对地震灾害的大好局面得到巩固和发展。

过去的五年是地震应急救援工作深化改革，创新发展，各项工作取得显著成效的五年。我们深深地感到，推进事业发展，必须贯彻落实树立科学发展观，坚持以人为本，坚持最大限度减轻地震灾害损失的根本宗旨，不断完善工作思路，将应急救援工作和党风廉政建设一起抓，相互促进、相得益彰。

二、把握机遇，增强做好地震应急救援工作的信心和决心

汶川地震以来，特别是日本 9 级地震后，国内外的政府和公众都高度关注地震应急救援工作，对地震应急救援能力建设提出了新的更高要求。各级地震部门要深化认识地震应急救援工作的特点，着力分析出现的新情况，把握好当前面临的形势和机遇，切实增强做好地震应急救援工作的使命感、紧迫感和责任感，以十足的信心和决心扎实推进应急救援各项工作。

（一）要深化对地震应急救援工作的认识

地震应急救援工作是防震减灾的重要组成部分，是科学的社会系统工程，是党和政府

执政能力建设、社会管理和公共服务的重要方面。有效应对突发地震灾害事件，强化中国地震应急救援能力建设，已成为经济社会发展全局和国家安全的重大政治问题、民生问题和社会问题，成为责任型、服务型、效能型政府建设的重要内容。

一要认真领会和贯彻中央领导同志的重要指示。胡锦涛总书记、温家宝总理等中央领导同志多次强调要加强应急管理，完善应急机制，提升应急能力。2011 年在国家救援队成立十周年之际又作出重要批示：国家地震灾害紧急救援队肩负崇高使命，在历次抢险救灾中，坚持生命至上，科学施救，不畏艰险，勇挑重担，作出了突出贡献，赢得了国内外高度赞誉。实践证明，这是一支技术精湛、作风顽强的队伍，是一支党和人民信得过的队伍。希望再接再厉，在今后的抢险救灾行动中作出更大的贡献。温家宝总理的批示让我们所有从事应急救援事业的人备受鼓舞。在 2010 年的全国防震减灾工作会议上，回良玉副总理强调：加强抢险救援队伍、物资储备体系、救助保障体系、紧急处置系统和应急避难场所建设。2011 年 1 月 4 日，回良玉副总理在国务院防震减灾工作联席会议上强调：健全地震应急法制和预案体系，加强军地救援队伍能力建设，健全协调联动机制，完善应急物资保障体系，推进应急避难场所建设。回良玉副总理在救援队成立十周年座谈会上强调：要高度重视防灾减灾和抗灾救灾工作，加强救援队伍建设，提高地震等灾害救援能力和水平，强化各方面救援力量的协调联动，增强抢险救灾合力。中央领导如此重视地震应急救援工作，多次作出重要批示和指示，提出了明确要求，充分说明做好地震应急救援工作意义重大。我们要深刻领会和认识到这一点，增强做好工作的信心和决心。

二要充分认识地震灾害应急处置的特点。地震灾害突发性强、冲击力大、影响范围广，次生衍生灾害多，大地震的应急往往是全灾种的应急，是综合应急工作的集中体现。因此，地震应急处置工作的特点是时效性强、涉及面广、协调性强、专业性强、社会要求高，既是一项有高技术含量业务管理工作，也是一项政治任务。这些年的国内外地震应急处置工作，由于我们高效、有序的应急救援行动和严谨科学、不怕艰苦、情系灾区的工作表现以及良好的业务素质和严明的工作纪律，在国际上树立了中国负责任大国的形象，受到国际社会的广泛赞誉；在国内，受到灾区政府和人民的高度评价，扩大了地震部门的影响，树立了地震工作者的良好形象。

三要深入研究不断出现的新情况。我们要清醒地认识到：事物的发展不是一成不变的，每一次地震灾害都有自身的特点，都能给我们带来启迪。日本 9 级地震告诉我们危机不可预期，危机必有大的损害，危机应对必然有失误，同时也告诉我们如何有效应对大震及其次生灾害，进而要求我们加强对灾害链的认知，提高预警预防、应急准备的能力；青海玉树地震告诉我们如何在高原缺氧环境下开展工作，进而要求我们加强高寒、山地等特殊环境的应急救援工作；安徽安庆地震告诉我们如何在东部地区开展应急处置，进而要求我们加强人口稠密地区、敏感区域的工作；新疆托克逊地震告诉我们如何做好高考的应急准备，进而要求我们加强重要时段、敏感时期的工作，等等。分析研究新情况和新问题，开拓思路、与时俱进、超前出击、主动应对，取得工作主动权，不断提高应急救援能力，就能有力有序有效地防范和应对地震灾害。

四要分析解决当前工作中存在的问题。现阶段，中国地震应急救援工作的主要矛盾，仍是地震应急救援能力不能满足突发重特大地震灾害高效应对处置的需要，主要表现在：

地震应急预案的针对性、实用性和可操作性尚待提高；各级抗震救灾指挥机构和办事机构的履职能力亟待全面增强；地震灾情获取、通信保障、地震应急指挥服务保障能力亟待加强；应对大震巨灾次生灾害叠加效应的认识和评估手段有限，部门间协同和信息共享还不够；应急救援队伍装备水平还不高，建设、管理、培训、协调和联动等还需强化，战斗力还不完全适应工作需要；应急救援基层基础薄弱，社会公众防震避险和自救互救能力不强，等等。这些问题的解决，除了要全面推进全社会共同参与应急救援工作，更多的是要加强地震应急救援的基础能力，抓紧实施“十二五”应急救援规划，提高我们的公共服务能力。

（二）正确把握地震应急救援工作面临的形势和机遇

近年来，全球强震频发、重特大地震灾害连发，应急救援工作面临前所未有的严峻挑战。特别是汶川、海地、日本特大地震灾害，彰显了地震巨灾的毁灭性、连锁性和复杂性。严峻的地震形势和灾害现状，对应急救援工作，既是挑战，更是机遇，我们必须清醒认识、正确把握应急救援工作面临的新形势和新要求，紧紧抓住和把握事业发展新机遇，推进应急救援工作全面协调可持续发展。

一是面临小震致灾大震巨灾的威胁。“小震致灾”甚至“小震大灾”是中国地震灾害的显著特点之一，5 级地震就会造成房屋倒塌和人员伤亡，甚至一些地区的 4 级多地震也会造成人员伤亡和财产损失，更遑论汶川、玉树这样的强震会造成大量人员伤亡和经济损失了。我们必须加强地震灾害风险评估，充分估计可能发生地震的灾害规模，制定针对性的应急对策，采取有效措施，减轻和控制地震造成的灾害。

二是面临全国应急管理的快速全面发展。从党的十六届三中全会以来，中国加强了突发事件的应急管理，国务院各部门以及各级政府都把应急管理作为一项重中之重的工作，落实责任、纳入规划、建立法规、组建机构、出台政策、周密部署，应急管理的“一案三制”初步建成，应急平台、救援队伍、培训基地、救援装备等初具规模，成功应对了雨雪冰冻灾害、汶川特大地震、玉树强烈地震、舟曲特大泥石流、王家岭矿难、H1N1 甲型流感等突发事件。近年来，党和国家高度重视民生工作，对公共安全的政策支持和投入力度不断增加，应急救援工作为社会经济发展保驾护航的重要作用更加凸显。军队、武警不断加强遂行非战争军事行动的能力，地方政府主动关心应急救援工作，并逐步纳入地方政府工作业绩考核目标。我们要充分利用好全社会高度关注突发事件应急管理这一背景，完善我们的工作机制，借鉴其他行业的先进经验，加强队伍、信息和资源的联合、联动、协同、共享，提高应对突发地震事件的能力，这既是社会发展的必然要求，也是我们事业发展的重要机遇期。

三是面临提高应急救援能力的迫切需求。“十二五”是全面建设小康社会的关键时期，也是中国深化对外开放的又一个重要时期。一方面，中国城镇化建设不断推进，能源、交通、水利、电力等基础设施的现代化水平不断提高，政府社会对经济社会发展的地震安全更加关注，对全面提高地震应急救援能力更加迫切；另一方面，随着国际合作的不断深入，中国在海外的利益日趋增加，人员往来更加频繁，保障中国公民在国外的地震安全，积极参与国际灾害紧急救援救助，对国家地震应急救援能力也提出了新的更高要求；第三，汶川地震以来，军队、武警、消防、安监、民防、卫生等应对自然灾害、事故灾难的应急救援能力快速提升，也迫切要求我们必须加速发展，进一步提高地震部门的应急救援能力；

第四，社会公众对地震的认识不断提高，对应急救援工作更加理解，但伴随而来的，对公共安全的需求也不断增强。

我们前进的路上困难不少，但有利因素更多。党中央、国务院的高度重视、坚强领导，为我们做好工作提供了坚强保证；各地区、部门和单位对地震应急救援工作重视程度明显提高，为加强地震应急救援工作创造了条件；一些地方创造性地开展工作，探索积累了许多好经验好做法，为推进地震应急救援工作提供了借鉴之路；经过多年努力，地震应急救援工作有了较好的基础；等等。总之，我们一定要从现实和长远的角度，从落实科学发展观、构建社会主义和谐社会的高度，来认识加强地震应急救援工作的重要性和紧迫性，从而增强责任感、紧迫感、使命感和工作的积极性、自觉性、主动性、创造性，激发做好工作的信心和决心，奋发有为地做好工作。

三、强化能力，推进地震应急救援各项工作的新发展

能力建设是地震应急救援工作持续、健康、快速发展的重要保障和动力源泉。中国地震局党组高度重视能力建设，把能力建设列为做好防震减灾工作的一项重要工作任务。各级地震部门要按照全国防震减灾工作会议和全国地震局长会议暨党风廉政建设工作会议要求，以更为有力的措施、更为密切的配合，按照“平时有备、震时有序、应急高效、救援有力、保障到位”的总体要求，切实加强“地震应急管理和协同联动两个体制机制”“地震应急预案和地震应急指挥两个体系”和“地震现场应急工作队和地震灾害紧急救援队两支队伍”建设，促进应急救援工作又好又快发展。

（一）切实加强依法行政能力

一是要进一步增强对依法应急救援重要性的认识，依法抗震救灾、抢险救援需要在特殊的时间、空间中约束、规范、调整各方责权利，因此就更需要把依法行政摆到应急管理中更加重要的位置，切实履行地震部门应急事务的法定职责。

二是严格落实《中华人民共和国防震减灾法》等法律法规中有关应急救援的法律制度安排，按照职责权限，明确职责分工，细化工作内容，做到有法可依、依法行政。

三是要完善应急救援相关规章制度和标准。要制定完善应急救援工作各个方面的工作预案、工作流程、管理办法、操作规程、技术标准、工作标准，做到制度管理、规范管理。

（二）努力提高指挥决策能力

一是推进各级抗震救灾指挥机构建设，制定指挥机构及办事机构工作制度，完善应急准备、信息共享、协作联动、快速响应、灾情发布、专家咨询等工作机制。

二是加强省、市两级的地震应急指挥系统的服务保障能力。要加强新技术应用，要完善地震应急指挥技术系统的灾情快速评估、应急对策分析、应急专题图绘制、通信保障、信息快速发布等各项功能，提高系统运行维护和服务的水平。

三是加强省级地震局应急救援管理部门和技术支撑单位的建设，推进市级地震工作部门设立应急救援管理机构。积极落实街道、乡镇、企业、学校等基层的应急管理责任。

（三）切实提高应急管理能力

一是要切实解放思想，转变观念，要在思想上重视、行动上加强地震应急预案、应急

救援队伍建设、灾情信息搜集报送、灾害损失调查评估等工作的管理。

二是要创新管理举措，要在思路上理清，关系上理顺合力应急救援的重点环节，做好应急协调联动、救援队伍调用、灾害会同评估、避难场所建设、应急物资储备等工作。

三是要加强应急管理队伍建设，将地震应急管理人才培养纳入各级防震减灾人才队伍建设发展规划，大力培养、引进高层次、复合型的应急管理人才。建立地震应急管理专家库，充分尊重和发挥专家的作用，为应急管理提供智力支持。

（四）全面提升公共服务能力

一是要强化服务意识。要树立应急管理主动服务观念和现代服务理念，加强培养和训练，在思想上重视，意识上认同，工作上主动，形成自觉服务的习惯，形成自觉提高服务能力与水平的紧迫感，促进地震应急救援为政府服务制度化、社会服务常态化、灾区服务定向化。

二是要拓展服务领域。要依靠专业技术，丰富信息产品，为政府决策服务；要前移地震现场工作重心，为灾区应急救援提供专业服务；要加强宣传防震避震知识，传播防震减灾文化，为社会公众服务；要公开震情灾情信息，正确引导舆情，为维护稳定服务；要积极参与国际紧急救援，为国家整体外交服务。

三是要丰富服务产品。在传统的地震应急服务基础上，震后快速提供灾情信息、地质构造、地球物理、社会影响、遥感分析、灾害快速评估等各种信息和资料，为政府抗震救灾决策服务，要开放紧急救援训练基地、地震应急指挥中心等，加强对社会公众的应急培训，为社会应急减灾服务。

四是要增强服务实效。我们提供的应急服务产品要符合不同层次，不同受众的需求，要贯穿应急准备、抢险救援、灾民安置、恢复重建的全过程，要好用、适用、有用、易用，最大限度地实现减灾效益。

（五）不断增强应急处置能力

一是要健全地震应急处置工作机制，地震部门的应急预案和工作规程要与政府预案紧密衔接，要突出为政府指挥决策做好参谋，要在快速启动预案、确定响应级别、判断灾情规模和范围，获取、汇总和提供各种信息，提供应急救援措施建议，安排部署各项应急措施，通告震情、灾情，稳定社会秩序，配置救援力量，提出救灾救助需求等方面完善工作机制。

二是要强化国家和省级现场应急工作队建设，优化人员结构，建立队员上岗制度，要出台现场应急工作队装备建设指导意见，加强仪器设备配备，建立队员装备备案制度，强化现场应急的信息获取、通信、机动、防护、保障等各项能力，加强培训演练，提高快速反应能力和工作能力。引导市县地震部门建立现场应急工作队，发挥其第一响应人作用。

三是要强化国家和省级地震灾害紧急救援队建设，加强训练基地（中心）建设、完善装备保障，提高远程机动能力，满足同时开展跨区域和多点实施救援任务的需求。积极引导和支持有条件的地区，建立地市级地震专业救援队。要制定各级地震专业救援队伍的建设标准，建立专业地震救援队伍的培训、考核、上岗、备案、奖励制度，要加紧形成一套系统科学的救援队能力评价体系，指导和带动全国地震救援队伍专业化、标准化、规范化建设。探索建立退役地震紧急救援队员的应急招募制度。规范和协调志愿者和民间救援力量。

（六）继续强化应急保障能力

一是要强化地震重点监视防御区和年度地震危险区的应急救援准备工作，开展地震灾害应急风险评估，采取针对性改进措施，增强各区域的承灾能力，做好组织、预案、队伍、装备等各项准备。

二是要加强与交通、电力、通信、供水、供气等基础设施主管部门单位的协调联动，加强与病险水库、重点堤防、地震地质灾害和其他地震次生灾害源部门的信息、资源等共享，提高专业救援力量的地震应急保障能力、自我防护能力和保通抢险能力。

三是要将应急避难场所建设纳入城市建设总体规划，与城市建设和改造同步进行，做到“规划科学，设施完备，措施得力，管理到位”，鼓励县城建设应急避难场所。学校、体育场馆等公共建筑物经安全鉴定后可设置为室内避难所。

（七）着力强化基层应急能力

一是要切实加强对市县地震工作部门工作的指导，引导他们要将加强地震应急救援管理作为全面履行政府职能的一项重要任务，完善应急救援机构建设，提高组织协调能力，积极承担好防震减灾领导或协调机构的办事机构职责。

二是要落实乡镇、街道的应急管理工作职责，以地震应急预案体系建设为先导，以演练、培训、宣传为手段，以应急避难场所为舞台，以应急救援志愿者队伍为骨干，提升社区的自救互救能力。

三是要建立有关行业部门、基层组织、基层企事业单位、社会团体的应急联动机制，明确在应急救援工作中的职责，使其成为应急防范、排查危险源、抢险救灾的中坚力量。

四是要多方筹措，加强市县地震部门的应急救援基础能力。要强化市县在应急车辆、无线和卫星通信、应急装备、灾情快速评估系统等的配备，提高他们第一时间实施应急响应的能力。

（八）有力提升社会应对能力

一是要广泛宣传和普及防震减灾知识、应急救援知识、防灾救灾和自救互救知识，增强群众灾害意识和参与应急救援的主动性，提高群众的自救互救能力。

二是随着政府应急管理工作的推进，在强调“政府负责”的同时，需要更加强调社会组织、企业和公民的主体地位，倡导地震应急救援主体多元化，逐步树立“多元主体的责任意识”，明确地震应急救援工作中社会组织、企业和公民承担的责任和义务，培养他们主动履行相关义务的意识，从而建立一个和谐的、多元主体共同负责的、全社会参与的地震应急救援工作格局，全面提高社会的地震应对能力。

四、突出重点，着力抓好今后一段时期的几项工作

能力建设是全面实现“十二五”地震应急救援规划总体目标的必然要求。各级地震部门要高度重视，按照防大震、谋发展、提能力、增实效的要求，突出工作重点，今后一段时期应着力抓好以下几项工作：

（一）加强防范，推进地震应急风险管理

一是开展需求分析。各省（自治区、直辖市）地震局要开展本地区的地震应急风险评估工作，根据当地地震形势、灾害特点和社会经济发展状况，系统分析党委政府应急准备、指挥决策、抗震救灾处置措施等重点领域的需求，认真梳理各部门单位地震应急协同联动、信息共享，以及社会公众做好应急准备、应急避险、自救互救等方面的需求。

二是开展能力评估。各省（自治区、直辖市）地震局针对地震应急救援工作需求和地震发生的可能性、可能导致的地震灾害（经济损失、人员伤亡）程度，认真梳理、分析现有应急资源和应急应对能力，特别是城市承灾能力、指挥决策能力、应急救援能力、应急保障能力、公众应对地震灾害的能力等，对应对地震灾害的能力有充分的了解和认识。

三是做好应急准备。各省（自治区、直辖市）地震局要根据应急救援工作需求分析和能力评估，做好相应的地震应急准备。首先要清理和掌握已有的应急资源，在充分利用现有应急资源的基础上，针对应急资源和应急应对能力的不足，有针对性地加以补充和改进，做好应急救援体制机制的改进和完善、应急预案的修订和完善、应急救援队伍的建设和培训、应急救灾物资的储备和保障等，各项应急准备工作一定要做到责任落实，工作细化。

（二）狠抓落实，实施好“十二五”规划任务

一是中国地震局积极采取有效措施、调配资源逐步落实《“十二五”地震应急救援规划》提出的主要任务和重大专项。

二是各省级地震局要结合《“十二五”地震应急救援规划》，统筹规划本地区的地震应急救援工作，重点加强地震重点防御区和危险区的应急救援能力，指导市县落实各项应急救援任务，推动地震应急救援示范区的建设。

三是各直属单位要根据中国地震局安排的应急救援任务和科技需求，谋划好本单位的应急救援技术系统和设施建设，加强科学研究、装备研制、技术研发等工作，做好对各地区的地震应急救援工作的技术指导。

（三）依法行政，建立健全应急救援法制

一是要做好《破坏性地震应急条例》修订，进一步规范应急准备、响应、处置、救援等各个阶段的工作，建立健全应对大震的灾情获取、应急准备、快速响应、协同联动、信息共享与发布、灾害评估等法律制度。

二是要制定抗震救灾指挥部工作规程、地震救援队管理办法、地震救援队能力测评办法、救援队员上岗要求管理办法、地震灾害调查评估人员上岗要求管理办法、应急预案管理办法等规章制度。

三是要推进应急预案、灾情速报、地震应急指挥、灾害评估、应急遥感、应急演练、地震现场应急工作队、地震灾害紧急救援队、应急救援装备、应急避险和避难场所等标准编制。

四是要加快修订完善各级各类地震应急预案，明确地震灾害的应对机制、职责任务和处置程序，做好上下级和部门间应急预案的紧密衔接，切实提高地震应急预案的针对性、实用性和可操作性，加强应急预案规范管理和动态管理，实现应急预案从数量到质量、从规模到效益的转变。

（四）周密部署，做好大震巨灾应急准备

一是各级地震部门要进一步提高防范和应对大震巨灾的责任意识和危机意识，不放松、不懈怠，进一步加强领导，建立目标责任制，将各项措施任务进行分解，落实到每个人和每个环节，全面做好各项应急准备。

二是要强化地震重点监视防御区和年度地震危险区的应急救援准备工作。组织开展重点区域地震应急救援能力评估、地震灾害风险评估和应急救援对策研究，开展地震应急救援基础数据库完善、地震震害损失预评估和薄弱环节评价工作，并针对评估结果采取相应措施。

三是针对应对大震巨灾的需要，深化与军队、武警和有关部门的应急联动机制建设，提升多部门、跨区域的综合防灾应对能力，积极推进地震应急避难场所建设，不断完善避难场所各项功能，做好应急救援物资储备，建立区域紧急救援救灾装备和物资调用网络。

四是要组织开展各项应急救援培训和演练，增强基层群众的应急避险和自救互救能力。

（五）科学管理，加强应急救援队伍建设

一是要会同部队和有关部门，研究建立地震救援队伍综合考核管理体系。要针对不同级别的队伍，就人员结构、装备配备、日常训练和应具备的能力等进行规范，制定队伍考核管理办法，逐步将各级救援队伍纳入全国统一管理。

二是要建立地震救援队伍和现场应急工作队轮训制度，按照统一培训、统一考核、整体把握、区别对待的原则，科学分配有限的培训资源，使各地应急救援队伍在能力整体提升的前提下均衡发展。编写完善培训系列教材，结合应急管理和现场应急救援工作实际，兼顾理论知识与实践技能，推进各地应急救援队伍建设规范化、标准化。

三是加强应急救援管理队伍建设。一方面要组织培训和演练，让大家熟悉地震应急救援工作内容；另一方面要加强地震现场的实践锻炼，从事管理工作的同志要体验地震灾害的残酷和应急处置的压力。

（六）强化联动，提升与武警部队的抗灾救灾合力

日前，在国家陆地搜寻与救护兰州基地，武警部队、中国地震局联合召开了武警部队抗灾救灾力量建设会议，中国地震局党组书记、局长陈建民出席并做了重要讲话，他强调要加强双方的协调联动，不断提升抗灾救灾合力。为规范和指导，确保有效遂行抢险救援任务，中国地震局和武警部队联合印发了《关于武警部队抗灾救灾力量建设与使用的若干意见》(以下简称《意见》)。各省（自治区、直辖市）地震局要按照《意见》要求，落实相应的职责和任务。中国地震局将与武警总部建立抢险救援力量联席会议，在这一机制框架下，地震系统有关部门和省（自治区、直辖市）地震局要与武警部队有关部门和单位建立定期会商、预案衔接、信息共享、情况通报和专家指导等系列制度。要制订联合执行任务的工作流程，破坏性地震发生后，各级地震部门要及时研判震情灾情，根据模型评估、现场调查、航空遥感等资料动态判断和提供重点搜救区域等信息。进行专业化的培训是武警部队抢险救援力量今后一项常态化的任务，地震系统有关部门、直属单位和省级地震局要充分发挥自身优势和特点，依托国家地震紧急救援训练基地、国家陆地搜寻与救护兰州基地等资源，为救援力量培训提供大力支持和帮助。在武警部队编写抢险救援训练教材、建设训练场地和装备器材库、开展训练检查考核等工作时，有关部门及各省区市地震局要给予技术支持。

（七）多措并举，提高灾情快速获取能力

一是要进一步完善由国家、省、市、县四级地震灾情速报平台构建的全国地震灾情速报网，明细职责，规范流程，提高效率，使各级灾情速报人员在第一时间知道灾情向谁报、报什么、怎么报。

二是要强化灾情速报制度建设，各省级地震部门要按照《地震灾情速报工作规定》的有关要求，完善符合本地实际的各项细则和管理制度，从速报内容、速报渠道、速报方法和速报程序等各个方面逐一落实。

三是要加强对灾情速报人员的管理与培训。通过开展对各级地震灾情速报人员的业务技术培训和演练，提高速报人员的业务技能，强化常备不懈的责任意识。

四是要积极探索建立地震灾情信息共享机制。与中央媒体、门户网站等建立合作关系，建立与各驻地记者站的地震信息直通机制。与公安、民政、安监、电力、通信、建设、交通、铁路、水利等部门单位及 110、119、120、114 等社会服务热线建立灾情信息互通机制。

五是要建立地震灾情速报社会动员机制。通过与驻军、武警、高校、科研机构、大型企业单位、社会团体建立联动合作机制，动员社会力量服务灾情速报，服务抗震救灾。

（八）积极主动，增强应急救援服务本领

一是要结合地震现场工作需要，继续推进重心前移。要不断完善地震现场应急工作的内涵，通过在震后第一时间开展灾情调查、压埋人员区域评估、灾区范围评估等工作，努力增强服务决策指挥和抗震救灾的针对性和时效性。

二是要进一步增强地震部门提供地震应急指挥保障服务的技术手段与能力。要通过加强地震应急指挥技术系统建设，强化各有关直属研究所、中心的地震应急指挥服务保障工作机制，规范灾情信息、地质构造、地球物理、专题图件、辅助决策方案等各项服务产出，不断丰富地震应急救援服务的内容。

三是要建设完善电话热线、手机短信息、网站一体化的 12322 防震减灾服务平台，增强防震减灾科普宣传、震情灾情信息发布、灾情信息收集、灾区群众互动等服务能力。

（九）廉洁从政，推进党风廉政建设工作

全面贯彻中央纪委第六次全会和国务院第四次廉政工作会议精神，认真落实全国地震局长会暨党风廉政建设工作会议精神，以开展“讲党性、重品行、做表率”为抓手，以创先争优活动为契机，以“六个加强”为具体要求，加强党风、政风、行风、作风建设，两手抓、两手都要硬，切实抓好党风廉政建设各项任务的落实，切实抓好地震应急救援各项工作任务的落实，做到党风廉政建设、创先争优活动与应急救援各项业务工作相结合，以良好的道德品行、规范的职业操守、求真的科学学风和务实的工作作风，切实提高各级地震部门的应急管理水平和服务效能。

（中国地震局办公室）

中国地震局党组成员、副局长修济刚
在2011年中国地震局直属机关党建工作会议上的讲话（摘要）

（2011年2月18日）

一、关于2010年党建工作回顾

2010年，在中国地震局党组的带领下，京直机关以贯彻落实党中央、国务院、中央国家机关工委和局党组重大决策部署为重点，以服务中心、建设队伍为核心，精心组织、统筹协调、恪尽职守、共克时艰，全面推进党的思想建设、组织建设、作风建设和反腐倡廉建设，扎实推进党的十七届四中、五中全会精神学习贯彻，积极推进创先争优活动开展，推进党建工作科学化、制度化，推进基层党组织建设，推进和谐文明机关建设，推进直属机关党的各项工作有力有效开展，为防震减灾中心工作任务的顺利完成发挥了重要的保障作用。

（一）围绕中心，立足本职，扎实深入开展创先争优活动

2010年5月，根据中共中央组织部、中共中央宣传部以及中央国家机关工委对深入开展创先争优活动的要求，及时研究制定中国地震局深入开展创先争优活动实施方案，成立领导小组和办事机构，组织召开动员部署会议。12月，为加强地震系统深入开展创先争优活动的组织领导和统筹协调，中国地震局党组对领导小组和办事机构作进一步调整，中国地震局党组书记、局长陈建民任领导小组组长，党组成员为领导小组成员，中国地震局党组成员、副局长修济刚担任办公室主任，各司室主要负责人为办公室成员，形成党组书记亲自抓、党组成员分别抓、机关各司室合力抓的工作机制。与此同时，京直各单位也相应健全了组织，明确了方案。

在中国地震局党组的带领下，各单位党委、机关各党支部分别按照职责分工和组织隶属关系深入基层，以身示范，带头创先争优；调查研究、专题交流、开展点评，指导创先争优。新年伊始，党组成员和各单位党委结合干部考核和下基层指导工作，普遍开展了一次创先争优点评工作，机关各司室党支部紧紧结合实际，认真研究制定公开承诺方案。例如，科技司党支部已将公开承诺上了墙，发挥了示范作用。通过宣传动员和各种形式的推进会，在地震系统初步形成了创先争优活动全覆盖、互动共促的新局面。

京直机关把创先争优活动与“讲党性、重品行、作表率”活动结合起来，与“创建文明机关、争做人民满意公务员”结合起来，与建设学习型党组织结合起来，与攻坚克难，推进中心工作和建设队伍结合起来，着力组织引领机关和基层党组织面对时间紧、任务重的新形势、新要求，发动党员，带动群众，努力推进全国防震减灾会议精神贯彻落实、“十二五”规划编制、重大项目实施、紧急重大任务攻坚，各项工作都取得了明显成效和新进展。尤其在玉树地震、舟曲泥石流救援、巴基斯坦洪水救灾、科学考察等急难险重工作中，各级党组织积极行动，党员领导干部和共产党员冲锋在前，哪里最危险、最需要，党组织和党员就出现在哪里。党组织的坚强保障，共产党员的先锋作用在急难险重工作中得以突出彰显。

（二）以完善体制机制为重点，着力提高党建工作科学化水平

继续巩固直属机关党建工作已有的实践经验和成果，不断拓展和深化中心组学习制度、系列学习报告会制度、党组（党委）成员讲党课制度、党组（党委）成员调研制度、党风廉政建设责任制度、定期研究党建工作和听取工作汇报制度、党内民主生活会通报制度等等。进一步健全完善党内民主决策机制和基层党组织领导班子议事规则和程序。进一步强化党员领导干部双重民主生活会制度，加强整改落实工作的监督检查与通报。加快推进反腐倡廉制度体系建设，努力提高制度的执行力，不断形成用制度管权、按制度办事、靠制度管人的有效机制。定期召开党的工作会议，落实党员大会制度，总结报告工作，明确新任务，提出新要求，作出新部署。

努力研究探索加强党建工作的新思路、新举措，围绕提高党建工作科学化水平，组织开展调查研究，形成调研报告 15 篇，入选中央国家机关党建研究会 4 篇。积极参加“提高机关党的建设科学化水平：理论与实践”征文和研讨活动，向工委推荐征文 6 篇。在调研和征文活动中，中国地震局共 7 篇文章分获工委二、三等奖和优秀奖，直属机关党委获组织奖。

（三）以建设学习型党组织为重点，大力加强机关党的思想政治建设

认真落实中央《关于推进学习型党组织建设的意见》，坚持局党组（党委）中心组带头，以创建学习型党支部为基础，广泛开展学习型党组织建设活动。京直机关党委书记和机关党支部书记认真履行第一责任人职责，积极推进学习经常化、制度化、全员化。如，法规司党支部 2010 年组织专题学习研讨 15 次，推进了工作，提高了全员素质。直属机关党委和人教司密切配合，充分发挥局党校的主阵地和主渠道作用，加强党员领导干部培训力度，创新学习培训方式，强化党校学习与干部培训工作的衔接，强化学习报告会与推动中心工作和国家形势教育的衔接，党员干部学习培训工作更加务实有力。

积极适应党员干部学习需求，组织专题学习系列报告会，积极搭建丰富多彩的学习平台，采取读书荐书、学习研讨、主题教育实践、网络学习等多种形式为党员干部学习提供服务。进一步强化《震苑经纬》党建期刊实效性和主题特色，在加强学习信息、学习材料、学习专栏等传统媒介学习引导作用的同时，更加重视学习网页、博客、微博等新兴载体建设，不断增强学习形式的多样性和学习成果的辐射性。

（四）以贯彻落实《中国共产党党和国家机关基层组织工作条例》为契机，大力夯实机关党的基层组织

落实局党组贯彻落实党的十七届四中全会决定实施意见的要求，把贯彻落实《中国共产党党和国家机关基层组织工作条例》作为机关党建的重要基础性工作，着力夯实机关党的基层组织。组织召开局直属机关第七次党代会、全国地震系统党建与精神文明建设交流会、直属机关第五次会员代表大会，完成直属机关党委、纪委、工会的换届工作。完成中国地震局地球物理研究所、地震出版社等单位党委、纪委和机关司室党支部换届工作。中国地震局地质研究所、中国地震局地震预测研究所等单位结合领导班子建设进一步健全了党委。通过发文、提示和上级组织派员参加基层党组织会议等形式，着力提高党员领导干部民主生活会的质量和成效。通过系列学习报告会、专题研讨交流、参加巡视等方式，进一步加强“两委书记”、支部书记培训，增强基层党组织负责人抓党建、带队伍、促发展的意识和能力。举办入党积极分子培训班，加强组织发展工作的计划和指导，认真做好在高知群体和青年骨干中发展党员工作。2010 年局直属机关发展新党员 38 人，预备党员转正 41 人，入党积极分子 82 人，防灾科技学院发展学生党员 408 人。做好党员管理和服务，京直单位全年及时办理组织关系接转 100 批次。

（五）以开展反腐倡廉制度建设为抓手，切实加强作风建设和反腐倡廉建设

认真学习贯彻十七届中央纪委第五次全会精神和胡锦涛总书记重要讲话精神，认真贯彻国务院第三次廉政工作会议、全国地震局长会暨党风廉政建设工作会议部署要求，着力推进反腐倡廉制度建设。组织开展专项调研和警示教育。组织新任司处级领导干部签订党风廉政建设责任书，严格执行党风廉政建设责任制。局机关各党支部积极推进领导作风转变，改进文风会风，强化服务意识，深入基层调查研究，帮助基层解决实际问题。

开展机关反腐倡廉制度体系建设，明确机关制度建设“废改立”的目标要求。从 2010 年 6 月开始，经过学习动员、制度清理两个阶段，各司室对本部门原有的制度进行了评估、清理，从教育、监督、预防、惩治 4 个方面确定了反腐倡廉制度建设框架目录，“废改立”工作正在加速推进。其中，关于局机关评审费、咨询费、劳务费等暂行管理办法的出台有效规范了会议费的管理，使得评审、咨询等费用的领取发放做到公开、透明、规范。

（六）以做好群众工作为基础，扎实推进文明和谐机关建设

以重大节日为纽带，搭建先进文化和体育活动载体，丰富职工精神文化生活。组织参加中央国家机关第三届职工运动会，7 个单位和局机关共 200 余名同志参加了活动，防灾科技学院、中国地震应急搜救中心、中国地震台网中心、中国地震灾害御中心、中国地震局地壳应力研究所等单位在组织保障工作中作出了积极贡献。中国地震局在 94 个参赛部委中团体总分排名 34，荣获体育道德风尚奖，彰显了地震部门的精神面貌。加强地震系统精神文明建设的组织协调指导，加强典型宣传和经验总结，做好精神文明建设推优工作。各单位党委、机关各党支部组织开展文明单位考核、抗震救灾先进、青年志愿者、巾帼建功、青年五四奖章等一系列推优荐优活动。10 个京直单位和局机关被评为中央国家机关文明单位，2 个京直单位被评为首都文明单位。多人、多集体获中央国家机关工委、团中央、妇联等组织表彰。召开局直属机关青年座谈会，研究青年发展需求，引导青年在创先争优活动中立足岗位，争当先进。开展新任公务员读书送书活动，帮助青年成长、成才。深入开展送温暖、献爱心等活动，着力推动和谐文明、人文关怀、凝聚稳定工作。

二、关于 2011 年的党建工作任务

2011 年是中国共产党成立 90 周年，是“十二五”开局之年，做好党的建设工作，具有十分重要的意义。党建工作的总体思路是：坚持以邓小平理论和“三个代表”重要思想为指导，深入贯彻落实科学发展观，按照党的十七大和十七届四中、五中全会要求，以纪念建党 90 周年为契机，牢牢把握服务中心、建设队伍两大核心任务，认真贯彻落实《中国

共产党党和国家机关基层组织工作条例》，深入开展创先争优活动，大力推动学习型党组织建设，扎实推进抓基层打基础工作，以改革创新精神和求真务实作风全面加强和改进党的各项建设，努力提高党建工作科学化水平，始终保持和发展党的先进性，为推动防震减灾事业科学发展和实现“十二五”顺利开局提供坚强的政治保障和组织保障。

（一）扎实推进学习型党组织建设，着力提高党员干部思想政治水平

要深入开展形势任务宣传教育。组织引导基层党组织和广大党员认真学习领会党的十七届五中全会精神，开展形势政策教育，深刻认识“十二五”时期经济社会发展的指导思想、总体思路、目标要求和重大举措，切实把思想和行动统一到中央对国际国内形势的判断上来，统一到中央对经济社会发展的决策部署上来，正确把握新形势、新任务、新要求，找准党建工作服务科学发展的切入点和着力点，引导基层党组织和党员立足本职，在落实党中央、国务院重大决策部署，完成重大任务中当先锋、作表率，在推动“十二五”良好开局中建功立业。

要深化中国特色社会主义理论体系武装工作。坚持理论武装工作格局，切实健全和落实党组（党委）中心组学习制度和党支部学习制度，创新学习载体，规范组织管理，紧紧围绕贯彻党的十七届四中、五中全会精神，围绕党中央和局党组的重大决策部署以及党员干部关心的重大问题，深入推进用中国特色社会主义理论成果武装党员干部工作，深入学习贯彻科学发展观，深入开展社会主义核心价值体系学习教育，不断增强党员干部理论素养、政治素养，坚定党性和信念。

要广泛开展学习型党组织建设活动。认真贯彻落实中央《关于推进学习型党组织建设的意见》，坚持理论联系实际的马克思主义学风，切实发挥党组（党委）中心组学习的龙头作用和领导干部的表率作用。要大力营造崇尚学习的浓厚氛围，大力倡导学以致用、用以促学、学用相长的优良作风，创新方法、丰富内容、完善途径、拓展阵地、健全制度、加强组织，推动学习型党组织建设持续有效开展。机关党委要继续建好学习网站，为党员干部学习提供服务，基层党组织要引导党员充分用好紫光阁网站、理论武装在线等学习资源，积极创造学习条件。要继续坚持学习调研、学习报告会和党员领导干部讲党课制度。要广泛开展读书活动，组织开展优秀学习调研成果推优和交流活动，加强典型宣传，着力推动学习成果转化。

（二）扎实深入开展创先争优活动，努力做到走在前，作表率

各单位、各部门要采取典型示范、专栏展示、领导点评等多种形式进一步营造创先争优活动浓厚氛围，努力把创先争优抓实抓好，丰富活动内容、创新活动方式、拓展活动领域，增强活动的吸引力、感染力和针对性、实效性。要充分利用《震苑经纬》、信息简报、党建网站、博客等载体，及时总结宣传本单位、本部门创先争优活动的经验、做法和成果。同时，各单位党委、机关各党支部要利用专题报告和领导下基层检查指导工作等方式，为各级领导开展点评提供保障。

要在推动防震减灾事业科学发展中创先争优。坚持以深入学习实践科学发展观为主题，把开展创先争优活动作为更好地完成中心任务的有效载体，找准切入点和着力点，进一步明确争创主题，突出争创重点、创新争创载体，通过创先争优着力解决影响和制约防震减灾事业科学发展的重大难题。要推动党组织和党员干部联系本部门实际，献计献策，立足本职创先争优。要继续深入落实学习实践科学发展观活动整改任务，对已经整改的工作，进一步巩固完善提高；正在整改的，加大工作力度，尽快完成整改任务；尚未整改的，统筹兼顾，抓紧整改，切实兑现整改承诺。

要在服务人民群众中创先争优。广泛开展“送温暖、献爱心”活动，走访慰问困难群众、党员，建立健全关爱帮扶长效机制，着力解决群众最关心、最直接、最现实的利益问题，让群众共享改革发展成果。要通过开展公开承诺活动，改进工作作风，提高服务质量，树立党员形象。要教育党员牢记党的宗旨，密切联系群众，把握新形势下群众工作的新特点新要求，创新群众工作方法，为群众多办好事，办实事，让群众切实感受到创先争优活动带来的新变化。

要在加强队伍建设中创先争优。把开展创先争优活动作为建设高素质干部队伍的重要载体和有力抓手，把开展创先争优活动与建设学习型党组织结合起来，加强思想政治建设和业务能力建设，通过学习培训、调查研究、实践锻炼等方式，着力提高党员领导干部推动科学发展、促进社会和谐的素质和能力。

要在加强组织领导中强化创先争优。做好领导点评，按照党组织隶属关系和领导分工普遍开展点评工作，把领导点评与深入基层调查研究、组织生活会、民主评议党员和年终总结考核结合起来，肯定成绩、指出不足，点评后抓好整改和巩固提高。要结合地震部门实际，加强分类指导。要突出不同岗位开展创先争优的特色和亮点，发挥好机关和领导干部的示范和带头作用，继续做好领导干部联系点工作，坚持经常性抽查与集中督察相结合，确保创先争优活动不走过场、取得实效。京直机关要注重中央国家机关部门好的经验的学习借鉴，也要注重省局好的经验的学习借鉴。

（三）扎实推进抓基层、打基础工作，不断提高基层党组织的创造力、凝聚力和战斗力

要深入学习贯彻新修订的《中国共产党党和国家机关基层组织工作条例》(以下简称《条例》)。把贯彻落实《条例》作为机关党建的重要基础性工作，着力在提高基层组织建设科学化、规范化水平上下功夫，进一步夯实党的基层组织。要通过组织专题培训、研讨交流、辅导报告等多种方式，加强《条例》学习培训，研究制定实施办法，加强督促检查，切实推动《条例》的贯彻落实。

要积极推进机关党内民主。深入贯彻《中国共产党党员权利保障条例》和《关于党的基层组织实行党务公开的意见》，进一步完善党内情况通报、党内选举、党内民主决策、党内民主监督、党内事务听证咨询、党员定期评议基层党组织领导班子成员等制度，充分发挥党员在党内生活中的主体作用，切实保障广大党员的知情权、参与权、选举权、监督权。

要加强党员教育、管理和服务工作。积极探索建立党内激励、关怀、帮扶机制。改进发展党员工作，注重在高知群体等优秀分子中发展党员，优化党员队伍结构，加强入党积极分子与新党员思想上入党教育培训。要认真贯彻落实《2009—2013年党员教育培训工作规划》，探索建立基层党员轮训制度。要积极创新党员培训方式，加强党校培训工作，加强各级各类学习培训的统筹规划，全面实施党员培训工程。

要抓好基层党组织带头人队伍建设。着力做好“两委”书记选拔配备组织保障工作，健全直属单位党的工作机构。根据直属单位工作特点，加强基层党支部建设的指导和研讨。要抓好京区直属单位“两委”书记和专职党务干部的学习培训、经验交流和专题研讨，努力建设政治坚定、作风优良、业务精通的复合型、高素质党务干部队伍。要关心党务干部的成长进步，重视年轻党务干部的培养锻炼和成长。

（四）扎实推进机关作风建设和反腐倡廉建设，进一步建设为民、务实、清廉机关

要继续以开展“讲党性、重品行、作表率”活动为载体，加强机关作风建设。把开展“讲党性、重品行、作表率”活动与“创建文明机关、争做人民满意公务员”活动有机结合起来，以思想教育、完善制度、集中整顿、严肃纪律为抓手，采取开展集中学习教育、主题实践活动、主题党日和专题组织生活会、调查研究等多种形式，引导党员干部牢固树立群众观念，践行务实作风、弘扬廉洁风尚，大兴密切联系群众、求真务实、艰苦奋斗、批评和自我批评之风，坚持领导干部深入基层调查研究，把了解实情与分析解决实际问题结合起来。带头改进文风会风，精简会议和文件。要带头厉行节约，反对铺张浪费，扎实推动领导机关和领导干部作风建设。

要加强反腐倡廉建设。认真学习贯彻第十七届中央纪委第六次全会精神和胡锦涛总书记重要讲话精神，把认真落实全国地震局长会暨党风廉政建设工作会议部署要求，着力推进反腐倡廉制度建设，加强廉洁从政教育，加强对权力运行的监督制约。要深入开展警示教育和岗位廉政教育，督促广大党员干部特别是领导干部严格遵守廉洁自律各项规定，自觉做到廉洁从政、廉洁从业。要大力推进廉政文化建设，形成拒腐防变教育长效机制。要严格执行党风廉政建设责任制，紧紧抓住责任分解、考核、追究三个关键环节，制定实施细则和配套规定，完善工作机制，规范工作程序，努力从源头上预防和治理腐败。要严格执行党内监督各项制度，加强对领导班子民主生活会、领导干部述职述廉等制度执行情况的监督检查。协调配合，齐抓共管，深入开展专项整治工作。要惩防并举，进一步提高查办案件的能力和水平，切实抓好党风廉政建设各项任务落实，为促进事业健康发展提供有力保证。

（五）精心组织开展纪念建党90周年活动，推进和谐文明机关建设

按照《中共中央关于中国共产党成立90周年纪念活动的通知》的要求，局直属机关要采取各种有效途径，开展党史系列主题宣传教育活动，重点宣传中国共产党的光荣历史和丰功伟绩，宣传中国特色社会主义理论体系，宣传党的建设是党领导的伟大事业不断取得胜利的重要法宝，宣传各个时期党组织和广大党员在革命、建设、改革中作出的突出贡献。

“七一”前，局直属机关党委要组织开展先进基层党组织、优秀共产党员和党务工作者评选表彰工作。并在此基础上，做好向上级组织的推优荐优工作。各单位党委要及早安排，认真组织好“两优一先”的评比表彰工作。各单位、机关各部门要结合自身实际情况，组织开展报告会、知识竞赛、主题演讲、主题实践、主题党日等活动，教育引导党员干部进一步增强党性修养、坚定理想信念、创造一流业绩，充分展现地震系统党员干部职工积极进取、健康向上的精神风貌。要充分利用党建刊物、信息简报、党建网页等宣传载体，发挥先进文化的激励引导作用。要充分发挥群团组织的桥梁纽带作用，开展形式多样、有品位、有内涵、覆盖广、健康向上的文体活动，吸引党员干部广泛参与，在活动中陶冶情操、增强和谐。要将中国地震局第三届职工运动会与庆祝建党90周年系列活动结合起来，让广大干部职工在广泛参与中唱响主旋律，接受教育，增强荣誉感。

（中国地震局办公室）

中国地震局党组成员、纪检组长张友民在主持召开华北和东北片区党风廉政建设工作调研座谈会上的讲话（摘要）

（2011 年 4 月 19 日）

一是查办案件要在“零”的突破上下功夫。各单位纪检监察部门要深入到可能滋生腐败的领域、部位，主动发现问题，深入开展案件查办工作。“想办案”是纪检监察干部主动履行监督职责的重要途径，“敢办案”是纪检监察干部坚持党性原则的重要标志，“会办案”是纪检监察干部工作能力的重要体现。没有严肃的党纪政纪作保证，廉政教育就没有说服力，制度就没有约束力。要彻底改变办不办案一个样、办好办坏一个样的错误局面，对群众有反映而单位领导班子和纪检监察部门却不予理睬过问，导致违纪违规问题发生的，一律追究责任；对有举报而纪检监察部门不认真调查核实的，一律追究责任；对疏于监督导致腐败案件发生的，一律追究责任。

二是推进自查自纠工作要在发现问题上下功夫。各单位要加大工作力度，扎实开展开发性实体、重大项目、科研项目专项治理自查自纠，纪检监察部门要会同有关部门认真进行抽查，重点检查合同、会计账簿、凭证等，努力发现一批案件线索。

三是队伍建设要在提高能力上下功夫。2010 年中国地震局党组印发了关于加强纪检监察审计队伍建设的文件，从思想建设、作风建设、机构建设、制度建设等多个方面提出明确要求，核心是要在提高能力上下功夫。纪检干部既要有履职尽责的意识，也要有精良的专业知识和业务能力作为保证，要认真学习反腐倡廉重要文件，认真研究廉政准则、纪律处分条例等重要法规，勇于实践，不断提升政策理论水平和实践能力。

（中国地震局办公室）

中国地震局党组成员、副局长阴朝民
在第三届全国地震标准化技术委员会成立大会上的讲话（摘要）

（2011 年 3 月 30 日）

国家标准化管理委员会的同志宣布了新一届地震标准委员会（以下简称“地震标委会”）的组成，全体委员审议通过了新制定的委员会章程和秘书处工作细则。

一、第二届地震标委会工作卓有成效

在国家标准化管理委员会和中国地震局的领导下，地震标委会始终围绕中心、服务大局，弘扬科学精神，认真履行职责，为地震标准化工作和防震减灾事业的科学发展作出了积极贡献。

一是地震标准体系框架基本建立。发布实施的地震国家标准和行业标准从 2004 年的 32 项增至目前 78 项，涵盖了监测预报、震灾预防、紧急救援等各专业领域，新制定了 11 项地方标准、20 余项企业标准，初步形成了以国家标准、行业标准为主体，地方标准、企业标准为补充的地震标准体系，防震减灾主要工作领域初步形成了有标可依的局面。

二是标准编制的针对性更加突出。制定实施了地震标准化发展规划，修订了《地震行业标准体系表》，开展了有关分体系表的预研究，分析重点领域关键环节标准的编制需求，突出公共服务和社会管理方面的急需实用标准，统筹兼顾专业领域标准和基础性、通用性、综合性标准制定，加强了标准化的基础研究。

三是标准化意识不断提高。中国地震局各有关部门和单位，将地震标准作为提高能力、加强行业管理和公共服务的重要支撑来努力推进，中国地震局组织实施的重大项目和专项，开始将标准作为重要内容和考核指标，一些强制性标准的发布实施更是取得了良好社会效果，学标准、用标准正在成为趋势。

四是标准化制度建设有力推进。在多年工作实践的基础上，2010 年我们制定印发了地震标准化行业管理办法，我们又建立了地震标委会章程和有关工作制度，为进一步理顺工作机制、更好地推进地震标准化工作，明确责任、规范程序，调动更加广泛的力量参与地震标准化工作，奠定了良好的制度基础。

五是标准化工作保障力度不断加大。在国家标准化管理委员会、科技部、财政部等有关部门的大力支持下，中国地震局逐年加大地震标准化投入，经费渠道不断拓宽，力度不断加大，公益性行业科研专项中标准化研究项目也大幅增加，地震标准化工作进入了可持续发展的良好阶段。

二、准确把握地震标准化工作面临的新形势、新要求

标准是国家核心竞争力的基本要素，是建设创新型国家的重要技术支撑，是增强自主创新能力的重要内容，也是规范经济社会秩序的重要技术保障。地震标准化工作是国家标准战略的组成部分，是提高防震减灾能力的重要基础，是科技成果转化为防灾减灾能力的重要途径，也是地震部门履行社会管理和公共服务职能、促进防震减灾事业科学发展的重要支撑，做好地震标准化工作意义重大。

一是地震标准化工作必须服务于防震减灾事业发展。2010 年初，全国防震减灾工作会议，对未来工作进行了全面部署，会后印发《关于进一步加强防震减灾工作的意见》，为指导“十二五”时期防震减灾事业发展制定了纲领性文件。为贯彻落实国家关于防震减灾工作的重大部署，全力推进防震减灾事业向更深层次、更宽领域、更高水平发展，2011 年初，中国地震局党组组织召开全国地震局长会议，对“十二五”时期的防震减灾工作作出了全面部署，要求必须始终把最大限度地减轻地震灾害损失作为防震减灾工作的根本宗旨，必须坚持科学、依法、合力防震减灾，进一步加强防震减灾社会管理和公共服务，强化防震减灾基础能力建设。这就要求地震标准化工作必须把最大限度地减轻地震灾害损失作为根本出发点和落脚点，必须为科学、依法、合力防震减灾提供标准的技术支撑和保障。

二是地震标准化工作必须符合国家标准化发展战略要求。2011 年 2 月，国家标准化管理委员会召开了全国标准化工作会议，总结了“十一五”期间中国标准化工作取得的重大成就，对“十二五”时期的全国标准化工作作出了全面部署。会议明确指出，标准化工作要把握国际国内大局、推动标准化工作创新发展，要坚持把保障和改善民生作为标准化工作的根本出发点和落脚点，要求着力完善社会管理和公共服务标准体系，更好地服务保障人民生命财产安全和公共服务体系以及社会管理能力建设。这些要求，对做好地震标准化工作具有重要的指导意义。地震标准化工作服务于防震减灾事业发展和国家防震减灾能力建设，就是服务于国家标准化发展战略，也是为国家标准化工作作贡献。

三是地震标准化工作必须适应防震减灾工作特点。防震减灾是科学性、基础性、综合性社会公益事业，技术性、专业性很强，具有科学性和社会性双重属性的特点，决定防震减灾事业发展离不开标准和标准化工作。通过实施地震标准化，可以实现防震减灾管理、技术和服务的规范化，可以使防震减灾管理、技术和服务工作上台阶、增质量、提效率，以最小的减灾投入，达到最大的减灾实效，可以使防震减灾科技成果迅速转化为现实生产力，有效提升国家和社会防震减灾能力。

三、新一届地震标委会要为防震减灾事业发展作出更大贡献

希望新一届地震标委会全体委员充分发挥集体智慧，强化程序意识、质量意识和责任意识，认真履行职责，在以下几个方面切实发挥更重要和更广泛的作用。

一是要积极开展标准化顶层设计。要加强对标准化重大战略问题的研究，努力提出全局性、方向性的研究成果，应用于规划编制和体系建设。要探究标准化工作范围和领域的

界定，理清标准之间的相互作用和关系，着力解决布局不合理、重点不突出、发展不平衡的问题，促进建立结构合理、内容全面、层次分明、重点突出、科学实用的地震标准体系，增强地震标准化工作的全面性、系统性和协调性。

二是要有序加快标准编制步伐。今后一段时期，既要继续将基础、通用和强制性标准以及重要战略产业产品的关键共性技术标准作为国家标准、行业标准制修订工作的重点，更要加快防震减灾社会管理和公共服务系列标准的制修订速度。要抓住“十二五”大好发展机遇，重点解决标准缺位、漏位、不到位的问题。

三是要严把标准编制质量关。加强地震标准化工作，标准数量是基础，质量是关键。地震标委会要充分发挥跨部门、跨单位、跨学科、跨领域团结协作的精神和技术优势，将业务知识和标准化知识相结合，加强标准编制工作的全过程管理。在立项或标准编制工作的前期，要多渠道地征集地震标准草案和立项建议，积极开展重大标准研究立项咨询和论证。在地震标准征求意见和审查阶段，要广泛听取社会各界意见和建议，客观、公正面对利益相关方不同意见和观点，做好协调工作。标准发布实施后，要加强标准实施情况的检验和评估，及时提出修订、废止意见，对一些技术先进成熟、具有自主创新的地震标准要积极推动成为国际标准。

四是要推进制度和机制创新。地震标委会建设要坚持法治管理、科学管理和风险管理的理念，着力抓好制度建设和机制创新。要研究科学的最大限度发挥标委会作用的方式方法，搭建“开放、交流、合作”的工作平台，充分发挥标委会的决策咨询、技术指导、人才培养作用，建立健全相关工作机制和保障机制。要继续健全委员会章程的各项配套制度，进一步加强团队建设，健全完善重大事项集体决策和重大问题专项研究机制。

五是要做好技术咨询和审查。标准化工作技术性强、专业要求高，凡是涉及地震标准化的业务工作，地震标委会应当做好专业指导和技术咨询，发挥智库作用。根据新制定的地震标准化管理办法，今后从国外、境外引进防震减灾技术或者进口地震仪器产品，应当进行地震标准的符合性审查，中国地震局组织实施的重大项目和专项，在规划设计阶段，项目组织管理部门应当组织对项目的主要技术内容、仪器设备、工作环境等与现行技术标准的符合性进行评价，这些工作都要依靠地震标委会来开展。此外，本专业范围内产品质量监督检验、认证，与国际标准化相关组织的对口联系，面向社会的标准化审查和宣讲、咨询、解释等方面，地震标委会要认真执行审查制度，做好咨询服务，将各项技术工作做细做实。

（中国地震局办公室）

辽宁省防震减灾条例

2011年3月30日辽宁省第十一届人民代表大会常务委员会第40号公告发布。

第一章　总　　则

第一条　为了防御和减轻地震灾害，保护人民生命和财产安全，促进经济社会的可持续发展，根据《中华人民共和国防震减灾法》等有关法律、法规，结合本省实际，制定本条例。

第二条　在本省行政区域内从事防震减灾活动，适用本条例。

第三条　省、市、县（含县级市、区，下同）人民政府应当加强对防震减灾工作的领导，建立健全防震减灾工作机构，完善防震减灾工作体系，将防震减灾工作纳入本级国民经济和社会发展规划，所需经费列入财政预算。

省、市、县人民政府负责管理地震工作的部门或者机构（以下简称“地震工作主管部门”）和发展改革、教育、公安、民政、国土资源、住房和城乡建设、交通、卫生以及其他有关部门在本级人民政府领导下，按照职责分工，各负其责，密切配合，共同做好防震减灾工作。

乡镇人民政府、街道办事处应当指定人员，在地震工作主管部门的指导下做好防震减灾的相关工作。

第四条　省、市、县人民政府抗震救灾指挥机构负责统一领导、指挥和协调本行政区域的抗震救灾工作。抗震救灾指挥机构的日常工作由地震工作主管部门承担。

第五条　省、市、县人民政府应当组织开展防震减灾知识宣传教育、应急救助知识的普及和地震应急救援演练工作，建立健全防震减灾宣传教育长效机制，把防震减灾知识宣传教育纳入国民素质教育体系及中小学公共安全教育纲要，增强公民的防震减灾意识。

第六条　省、市、县人民政府应当鼓励和支持防震减灾科学技术研究，逐步提高防震减灾科学技术研究经费投入，推广先进的科学研究成果，支持开发和推广符合抗震设防要求的新技术、新工艺、新材料。

第二章　防震减灾规划

第七条　地震工作主管部门应当根据上一级防震减灾规划和本行政区域的实际情况，会同有关部门，组织编制本行政区域的防震减灾规划，报本级人民政府批准后组织实施，并报上一级地震工作主管部门备案。

第八条 各级防震减灾规划应当纳入国民经济和社会发展总体规划，并做好防震减灾规划与其他各相关规划之间的衔接，统筹资源配置，确保防震减灾任务和措施的落实。

第九条 防震减灾规划公布实施后，省、市、县人民政府应当组织地震、发展改革、住房和城乡建设、国土资源等有关部门做好防震减灾规划的实施工作，及时对规划实施情况进行评估。

第三章 地震监测和预报

第十条 省人民政府应当加强地震监测预报工作，建立多学科地震监测系统，逐步提高地震监测预报水平。

第十一条 地震工作主管部门应当根据上级和本级防震减灾规划，按照布局合理、资源共享的原则，制定本级地震监测台网建设规划，报本级人民政府批准后实施。

地震监测台网的建设资金和运行经费列入本级财政预算。

第十二条 大型水库及江河堤防、油田及石油储备基地、核电站、高速铁路等重大建设工程和建筑设施的建设单位，应当按照国家和省有关规定，建设专用地震监测台网或者强震动监测设施，其建设资金和运行费用由建设单位承担。

建设单位应当将建设专用地震监测台网或者强震动监测设施的情况报省地震工作主管部门备案。

地震工作主管部门应当对专用地震监测台网和强震动监测设施的建设和运行给予技术指导。

专用地震监测台网和强震动监测设施的管理单位，应当做好监测设施的日常维护和管理，将监测信息及时上报省地震工作主管部门。

第十三条 地震工作主管部门应当会同有关部门，按照国家有关规定设置地震监测设施和地震观测环境保护标志，标明保护范围和要求。

第十四条 新建、改建、扩建建设工程，应当避免对地震监测设施和地震观测环境造成危害。

建设国家重点工程，确实无法避免对地震监测设施和地震观测环境造成危害的，建设单位应当按照地震工作主管部门的要求，增建抗干扰设施或者新建地震监测设施，其费用由建设单位承担。

市、县地震工作主管部门应当将新建地震监测设施的建设情况，报省地震工作主管部门备案。

第十五条 任何单位和个人观测到与地震可能有关的异常现象和提出地震预测意见，均可以向地震工作主管部门报告，地震工作主管部门应当进行登记并出具接收凭证，及时组织调查核实。

第十六条 省、市、县人民政府及其地震工作主管部门应当加强强震动监测设施的建设，建立健全地震烈度速报系统，为抗震救灾指挥工作提供科学依据。

第十七条 本省行政区域内的预报意见，由省人民政府按照国家规定的程序发布。

新闻媒体报道与地震预报有关的信息，应当以国务院或者省人民政府发布的地震预报为准。

任何单位和个人不得制造、传播地震谣言。因地震谣言影响社会正常秩序的，由县以上人民政府或者由其授权地震工作主管部门迅速采取措施予以澄清，其他有关部门和新闻媒体应当予以配合。

第四章　地震灾害预防

第十八条　抗震设防重大工程和可能发生严重次生灾害的建设工程，应当在项目选址、可行性研究前进行地震安全性评价。地震安全性评价报告，除根据有关规定由国务院地震工作主管部门审定的外，由省地震工作主管部门负责审定，并确定抗震设防要求。

前款规定以外的一般建设工程，应当按照地震烈度区划图或者地震动参数区划图确定抗震设防要求。建设单位应当在领取建设施工许可证后十日内，将抗震设防要求的采用情况报当地地震工作主管部门备案。

学校、幼儿园、医院、大型文体场馆、大型商业设施等人员密集场所的建设工程，应当按照高于当地房屋建筑的抗震设防要求进行设计和施工，增强抗震设防能力。

第十九条　项目审批部门应当将抗震设防要求纳入建设项目管理内容。对可行性研究报告或者项目申请报告中未包含抗震设防要求的，不予批准或者核准。

住房和城乡建设行政主管部门和铁路、交通、民航、水利、电力等其他专业工程的主管部门应当将抗震设防要求纳入工程初步设计或者设计文件的审查内容。建设工程的抗震设计未经审查或者未通过审查的，不予发放施工许可证。

第二十条　已经建成的下列建设工程，未采取抗震设防措施或者抗震设防措施未达到抗震设防要求的，应当按照国家有关规定定期进行抗震性能鉴定，并限期采取必要的抗震加固措施：

（一）重大建设工程和可能发生严重次生灾害的建设工程；

（二）交通、通信、供水、排水、供电、供气、输油等工程；

（三）具有重大历史、科学、艺术价值或者重要纪念意义的建设工程；

（四）学校、幼儿园、医院、大型文体场馆、大型商业设施等人员密集场所的建设工程；

（五）地震重点监视防御区内的建设工程。

省、市、县人民政府应当组织地震、住房和城乡建设、卫生、教育等有关部门，对学校、幼儿园、医院、大型文体场馆、大型商业设施等人员密集场所进行抗震性能普查。

第二十一条　省、市、县人民政府应当加强农村地区建设工程的抗震设防管理，结合新农村建设，将农村村民住宅和乡村公共设施抗震设防要求纳入建设工程抗震设防要求管理范围，制定推进农村民居地震安全工程的扶持政策，引导农民在建房时采取科学的抗震措施。

第二十二条　建设单位应当在建筑物使用说明书中明确建筑物所采用的抗震设防要求，注明建筑抗震构件、隔震装置、减震部件等抗震设施。

任何单位和个人不得损坏建筑物的抗震设施。

第二十三条 市人民政府和地震重点监视防御区的县人民政府应当组织开展地震小区划、活动断层探测和地震危险性分析、震害预测等防震减灾基础性研究工作，为城乡土地利用总体规划、工程选址、防震减灾规划编制提供科学依据。

第二十四条 省、市、县人民政府应当组织住房和城乡建设、地震、教育等有关部门，利用城市广场、体育场馆、绿地、公园、学校操场等公共设施，因地制宜搞好应急避难场所建设，统筹安排所需的交通、供水、供电、环保、物资储备等设备设施。应急避难场所应当设置明显的指示标识，并向社会公布。

学校、幼儿园、医院、大型文体场馆、大型商业设施等人员密集场所应当设置地震应急疏散通道，配备必要的救生避险设施。

第二十五条 县级人民政府有关部门和乡镇人民政府、街道办事处、居民委员会、村民委员会应当定期组织开展地震应急知识的宣传普及活动和地震应急救援演练，提倡公民自备应急救护器材，提高公民在地震灾害中自救互救的能力。

机关、团体、企业、事业单位应当按照本级人民政府的要求，对本单位人员进行地震应急知识宣传教育，排查和消除地震可能引发的安全隐患，定期进行地震应急救援演练。

学校应当进行地震应急知识教育，定期组织学生开展地震紧急疏散演练活动，提高学生的安全避险和自救互救能力。

第二十六条 省、市、县人民政府及其地震、教育、科技等有关部门应当开展地震安全社区、防震减灾科普宣传示范学校和科普教育基地建设，制定相应的考核验收标准并组织实施。

第二十七条 省、市、县人民政府及其地震工作主管部门应当研究制定支持群测群防工作的各项保障措施，建立稳定的经费渠道，鼓励、支持和引导社会组织和个人开展地震群测群防活动，充分发挥群测群防在地震短期预报、临震预报、灾情信息报告和普及地震知识中的作用。

地震工作主管部门应当对防震减灾群测群防网络建设和管理给予指导。

第五章　地震应急与救援

第二十八条 地震工作主管部门应当会同有关部门，根据上一级人民政府地震应急预案，编制本级人民政府的地震应急预案，经本级人民政府批准后，报上一级人民政府和地震工作主管部门备案。

交通、铁路、水利、电力、通信等城市基础设施和学校、幼儿园、医院、大型文体场馆、大型商业设施等人员密集场所的经营、管理单位，以及可能发生严重次生灾害的核电站、矿山、危险化学品的生产、经营、储存单位，应当制定地震应急预案，并报当地地震工作主管部门备案。

制定地震应急预案的部门和单位应当定期组织地震应急演练，开展预案和应急演练的评估，并根据实际情况及时修订地震应急预案。

第二十九条 省、市、县人民政府应当加强以公安消防队伍及其他优势专业应急救援队伍为依托的综合应急救援队伍建设，提高地震、医疗、交通运输、矿山、危险化学品等相关行业专业应急救援队伍抗震设防救灾能力。

省、市、县人民政府应当为地震灾害应急救援队伍的建设提供必要的保障。

第三十条 政府鼓励企业、事业单位、社会团体组建民间地震灾害救援志愿者队伍，参与应急救援。

地震工作主管部门应当对志愿者队伍的应急救援培训和演练提供技术指导。

第三十一条 省、市、县人民政府应当完善地震应急物资储备保障体系，健全储备、调拨、配送、征用和监管体制，保障地震应急救援装备和应急物资供应。

第三十二条 地震预报意见发布后，省人民政府根据预报的震情，可以宣布有关区域进入临震应急期；当地人民政府应当按照地震应急预案，组织有关部门做好震情监测、重点单位的抗震防护、居民避震疏散、应急物资调配、地震应急知识和避险技能的宣传等应急防范和抗震救灾准备工作。

第三十三条 地震灾害发生后，省、市、县人民政府应当根据地震灾害和应急响应级别，启动地震应急预案，开展抗震救灾工作。

特别重大地震灾害发生后，按照国务院抗震救灾指挥机构统一部署，开展抗震救灾工作。

第三十四条 地震灾害发生后，各级救援队伍应当立即进入紧急待命状态，按照抗震救灾指挥机构的统一部署，赶赴地震灾区实施救援。

第三十五条 地震灾害发生后，地震灾区人民政府应当及时向上一级人民政府报告地震震情和灾情信息，同时抄送上一级地震、民政、卫生等部门。必要时可以越级上报，不得迟报、谎报、瞒报。

地震震情、灾情、抗震救灾等信息和海啸等次生灾害的信息实行归口管理，由抗震救灾指挥机构统一、准确、及时地向社会发布。

第六章 震后安置与重建

第三十六条 地震灾区人民政府应当做好受灾群众的过渡性安置工作，组织受灾群众和企业开展生产自救。

过渡性安置点所在地的县人民政府应当组织有关部门对次生灾害、饮用水水质、食品卫生、疫情等加强监测，开展流行病学调查，整治环境卫生，避免对土壤、水环境等造成污染。

过渡性安置点所在地的公安机关应当加强治安管理，依法打击各种违法犯罪行为，维护社会秩序。

第三十七条 破坏性地震发生后，省人民政府应当及时组织地震、财政、发展改革、住房和城乡建设、民政等有关部门对地震灾害损失进行调查评估。地震灾害评估结果按有关规定评审后，报省人民政府和国务院地震工作主管部门。

第三十八条 特别重大地震灾害发生后，省人民政府应当配合国务院有关部门，编制地震灾后恢复重建规划；重大、较大、一般地震灾害的灾后恢复重建规划，由省发展改革部门会同有关部门及地震灾区的市、县人民政府根据国家有关规定编制，报省人民政府批准后实施。

第七章　法律责任

第三十九条　违反本条例规定，有危害地震观测环境、破坏地震监测设施、未依法进行地震安全性评价、未按照抗震设防要求进行设计和施工、未依法履行职责以及制造、传播地震谣言等行为的，依照《中华人民共和国防震减灾法》等有关法律、法规的规定处理。

第八章　附　　则

第四十条　本条例自 2011 年 6 月 1 日起施行。

地震与地震灾害

本部分包括四方面内容：一是全球 $M \geq 7.0$ 地震目录；二是中国大陆及沿海地区 $M \geq 4.0$ 地震目录；三是对中国及全球一年来（1 月 1 日至 12 月 31 日）地震活动的综述、中国及世界地震灾害情况简介；四是将一年来中国各地地震活动及破坏性地震震害的宏观考察加以记载。

2011 年全球 $M \geqslant 7.0$ 地震目录

序号	发震时间（北京时间）	震中位置		深度/km	震级		参考地名
	月-日-时:分:秒	纬度/°	经度/°		M_S	M_W	
1	01-03-04:20:17.5	-38.30	-73.30	24	7.4	7.1	智利海岸近海
2	01-14-00:16:41.4	-20.20	168.56	9	7.1	6.9	洛亚尔提群岛
3	01-19-04:23:24.0	28.83	64.09	72	7.1	7.2	巴基斯坦西部
4	02-12-04:05:31.3	-36.30	-73.00	20	7.1	6.8	智利海岸近海
5	03-09-10:45:14.7	38.50	142.85	10	7.6	7.3	日本本州东海岸近海
6	03-11-13:46:19.0	38.10	142.50	20	8.7	9.1	日本本州东海岸远海
7	03-11-14:15:32.7	36.20	141.20	20	7.7	7.9	日本本州东海岸近海
8	03-11-14:25:49.1	38.10	144.40	20	7.7	7.6	日本本州东海岸远海
9	03-24-21:55:12.3	20.70	99.85	20	7.6	6.8	缅甸
10	04-07-22:32:38.6	38.20	141.90	40	7.1	7.1	日本本州东海岸近海
11	06-23-05:50:46.6	39.85	142.60	20	7.0	6.7	日本本州东海岸近海
12	06-24-11:09:37.8	51.85	-171.90	60	7.3	7.3	安德烈亚诺夫群岛
13	07-07-03:03:20.0	-29.15	-176.10	30	7.6	7.6	克马德克群岛地区
14	07-10-08:57:06.2	38.10	143.50	20	7.4	7.0	日本本州东海岸远海
15	08-21-00:55:03.3	-18.30	168.10	40	7.0	7.1	瓦努阿图（新赫布里底）
16	08-21-02:19:23.0	-18.30	168.20	30	7.0	7.0	瓦努阿图（新赫布里底）
17	09-02-18:55:48.8	52.20	-171.70	30	7.1	6.9	安德烈亚诺夫群岛
18	10-22-01:57:16.7	-28.80	-176.15	40	7.6	7.4	克马德克群岛地区
19	10-23-18:41:21.7	38.90	43.45	20	7.4	7.1	土耳其
20	10-29-02:54:34.2	-14.50	-76.10	30	7.2	6.9	秘鲁海岸远海
21	11-08-10:59:05.9	27.20	125.90	220	7.2（m_B）	6.9	东海海域
22	12-14-13:04:56.2	-7.50	146.80	120	7.1（m_B）	7.1	新几内亚东部地区
23	12-27-23:21:54.8	51.80	95.80	10	7.1	6.7	俄罗斯

注：本资料根据全国统一编目（正式报）地震目录数据整理而成，矩震级 M_W 引自美国全球矩心矩张量项目（GCMT）数据中心，m_B 为中长周期体波震级。

经纬度中，正数值表示东经和北纬，负数值表示西经和南纬。

（中国地震台网中心）

2011 年中国大陆及沿海地区 $M \geqslant 4.0$ 地震目录

序号	发震时间（北京时间）	震中位置		深度/km	震级		参考地名
	月-日-时:分:秒	纬度/°N	经度/°E		M_S	M_W	
1	1-1-09:56:04.7	39.49	75.21	9	4.9	4.9	新疆乌恰
2	1-1-15:32:00.2	24.72	97.92	10	4.5		云南盈江
3	1-2-07:33:38.5	24.71	97.91	32	4.8		云南盈江
4	1-2-07:44:33.1	24.71	97.91	10	4.0		云南盈江
5	1-8-07:34:10.0	43.22	131.10	560	5.2（m_b）		吉林珲春
6	1-8-14:36:25.0	42.07	84.22	17	4.1		新疆轮台
7	1-8-19:53:41.0	33.89	91.95	19	4.2		青海格尔木
8	1-10-15:36:55.5	37.52	75.22	50	4.6（M_L）		新疆塔什库尔干
9	1-12-09:19:49.5	33.33	123.90	10	4.8		黄海
10	1-12-09:22:39.6	33.17	123.94	20	4.5（M_L）		黄海
11	1-14-22:50:36.6	24.73	97.94	5	4.2		云南盈江
12	1-15-08:43:42.0	48.59	125.98	10	4.3		黑龙江五大连池
13	1-16-08:30:16.4	31.98	104.48	15	4.1		四川北川
14	1-19-12:07:43.3	30.66	117.10	6	4.8		安徽安庆
15	2-1-15:11:20.7	24.70	97.90	10	4.9		云南盈江
16	2-4-10:39:14.8	38.72	91.74	10	4.6		青海海西
17	2-7-22:24:39.3	36.17	82.16	10	4.2		新疆于田
18	2-12-13:44:15.5	27.14	103.01	12	4.5		云南巧家
19	2-17-01:25:26.0	32.63	85.29	6	4.5		西藏改则
20	2-23-02:25:52.5	32.81	90.49	6	4.2		西藏安多
21	2-23-21:32:11.5	34.25	103.84	8	4.2		甘肃迭部
22	2-24-08:21:15.8	35.52	99.48	6	4.0		青海兴海
23	3-2-09:18:33.6	38.95	75.25	7	4.2		新疆阿克陶
24	3-3-15:54:29.6	33.86	101.10	10	4.0		青海久治
25	3-5-04:16:52.2	43.89	87.06	10	4.0		新疆昌吉
26	3-6-03:24:41.2	32.83	92.27	10	4.0		青海格尔木
27	3-7-01:51:34.3	39.01	111.76	6	4.0		山西五寨
28	3-8-00:19:43.6	33.99	114.63	10	4.1		河南太康
29	3-8-23:19:40.3	41.96	112.71	7	4.0		内蒙古四子王旗
30	3-10-12:58:12.4	24.65	97.95	10	5.8	5.5	云南盈江
31	3-10-20:41:37.2	24.74	97.98	7	4.5		云南盈江
32	3-17-23:34:30.4	40.38	79.09	6	4.6	4.9	新疆柯坪

续表

序号	发震时间（北京时间）	震中位置		深度/km	震级		参考地名
	月-日-时:分:秒	纬度/°N	经度/°E		M_S	M_W	
33	3-23-08:03:05.5	31.71	104.01	16	4.5（M_L）		四川茂县
34	3-23-13:55:55.4	36.38	76.58	101	4.8（m_B）	4.8	新疆叶城
35	4-1-13:07:11.5	31.59	104.01	10	4.0		四川绵竹
36	4-2-12:24:52.3	36.80	76.84	103	4.5（M_L）		新疆叶城
37	4-10-17:02:42.4	31.28	100.80	10	5.3		四川炉霍
38	4-15-15:44:46.0	26.66	102.94	12	4.5		四川会东
39	4-17-04:50:10.4	38.24	76.06	120	4.8（m_B）		新疆阿克陶
40	4-20-00:27:28.3	34.30	89.80	10	4.8	4.9	西藏安多
41	4-23-07:11:09.7	45.45	82.60	7	4.3		新疆裕民—托里交界
42	4-23-21:36:06.3	45.50	82.70	6	4.0		新疆裕民
43	5-2-13:48:40.0	33.74	98.94	10	4.5		青海达日
44	5-5-04:57:23.0	30.66	80.79	15	4.6		西藏普兰
45	5-6-18:48:14.7	31.26	103.59	15	4.1		四川都江堰
46	5-10-23:26:03.1	43.30	131.20	560	6.1（m_b）	5.7	吉林珲春
47	5-13-14:48:12.0	41.97	82.33	7	4.4		新疆拜城
48	5-15-15:05:32.4	32.59	105.34	17	4.8		四川青川
49	5-22-04:31:17.1	22.91	103.64	7	4.0		云南河口
50	5-22-15:46:30.6	36.33	78.36	116	4.6（M_L）		新疆皮山
51	5-22-18:52:02.1	41.95	82.28	10	4.5		新疆拜城
52	5-23-16:38:45.5	41.99	82.27	10	4.2		新疆拜城
53	5-23-21:22:27.9	39.48	74.66	20	4.2		新疆乌恰
54	5-24-20:51:54.6	30.17	85.30	10	4.0		西藏措勤
55	5-28-15:10:04.7	40.70	81.42	10	4.0		新疆阿克苏
56	5-31-21:13:37.0	25.04	98.70	11	4.5		云南腾冲
57	6-5-13:21:45.3	31.80	104.14	19	4.2		四川茂县
58	6-8-09:53:23.4	42.95	88.30	10	5.3		新疆托克逊
59	6-8-09:54:36.5	42.95	88.31	9	4.8（M_L）		新疆托克逊
60	6-8-10:00:20.3	42.94	88.28	8	4.6（M_L）		新疆托克逊
61	6-10-09:20:12.0	34.34	100.80	10	4.1		青海玛沁
62	6-20-18:16:49.6	25.05	98.69	10	5.2	5.0	云南腾冲
63	6-22-19:55:54.5	33.45	89.59	7	4.3		西藏尼玛

续表

序号	发震时间（北京时间）	震中位置		深度/km	震级		参考地名
	月-日-时:分:秒	纬度/°N	经度/°E		M_S	M_W	
64	6-22-23:48:24.2	33.56	89.56	6	4.3		西藏尼玛
65	6-24-21:34:18.9	29.29	101.09	10	4.2		四川康定
66	6-26-15:48:15.4	32.40	96.05	20	5.3	5.3	青海囊谦
67	7-12-02:52:36.8	41.97	82.28	8	4.1		新疆拜城
68	7-12-23:57:06.3	41.98	82.28	10	4.0		新疆拜城
69	7-17-12:43:43.5	33.70	89.50	10	4.3		西藏尼玛
70	7-22-22:52:55.7	49.85	118.85	10	4.7		内蒙古陈巴尔虎旗
71	7-25-03:05:28.1	46.01	90.36	8	5.2		新疆青河
72	7-30-05:08:15.8	39.55	73.90	10	4.0		新疆乌恰
73	8-2-03:40:52.0	33.90	87.80	10	5.2	5.3	西藏尼玛
74	8-2-06:45:14.9	33.87	87.68	8	4.0		西藏尼玛
75	8-9-13:55:23.2	32.72	89.22	9	4.2		西藏尼玛
76	8-9-19:50:17.3	25.00	98.70	11	5.2	5.1	云南腾冲
77	8-11-18:06:29.0	39.90	77.20	10	5.8	5.6	新疆阿图什
78	8-12-01:06:13.7	37.70	95.78	10	4.4		青海海西
79	8-12-06:01:25.9	30.17	87.11	15	4.0		西藏昂仁
80	8-31-00:23:50.8	24.73	97.98	10	4.3		云南盈江
81	9-4-12:13:45.4	31.27	103.62	21	4.2		四川都江堰
82	9-10-23:20:31.2	29.70	115.40	13	4.5		江西瑞昌
83	9-15-23:26:58.9	36.40	82.40	6	5.5	5.3	新疆于田
84	9-27-19:03:01.2	36.67	76.82	106	4.6（m_B）		新疆叶城
85	10-5-22:40:46.5	38.25	87.28	6	4.4		新疆若羌
86	10-10-09:55:38.6	36.19	82.54	9	4.6（M_L）		新疆于田
87	10-16-21:44:46.1	44.25	82.70	18	4.8	4.8	新疆精河
88	10-21-04:52:37.2	35.62	81.53	6	4.6	5.0	新疆策勒
89	10-28-09:40:50.9	32.32	104.76	15	4.3		四川平武
90	11-1-05:58:15.0	32.60	105.30	6	5.2	5.0	四川青川
91	11-1-08:21:27.1	43.60	82.45	28	5.8	5.5	新疆尼勒克
92	11-1-08:22:34.7	43.63	82.36	8	4.8（M_L）		新疆尼勒克
93	11-2-01:18:03.3	34.54	104.22	7	4.5		甘肃岷县
94	11-6-04:44:23.0	25.48	105.73	6	4.1		贵州贞丰

续表

序号	发震时间（北京时间）	震中位置		深度/km	震级		参考地名
	月-日-时:分:秒	纬度/°N	经度/°E		M_S	M_W	
95	11-6-05:34:32.3	29.40	105.07	20	4.0		四川隆昌
96	11-7-05:57:27.8	30.16	97.47	28	4.2		西藏左贡
97	11-8-10:59:05.9	27.20	125.90	220	7.2（m_B）	6.9	东海海域
98	12-1-11:50:56.3	31.73	83.85	6	4.9	5.1	西藏改则
99	12-1-20:48:19.8	38.40	77.00	30	5.0	4.9	新疆莎车
100	12-6-02:55:40.2	32.50	92.80	10	4.4	4.9	西藏聂荣
101	12-6-04:37:46.6	27.37	103.19	5	4.0		云南巧家
102	12-14-13:39:25.8	39.43	94.46	8	4.5（M_L）		甘肃阿克塞
103	12-23-07:42:53.4	31.69	86.43	6	4.6	4.9	西藏尼玛
104	12-25-16:11:40.3	32.73	105.43	7	4.1		四川青川
105	12-26-00:46:51.7	31.37	103.79	20	4.7		四川彭州

注：本资料根据全国统一编目（正式报）地震目录数据整理而成，矩震级 M_W 引自美国全球矩心矩张量项目（GCMT）数据中心，m_B 为中长周期体波震级，m_b 为短周期体波震级，M_L 为地方震级。

（中国地震台网中心）

2011年地震活动综述

一、2011年中国地震活动概况

据中国地震台网地震速报测定，2011年中国大陆地区共发生5.0级以上地震17次，低于1950年以来24次的年均水平。2011年中国大陆地区发生6.0级以上地震2次，6.0级以上地震频次低于1950年以来年均4次的地震水平。2011年中国大陆地区5.0级以上地震活动频次与2010年（17次）基本持平，主要分布在大陆西部地区。

2011年中国大陆5.0级以上地震频次偏低。2010年为17次，2009年为23次，连续三年5.0级地震频次低于1950年以来中国大陆年平均24次的地震活动水平。

5.0级地震在时间上分布比较均匀，上半年发生5.0级以上地震8次，下半年为9次。中国大陆6.0级浅源地震自2010年4月14日玉树7.1级和6.3级地震后出现了长达566天的6.0级平静，被11月1日新疆尼勒克—巩留交界6.0级地震打破。但在此期间，中国大陆周边地区强震活跃，发生7次6.0级以上地震，分别为1月24日塔吉克斯坦6.0级、2月4日缅甸与印度交界地区6.4级、3月24日缅甸7.2级、5月15日兴都库什地区6.0级、7月20日吉尔吉斯斯坦6.1级、9月18日印度6.8级、10月14日俄罗斯6.6级地震。总体表现为内部弱、边邻强的活动特征。

2011年南北地震带强震持续活动。2008年5月12日汶川8.0级地震结束了1996年丽江7.0级地震后南北地震带超过12年的7.0级平静，为南北地震带新一个活跃阶段的首发大震，之后又发生2010年4月14日玉树7.1级地震。2011年南北地震带共发生5.0级以上地震10次，中国境内5次，境外包括缅甸7.2级地震。南北地震带4年发生3次7.0级以上地震，表明南北地震带处于强震活跃阶段。

新疆及其周边中强地震活跃。自2010年6月10日新疆乌恰5.1级地震后，新疆及周边开始进入5.0级活跃阶段。2011年新疆及其周边地震活动水平较高，先后发生1月1日乌恰5.1级、1月24日塔吉克斯坦6.0级、2月24日蒙古5.6级、5月15日兴都库什地区6.0级、6月8日新疆托克逊5.3级、7月20日吉尔吉斯斯坦6.1级、7月25日新疆青河5.2级、8月11日新疆阿图什—伽师交界5.8级、9月15日新疆于田5.5级、10月16日新疆精河5.0级、11月1日新疆尼勒克—巩留交界6.0级、11月7日阿富汗—塔吉克斯坦交界5.4级、12月1日新疆莎车5.2级地震。

大陆东部6.0级地震平静持续。自1820年第四活动期以来，大陆东部6.0级以上浅源地震最长的平静时间为14.9年（不考虑1962年新丰江水库6.2级地震），截至2011年12月31日，1998年张北6.2级地震后大陆东部地区6.0级地震平静已接近14年，2006年河北文安5.1级地震后至2011年12月31日，华北地区5.0级地震平静5.5年。

2005年11月26日江西九江—瑞昌5.7级地震后，华南地区5.0级地震平静已达6年。

2006年12月26日台湾南部海域7.2级地震后，台湾地区7.0级地震平静已达5年。

二、2011 年全球地震活动概况

据中国地震台网地震速报测定，2011 年全球发生 7.0 级以上地震 23 次，高于 1900 年以来全球 7.0 级以上地震年均 20 次的水平，其中包括 1 次 9.0 级地震，为 2011 年 3 月 11 日 14 时 46 分发生的日本本州东海岸附近海域 9.0 级地震（USGS 测定震级为 $M_W9.1$）。日本本州东海岸 9.0 级地震位于环太平洋地震带西带，为一次逆冲型地震事件，余震展布方向为东北向，长约 650 千米，宽约 330 千米，最大烈度为Ⅸ度（USGS）。2011 年全球 7.0 级以上地震频次比 2010 年（28 次）略有减少，主要分布在环太平洋地震带。

2011 年全球 7.0 级以上地震活动有以下特点：

2011 年全球 7.0 级以上地震活动水平与 2010 年相当。强度上，2011 年全球发生 1 次 9.0 级地震，强度明显高于 2010 年；频次上，2011 年全球发生 7.0 级以上地震 26 次，而 2010 年发生 7.0 级以上地震 28 次，频次略有下降。

2011 年全球 7.0 级以上地震活动在时空上分布不均匀。空间上，7.0 级以上地震主要分布于环太平洋地震带西带，分别为 1 月 14 日洛亚尔提群岛 7.2 级、3 月 9 日日本本州东海岸近海 7.3 级、3 月 11 日日本本州东海岸近海 9.0 级地震及其后续 5 个 7.0 级以上地震、5 月 11 日洛亚蒂群岛地区 7.0 级、7 月 7 日克马德克群岛地区 7.6 级、8 月 21 日瓦努阿图 7.2 级和 7.1 级、9 月 4 日瓦努阿图 7.1 级、9 月 16 日斐济群岛附近海域 7.0 级、10 月 22 日克马德克群岛地区 7.6 级、11 月 8 日东海海域 7.0 级和 12 月 14 日巴布亚新几内亚 7.2 级地震；时间上，全球 7.0 级以上地震发生时间相对均匀，除 2 月外，其他月份均有发生，最长平静时间出现在 1 月 19 日巴基斯坦 7.1 级地震和 3 月 9 日日本本州东海岸近海 7.3 级地震之间，平静时间为 49 天。有记录的 9.0 级以上超强地震分别有 1952 年 11 月 4 日堪察加半岛 9.0 级地震、1960 年 5 月 22 日智利 9.5 级地震、1964 年 3 月 28 日美国阿拉斯加 9.2 级地震、2004 年 12 月 26 日印尼苏门答腊 9.1 级地震和此次 3 月 11 日日本本州东海岸近海 9.0 级地震。此次日本本州 9.0 级地震与 2004 年苏门答腊 9.1 级地震时间间隔约为 6.3 年。

（中国地震台网中心）

2011年中国地震灾害情况综述

一、2011年中国地震情况

2011年，中国共发生5.0级以上地震25次，其中大陆地区17次，最大浅源地震为新疆尼勒克县、巩留县交界6.0级，台湾地区及海域8次。相比2010年，地震频次基本持平，大陆地震主要分布于新疆、云南等西部地区。

2011年中国 $M_S \geqslant 5.0$ 地震目录及成灾事件

序号	月	日	纬度/°N	经度/°E	地点	震级 *M*	震源深度/km	成灾事件
1	1	1	39.4	75.2	新疆乌恰县	5.1	10	
2	1	8	43.0	131.1	吉林珲春市	5.6	560	
3	1	12	33.3	123.9	南黄海	5.0	10	
4	2	1	24.2	121.8	台湾花莲县附近海域	5.3	7	
5	2	15	21.2	121.1	台湾南部海域	5.1	10	
6	3	10	24.7	97.9	云南盈江县	5.8	10	(2)
7	3	20	22.4	121.4	台湾台东县附近海域	5.2	30	
8	4	10	31.3	100.9	四川炉霍县	5.3	7	(4)
9	4	16	25.3	124.1	台湾东北部海域	6.0	130	
10	4	30	24.7	121.8	台湾宜兰县	5.0	60	
11	5	10	43.3	131.2	中俄交界	6.1	560	
12	5	22	24.1	121.7	台湾花莲县	5.2	10	
13	6	8	43.0	88.3	新疆托克逊县	5.3	5	(5)
14	6	20	25.1	98.7	云南腾冲县	5.2	10	(6)
15	6	26	32.4	95.9	青海囊谦县	5.2	10	(7)
16	7	25	46.0	90.4	新疆清河县	5.2	10	(8)
17	8	2	33.9	87.8	西藏尼玛县	5.1	10	
18	8	9	25.0	98.7	云南腾冲县、隆阳区交界	5.2	11	(9)
19	8	11	39.9	77.2	新疆阿图什市、伽师县交界	5.8	8	(10)
20	9	15	36.5	82.4	新疆于田县	5.5	6	(11)
21	10	16	44.3	82.7	新疆精河县	5.0	4	(13)
22	10	30	25.3	123.1	台湾东北部海域	5.7	223	
23	11	1	32.6	105.3	四川青川县、甘肃文县交界	5.4	20	
24	11	1	43.6	82.4	新疆尼勒克县、巩留县交界	6.0	28	(14)
25	12	1	38.4	76.9	新疆莎车县	5.2	10	(15)

注：()中的数字表示地震灾害事件。(1)表示 < *M*5.0 地震，此表未列出；(3)(12)表示地震灾害事件是境外地震对国内造成的灾害，此表未列出。

二、2011 年大陆地区地震灾害情况

2011 年，大陆地区共发生地震灾害事件 15 次，其中较大地震灾害事件 2 次，一般地震灾害事件 13 次。地震共造成 32 人死亡，506 人受伤，直接经济损失 60.11 亿元。

全年地震灾害事件共造成大陆地区约 184 万人受灾，受灾面积约 54092 平方千米；造成房屋 1712008 平方米毁坏，1251726 平方米严重破坏，8842710 平方米中等破坏，6737283 平方米轻微破坏。

2011 年大陆地区地震灾害损失一览表

序号	时间		地点	震级	人员伤亡/人			房屋破坏/平方米				直接经济损失/万元
	日期	时:分			死亡	重伤	轻伤	毁坏	严重	中等	轻微	
1	1 月 19 日	12:07	安徽安庆市与怀宁县交界	4.8	0	0	0	5048	52827	215857	694881	23235.1
2	3 月 10 日	12:58	云南盈江县	5.8	25	134	180	842056	508499	3239110	1453012	238480
3	3 月 24 日	21:55	缅甸	7.2	0	3	9	0	0	457461	782744	33760
4	4 月 10 日	17:02	四川炉霍县	5.3	0	1	3	7517	0	248787	17174	17858
5	6 月 8 日	09:53	新疆托克逊县	5.3	0	0	7	21336	116676	202801	260388	9225.17
6	6 月 20 日	18:16	云南腾冲县	5.2	0	3	3	51483	709	837518	46027	27840
7	6 月 26 日	15:48	青海囊谦县	5.2	0	0	0	14701	0	262698	0	6502.81
8	7 月 25 日	03:05	新疆青河县	5.2	0	0	0	0	26478	111666	298983	3330
9	8 月 9 日	19:50	云南腾冲县与隆阳区交界	5.2	0	2	4	60170	835	480697	37960	14990
10	8 月 11 日	18:06	新疆阿图什市与伽师县交界	5.8	0	4	17	83563	98280	356194	182677	18322.19
11	9 月 15 日	23:27	新疆于田县	5.5	0	0	0	964	2336	4686	8214	291.77
12	9 月 18 日	20:40	印度锡金邦	6.8	7	4	132	508226	19149	1172108	89306	133365
13	10 月 16 日	21:44	新疆精河县	5.0	0	0	0	1779	12841	29072	60578	1185.05
14	11 月 1 日	08:21	新疆尼勒克县与巩留县交界	6.0	0	0	0	109851	401860	1174220	2597240	67846
15	12 月 1 日	20:48	新疆莎车县	5.2	0	0	0	5314	11236	49835	208099	4859
合计					32	151	355	1712008	1251726	8842710	6737283	601090.09

三、2011 年大陆地区地震灾害主要特点

2011 年，全国及周边沿海地区发生 *M*4.0 以上地震 126 次，其中 4.0～4.9 级 105 次，5.0～5.9 级 17 次，6.0～6.9 级 3 次，7.0～7.9 级 1 次，最大地震为东海海域 7.0 级地震，中国大陆最大地震为新疆尼勒克县与巩留县交界 6.0 级地震。

2011年中国地震灾害主要有以下特点：

（1）2011年大陆地区发生5.0级以上地震17次，最大浅源地震是新疆尼勒克县与巩留县交界6.0级地震。全年共发生15次地震灾害事件，地震灾害发生频次高于近5年平均水平，地震造成的人员伤亡和经济损失较大。

（2）西部地区仍然是破坏性地震的主要发生地，15次地震灾害事件有14次发生在西部，小震大灾甚至小震巨灾事件仍然发生，全年4.0级以上的强有感地震发生频繁，也造成了较大的社会影响。

（3）境外地震对中国云南和西藏造成灾害，是2011年一种新的灾害形式。2011年缅甸和印度发生的强震给我国云南和西藏造成了人员伤亡和财产损失。两次地震提醒我们一种新的地震灾害形式和应急响应情况，要重视边境地区的地震应急和防震减灾工作。

（4）防震减灾模式发挥减灾效应。新疆自抗震安居工程结合富民安居工程和新农村建设开展以来，自治区农村民居抗震性能有了很大提高。2011年，新疆共发生8次5.0级以上地震，没有造成人员死亡，抗震安居工程发挥了减灾实效。

（5）近三年中国地震局开展的年度重点危险区地震应急准备工作、发挥了一定的减灾作用。根据年度地震危险区会商意见，制定重点区应急准备工作方案，在人力、物力和财力等方面作好相应准备工作，部分省市还试行开展地震灾害应急风险评估和应急对策研究。

四、2011年大陆地区主要地震及灾害特点

1. 安徽安庆市与怀宁县交界4.8级地震

1月19日12时07分，安徽省安庆市与怀宁县交界发生4.8级地震，地震没有造成人员伤亡。此次地震的主要特点是：①灾区土木结构和砖木结构房屋建造年代较早，长达几十年之久，多数房屋属于老旧房屋，裂缝分布普遍，房屋质量较差，未考虑任何抗震措施，抗震能力很弱，在此次地震中造成的破坏比较严重。灾区部分民居傍山而建，房屋多修建在抗震不利地段，加之房屋上部结构整体性差，造成墙体开裂现象多见。②灾区地处低山丘陵和盆地的交接地带，部分灾区位于低山区，应特别注意地震可能引发的岩崩等地质灾害。如在杨桥镇西安村程家祠堂，调查中发现该村地处龙山头山脚下，山上有部分巨石，由于此次地震作用，巨石有所松动，滚石将山脚下的一处民房砸坏。

2. 云南盈江5.8级地震

3月10日12时58分，云南省盈江县发生5.8级地震，地震造成25人死亡，314人受伤，其中134人重伤，直接经济损失23.85亿元。此次地震的主要特点是：①此次地震震中距盈江县城2千米，是城市直下型地震；加之震源浅，震源深度10千米，场地土层为第四纪河流冲积形成的松散堆积软弱土层，致使盈江县主城区地震烈度达Ⅷ度，破坏严重。极震区地表开裂，砂土液化引起地面沉陷及喷沙冒水；按Ⅷ度设防的工业烟囱断裂或倒塌；城区多处钢筋混凝土框架结构和砖混楼房毁坏；城乡房倒屋塌，盈江县城供电、通信一度中断，市政设施、校舍、卫生院所、医院遭受较为严重的破坏，造成了较大的经济损失。②此次地震是相对弱活动区发生的较强地震。盈江地区处于腾冲—龙陵地震带、缅甸弧地

震带之间的过渡地区，有记载以来没有发生过6级以上地震，2008年8月21日5.9级地震为该区的最大地震。当地群众建筑设防意识淡薄，加之经济基础薄弱，房屋设防水平较低，是此次地震灾害严重的原因之一。③震害叠加。盈江震区在2008年盈江5.0级、5.1级、5.9级地震中遭受破坏，县城处于Ⅵ度区。2011年1月、2月4次4级地震造成破坏，再次遭受此次5.8级地震的破坏，震害加重。④灾区相当数量房屋采用空心砖作为建筑材料，或者采用“墙抬梁”建筑，抗震能力低下，在此次地震中大量倒塌，破坏较严重。各级政府及有关部门需加强房屋建筑的抗震技术指导，因地制宜、就地取材，提高房屋建筑抗震性能。

3. 缅甸境内7.2级地震

3月24日21时55分，缅甸境内发生7.2级地震，地震造成中国云南境内12人受伤，其中3人重伤。此次地震的主要特点是：①此次地震发生在国外，国内受灾。地震发生在北东东向勐龙断裂构造带缅甸境内，震中距中国边界最短距离为86千米，中国境内西双版纳州勐海、景洪、勐腊和普洱市澜沧、孟连、西盟等县沿边境的部分乡镇民房、校舍、医院、水利设施等遭受不同程度的破坏。②此次地震影响范围广。距离震中550千米之外的昆明、丽江、怒江、保山、德宏，距震中910千米的广西南宁均有震感，甚至在1000千米以外的湛江居住于高层楼房内的少数人也有轻微震感。

4. 四川炉霍5.3级地震

4月10日17时02分，四川省炉霍县发生5.3级地震，地震造成4人受伤，其中1人重伤。此次地震的主要特点是：①地震灾区以农牧业为主，人口及村镇大多分布在河谷平坝、台地和山间盆地内，山区也零星分布有一些村寨，石（土）木结构房屋为主要的房屋结构形式。这种结构区别于一般的土木结构形式，使用了大量的木材，具有一定的抗震性，但造价远高于传统的土木结构房屋。灾区历史上最近发生的一次大地震为1973年7.6级地震，这种结构的房屋的抗震性明显好于其他结构的农村房屋。在此次地震中，其震害表现为土墙或石墙的裂缝、局部倒塌，主体结构破坏不严重，因此，此次地震中房屋极少发生房屋倒塌的现象。②但由于受取水条件的影响与地质灾害的威胁，该地百姓多将房屋建在半山坡上，地基条件差，多用块石平场建房，地震造成的边坡失稳对房屋基础影响甚大，造成房屋上部结构完好，而地基遭受破坏，从而使房屋成为危房，修复困难或不具修复价值，造成了严重的经济损失。

5. 新疆托克逊5.3级地震

6月8日09时53分，新疆维吾尔自治区托克逊县发生5.3级地震，地震造成7人受伤。此次地震的主要特点是：①此次地震虽然没有直接造成人员伤亡，但灾区农居大多是没有抗震措施的土木结构房屋，且年代久远、开间较大、结构不合理，在遭受到此次震级不大地震影响下，容易破坏。②地震发生在高考期间，主震和余震的连续发生扰乱了震区考生正常的考试情绪。③震区校舍抗震加固工程已初具规模，但仍然没有覆盖到一些偏远乡村的中小学校。④此次地震的震中烈度为Ⅵ度。根据烈度调查，震源深度和震源机制解综合分析，初步认为此次地震的发震构造为鱼儿沟—红山口逆断裂—背斜带。

6. 云南腾冲5.2级地震

6月20日18时16分，云南省腾冲县发生5.2级地震，地震造成6人受伤，其中3人重伤。此次地震的主要特点是：①震区分布有活动断裂和新近纪（新第三纪）含煤地层，震时地震能量被放大。加之前不久震区发生过4.5级地震，有一定震害叠加。因此，产生了个别Ⅶ度异常点。②烤烟生产遭受较重的经济损失。土木结构烤房，有个别倒塌现象、多数墙体开裂；砖木和砖混结构烤烟房，部分墙体开裂。烤房一旦开裂就漏气失效，造成损失。烟叶是当地的主要经济作物，当前正值烘烤的黄金季节，因为烤房破坏，烟叶得不到及时烘烤，腐烂在田间地头，造成双重损失。

7. 青海囊谦5.2级地震

6月26日15时48分，青海省囊谦县发生5.2级地震，地震没有造成人员伤亡。此次地震的主要特点是：①建筑技术缺乏、房屋建筑质量低下是导致房屋倒塌的主要原因。震区经济落后，由于社会经济的进步，人民生活水平逐渐提高，牧民从逐水草而居的游牧状态逐渐转变为半游牧半定居状态（全年3个月左右时间游牧，其余时间居住在定居地）。但由于该地区经济仍相对落后，建筑技术缺乏，牧民自行建造的定居点房屋质量非常差，绝大多数是就地取材，以土坯、石块简单砌筑而成，很大一部分砌块之间连简单的泥土胶接都没有，且地基处理简单，甚至没有处理，毫无抗震能力，稍有晃动就可能倒塌。②2010年4月14日地震及此次5.2级地震和余震的叠加破坏。加之2010年“4.14”玉树地震中该地区房屋结构内部已受到损坏，但表面并无损坏现象，因此未纳入玉树地震灾区开展评估。经过此次着晓乡5.2级地震，以及数次余震破坏，加重了房屋的破坏。③灾区降水量大、地基不稳。灾区囊谦县年均降水量达527.3毫米，居青海省第二位，仅次于班玛县。地震发生在6月底，正值降水集中的季节，几乎每日三次暴雨。雨水造成地基软化，加之农牧民居房屋地基处理本来就很简单，甚至未作处理，使房屋更易受到损坏。④土木、石木结构房屋受损严重。土木、石木结构房屋在灾区占主要比例，在此次地震中受损严重，着晓乡毁坏达21.3%，其余均已成为危房，全部受损面积达23万平方米之多。

8. 新疆青河5.2级地震

7月25日03时05分，新疆维吾尔自治区青河县发生5.2级地震，地震没有造成人员伤亡。此次地震主要特点是：①根据烈度调查、余震分布和震源机制解综合分析，初步认为此次地震的发震构造为可可托海—二台断裂带，此次地震位于1931年8级地震破裂带的南端，活动性质为右旋走滑。②灾区位于阿尔泰山区乌伦古河谷地内，受可可托海—二台断裂带影响属于抗震不利地段，由于地震震级不大，没有产生地震地质灾害。③灾区以牧业为主，大多数农牧民居住房屋以老旧土木结构为主，普遍建造质量较差，没有抗震措施，安居房屋仅占20%，反映出当地防震减灾能力薄弱。

9. 云南腾冲县与隆阳区交界5.2级地震

8月9日19时50分，云南省腾冲县与隆阳区交界再次发生5.2级地震，地震造成6人受伤，其中2人重伤。此次地震的主要特点是：①两次地震的微观震中相距仅3千米左右，此次地震微观震中位于“6·20”地震的南东侧。一方面灾区面积增大，另一方面各类建筑物的综合破坏程度加重。但由于震害饱和现象，续发地震直接经济损失低于前发地震直接经济损失。②及时的排危工作避免了更多人员伤亡。灾区政府在“6·20”地震后针对危房及时组织的排危或修复工作，此次地震中倒塌的房屋或者墙体数量减少，避免了更多的人员伤亡。③灾区地处高黎贡山东、西两侧，山高坡陡，多次地震影响，丰富的降雨量，这些不利因素致使地质灾害隐患加重。

10. 新疆阿图什市与伽师县交界 5.8 级地震

8 月 11 日 18 时 06 分，新疆维吾尔自治区阿图什市与伽师县交界发生 5.8 级地震，地震造成 21 人受伤，其中 4 人重伤。此次地震的主要特点是：①此次地震的极震区烈度为Ⅶ度强。根据烈度调查，震源深度和震源机制解综合分析，初步认为此次地震的发震构造为柯坪推覆体前缘的柯坪断裂，宏观震中位于西克尔库勒镇。②此次地震前后由于强对流天气（冰雹和雷阵雨）造成气象、地震灾害相互叠加，使房屋屋盖增重、墙体强度降低，震害加重。③木板加芯结构的抗震安居房屋，抗震性能很好，但耐久性和舒适性明显不足。前期建设的此类房屋，由于地基盐碱腐蚀和虫蛀造成底梁柱受损，降低了房屋的抗震性能，此次地震产生了一定数量的破坏。④近年来，降雨量较大，灾区房屋大部分没有屋檐，雨水对墙体不断冲刷，造成墙体整体强度下降。这是此次地震许多房屋破坏的一个内在因素。⑤灾区地表土多为盐渍土，对建筑物基础和墙体腐蚀严重；房屋开间较大，屋盖较重；砌筑质量差，易于受到地震破坏。

11. 新疆于田 5.5 级地震

9 月 15 日 23 时 27 分，新疆维吾尔自治区于田县发生 5.5 级地震，地震没有造成人员伤亡。此次地震的主要特点是：①此次地震没有直接造成人员伤亡，灾区抗震安居房覆盖率达 100%，此次地震没有失去住所和室外避难人员。②灾区房屋破坏主要为老旧土坯房，且多数已不作为居住房屋，用于存放工具等使用，建设年代久远、开间较大，结构抗震性能较差。③灾区位于山区，山体出现小规模崩塌，对乡村道路造成一定破坏。有部分山体已倾斜开裂，但未塌落，存在安全隐患。④震区校舍抗震加固工程已初具规模，但仍然没有覆盖到一些偏远乡村的小学生宿舍，皮什盖村皮西卡小学一单层砖木结构学生宿舍出现破坏。

12. 印度锡金邦 6.8 级地震

9 月 18 日 20 时 40 分，印度锡金邦发生 6.8 级地震，地震造成中国西藏自治区 7 人死亡，136 人受伤，其中 4 人重伤。此次地震的主要特点是：①地震虽然发生在境外，但具有波及面大、受灾范围广、灾害损失重的特点，对西藏造成了严重的地震灾害。②地震灾害最为严重的亚东县、定结县位于亚东—古露断裂和定结断裂上。发震断层与这两条断裂垂直交会，加大了这些地区的震害，特别是亚东南部地区地震地质灾害严重，发生了大量的滑坡、泥石流等地质灾害，房屋破坏严重。③灾区民房抗震能力较差，基本上处于不设防的状态。虽然灾区民房大多是近年来新建房屋，但几乎没有采取任何抗震措施，造成这类房屋震害严重。

13. 新疆精河 5.0 级地震

10 月 16 日 21 时 44 分，新疆维吾尔自治区精河县发生 5.0 级地震，地震没有造成人员伤亡。此次地震的主要特点是：①此次地震虽然没有直接造成人员伤亡，但由于灾区农居大多是没有抗震措施的土木结构房屋（安居房屋仅占 10%），且年代久远、开间较大、结构不合理，虽遭遇震级不大地震影响，仍容易破坏。②灾区建筑场地多为盐渍土，对建筑物基础和墙体腐蚀严重，北部平原地区属于潜水溢出带，地下水位浅，地基土具有冻胀性，农牧民自建的老旧房屋在遭受地震破坏前，基础已经遭受腐蚀或产生不均匀沉降，致使房屋结构受损，在地震力的作用下更易产生破坏。③震区校舍抗震加固工程已初具规模，存在安全隐患的教室校舍已基本完成，但此次地震对学校部分老旧房屋产生了新的破坏。④震中烈度为Ⅵ度，初步认为此次地震由库松木楔克山山前断裂的次级活动构造所为。

14. 新疆尼勒克县与巩留县交界6.0级地震

11月1日08时21分，新疆维吾尔自治区尼勒克县与巩留县交界发生6.0级地震，地震没有造成人员伤亡。此次地震的主要特点是：①震区处于天山地震带内地震危险性相对较高的地区，主要区域地震基本烈度为Ⅷ度，但老旧建筑和民房抗震设防水平较低，有些根本不设防，无法抵御此次地震破坏。②震区场地土层较厚，承载力较弱，相当一部分民居建于河谷地带的漫滩，地下水位较高；震区冻土层较厚，丰富的降水和融冻变形对土木结构和砖木结构房屋影响较大，许多房屋震前基础沉陷、房梁朽裂、墙体受损，加重了震害。③安居富民房屋在表现出良好的抗震性能和减灾效果，但仍有55%左右的老旧土木房屋和砖木房屋还未改造，这是此次地震的主要受损房屋类型，许多房屋地震前已属于危房，此次地震又造成了进一步的破坏。④城镇房屋中的有些框架房屋，填充墙与梁柱之间出现裂缝和石膏砂浆块掉落的现象，主要原因是填充墙与梁柱之间连接不足。

15. 新疆莎车5.2级地震

12月1日20时48分，新疆维吾尔自治区莎车县发生5.2级地震，地震没有造成人员伤亡。此次地震的主要特点是：①地震发生在叶尔羌河流域的平原地区，人口稠密，虽然震级不大，但灾害影响较大。②安居富民（抗震安居）房屋表现出良好的抗震性能和减灾效果，尚未改造的老旧土木房屋是此次地震的主要受灾对象。③灾区地处叶尔羌河冲积平原上，地基土由厚层砂土组成，地下水位高，场地条件较差。④灾区地处欧亚板块与印度板块交界的帕米尔弧形构造的边界部位，现代构造运动强烈，地震形势严峻。

（中国地震台网中心）

2011 年全球重要地震事件的震害及影响

2011 年，全球共发生 7.0 级以上地震 23 次，高于 1900 年以来的年平均水平（20 次/年），其中 3 月 11 日日本 9.0 级地震为 2011 年最大地震，地震引发的海啸造成了巨大的经济损失和严重的人员伤亡。

2011 年全球地震共造成约 20321 人死亡（含失踪 3485 人），其中 3 月 11 日日本 9.0 级地震死亡 15841 人，失踪 3485 人，地震引发海啸以及多种次生灾害，形成灾害链。福岛核电站事故引发核泄漏危机。

2011 年国外重大地震灾害一览表

日期	北京时间	地点	震级 M	死亡人数/人	受伤人数/人	经济损失/亿美元
2 月 22 日	7:51	新西兰南岛	6.2	169		150
3 月 11 日	13:46	日本东海	9.0	15841 人死亡 3485 人失踪	5890	3000
3 月 24 日	21:55	缅甸	7.2	75	125	
9 月 18 日	20:40	印度	6.8	110		200
10 月 23 日	18:41	土耳其	7.3	641	4152	数十

1. 新西兰 6.2 级地震

北京时间 2011 年 2 月 22 日 7 时 51 分（当地时间 22 日 12 时 51 分）在新西兰南岛发生 6.2 级地震。震中位于南岛东岸最大城市克莱斯特彻奇（Christchurch）市，距离首都惠灵顿约 364.9 千米。地震共造成 169 人遇难，其中包括 23 名中国公民。直接经济损失达 150 亿美元。

新西兰是地处世界两大构造板块之间的岛国，位于“太平洋火环”断裂带上，是太平洋板块与印度—澳大利亚大陆板块相撞后俯冲到一个被称作地幔的巨热、巨压区。

此次地震造成克莱斯特彻奇市中心多栋建筑倒塌，或遭到严重破坏，全市供电受到严重影响，自来水供应度中断。地面交通受损，机场控制塔损毁，航空交通陷入混乱，航班被迫取消或延误，大批旅客滞留在机场。

地震发生后中国、美国、澳大利亚、日本、英国、韩国、新加坡共计 10 支救援队 400 多名国际搜救人员抵达灾区。

中国政府派出中国国际救援队于 2011 年 2 月 24 日前往新西兰灾区展开搜救行动，与新西兰救援队合作在坎特伯雷电视大楼等地开展人员搜救行动。

2. 日本 9.0 级地震

北京时间 2011 年 3 月 11 日 13 时 46 分（当地时间 11 日 14 时 46 分）在日本本州东海岸附近海域发生 9.0 级地震，震源深度 20 千米。地震引发大海啸，青森、千叶、岩手、宫城、福岛、茨城县受海啸损毁严重。接近 2100 千米海岸沿线被海啸冲击。

地震导致东京市、仙台市、青森县大部分地区断电。东京及部分地区出现严重的供水紧张。地震导致燃气、油库、炼油厂爆炸，各地出现不同程度的火灾。地震还造成多个机场关闭，新干线一度全部停运。日本东京电力公司福岛县第一核电站发生故障，导致核泄漏。

全球共有85支城市搜救队对日本地震海啸采取了不同级别的行动，其中到达日本灾区开展救援行动的有20支（含中国国际救援队）。

3. 土耳其7.3级地震

北京时间2011年10月23日18时41分（当地时间23日13时41分）在土耳其发生7.3级地震，震源深度10千米。地震位于土耳其东部和伊朗接壤的凡城塔巴利村，距离土耳其首都安卡拉1190千米。此次强烈地震及11月10日发生的5.7级余震共造成641人死亡，4152人受伤，6000座建筑物遭不同程度破坏，经济损失达数十亿美元。

土耳其横跨欧亚大陆，是板块运动的活跃地带，因此地震比较频繁。根据板块构造学说，世界上的岩石圈由几大板块构成，欧亚大陆板块相对于非洲、阿拉伯板块从北向南滑移，土耳其受挤压，向西运动。这两个板块相对移动形成的北安纳托利亚断层就是地震多发带。据报道，土耳其有96%的领土位于地震带上，因此地震频繁。1999年8月17日凌晨，土耳其伊兹米特地区曾发生里氏7.4级强烈地震，造成约1.8万人死亡。

4. 缅甸7.2级地震

北京时间2011年3月24日21时55分（当地时间24日20时25分）在缅甸发生7.2级地震，震源深度20千米。地震造成缅甸至少75人死亡，125人受伤，震中附近4个村镇共计390座房屋、14座寺庙和9座政府办公楼受损。

地震造成缅甸掸邦发生泥石流等地质灾害，泰国清莱（Chiang Rai）地区震感强烈，许多民众感受到地面颤抖，泰国北部的清迈、清莱等地有建筑物出现倒塌。缅甸边境城市大其力等地发生房屋倒塌和道路滑坡。

此次地震震中距离中缅边境线最近处约40千米，距离勐海县城约90千米。

中国境内距离震源最近的云南省西双版纳傣族自治州受波及影响较重。云南普洱、临沧、红河等多地震感强烈，昆明部分居住在高层的市民也表示地震发生时感觉到了轻微的摇晃。广西南宁市、百色市也有震感。

地震造成西双版纳州勐海县、景洪市、勐腊县的11个乡镇受灾；造成12人受伤，50340人受灾，损坏房屋15332间，经济损失3.4亿元。

5. 印度6.8级地震

北京时间2011年9月18日20时40分（当地时间18日18时10分）在印度锡金邦发生6.8级地震，震源深度约20千米。地震造成包括印度、尼泊尔和中国在内的110人死亡。直接经济损失达200多亿美元。地震造成甘托克市超过10万栋房子严重毁损，道路受损，山体滑坡、崩塌等灾情也十分惨重，部分地区的通信、电力中断。

这次地震在1600千米以外的印度首都新德里以及邻国尼泊尔的首都加德满都都有震感。加德满都也出现少数人员伤亡。

此次地震的微观震中距中国边境最近距离为20千米。地震波及西藏自治区日喀则地区亚东县、定结县、岗巴县、定日县、吉隆县、康马县和山南地区洛扎、错那等县。地震造成西藏自治区7人死亡，136人受伤，其中重伤4人，7.5万人受灾。灾区面积为21370平方千米。地震造成中国的直接经济损失为13.34亿元。

（中国地震台网中心）

各地区地震活动

首都圈地区

1. 地震活动性

据中国地震台网中心测定结果统计，2011年首都圈地区共发生1.0级以上地震144次，2.0级以上地震21次，3.0级以上地震3次，最大地震为4月26日山西山阴3.1级地震和12月12日河北唐山3.1级地震。

2. 主要活动特征

（1）2011年首都圈地区1.0级、2.0级、3.0级和4.0级以上地震活动相对于2010年均有不同程度的下降。京津地区自1996年北京顺义4.0级地震后一直没有发生中等以上地震，仍处于明显的缺震背景中。

（2）首都圈地区1.0级以上地震活动的空间分布特征为：中西部地区小震活动主要分布在晋冀蒙交界地区和北京地区，特别是在密云少震区发生了2月11日2.3级地震；首都圈东部地区仍以唐山老震区活动为主，与2010年相比，地震活动水平明显降低，共发生3次3.0级以上地震。

（中国地震台网中心）

北京市

1. 地震活动性

2011年，北京行政区共记录到$M_L \geq 1.0$地震92次。其中$M_L 1.0 \sim 1.9$地震83次，$M_L 2.0 \sim 2.9$地震7次，$M_L 3.0 \sim 3.9$地震2次。最大地震为2011年2月11日密云和2011年10月12日石景山$M_L 3.0$地震。

2. 主要活动特征

（1）地震频次与往年平均水平相比偏高。2011年，北京行政区发生$M_L \geq 1.0$地震92次，高于1970年以来约66次的年平均水平；发生$M_L \geq 2.0$地震9次，低于1970年以来约11次的年平均水平；发生$M_L \geq 3.0$地震2次，等同于1970年以来约2次的年平均水平。

（2）$M_L \geq 4.0$地震继续平静。1970年以来，北京行政区$M_L \geq 4.0$地震平均3～4年发生1次。自1996年12月16日顺义$M_L 4.5$震群以来，北京地区已15年未发生$M_L \geq 4.0$地震。

（3）2011年2月11日密云和2011年10月12日石景山$M_L 3.0$地震，是北京地区该年度最显著的地震活动。北京行政区1998年以来平均每年发生1次$M_L \geq 3.0$地震（2004年、2005年和2008年除外，其中2008年最大地震为4月29日海淀$M_L 2.9$地震，震级略偏小），该地震属于北京地区正常的地震活动。

（北京市地震局）

天津市

1. 地震活动性

2011年，天津市行政区范围内共记录1.0级以上地震6次，其中1.0～1.9级地震4次，2.0～2.9级地震2次，最大地震为2月6日蓟县2.8级地震。

2. 主要活动特征

2011年天津地区$M \geq 1.0$地震数目低于

2010 年，但地震强度明显高于 2010 年，其中 $M \geqslant 2.0$ 地震 2 次，均发生在蓟县，位于宝坻断裂带北方。2011 年天津地区没有地震灾害发生。

（天津市地震局）

河北省

1. 地震活动性

据河北省测震台网测定，2011 年河北省共发生地震 1083 次，$M_L 1.0$ 以下地震 400 次，$M_L 1.0 \sim 1.9$ 地震 580 次，$M_L 2.0 \sim 2.9$ 地震 94 次，$M_L 3.0 \sim 3.9$ 地震 9 次，无 4.0 级以上地震发生。最大地震为 2011 年 9 月 1 日发生在辛集的 $M_L 3.7$ 地震和 12 月 12 日发生在唐山的 $M_L 3.7$ 地震。

2. 主要活动特征

（1）与 2010 年相比，地震频度与强度都相对较弱，但 $M_L 1.0$ 以下地震频度有所升高。

（2）地震主要分布在张家口—渤海地震带与河北平原地震带，小震活动仍然集中在唐山老震区与邢台老震区。

（3）2011 年 1 月 30 日，河北武安发生小震群活动，截至 2 月 11 日，共发生地震 38 次，其中 $M_L 1.0$ 以下地震 26 次，$M_L 1.0 \sim 1.9$ 地震 7 次，$M_L 2.0 \sim 2.9$ 地震 3 次，$M_L 3.0 \sim 3.9$ 地震 2 次。最大地震为 1 月 30 日 04 时 04 分的 $M_L 3.1$ 地震和 1 月 30 日 13 时 04 分的 $M_L 3.1$ 地震，该次小震群活动持续时间较短，地震频次低，衰减快。

（河北省地震局）

山西省

1. 地震活动性

2011 年，山西地区共发生 $M \geqslant 1.0$ 地震 153 次，其中 1.0～1.9 级地震 124 次，2.0～2.9 级地震 22 次，3.0～3.9 级地震 6 次，4.0～4.9 级地震 1 次，最大地震为 2011 年 3 月 7 日忻州市五寨县 4.0 级地震。

2011 年山西地区 $M \geqslant 3.0$ 地震空间分布特征为：大同盆地 2 次，临汾盆地 2 次，东部山区 2 次，西部山区 1 次。

2. 主要活动特征

（1）$M \geqslant 2.3$ 地震出现地震迁移现象，2010 年 10 月—2011 年 2 月，山西地区 $M \geqslant 2.3$ 地震集中在汾阳以南地区，汾阳以北地区无 2.3 级以上地震。2011 年 3—7 月 $M \geqslant 2.3$ 地震全部转移到汾阳以北地区，原来的活跃区转入平静，直至 8 月 2 日临汾古县 3.7 级地震发生。

（2）$M \geqslant 3.5$ 地震持续活跃，自 2009 年 3 月 28 日山西原平 4.2 级地震打破山西地震带长达 3 年 5 个月的 4.0 级地震平静后，山西地震带在 2009—2010 年先后发生 2009 年 11 月 5 日陕西高陵 4.4 级、2010 年 1 月 24 日山西河津 4.8 级、2010 年 4 月 4 日山西大同—阳高 4.5 级和 2010 年 6 月 5 日山西阳曲 4.6 级地震，进一步印证了山西地震带已经进入第五活跃时段的推断。2011 年山西地震带又先后发生 1 月 15 日河津 3.4 级、3 月 7 日五寨 4.0 级、8 月 2 日古县 3.7 级地震，超过 1970 年以来年均 1.7 次的平均水平。

（山西省地震局）

内蒙古自治区

1. 地震活动性

2011 年，内蒙古自治区发生 $M_L \geqslant 1.0$ 地震 542 次，其中 $M_L 1.0 \sim 1.9$ 地震 307 次，$M_L 2.0 \sim 2.9$ 地震 195 次，$M_L 3.0 \sim 3.9$ 地震 37 次，$M_L 4.0 \sim 4.9$ 地震 2 次，$M_L 5.0 \sim 5.9$

地震1次。最大地震是2011年7月22日呼伦贝尔市陈巴尔虎旗（49°44′N，118°48′E）发生的M_L5.1地震，次大地震是2011年8月31日阿拉善盟阿拉善右旗（40°08′N，100°56′E）发生的M_L4.8地震。以上地震次数统计均为可定位地震。

2. 主要活动特征

（1）M_L≥3.0地震频度出现较大上升。2011年发生M_L≥3.0地震40次，与2010年31次相比，地震活动频度有较大上升。其中，特别是2011年发生M_L5.0~5.9地震1次，2011年发生M_L5.0~5.9地震对M_L≥3.0地震频度上升有一定影响。而2010年未发生M_L5.0~5.9地震。

（2）地震活动强度东部和西部地区强、中部地区弱。2011年发生的3次M_L≥4.0地震显示，最大地震位于东部地区呼伦贝尔市陈巴尔虎旗，震级为M_L5.1。次大地震位于西部地区阿拉善盟阿拉善右旗，震级为M_L4.8地震。2次震级大的地震分别分布在内蒙古自治区的东部地区和西部地区。2011年3月8日内蒙古自治区中部地区乌兰察布市四子王旗（42°00′N，112°42′E）发生M_L4.3地震，相对东部和西部地区强度较弱。

（3）发生1次强有感地震。2011年7月22日22时52分，呼伦贝尔市陈巴尔虎旗（49°44′N，118°48′E）发生M_L5.1地震。该地震发生在北东向呼伦湖断裂带上。呼伦贝尔市海拉尔区震感强烈，牙克石市、额尔古纳市、莫尔道嘎有震感。震中位于偏远地区，未收到人员伤亡和财产损失报告。

（4）地震丛集、有序活动区。2011年地震活动出现4个丛集活动区：阿拉善盟与甘肃交界地区，地震活动呈北东向条带分布状态；腾格里沙漠北地区地震呈丛集状态；乌海市至蒙宁交界地区地震呈丛集状态；呼和浩特至包头地区，地震活动呈东西向条带分布状态；呼伦贝尔市扎兰屯地区，地震活动呈北东向条带分布状态。

（内蒙古自治区地震局）

辽宁省

1. 地震活动性

据中国地震台网中心小震数据库统计，2011年辽宁省及邻区（38°~43.5°N，119°~126°E）共发生M_L≥2.0地震84次，其中M_L≥3.0地震9次，M_L≥4.0地震1次。2011年度辽宁省及邻区最大地震为2011年9月1日渤海（38.45°N，120.57°E）M_L4.1地震，境内最大地震为2011年6月27日抚顺（41.88°N，123.80°E）M_L3.2地震。

2. 主要活动特征

（1）中小地震活动水平偏低。2011年辽宁地区中小地震活动水平明显低于2001年以来的均值，尤其是M_L≥2.0地震，2011年1月1日至12月31日，共发生84次，远远低于2001年以来的均值162次。

（2）M_L≥3.0地震分布集中有序。2011年辽宁及邻区M_L≥3.0地震集中分布在渤海海峡及其附近地区，且形成3.0级地震空区。

（3）震群持续活跃。2008年以来，辽宁省及邻区共发生8次小震群活动，其中2011年相继发生3次。分别为2010年12月29日长岛震群，总震次20次，M_L2.0以上地震3次，最大为M_L2.9；2011年2月12—20日内蒙古自治区敖汉旗小震群，其中M_L1.0以上地震18次，M_L2.0以上地震7次，最大为M_L2.3；2011年9月9—10日辽阳灯塔震群，总震次24次，M_L2.0以上地震4次，最大为M_L2.4。

总之，2011年度辽宁地区地震活动弱

于正常的背景水平，主体活动地区在辽南及其海域，且 $M_L \geq 3.0$ 地震在渤海海峡地区形成有序分布（3.0 级地震空区），未来该区附近地震活动水平或有抬升的可能。

（辽宁省地震局）

吉林省

1. 地震活动性

根据吉林省地震台网测定，2011 年吉林省共发生地震 42 次，其中 2.0 级以下 32 次，2.0～2.9 级 8 次，4.0～4.9 级 2 次（均为深源地震），最大地震为 5 月 10 日发生在吉林省珲春的 4.8 级深源地震。长白山天池火山共发生 57 次地震，其中可确定震级的地震 20 次，最大地震为 1.9 级地震。

2. 主要活动特征

（1）地震活动频度及强度均有所下降。2011 年地震活动频度及强度与历年地震活动水平相当，但 2011 年内所发生的 4.0 级以上地震均为深源地震。

（2）地震活动空间分布图像与 2010 年有所不同。2011 年发生的地震主要分布于 3 个区域内：西部分布于前郭县—乾安县交界的查干花镇及邻近区域内；中部主要分布于伊通—舒兰断裂及附近区域，东南部沿浑江断裂带及附近区域分布；而东部发生的地震主要是在浑江断裂带的北东端及长白山天池火山区内，另外在珲春与俄罗斯交界还发生 2 次深源地震。

（3）地震活动的时间分布呈现较有规律的韵律特征。2011 年月均发生地震 4 次，多集中于每月的月中及下旬，显示出较有规律的时间韵律特征，与往年有所不同。深源地震活动上半年和下半年各一次。

（4）长白山火山地震活动水平继续降低。2011 年长白山火山小震频度为 57 次，其中可确定震级的地震 20 次，为近 5 年来的最低值。2011 年记录到的火山地震最大震级仅为 1.9 级，地震强度也降低。

（吉林省地震局）

黑龙江省

1. 地震活动性

2011 年，黑龙江省记录可定位地震 123 次，其中 2.0～2.9 级地震 6 次，3.0～3.9 级地震 0 次，4.0 以上地震 1 次，最大地震为 1 月 15 日五大连池 4.3 级地震。

2. 主要活动特征

地震活动主要分布在黑龙江省东部地区，2.0 级以上地震活动主要集中在 9 月，记录到 4 次，最大震级为 2.8 级。

（黑龙江省地震局）

上海市及其邻近地区

1. 地震活动性

据上海市地震台网测定，2011 年上海及其邻近地区（29°～34°N，119°～124°E）共记录到 $M_L1.0$ 以上地震 157 次，其中 $M_L1.0～1.9$ 地震 77 次，$M_L2.0～2.9$ 地震 67 次，$M_L3.0～3.9$ 地震 11 次，$M_L4.0～4.9$ 地震 1 次，$M_L5.0～5.9$ 地震 1 次。最大地震为 2011 年 1 月 12 日发生在黄海海域的 $M_L5.2$ 地震，释放的总能量为 1.06×10^{12} 焦耳。

上海监视区（30.0°～32.4°N，119.6°～123.0°E）共发生 $M_L1.0$ 以上地震 31 次，其中 $M_L2.0$ 以上地震 11 次，最大地震为 2011 年 10 月 8 日江苏省南通市如皋市的 $M_L3.5$ 地震。

上海行政区陆域共记录到小震 1 次，为

2011年11月3日09时56分在上海市嘉定区与江苏省苏州市太仓市交界发生的M_L1.2地震。

2. 主要活动特征

（1）2011年上海及其邻近地区地震活动水平高于1970年以来的平均水平，也高于2010年的地震活动水平，3.0级以上地震活动频次和强度均有所增加。

（2）地震活动空间分布仍为北强南弱，黄海海域发生了M_L5.2、M_L4.5地震。陆上1月初江苏省盐城市建湖县发生了一次震群活动，最大地震为M_L3.4。

（3）江苏南黄海沿岸地区地震活动性参数仍存在多项背景性异常。

（上海市地震局）

江苏省

1. 地震活动性

据江苏省地震台网测定，2011年江苏省及其邻近海域（30.5°～36°N，116°～125°E）共发生$M_L \geq 2.0$地震94次，其中海域36次，陆地58次；发生$M_L \geq 3.0$地震18次，其中海域11次，陆地7次；发生$M_L \geq 4.0$地震2次，均位于南黄海海域。

2011年江苏省及其邻近海域发生的最大地震为2011年1月12日南黄海M_L5.2地震，江苏沿海大部分地区震感强烈；次大地震为2011年1月12日发生的南黄海M_L4.5地震，为南黄海M_L5.2地震余震。江苏陆地发生的最大地震为2011年1月21日和2011年10月8日分别在江苏东台和江苏如皋发生的M_L3.5地震，这2次地震造成当地部分居民有震感。

2. 主要活动特征

2011年江苏省及邻近海域地震活动水平高。

（1）中等地震活动明显增多，老震区地震活跃。

（2）震群活动。在中等地震活跃的基础上，2011年1月1日发生建湖M_L3.4震群。

（3）地震活动空间分布集中。南黄海4.8级地震前中等地震活动包括建湖震群，空间分布非常集中，主要分布在苏中及其沿岸地区。

（4）震情发展迅速。2011年1月1日建湖震群发生后仅11天，即2011年1月12日发生了南黄海M_L5.3地震。地震后，江苏地震活动水平逐渐减弱，频次和强度明显下降。

（江苏省地震局）

浙江省

1. 地震活动性

根据浙江省地震台网测定：2011年浙江省省域共发生$M_L \geq 1.0$地震15次，最大地震为2011年3月22日桐庐M_L2.4地震。

2. 主要活动特征

（1）地震强度低于上年水平，除桐庐发生M_L2.4地震之外，其余地震震级均低于M_L2.0。

（2）珊溪水库小震活动的频度有所上升。

（3）滩坑水库有小震活动。

（浙江省地震局）

安徽省

1. 地震活动性

2011年，安徽省共记录到地震348次，其中1.5级以上地震16次，2.0级以上地震7次，3.0级以上地震2次，4.0级以上地震1次，最大地震为2011年1月19日安庆4.8级地震。

2. 主要活动特征

同2010年相比，地震活动频次和强度均明显增强，安庆M_S4.8地震为安徽省近32年来的最大地震。从时间分布上看，2011年上半年的地震活动水平明显高于下半年，上半年发生1.5级以上地震11次，其中5次为安庆M_S4.8地震的余震，8月以后地震活动水平明显降低，至11月底安徽省未发生1.5级以上地震，12月先后发生2次1.5级以上地震。

（安徽省地震局）

福建省及其近海（含台湾地区）

1. 地震活动性

根据福建省地震台网测定，2011年，福建省及近海地区发生$M_L \geqslant 1.0$地震294次，其中M_L1.0～1.9地震241次，M_L2.0～2.9地震49次，M_L3.0～3.9地震4次，最大地震为1月24日惠安海域M_L3.7地震；台湾海峡地区发生$M_L \geqslant 2.0$地震19次，其中M_L2.0～2.9地震16次，M_L3.0～3.9地震3次，最大地震为7月3日海峡南部M_L3.4地震；台湾地区发生$M_L \geqslant 3.0$地震175次，其中M_L3.0～3.9地震124次，M_L4.0～4.9地震45次，M_L5.0～5.9地震6次，最大地震为2月1日花莲海域M_L5.3地震。

2. 主要活动特征

（1）2011年福建省及近海地区地震强度水平相较于2010年基本持平，但地震频次水平均有所下降。2011年未发生$M_L \geqslant$4.0地震，最大地震为1月24日惠安海域M_L3.7地震。$M_L \geqslant 2.0$地震主要相对集中在龙岩与漳州交界、仙游和东山海域地区。

（2）2011年台湾海峡地区地震活动水平与2010年相当，M_L3.0地震相对集中于台湾海峡中部地区。台湾海峡地区延续了2008年以来$M_L \geqslant 4.0$地震平静状态。

（3）2011年台湾地区地震活动水平相较于2010年显著下降，未发生$M_L \geqslant 6.0$地震活动，最大地震为2011年2月1日花莲海域M_L5.3地震。$M_L \geqslant 4.0$地震主要相对集中分布在台湾东部及近海地区。

（福建省地震局）

江西省

1. 地震活动性

据江西省地震台网测定，2011年江西省境内共发生M_L1.0以上地震148次，其中M_L1.0～1.9地震121次，M_L2.0～2.9地震24次，M_L3.0～3.9地震2次，M_L4.0以上地震1次，即9月10日瑞昌—阳新M_L4.9地震。

2. 主要活动特征

（1）地震活动水平较2010年度增强。2011年9月10日江西瑞昌—湖北阳新交界发生了M_L4.9地震，截至12月31日，共记录到M_L1.0～1.9余震38次，M_L2.0～2.9余震9次，M_L3.0～3.9余震1次。

（2）地震活动主要集中在中西部地区，北强南弱的格局不变。

（3）赣南小震频次较2010年度有所增加，强度仍较弱。自2005年9月21日寻乌M_L3.9地震后，截至2011年12月，M_L3.0以上地震已平静75个月，M_L2.0以上地震也相对缺乏，表现为显著平静。

（江西省地震局）

山东省

1. 地震活动性

2011年，山东内陆及邻区共发生 $M_L \geq$ 1.0地震227次，其中1.0~1.9级地震119次；2.0~2.9级地震84次；3.0~3.9级地震16次；4.0~4.9级地震5次。地震活动水平与2010年基本持平，仍处在近年来的较低水平。邻区最大地震为2011年3月8日河南省太康县的4.6级地震，山东省内陆地震最大为2011年5月20日安丘3.6级地震。另外，2011年7月26—28日威海发生3.6级地震序列，2011年1月29日济阳发生3.5级地震；海域最大地震为2011年6月17日黄海4.3级地震，其次为2011年9月1日渤海4.1级地震、2011年10月15日南黄海的4.1级地震。

2. 主要活动特征

2011年，山东内陆地区的2.0级左右微震活动整体上没有明显的条带、空区等异常图像，小震活动呈随机分布态势；地震活动多分布于胶东半岛及其两侧海域、沂沭带北西向分支断裂地区。

沂沭带及山东内陆其他地区地震活动持续较弱，自2007年11月以来形成的大面积3.0级地震平静被2009年9月11日高青3.4级地震打破后，又发生了2011年1月29日济阳3.5级和5月20日安丘3.6级地震，使平静区范围进一步收缩。

胶东半岛及附近海域2011年下半年以来小震相对活跃，连续发生了7月26日威海震群、荣成近海2.0级小震序列、11月29日莱西3.4级等显著地震事件，环渤海地区自2011年12月以来，3.0级左右地震相对活跃；黄海海域2011年度3.0级、4.0级地震活动呈北东向条带状分布，胶东半岛北部海域的3.0级地震围空依然持续。

冀鲁豫交界濮阳小震集中区共发生3.0级以上地震6次，自2003年该区域进入小震活跃时段（3.0级年平均频次是4次），2011年的地震活动水平与2008年（2008年该区年频次为6次）持平，占山东及邻区全年发生3.0级以上地震的37.5%。

（山东省地震局）

河南省

1. 地震活动性

2011年，河南省地震台网共记录2.0级以上地震13次，其中3.0级以上地震2次，年度最大地震是3月8日河南太康4.1级地震。地震主要分布于河南太康和濮阳范县地区。

2. 主要活动特征

（1）地震活动水平相较2010年明显增强。2011年度，河南省发生 $M \geq 1.2$ 地震34次，地震释放的总能量为 1.45×10^{12} 焦耳，大约为2010年地震释放总能量的30倍。

（2）聊兰断裂带上的地震活动持续增强。自2001年起，聊兰断裂带上地震活动逐年增强，尤其是2005—2008年，期间相继发生了5次 $M \geq 3.4$ 地震，最大为2008年3月10日封丘4.3级地震，地震活动呈现明显上升态势。2011年，聊兰断裂带上濮阳地区的地震活动仍保持强势，相继发生 $M \geq 1.2$ 地震8次，最大地震为2011年10月13日范县3.9级地震。

（河南省地震局）

湖北省

1. 地震活动性

据湖北省地震台网测定，2011年湖北

省境内共发生 1.0 级以上地震 97 次，其中 $1.0 \leq M < 2.0$ 地震 85 次，$2.0 \leq M < 3.0$ 地震 11 次，$4.0 \leq M < 5.0$ 地震 1 次，最大地震为2011 年9 月10 日阳新县枫林镇4.6 级地震。

2. 主要活动特征

（1）2011 年湖北省地震活动水平较2010 年有所增强。2011 年最大地震为 9 月10 日在湖北阳新与江西瑞昌交界地区 4.6 级地震，而2010 年最大地震为5 月21 日荆门曾集2.9 级地震。地震主要分布在湖北西部地区的巴东—秭归和东部地区的大冶等地。

（2）三峡水库自2011 年9 月10 日0 时开始第四次试验性蓄水，地震频次和强度与2010 年相当。三峡重点监视区微震活动主要分布在巴东高桥断裂、秭归泄滩和秭归屈原镇等地区。

（湖北省地震局）

湖南省

1. 地震活动性

2011 年，湖南省及邻区共发生 $M_L \geq$ 1.0 地震219 次，其中 1.0～1.9 级地震 131 次，2.0～2.9 级地震 83 次，3.0～3.9 级地震5 次。

2. 主要活动特征

从地震活动空间看，主要分布在湘北和湘中地区。最大地震为 2011 年 10 月 16 日在湖南永顺发生的 M_L3.8 地震，这次地震极震区烈度可达Ⅴ度，经现场考察及研究认为该地震是一起与水库蓄水有关的地震活动事件。

汶川8.0 级地震后，因应力调整，湖南及邻区地震活动水平相对增强。

（湖南省地震局）

广东省

1. 地震活动性

2011 年，广东省地震台网共记录到广东省及其近海 $M \geq 1.0$ 地震175 次，其中1.0～1.9 级地震152 次，2.0～2.9 级地震22 次，3.0～3.9 地震级 1 次，最大为 2011 年 6 月2 日阳西（21.74°N，111.76°E）3.0 级地震。

2. 主要活动特征

（1）地震活动格局没有明显变化。1.0 级以上地震活动空间上仍主要集中在河源、阳江、南澳三个老震区，但2.0 级以上地震分布较为分散，粤东、粤西和粤北都有 2.0 级以上地震发生，珠江三角洲地区无2.0 级地震发生。

（2）2.0 级以上地震频次较 2009 年、2010 年略有增加，但强度都不高，最大地震为阳西 3.0 级，比 2010 年最大地震阳东3.3 级略低。

（3）2011 年 5—8 月、10—11 月时间段内地震相对活跃，1—4 月相对平静。2011 年3 月11 日日本9.0 级地震后广东省小震强度和频度无明显增加，表明日本强震对广东省地震活动的影响不显著。

（广东省地震局）

广西壮族自治区

1. 地震活动性

2011 年，广西壮族自治区地震台网共记录到广西壮族自治区陆地及北部湾 M_L0 以上地震459 次，其中0.0～0.9 级地震193 次、1.0～1.9 级地震 201 次、2.0～2.9 级地震61 次、3.0～3.9 级地震3 次、4.0～4.9 级地震1 次，陆地最大地震为10 月20 日广西

北海市合浦县 $M_L3.1$ 地震，海域最大地震为 11 月 27 日北部湾 $M_L4.1$ 地震。

2. 主要活动特征

地震主要分布在桂西北和桂东南地区及北部湾海域，广西陆地地震频次和强度较 2010 年有所降低。

（广西壮族自治区地震局）

海南省

1. 地震活动性

据海南省地震台网测定，2011 年海南岛及其邻近海域（17.7°~20.5°N，108.0°~111.7°E）共发生 $M_L \geq 1.0$ 地震 11 次，其中 $M_L1.0 \sim 1.9$ 地震 5 次，$M_L2.0 \sim 2.9$ 地震 6 次，最大地震为 3 月 12 日和 5 月 23 日海南省临高县西北部 5 ~ 50km 北部湾海域 $M_L2.4$。海南岛陆地上最大地震为 9 月 14 日儋州市王五镇 $M_L2.2$ 地震。

2. 主要活动特征

主要在琼州海峡东西两侧，其琼西北儋州市陆地—临高—澄迈近海。发生 $M_L2.0 \sim 2.9$ 地震 5 次；在文昌近海发生 1 次 $M_L2.0$ 地震；其次在文昌、万宁、陵水、乐东等市县及临高北部海域各发生 1 次 $M_L1.0 \sim 1.9$ 地震。

（海南省地震局）

重庆市

1. 地震活动性

据重庆市地震台网测定，2011 年 1—12 月重庆及附近地区（重庆行政边界 5 千米范围）共发生 $M \geq 1.0$ 地震 115 次，其中 1.0 ~ 1.9 级地震 101 次，2.0 ~ 2.9 级地震 14 次，最大地震为 3 月 30 日荣昌 2.6 级地震。

2. 主要活动特征

地震主要分布在荣昌、石柱、巫山、巫溪、綦江、万盛等地。

（重庆市地震局）

四川省

1. 地震活动性

据四川省地震台网测定，2011 年在四川省内共记录 $M_L2.0$ 以上地震 2163 次，其中 2.0 ~ 2.9 级 1883 次；3.0 ~ 3.9 级 242 次；4.0 ~ 4.9 级 34 次；5.0 ~ 5.9 地震 4 次。4 次 $M_L5.0$ 以上地震分别为：2011 年 4 月 10 日炉霍 5.3 级、2011 年 5 月 15 日青川—陇南 $M_L5.0$（$M4.3$）、2011 年 11 月 1 日在青川—文县 $M_L5.5$（$M5.4$）以及 2011 年 12 月 26 日彭州 $M_L5.2$（$M4.8$）地震。最显著的地震事件为 2011 年 4 月 10 日炉霍 5.3 级地震。

2. 主要活动特征

四川省及邻区地震活动空间分布集中主要构造：四川省及邻区 2011 年度 2.5 级以上地震活动主体地区为四川盆地及其边缘地区，包括龙泉山断裂带东北段、马边地区、华蓥山断裂带附近的宜宾—自贡地区以及川滇交界地区。另外，鲜水河断裂带南段—安宁河断裂带、川北马尔康地区 2.5 级以上地震也相对活动。

汶川余震区虽然持续活跃，但呈现起伏性平稳衰减态势。汶川余震区出现两组较突出的起伏活动，发生 2 次 5.0 级以上强余震，分别为 2009 年 11 月 28 日什邡、彭州交界 $M_S5.0$；2010 年 5 月 25 日都江堰、彭州交界 $M_S5.0$。余震的频次、强度和间隔时间均显示平稳衰减态势。2011 年余震区继续呈现起伏活动，突出事件有：2011 年

11月1日余震区北段的青川、文县交界5.4级和2011年12月26日余震区南段的彭州市4.8级较强余震。

汶川余震展布于整个余震区，表明仍处于余震调整期：截至2011年12月31日，四川省地震台网共记录汶川余震9万多次，2011年记录2.5级以上有感余震仍然沿整个余震区南段、中段和北段较均衡展布。

（四川省地震局）

贵州省

1. 地震活动性

2011年，贵州省境内共记录到地震109次，其中2.0~2.9级23次，3.0~3.9级2次。最大地震为2011年11月6日发生在贞丰的3.9级地震。

2. 主要活动特征

地震活动空间分布集中，主要集中在北盘江流域的董菁水电站、光照水电站及罗甸龙滩水电站库区附近；黔中有少部分地震分布；威宁地区地震相对平静。

地震活动时间分布不均匀，2011年4月和11月贵州省境内2.0级以上地震频次较高。

地震频度略低于往年平均水平，强度与平均水平基本持平。

（贵州省地震局）

云南省

1. 地震活动性

2011年，云南省及周边地区（21°~29°N，97°~106°E）共发生$M \geqslant 3.0$地震309次，其中3.0~3.9级273次，4.0~4.9级32次，5.0~5.9级4次。5.0级以上地震分别为3月10日盈江5.8级地震、6月20日腾冲5.2级地震、8月9日腾冲5.2级地震，11月28日缅甸5.1级地震。此外，3月24日缅甸7.2级地震，云南省部分乡镇遭受不同程度破坏。

2. 主要活动特征

（1）滇西5.0级地震活跃，2011年分别发生3月10日盈江5.8级地震、6月20日腾冲5.2级地震、8月9日腾冲5.2级地震和11月28日缅甸5.1级地震。

（2）2010年滇西南地区的4.0级地震也较为丛集，之后2011年3月在附近地区发生了缅甸7.2级地震。

（3）小江断裂带、元谋断裂带附近3.0级地震活动较弱。

（云南省地震局）

陕西省

1. 地震活动性

2011年，陕西省共发生地震368次，包括：①发生在宁强（属于汶川8.0级地震余震区）的地震211次，其中M_L0.0~0.9地震34次，M_L1.0~1.9地震137次，M_L2.0~2.9地震34次，M_L3.0~3.9地震6次，最大震级M_L3.1；②发生在陕西省其他地区的可定震中地震157次，其中M_L0.0~0.9地震40次，M_L1.0~1.9地震100次，M_L2.0~2.9地震14次，M_L3.0~3.9地震3次，最大震级M_L3.4。M_L3.0以上地震分别为2011年2月11日镇安M_L3.3地震、6月21日镇安M_L3.1级地震和8月2日韩城M_L3.4地震。另外，2011年陕西省数字地震遥测台网共记录到塌陷地震22次，最大震级M_L3.6，分布在府谷、神木、榆林、耀州等地；记录到爆破事件4次，分布在榆林、华县、宁陕等地。

2. 主要活动特征

(1) 2011 年，陕西省地震活动频繁，但最大震级仅 M_L3.4，强度和频度均低于 2010 年，空间分布相对 2010 年变化不大，其中关中中东部地震继续活跃，特别是韩城、合阳与山西交界地区小震集中，最大地震是韩城 M_L3.4，陕南地震主要沿东西向分布，并且东部地震活动有所增强。

(2) 时间上，除宁强地震外，2011 年 1 月陕西省内地震频次最高（22 次），9 月最低（6 次），1 月、6 月、10 月和 12 月为全年小震相对密集时段，6—8 月 M_L2.0 以上地震较为集中。

(3) 汶川地震后，特别是 2009 年 9 月以来，陕西省内 M_L3.0～4.0 地震比较活跃，时空分布较为均匀。

（陕西省地震局）

甘肃省

1. 地震活动性

据甘肃省地震台网测定，2011 年甘肃共发生 $M_S \geqslant 2.0$ 地震 84 次。其中，2.0～2.9 级 73 次，3.0～3.9 级 9 次，4.0～4.9 级 2 次。最大地震为 11 月 2 日发生的岷县 4.5 级地震。

2. 主要活动特征

(1) 地震活动在时间上分布不均匀，3 月、12 月地震活动频次较高，达到 10 次，5 月、10 月地震活动水平最低，仅有 2 次，其余时间地震频次在 3～8 次；3.0 级地震主要集中分布在年初和年末；4.0 级以上地震发生在 11 月、12 月。

(2) 地震活动的空间特征表现为 2.0 级以上地震分布比较均匀，祁连山西段较为集中；3.0 级以上地震主要分布在祁连山西段、祁连山东段和甘东南地区；4.0 级以上地震在祁连山西段和甘东南地区各发生 1 次。

(3) 2011 年 11 月 2 日，在甘肃省岷县发生 4.5 级地震，微观震中为 34.55°N，104.23°E，位于临潭—宕昌断裂（北支）东北约 15km 处。

（甘肃省地震局）

青海省

1. 地震活动性

据青海省地震台网测定，2011 年青海及邻区发生 $M_L \geqslant 2.0$ 以上地震 804 次，其中 2.0～2.9 级地震 659 次，3.0～3.9 级地震 115 次，4.0～4.9 级地震 29 次，5.0～5.9 级地震 1 次，最大地震为 6 月 26 日发生的囊谦 5.2 级地震。

2. 主要活动特征

2011 年，青海及邻区地震活动空间上主要分布在青海北部的柴达木—共和地震带、祁连地震带和青海西南部的唐古拉地震带。地震集中分布在茫崖、德令哈—大柴旦、祁连—门源及其附近地区、兴海、玛沁—玛曲、玉树地区和青藏交界聂荣—杂多—唐古拉山口一带。3.0 级以上地震主要分布在唐古拉地区和青海东南部。

（青海省地震局）

宁夏回族自治区

1. 地震活动性

2011 年，宁夏回族自治区及邻区（35°00′～40°40′N，103°30′～107°40′E）共发生 M_L2.0 以上地震 208 次（不包括甘肃华亭一带的矿震），其中 M_L2.0～2.9 地震 188 次，M_L3.0～3.9 地震 20 次，无 M_L4.0 以上地震，最大地震为 2011 年 4 月 19 日内

蒙古阿拉善右旗 $M_L3.9$ 地震。

2011 年宁夏回族自治区境内共发生 $M_L2.0$ 以上地震 95 次，其中 $M_L2.0 \sim 2.9$ 地震 90 次，$M_L3.0 \sim 3.9$ 地震 5 次，最大地震为 2011 年 10 月 4 日海原 $M_L3.6$ 地震。

2. 主要活动特征

（1）与 2009 年、2011 年地震活动相比，2011 年宁夏回族自治区及邻区弱震活动频次相当，但强度明显减弱。空间上弱震活动仍集中在地震多发的区域，如宁夏石嘴山以北至内蒙古阿拉善左旗以及甘肃民勤一带、宁夏灵武至青铜峡一带和甘肃景泰至宁夏西海固地区。

（2）2011 年 1 月和 4 月宁夏回族自治区境内 $M_L2.0$ 以上地震活动水平明显增强。主要表现为 2011 年 1 月同心发生一般性小震群事件，共记录到 36 次地震，其中最大地震为 1 月 20 日同心 $M_L3.0$ 地震。4 月吴忠—灵武地区发生前兆震群，最大地震为 4 月 22 日灵武 $M_L2.9$ 地震。而其他月份地震活动水平相对偏弱。

（3）2011 年宁夏回族自治区及邻区无 $M_L4.0$ 以上地震发生，地震活动强度在 2008—2010 年较强的背景上明显减弱，已经恢复到正常地震活动水平。

（宁夏回族自治区地震局）

新疆维吾尔自治区

1. 地震活动性

2011 年，新疆维吾尔自治区及邻区共发生 2.0 级以上地震 863 次。其中 2.0～2.9 级地震 697 次，3.0～3.9 级地震 123 次，4.0～4.9 级地震 34 次，5.0～5.9 级地震 8 次，6.0～6.9 级地震 1 次，无 7.0 级以上地震。2011 年 8 月 11 日阿图什发生的 6.0 级地震为新疆 2011 年度最大地震。

2. 主要活动特征

（1）2011 年新疆维吾尔自治区发生 6.0 级以上地震 1 次，为 11 月 1 日尼勒克、巩留交界发生的 6.0 级地震。

（2）2.0～2.9 级地震频度略低于 2010 年，也低于过去 6 年的平均活动水平，显著低于 2008 年活动水平。

（3）4.0～5.9 级地震活动频度高于 2010 年活动水平（5.0～5.9 级地震 8 次，高于除 2008 年外的其他年份活动水平）。

（4）在阿尔金及东昆仑地震带发生 3.0 级以上地震 16 次，发生 4.0 级地震 3 次，比 2010 年 3.0 级地震 5 次和 4.0 级地震 1 次的发震水平显著增强。在该地震带上，地震相对集中于喀喇昆仑山口区域，在 2011 年 11 月 6 日 4.8 级地震后，该震区 3.0 级地震衰减缓慢。在柯坪块体发生 4.0 级以上地震 5 次，随后在该块体持续 7 个月 4.0 级地震平静，为新疆维吾尔自治区 2011 年显著的地震事件。

（新疆维吾尔自治区地震局）

重要地震与震害

2011 年 1 月 1 日
新疆乌恰 5.1 级地震

一、地震基本参数

发震时刻：2011 年 1 月 1 日 09 时 56 分 04 秒

微观震中：39°24′N，75°12′E

宏观震中：乌恰县克孜勒苏河下游

震　　级：$M=5.1$

震源深度：10km

震中烈度：Ⅴ度

二、烈度分布与震害

通过对灾区震害调查，极震区烈度为Ⅴ度，Ⅴ度区长半轴为 34km，短半轴为 20km，面积为 2227km²。此次地震未造成人员伤亡和经济损失。

（新疆维吾尔自治区地震局）

2011 年 3 月 8 日
河南太康 4.1 级地震

一、地震基本参数

发震时刻：2011 年 3 月 8 日 00 时 19 分 43 秒

震中位置：33.98°N，114.63°E

宏观震中：太康县逊母口镇

震　　级：$M=4.1$

震源深度：10km

震中烈度：Ⅴ度弱

地震类型：孤立型地震

二、烈度分布与震害

太康地震位于许昌—太康断裂东段，地震震源深、震级小，但门窗晃动较响，郑州、商丘、平顶山、开封、漯河均有震感。太康县城、常营镇有地声。根据现场工作队报告，各乡镇无人员伤亡和房屋倒塌，有一些附属建筑物出现损坏：如逊母口第一中学一栋二层楼高的学生宿舍由于在两次地震中损坏已成危房，已开始拆除；太康县板桥镇第一和第二两所初级中学的部分楼房被震坏，部分教师住房房顶被震落等。

（河南省地震局）

2011 年 6 月 8 日
新疆托克逊 5.3 级地震

一、地震基本参数

发震时刻：2011 年 6 月 8 日 09 时 53 分 27 秒

微观震中：43°N，88°18′E

宏观震中：克尔碱镇艾格日村南

震　　级：$M=5.3$

震源深度：5km

震中烈度：Ⅵ度

二、烈度分布与震害

通过对灾区震害调查，确定极震区烈度为Ⅵ度，Ⅵ度区长半轴为 26km，短半轴为 14km，面积为 1143km²。农民自建土木结构（土坯房）、砖木结构房屋均不具备抵御地震灾害的能力，个别老旧房屋严重破坏，大部分产生中等破坏—轻微破坏，墙体竖向和斜向裂缝、纵横墙开裂以及门窗角八字型裂缝，成为潜在的危险房屋。

经评估，此次地震造成直接经济损失9225.17万元。

（新疆维吾尔自治区地震局）

2011年7月25日 新疆青河5.2级地震

一、地震基本参数

发震时刻：2011年7月25日03时05分

微观震中：46°N，90°24′E

宏观震中：位于青河县乌图布拉克附近

震　　级：$M_S=5.2$

震源深度：10km

震中烈度：Ⅵ度

二、烈度分布与震害

通过对灾区震害调查，极震区烈度为Ⅵ度，Ⅵ度区长半轴为36.6km，短半轴为21km，面积为2507km²。灾区房屋破坏以纵横墙之间开裂、屋盖压裂墙体产生的竖向裂缝、门窗角八字型裂缝等为主，部分房屋出现墙角倒塌，墙体严重倾斜等。

经评估，此次地震造成直接经济损失3330万元。

（新疆维吾尔自治区地震局）

2011年8月11日 新疆维阿图什—伽师交界5.8级地震

一、地震基本参数

发震时刻：2011年8月11日18时06分

微观震中：39°54′N，77°12′E

宏观震中：位于伽师县西克尔库勒镇

震　　级：$M_S=5.8$

震源深度：8km

震中烈度：Ⅶ度强

二、烈度分布与震害

通过对灾区震害调查，极震区烈度为Ⅶ度强，该烈度区长半轴为22km，短半轴为9km，面积为662km²。Ⅵ度区长半轴为40km，短半轴为20km，面积为2070km²。灾区房屋破坏现象显著，极震区的土木结构房屋墙体垮塌、屋顶塌落，土木、砖木结构的纵横墙体交接处产生锯齿形裂缝。

经评估，此次地震造成直接经济损失18322.19万元。

（新疆维吾尔自治区地震局）

2011年9月15日 新疆于田5.5级地震

一、地震基本参数

发震时刻：2011年9月15日23时27分

微观震中：36°30′N，82°24′E

宏观震中：位于于田县境内无人区

震　　级：$M_S=5.5$

震源深度：6km

震中烈度：Ⅵ度

二、烈度分布与震害

通过对灾区震害调查，极震区烈度为Ⅵ度，此次地震的微观震中位于于田县高海拔无人区，受灾的村落呈线状分布，但无法圈定Ⅵ度区范围。灾区老旧土坯房受到一定程度的损坏，农民自建个别老旧房屋严重破坏，大部分产生中等破坏—轻微破坏，墙体竖向和斜向裂缝、纵横墙开裂以及门窗角八字型裂缝。

经评估，此次地震造成直接经济损失291.77万元。

（新疆维吾尔自治区地震局）

坏，墙体竖向和斜向裂缝、纵横墙开裂以及门窗角八字型裂缝。

经评估，此次地震造成直接经济损失1185.05万元。

（新疆维吾尔自治区地震局）

2011年10月13日山东鄄城与河南范县交界4.1级地震

一、地震基本参数

发震时刻：2011年10月13日12时27分

震中位置：335.70°N，115.46°E

宏观震中：范县、濮阳县及鄄城县交界处

震　　级：$M_L=4.1$

震源深度：10km

震中烈度：Ⅴ度

二、烈度分布与震害

此次地震的有感范围北至山东莘县柿子园乡，南至濮阳县梨园乡，西至华龙区孟柯乡，东至山东郓城的侯咽集镇，有感范围呈椭圆形分布，长轴为北东向，有感范围面积约900km^2。

（河南省地震局）

2011年10月16日新疆精河5.0级地震

一、地震基本参数

发震时刻：2011年10月16日21时44分

微观震中：44°18′N，82°42′E

宏观震中：北天山西段科古琴山北麓

震　　级：$M_S=5.0$

震源深度：4km

震中烈度：Ⅵ度

二、烈度分布与震害

通过对灾区震害调查，极震区烈度为Ⅵ度，Ⅵ度区长半轴为24km，短半轴为11km，面积为854km^2。灾区个别老旧房屋严重破坏，大部分产生中等破坏—轻微破坏，墙体竖向和斜向裂缝、纵横墙开裂以及门窗角八字型裂缝。

经评估，此次地震造成直接经济损失1185.05万元。

（新疆维吾尔自治区地震局）

2011年11月1日新疆尼勒克、巩留交界6.0级地震

一、地震基本参数

发震时刻：2011年11月1日08时21分

微观震中：43°36′N，82°24′E

宏观震中：巩留县牛场北

震　　级：$M_S=6.0$

震源深度：28km

震中烈度：Ⅶ度强

二、烈度分布与震害

通过对灾区震害调查，极震区烈度为Ⅶ度，Ⅶ度区长半轴为28km，短半轴为19km，面积为1731km^2；Ⅵ度区长半轴为73km，短半轴为45km，面积为8669km^2。农民自建土木结构（土坯房、干打垒）、砖木结构房屋均不具备抵御地震灾害的能力，Ⅵ度区和Ⅶ度区内都发生破坏，个别老旧房屋毁坏，大部分产生中等破坏—轻微破坏，墙体竖向和斜向裂缝、纵横墙开裂以及门窗角八字型裂缝。

经评估，此次地震造成直接经济损失67846万元。

（新疆维吾尔自治区地震局）

2011年12月1日新疆莎车5.2级地震

一、地震基本参数

发震时刻：2011年12月1日20时

48 分

微观震中：38°24′N，76°54′E

宏观震中：莎车县恰热克镇其微格勒克村附近

震　　级：$M_S = 5.2$

震源深度：10km

震中烈度：Ⅵ度

二、烈度分布与震害

通过对灾区震害调查，极震区烈度为Ⅵ度，Ⅵ度区长半轴为21.2km，短半轴为7.5km，面积为697km²。灾区土木结构、砖木结构房屋均不具备抗震能力，Ⅵ度区甚至Ⅴ度区内都发生破坏，部分产生中等破坏至轻微破坏，个别严重破坏甚至毁坏。

经评估，此次地震造成直接经济损失4859万元。

（新疆维吾尔自治区地震局）

防震减灾

这一部分收载中国地震局系统、各级政府防震减灾三大工作体系（地震监测预报、地震灾害预防、地震震灾应急救援）的建设与进展，全面记录政府、专业队伍、社会各界的作用和贡献，从中可看到中国防震减灾事业的发展。

2011 年防震减灾工作综述

2011 年，在党中央、国务院的坚强领导下，中国地震局党组以科学发展为主题，认真践行防震减灾根本宗旨，切实转变思想观念，站在经济社会发展全局的高度，谋划和推动防震减灾工作，加强和创新社会管理，拓展和完善公共服务，防震减灾工作取得显著成效，实现“十二五”稳健起步。

在全力做好震情监视和大震防范工作的同时，中国地震局以规划布局统筹全面发展，以重点突破带动整体发展，以提升能力保障持续发展，以巨灾启示探索创新发展。

一、突出谋划长远发展，建立事业发展规划体系

把“十二五”规划作为贯彻党中央重大部署的重要抓手，建立规划体系，加强规划衔接，以规划统领事业发展。中国地震局“十二五”事业发展规划纲要已印发实施，山东、浙江等 20 个省（自治区、直辖市）、170 多个市县发布本级防震减灾规划，10 个直属单位编制事业发展规划，天津、陕西、湖北等地纳入政府重点专项规划。规划提出的重大计划和专项逐步落实，“喜马拉雅”计划预计投入 5 亿元，2011 年已执行 1 亿元；电磁监测试验卫星转入立项审批阶段，基础设施建设专项、烈度速报与预警工程正在积极沟通立项。各省规划的重点项目逐步转向支撑社会管理和公共服务，33 个重点项目已通过论证，投资规模约 60 亿元。

二、突出服务国家战略，统筹部署区域协调发展

将防震减灾融入经济社会发展的整体中谋划和推进。落实党中央关于新疆维吾尔自治区、西藏自治区工作的战略部署，成立中国地震局西部工作协调领导小组，召开援疆工作会议，全面启动地震系统技术、人才、资金对口援疆。25 个对口援疆单位迅速行动，初步确定援疆资金 2250 万元，2011 年到位 784 万元。研究援助西藏自治区和四省藏区防震减灾工作的政策措施。统筹东、中、西整体布局，与广东、湖北、陕西 3 省政府开展各具特色的战略合作，中央财政 5 年投入 7500 万元，促进这些地区率先发展，发挥示范带动作用。江西、河南、广西、海南和甘肃等省（自治区）也围绕国家和区域发展战略，通过专项规划确立重大项目，切实加强防震减灾能力建设。

三、突出夯实基础基层，提升事业持续发展能力

2010 年底，出台加强地震监测预报、市县工作的两个“意见”，全面部署基础基层工作。在 2011 年贯彻落实工作取得一定进展。在监测预报方面，形成从台站到省级地震局、从分片到集中、从学科到综合有机结合的会商机制；通过青年跟踪课题、青年科技论坛、

青年工作组等，加强人才培养；新疆维吾尔自治区地震局、福建省地震局、中国地震台网中心等单位制定激励政策。在市县工作方面，中央财政支持市县全年超过3000万元；江西、广东等地的市县机构建设取得突破，10多个省和90多个地市将防震减灾工作纳入政府目标责任考核，广东、四川等地积极探索示范城市和示范县创建工作。

四、突出服务科学决策，总结借鉴日本地震启示

日本9.0级地震发生后，迅速派出救援队，科学研判中国震情，密切监视事态发展，有针对性地加强新闻宣传和舆论引导。及时会同联席会议成员单位，组织精干专家团队，深入研究日本地震灾难的成因与启示，提出加强中国防震减灾工作的10项建议，报告党中央、国务院，得到中央领导同志的高度肯定。积极落实温家宝总理在第四次中日韩峰会上的重要倡议，成功举办东亚地震研讨会，形成加强东亚地区合作的“北京共识”，投入1000万元资金，启动中日韩地震、海啸、火山三边合作项目，发挥在区域多边合作中的主导作用。

五、完善思路创新举措，防震减灾工作全面推进

在着眼长远、集中力量抓好上述四项工作的同时，中国地震局完善工作思路，创新工作举措，加大工作力度，防震减灾各项工作全面推进，取得新的进展。

在监测预报方面。科学研判震情形势，较好把握震情发展趋势。监测台网运行率保持在95%以上，国内地震可在2分钟左右完成自动速报。陆态网络项目全面投入试运行，背景场项目建设全面展开。148个国家台和5个城市烈度速报网技术改造按计划推进，福建、首都圈烈度速报示范系统投入测试运行。系统开展监测台网效能评估，完成地球物理场流动观测整合方案。组织开展第二届地震速报练兵竞赛。加强水库等专用台网的行业管理。

在震害防御方面。地震区划图修订的技术工作基本完成，即将进入审批程序。依法确定3200多项重大工程的抗震设防要求。完成15条近1000千米的活动构造地质填图。新认定30个单位安评从业资质，核准245名注册安评工程师。社会服务工程建设顺利实施。

各级地震部门积极服务校安工程、农村抗震民居建设，校安工程竣工面积达80%，新增抗震民居近百万户。北京市政府全面启动城镇老旧房屋抗震排查和加固改造，海南省政府积极推进抗震设防要求全过程监管，河北省政府将抗震设防管理纳入房地产项目行政审批流程。

各地广泛开展宣传教育活动，北京市等23个大中城市组织防震减灾知识进公交活动。中央电视台播放防震减灾系列科教片，云南电视台开设防震减灾栏目，福建省地震局建成数字地震科普馆。新增国家级科普教育基地20个。

在应急救援方面。成功举办国家地震救援队成立10周年纪念活动，温家宝总理充分肯定救援队成绩并提出殷切期望，回良玉副总理亲切接见国家地震救援队并作重要讲话。国家救援队全面完成装备扩充，依托武警部队的33支应急救援队已组建完成。圆满完成赴新西兰、日本2次国际救援行动，有效处置新疆维吾尔自治区等地10余次显著地震事件。

《国家地震应急预案》修订进入国务院审批程序，重庆市地震局、内蒙古自治区地震局等地完成省级预案修订。各地广泛开展地震应急演练，区域联动机制不断扩展，中南和西北协作区实现政府层面的联动。重点危险区应急风险评估在新疆开始试点。建立市县地震应急救援能力建设参考指标，制定震害调查评估等技术标准，实行现场应急队员上岗资格管理制度。初步实现震后2小时内报送灾情，各种专题图件、应急遥感等产品更加丰富。

在地震科技和国际合作方面。建立科技规划项目库，启动8个局重点实验室建设，联合广东省申报的“973计划”项目成功立项。9家省级地震局单设科技管理机构。2个“973计划”和3个科技支撑项目通过科技部验收，行业专项完成首批验收，地震科技星火计划顺利实施。云南省地震局为昆明长水国际机场建设提供隔震技术工程服务，广东省地震局研发地震速报系统，福建省地震局研发烈度速报系统，展现省级地震局科技创新的活力与实力。

加强与东欧、非洲国家的合作，服务国家整体外交。成功举办中美地震双边研讨会及科技协调人会晤。援建巴基斯坦、萨摩亚地震台网进展顺利。中蒙地震重力地磁观测、闽台跨海峡深部探测二期圆满完成。

（中国地震局办公室）

防震减灾法制建设与政策研究

2011 年防震减灾法制建设工作综述

2011 年，在中国地震局党组的领导下，地震系统认真贯彻全国依法行政工作会议精神和《国务院关于加强法治政府建设的意见》，围绕全国地震局长会暨党风廉政建设工作会议工作部署和重点任务，全面推进依法行政，防震减灾法制建设取得了新的成绩，为促进防震减灾事业科学发展提供了重要保障。

一、深入贯彻《中华人民共和国防震减灾法》，全面推进防震减灾法制建设

为了推进《中华人民共和国防震减灾法》的贯彻实施，交流各地在开展防震减灾立法、执法和法律实施监督等方面的做法和经验，探讨加强新时期防震减灾工作，促进防震减灾事业更好地为经济社会发展服务，2011 年 6 月，全国人大教科文卫委员会与中国地震局联合召开了全国贯彻实施《中华人民共和国防震减灾法》座谈会。全国人大常委会副委员长路甬祥出席会议，并作重要讲话。全国人大教科文卫委员会主任委员白克明，中国地震局党组书记、局长陈建民分别讲话。全国 31 个省、自治区、直辖市人大有关专门委员会和地震局领导 160 余人参加了会议。

由全国人大教科文卫委员会和中国地震局联合召开贯彻实施《中华人民共和国防震减灾法》座谈会，这还是第一次。此次会议是新时期中国防震减灾法制领域一次重要的会议，会议全面总结了新修订的《中华人民共和国防震减灾法》实施两年来，防震减灾法制建设所取得的成效，谋划了“十二五”防震减灾法制建设的发展大计。会后，各地采取多种形式宣传落实会议精神，防震减灾法制建设出现了新的局面。一是加快地方性法规的制定和修订工作。有的省配合省人大开展立法调研，走访兄弟省份进行交流座谈，学习借鉴成功经验，有的省主动与政府法制部门联系，宣传会议精神，争取政府法制部门的工作支持。二是提升依法行政水平。各地在贯彻落实会议精神中，注重提升行政执法能力，注重依法加强社会管理和公共服务，不断提高依法行政水平。进一步加强了地震监测设施和观测环境保护、建设工程地震安全性评价执法力度，加大建设工程、农村住宅和公共设施抗震设防要求的监管，加强了地震应急救援队伍建设。三是加大监督检查力度。各地还加强了对防震减灾法及防震减灾地方性法规执行情况的监督检查，积极配合人大，或会同政府有关部门开展执法检查和专项检查，有力地推动了防震减灾法律法规的贯彻实施。

二、加强依法行政组织领导，扎实推进地震系统依法行政

为了贯彻落实《国务院关于加强法治政府建设的意见》，加强对地震系统依法行政工作的领导，推进地震系统依法行政，成立了以中国地震局党组书记、局长陈建民为组长，党组成员、副局长阴朝民为常务副组长，由机关各司室主要负责人参加的中国地震局依法行政工作领导小组。2011 年 4 月 27 日，领导小组召开会议，研究部署推进地震系统依法行政工作，党组书记、局长陈建民主持会议并作重要讲话，对地震系统进一步加强依法行政工作提出了明确要求，会议审议通过了《中国地震局关于进一步加强依法行政的意见》。该意见提出了进一步加强依法行政的指导思想和总体目标，就进一步加强法制宣传教育、强化部门职责履行、健全行政决策机制、完善防震减灾立法、推进地震行政执法、加强监督检查和加强政务信息工作等作出了部署，提出了要求。

为落实中央统一部署，加强法制宣传教育工作和行政复议工作，2011 年 12 月，调整了中国地震局行政复议委员会的组成，中国地震局党组成员、副局长阴朝民担任新一届行政复议委员会主任，成员由办公室、法规司、科技司、监测司、震害防御司、应急司、机关党委和监察司的负责人组成。

三、不断完善法律体系建设，有序推进防震减灾立法工作

《破坏性地震应急条例》自 1995 年发布实施以来，为有力有序有效应对地震灾害、最大限度减轻地震灾害损失发挥了重要的法制保障作用。随着中国经济社会和防震减灾事业的发展，条例的一些规定已不适应形势发展需要，亟需对条例进行修订。2011 年，本着创新思路、拓展空间、突出重点、提升质量的原则，针对地震应急救援工作的新形势、新要求，抓住重点问题和环节，继续推进《破坏性地震应急条例》修订工作。一是，认真收集总结日本“3·11”地震应急救援情况，认真分析研究出现的新情况，借鉴经验和吸取教训。二是，多次与国务院法制办进行沟通，听取对条例修订工作的意见，认真吸纳，补充和完善法制制度。三是，根据国务院法制办的意见和建议，开展了专题研究和立法调研。针对目前修订工作中的难点和问题，开展专题研究，梳理出需要建立或完善的法律制度；赴四川省与汶川地震灾区政府和有关部门进行座谈，深入了解汶川地震应急救援中存在的问题，为条例修订寻找思路、积累素材。

《中华人民共和国防震减灾法》修订并颁布实施以来，各省（自治区、直辖市）陆续启动了地方性法规的修订工作。2011 年，天津、辽宁、黑龙江、江苏、江西、河南、湖北、贵州、云南、甘肃等 10 个省（直辖市）完成了地方性法规的制定和修订。各地在地方性法规制修订中，注重制度创新，注重突出地方特色，将《中华人民共和国防震减灾法》与当地实际有机结合，为《中华人民共和国防震减灾法》的贯彻实施，推进当地防震减灾工作奠定了法制基础。例如，河南、甘肃、湖北、云南、贵州、黑龙江等在条例中明确将防震减灾工作纳入政府考核目标体系；陕西、山东、江西、河南、天津、上海等将抗震设防要求纳入基本建设程序，辽宁建立了抗震设防要求采用情况备案制度；陕西、河南的条例加

强了对村镇建设中抗震设防的管理；山东建立了乡镇人民政府和街道办事处配备防震减灾助理员制度。

截至2011年底，全国31个省（自治区、直辖市）发布省级防震减灾地方性法规36部、政府规章45部。

四、全面总结“五五”普法、研究部署“六五”普法工作

2011年是“五五”普法的总结验收年。“五五”普法期间，全国地震系统认真贯彻落实中央关于法制宣传教育工作的要求，坚持法制宣传与防震减灾方针政策宣传相结合，坚持法制宣传与防震减灾科普教育相结合，坚持面向广大社会公众宣传与重点对象宣传相结合，坚持经常性宣传与重点时段宣传相结合，坚持部门协作与上下联动相结合，深入开展法制宣传教育活动，干部职工法治意识明显加强，依法管理、依法办事能力不断提高，为全面提升防震减灾综合能力、服务经济社会发展发挥了重要的作用。2011年，中国地震局对地震系统“五五”普法工作进行了全面总结，提炼了典型经验。陕西省地震局被评为全国“五五”普法先进单位，山东省地震局郭惠民、河南省地震局王士华、山西省地震局郄晓云被评为“五五”普法先进工作者，受到中宣部和司法部的表彰。

2011年也是“六五”普法的开局之年。中国地震局成立了“六五”法制宣传教育工作领导小组。中国地震局党组成员、副局长阴朝民任领导小组组长，法规司司长方韶东、直属机关党委书记刘连柱任副组长，成员包括法规司、办公室、人教司、震害防御司、机关党委的有关负责同志。

根据《中央宣传部、司法部关于在公民中开展法制宣传教育的第六个五年规划（2011—2015年）》《国家防震减灾规划（2006—2020年）》及“十二五”《中国地震局事业发展规划纲要》，结合地震系统工作实际，起草了《地震系统法制宣传教育第六个五年规划（2011—2015年）》（征求意见稿），并向各省（自治区、直辖市）地震局，各直属单位征求意见。根据各单位的意见和建议，对征求意见稿进行修改完善，形成局务会送审稿。

五、紧密配合人大监督检查，大力推进法律法规贯彻实施

为了促进《中华人民共和国防震减灾法》全面贯彻实施，2011年5月，全国人大教科文卫委员会调研组赴福建省进行《中华人民共和国防震减灾法》实施情况调研。调研组领导有全国人大常委会委员、全国人大教科文卫委员会副主任委员程津培，全国人大常委会委员、全国人大教科文卫委员会委员严以新，中国地震局党组成员、副局长阴朝民。此次调研工作的重点是：了解各级政府和有关部门加强防震减灾工作领导和条件保障的情况，增强全社会防震减灾意识和能力的情况，防震减灾规划编制与实施的情况，以及重大工程和人员密集场所的建设工程抗震设防要求落实的情况，通过调研促进防震减灾法律法规的贯彻实施，促进福建防震减灾事业发展，更好地服务海峡两岸经济区建设。

为了跟踪了解全国贯彻实施《中华人民共和国防震减灾法》座谈会议精神的落实情况，法规司会同全国人大教科文卫委员会科技室于2011年8月赴黑龙江省进行了调研。以实地

考察和座谈等形式，分别调研了《黑龙江省防震减灾条例》修订、加强依法行政和法定职责履行以及强化社会管理与公共服务的情况，了解了黑河市和望奎县落实防震减灾法律法规、加强防震减灾工作体系建设的情况，考察了中国地震局工程力学研究所通过“产、学、研、用”相结合，推进地震工程领域技术标准研究的情况。

为了深入了解《中华人民共和国防震减灾法》贯彻实施和推进依法行政的情况，深入了解市县地震部门推进行政执法工作的新思路与新举措，2011 年 11 月，法规司会同全国人大教科文卫委员会科技室、国务院法制办公室农林城建资源环保法制司赴安徽省进行调研。与安徽省人大教科文卫委员会、省政府法制办和省地震局有关工作部门进行座谈，听取了情况介绍，进行了深入的交流。调研期间还听取了合肥市地震局、滁州市地震局、安庆市桐城市地震局的情况介绍，并实地考察了庐江地震台。

六、继续坚持固本强基，深入推进行政执法能力建设

健全行政执法工作制度。为了推进依法行政，规范地震法制工作和行政处罚裁量权的行使，加强对行政执法人员的管理，2011 年 5 月，中国地震局印发了《地震法制工作管理办法》《地震行政执法人员管理办法》《地震行政处罚裁量权规定》和《地震行政执法过错责任追究办法》。辽宁省地震局、吉林省地震局、浙江省地震局、江西省地震局、湖北省地震局、海南省地震局、云南省地震局、西藏自治区地震局、陕西省地震局、青海省地震局等单位也对照文件要求，细化了本地区行政处罚自由裁量权行使标准，并对行政执法过错责任制度进行补充修订。

加强行政执法队伍建设。据不完全统计，全国 31 个省级地震部门已有 675 人获得了行政执法证，184 人获得行政执法监督证，11 个省级地震部门成立了地震行政执法队伍（天津、河北、陕西、内蒙古、吉林、黑龙江、福建、山东、广东、甘肃、新疆）。已成立市（县）地震行政执法队 595 支，行政执法持证人员 4883 人，行政执法监督持证人员 859 人。

加大行政执法工作力度。《中华人民共和国防震减灾法》修订实施以来，各级地震部门加大行政执法力度，对 850 余件违法案件进行了立案调查，对 200 余件实施了行政处罚，法院强制执行 49 起，获得赔偿 3400 余万元，实施行政许可 4.3 万余项，防震减灾法制化管理水平不断提升。

加强法制理论研究。继续加强、不断提高地震系统法制信息宣传和理论研究水平，为新时期防震减灾法制工作向纵深发展构筑宣传平台和提供理论指导。2011 年编印《防震减灾政策研究与法制建设》4 期，发表和转载各类工作动态和理论研究文章近 50 篇，其中中国地震局党组领导署名文章 9 篇，调研报告 3 篇。每一期都围绕一个主题，结合防震减灾工作重点，客观、及时地反映和交流地震系统法制工作动态，文章立意新颖，观点独特。同时针对防震减灾工作中的重点任务和经济社会发展中的热点、焦点问题，开展地震应急预案、地震预报管理和地震预警信息发布等方面的法律问题研究，为进一步推进地震系统依法行政营造良好的法制宣传环境，充分发挥法制理论研究的指导作用。

（中国地震局公共服务司（法规司））

2011年防震减灾政策研究工作综述

2011年，围绕全年工作部署，着眼全局、服务大局，转变观念、开放合作，统筹资源、多措并举，防震减灾政策研究工作进一步推进。

一、科学谋划“十二五”时期的防震减灾政策研究工作

按照中国地震局党组建立健全防震减灾规划体系，以规划统领事业发展的要求，组织有关单位和专家开展了科学系统、务实针对的系列研究，按时完成了《防震减灾政策研究规划》编制任务。提出了紧紧围绕事业发展需求，创新工作方式，优化工作布局，加强队伍与能力建设，为局党组谋划事业发展和各项重大工作部署提供政策研究参考，为防震减灾社会管理、公共服务提供政策支持等任务目标要求，以及“十二五”政策研究的主要方向和研究指南。做到了国家有要求、局党组有部署、规划有体现，为“十二五”政策研究的有序有力开展建立了良好的基础。

二、着力创新政策研究合作机制

为提高研究工作的层次，联合中央政策研究室等单位，向全国哲学社会科学规划办公室申报的“全国地震重点监视防御区制度实施现状、成效及对策研究”课题获国家社科基金重大项目立项，顺利启动实施。防震减灾政策问题首次进入社会科学研究视野，是中国地震局承担国家软科学研究重大项目的新突破，也是防震减灾软科学研究的新尝试，体现了学术理论界对防震减灾工作的重视。

三、积极探索政策研究模式

为增强研究工作的针对性，对3个全局性重点政策研究课题分别采取不同的研究手段，努力探索形式多样、集思广益的政策研究模式。组织开展的“加强社会管理”课题，由山东省、市、县地震部门共同承担，突出案例剖析。“拓展公共服务”课题，由河北省地震局牵头，突出问卷调查和实地调研。“提升在抗震救灾中的作用”课题，由甘肃、四川、青海省地震局共同承担，突出汶川、玉树抗震救灾以及舟曲抢险救灾实践经验总结。

四、进一步加强政策研究制度建设

为进一步鼓励和支持政策研究，规范政策研究课题管理，提高政策研究成果质量，结合近几年政策研究课题管理工作实践，研究制定了《中国地震局政策研究课题管理办法》，对政策研究课题的立项、实施、验收、成果和经费等内容作出了规定，并印发实施。

五、组织地震系统开展政策研究

中国地震局局机关有关部门组织开展了5个专项课题研究，加大对省级地震局和市县基层政策研究工作支持力度，委托有关单位承担8个专项课题研究，特别是支持唐山市地震局开展专项课题研究，并继续组织实施2010年立项的3个全局性重点课题。地震系统26个单位开展了225个选题研究。

六、继续做好成果应用推广

日本“3·11”地震后，及时收集整理相关资料，组织开展研究。积极服务党中央决策，向中央政策研究室报送《关于加强防范和应对地震灾害硬件建设的报告》。积极收集有关研究资料和信息，通过《政策研究参阅》供有关领导和单位参考，努力发挥政策研究的决策参谋作用，全年共印发28期。

（中国地震局办公室）

2011 年地震标准化建设工作

2011 年制定了《地震标准制修订工作程序》和《地震标准实施与监督管理暂行规定》，地震标准化工作进一步规范化、制度化。发布 4 项国家标准和 5 项行业标准，完成 1 项国家标准和 4 项行业标准的审查工作。截至 2011 年底，国家质量监督检验检疫总局、国家标准化管理委员会和中国地震局共批准发布实施地震标准 84 项，其中国家标准 26 项，地震行业标准 58 项。国家标准化管理委员会下达 4 项 2011 年国家标准制修订计划，中国地震局制定 14 项地震行业标准制修订计划。

国家标准化管理委员会批准发布《地震灾害间接经济损失评估方法》《震后恢复重建工程资金初评估》《地震现场工作 第 3 部分：调查规范》《地震现场工作 第 4 部分：灾害直接损失评估》4 项国家标准。

中国地震局发布《地震测项分类与代码》《地震数据 元数据》《地震救援装备检测规程 液压动力工具》《地震救援装备检测规程 起重气垫系统》《地震救援装备检测规程 内燃机动力工具》5 项行业标准。

全国地震标准化技术委员会审查通过《地震救援队救援行动 第 1 部分：基本要求》国家标准和《地震地壳形变观测方法》等 4 项行业标准。

中国地震局政策法规司在福建厦门举办地震标准编写技术培训班，对地震标准制修订计划项目和行业专项标准研究项目的 40 余名相关负责人或技术骨干进行了培训。在地震系统组织开展世界计量日和世界标准日宣传活动。

成立河北省、湖北省地震标准化技术委员会，河北省制定的 DB 13（J）/T111—2010《人民防空工程兼作地震应急避难场所技术标准》被中国人民解放军总参谋部授予全军科学技术进步三等奖。

附：

2011 年发布标准信息摘要

序号	标准编号	标准名称	标准属性	发布日期	实施日期	内容范围
1	GB/T 27932—2011	地震灾害间接经济损失评估方法	国家标准	2011－12－30	2012－03－01	规定了地震造成的企业停减产损失、地价损失、区域间接经济损失以及产业关联损失的评估方法。适用于地震造成的间接经济损失的评估
2	GB/T 27933—2011	震后恢复重建工程资金初评估	国家标准	2011－12－30	2012－03－01	规定了震后恢复重建工程资金初评估的步骤和方法。适用于震后恢复重建工程资金初评估
3	GB/T 18208.3—2011	地震现场工作 第3部分：调查规范	国家标准	2011－12－30	2012－03－01	规定了震后恢复重建工程资金初评估的步骤和方法。适用于震后恢复重建工程资金初评估
4	GB/T 18208.4—2011	地震现场工作 第4部分：灾害直接损失评估	国家标准	2011－12－30	2012－03－01	规定了地震灾害直接损失评估的工作内容、程序、方法和报告编写提纲。适用于在地震现场开展地震灾害损失调查，评估地震灾害直接经济损失，统计人员伤亡和地震救灾投入费用
5	DB/T 3—2011	地震测项分类与代码	行业标准	2011－06－19	2011－10－01	规定了地震测项的分类与代码。适用于地震观测及产出数据的汇集、管理、交换和应用
6	DB/T 41—2011	地震数据 元数据	行业标准	2011－06－19	2011－10－01	规定了元数据描述方法、描述地震数据集时所涉及的主要数据项字典。适用于对地震数据集的描述、地震数据集的编目、地震数据集信息的发布和网络交换，以及元数据的建库和管理
7	DB/T 42—2011	地震救援装备检测规程 液压动力工具	行业标准	2011－12－27	2012－03－01	规定了液压动力救援工具的检测要求、检测内容、检测指标和检测方法。适用于地震救援用扩张器、剪切器、剪扩器、撑顶器等液压动力工具的定期检测
8	DB/T 43—2011	地震救援装备检测规程 起重气垫系统	行业标准	2011－12－27	2012－03－01	规定了救援起重气垫系统的检测要求、检测内容、检测指标和检测方法。适用于地震救援用起重气垫系统的定期检测
9	DB/T 44—2011	地震救援装备检测规程 内燃机动力工具	行业标准	2011－12－27	2012－03－01	规定了内燃机动力救援工具的检测要求、检测内容、检测指标和检测方法。适用于地震抢险救援用破碎镐、链锯、无齿锯等内燃机动力工具的定期检测

（中国地震局公共服务（法规司））

地震监测预报

2011 年地震监测预报工作综述

2011 年，在中国地震局党组的坚强领导下，监测预报工作取得了一定的进展与成效。

一、理清了思路，明确了方向

通过编制地震监测、预报、信息网络的发展规划，认真理清了监测预报工作现状、主要问题、发展方向和思路，特别是在编写加强监测预报工作意见的过程中，对监测预报正反两方面经验进行了认真梳理、研究，形成指导未来发展的纲领性文件，也是对全国防震减灾工作会议和《国务院关于开展城镇居民社会养老保险试点的指导意见》精神的进一步深化和阐释。

中国地震局机关各司室和局属各单位高度重视，制定落实《国务院关于开展城镇居民社会养老保险试点的指导意见》任务分解方案及相应措施；组织召开全国地震监测预报工作会议，深入学习贯彻《国务院关于开展城镇居民社会养老保险试点的指导意见意见》各项要求；采取片区汇报会、专题检查等形式，监督检查落实情况，推进实施工作，取得初步成效。

二、监测能力不断提升，公共服务产品更加丰富

地震速报和应急产出工作水平进一步提升。初步形成自动速报、初报和终报的体制，并对此进行相应责任分工，国内地震自动速报时间基本在两分钟左右完成，自动速报能力有了较大提升。建立健全大震应急产品产出工作机制，地震破裂过程、烈度分布及地震精确定位等产品的质量、及时性得到了大幅提高，启动地震前兆台网应急产出试点工作。2011 年产出应急产品 40 余次，为地震预测、应急救援、灾害评估和政府决策提供了及时服务。

地震烈度速报与预警技术试点工作开始启动。推进地震烈度和预警技术研发及相关技术标准的编制和试验，为实施中国地震局重大烈度速报和预警工程做好技术准备。福建、唐山、丽江等地试点启动的地震预警与烈度速报系统建设取得重要进展。改造 150 个国家强震台技术系统，完善北京、昆明等地 310 个地震烈度台速报功能。

地震背景场探测项目建设工作顺利推进。组织项目建设单位制定完成项目任务分解实施方案、技术规程、软硬件技术指标，积极协助做好项目软硬件设备招投标技术把关，切实把好项目技术关。协调做好项目实施中各类技术管理工作，及时开展项目实施监督检查，

保障项目顺利实施。援助巴基斯坦、萨摩亚地震台网取得重要进展。

陆态网络项目已投入试运行并开始发挥观测效益。组织制定并实施试运行和验收工作方案，完成中国地震局承担的验收工作任务。组建 GPS 形变观测技术专家团队，深入挖掘数据产品，加强陆态网络数据应用服务的管理和指导。

地球物理场的流动观测工作得到加强。开展流动观测现状、地震预测应用与需求调研，制定地球物理场流动观测常规化规划方案，提出多学科综合地球物理场观测工的任务布局、整合与装备改造后的思路与方案。完成了川滇、华北等重点地区的流动观测任务，制定未来 3 年鄂尔多斯地块周边的流动观测计划。

台网运维保障体系的作用进一步发挥。在评估现行运行保障体系效能的基础上，进一步完善测震台网国家备机备件中心和 7 大区域中心维修维护中心功能，编制前兆维修维护体系建设方案，配备部分专业仪器、辅助检测工具等设备，开展仪器性能和功能指标检测，完善维修服务管理办法，健全省级地震局用户、厂家和技术管理部门相互监督和服务的长效机制，为保障台网正常运行发挥应有作用。

地震信息网络安全保障水平进一步提升。加强信息网络的运行管理，推进数据平台整合工作。研发地震网络运行监控软件并推广应用，实现网络环境下对地震仪器运行传输状态实时监控。应用新技术手段，提高地震门户网站应对网络突发事件的能力，协调解决信息网络运行中出现的各类问题，保证“网站不瘫、信道不断”。

水库地震专用台网建设进一步规范。组织召开《水库地震监测管理办法》施行工作座谈会，对各地结合实际贯彻落实工作作出安排部署。推进水库地震监测规范研究编制工作，召开水库地震监测技术研讨会，开展《水库地震监测管理办法》执行情况监督检查，水库地震监测专用台网行业管理得到加强。

三、牢固树立震情意识，地震预测工作得到加强

紧紧抓住震情跟踪不放松。通过实施南北带和大华北强化跟踪专项，及时部署工作措施，加强督促检查，针对中国“内部弱、周边强”的地震活动形势，在日本 9.0 级、缅甸 7.2 级以及周边中深源五六级地震发生后，对中国可能产生的影响开展专题研究，较好地把握了大陆地区震情发展趋势。云南盈江、保山 2 次地震前，当地市县地震部门根据异常向政府报告预测意见，政府据此采取及时、有效的应对措施，起到很好的减灾实效。

地震中长期预测工作得到加强。根据汶川地震的总结和研究成果，开展了七八级大震危险性中长期预测研究和Ⅰ、Ⅱ级活动地块边界危险地点判定研究，注重和加强各学科在研究会商中的作用，动态地评估全国重防区和全国大形势。在工作思路上，基于地震预报涉及多学科、建立在多路探索的基础上，充分地利用活断层探测、地震区划图等编制新成果，注重加强对大型构造体系及边界、大型地震活动条带等重要活动构造在地震预测中的研究和应用。同时，更加注重对地球物理场的动态观测与应用，对中长期预报的作用进行研究，对“流动”和“场”的观测，提出规划和布局方案。

扎实推进地震预测预报管理机制改革，会商机制改革初见成效，监测、预报、科研结合进一步密切。全面完成地震监测和预报效能的清理评估工作，新疆维吾尔自治区地震局、

四川省地震局、江苏省地震局和安徽省地震局的震情会商机制改革试点工作进一步深化。组织编制下发《地震预测意见管理办法》，进一步规范预测意见的管理程序和职责分工。系统总结10年来年度趋势判定的得失成败，建立地震监测预报工作常态化科学总结反思制度。国家地震预报实验场项目基本完成前期预研和论证工作，云南省地震预报实验场的设计和试点工作开始启动。

四、人才培养力度不断加大

通过速报竞赛、人才引进、项目培养、业务培训、学科交流、岗位轮训等多层次、多方式，促进青年人才的培养。注重对地震监测预报领军人才的培养和选拔，在地震青年骨干人才培养项目中加大对监测预报人员的支持力度。2011年引进50多名人才中，硕士以上达50%。2011年组织的第二届全国地震速报竞赛暨岗位创先争优活动初赛已经结束，在人才培养方面发挥了很好的作用。

总结工作进展与成效的同时，也看到了存在的一些制约监测预报发展的突出问题。一是在地震监测方面。台网布局的科学性有待进一步增强，观测的分辨率和数据质量还需要进一步提高。台网总体布局与强震活动主体区域及政府社会的要求不相适应。中长期预报所需的成场观测尚未形成，还不能适应当前的要求。地震监测的服务水平和质量有待提升，监测系统的运维保障需要进一步加强。台网扩能增效、震源深度、新型传感器、地震预警等关键问题有待解决。二是在地震预报方面。实践中仍以传统的“以震报震”的经验方法为主，需要增强预测的科学性和形势研判的准确性。预报方法创新不足，需要在继承中不断发展和提高，尤其是中长期预报有待进一步加强。当前科技水平对地震预报工作的支撑不足，不能适应地震预报研究任务的需要。

（中国地震局监测预报司）

2010年度地震监测预报工作质量全国统评结果（前三名）

一、监测综合评比

（一）省级测震台网

第一名：安徽台网（安徽省地震局）

第二名：云南台网（云南省地震局）新疆台网（新疆维吾尔自治区地震局）

第三名：四川台网（四川省地震局）福建台网（福建省地震局）浙江台网（浙江省地震局）

（二）国家测震台站

第一名：湟源台（青海省地震局）

第二名：延边台（吉林省地震局）昆明台（云南省地震局）松潘台（四川省地震局）

第三名：巴塘台（四川省地震局）乌什台（新疆维吾尔自治区地震局）成都台（四川省地震局）南京台（江苏省地震局）兰州台（甘肃省地震局）高台台（甘肃省地震局）

（三）地壳形变学科

第一名：泰安台（山东省地震局）

第二名：乌什台（新疆维吾尔自治区地震局）宜昌台（湖北省地震局）高台台（甘肃省地震局）

第三名：姑咱台（四川省地震局）代县台（山西省地震局）兰州（白银）台（甘肃省地震局）宽城台（河北省地震局）张家口台（河北省地震局）

（四）电磁学科

第一名：高邮台（江苏省地震局）

第二名：乾陵台（陕西省地震局）新沂台（江苏省地震局）

第三名：大同台（山西省地震局）蒙城台（安徽省地震局）宝坻台（天津市地震局）

（五）地下流体学科

第一名：乌鲁木齐台（新疆维吾尔自治区地震局）

第二名：聊城台（山东省地震局）庐江台（安徽省地震局）盘锦台（辽宁省地震局）

第三名：保山台（云南省地震局）怀来台（河北省地震局）平凉台（甘肃省地震局）下关台（云南省地震局）洱源台（云南省地震局）

（六）流动观测

第一名：中国地震局第二监测中心

第二名：云南省地震局

第三名：中国地震局地球物理勘探中心

二、监测单项评比

（一）省级测震台网

1. 省级测震台网系统运行

第一名：福建台网（福建省地震局）

第二名：云南台网（云南省地震局）河南台网（河南省地震局）

第三名：安徽台网（安徽省地震局）广东台网（广东省地震局）四川台网（四川省地震局）

2. 省级测震台网速报

第一名：江苏台网（江苏省地震局）

第二名：安徽台网（安徽省地震局）内蒙古台网（内蒙古自治区地震局）

第三名：四川台网（四川省地震局）新疆台网（新疆维吾尔自治区地震局）河南台网（河南省地震局）

3. 省级测震台网编目

第一名：广东台网（广东省地震局）

第二名：福建台网（福建省地震局）安徽台网（安徽省地震局）

第三名：河北台网（河北省地震局）新疆台网（新疆维吾尔自治区地震局）云南台网（云南省地震局）

（二）国家测震台站

1. 国家测震台系统运行

第一名：巴塘台（四川省地震局）成都台（四川省地震局）延边台（吉林省地震局）

第二名：乌鲁木齐台（新疆维吾尔自治区地震局）

第三名：太原台（山西省地震局）湟源台（青海省地震局）红山台（河北省地震局）松潘台（四川省地震局）乌什台（新疆维吾尔自治区地震局）新源台（新疆维吾尔自治区地震局）

2. 国家测震台资料分析

第一名：乌鲁木齐台（新疆维吾尔自治区地震局）

第二名：湟源台（青海省地震局）兰州台（甘肃省地震局）呼和浩特台（内蒙古自治区地震局）

第三名：高台台（甘肃省地震局）成都台（四川省地震局）昆明台（云南省地震局）乌加河台（内蒙古自治区地震局）延边台（吉林省地震局）松潘台（四川省地震局）

3. 国家测震台大震速报

第一名：红山台（河北省地震局）

第二名：沈阳台（辽宁省地震局）

第三名：昆明台（云南省地震局）南京台（江苏省地震局）

（三）区域前兆台网

1. 系统运行

第一名：天津市地震局

第二名：江苏省地震局　山西省地震局
第三名：河南省地震局　重庆市地震局　北京市地震局
2. 产出与应用
第一名：天津市地震局
第二名：山西省地震局　安徽省地震局
第三名：河南省地震局　江苏省地震局　重庆市地震局
3. 技术管理
第一名：中国地震局地壳应力研究所
第二名：安徽省地震局　河北省地震局
第三名：山东省地震局　湖北省地震局　海南省地震局
（四）地壳形变学科
1. 区域水准测量
第一名：中国地震局第二监测中心 108 组
第二名：中国地震局第一监测中心 201 组
第三名：中国地震局第二监测中心 105 组
2. 流动重力观测
第一名：中国地震局地球物理勘探中心
第二名：新疆维吾尔自治区地震局
第三名：宁夏回族自治区地震局　安徽省地震局
3. 断层形变场地观测
第一名：中国地震局第二监测中心（水准）
第二名：四川省地震局（水准）
第三名：中国地震应急搜救中心（水准）云南省地震局（水准）
4. 断层形变观测台站
第一名：虾拉沱台（四川省地震局）
第二名：临汾台（山西省地震局）
第三名：新沂台（江苏省地震局）房山台（北京市地震局）
5. 倾斜潮汐形变单项台
第一名：肃南台（甘肃省地震局）
第二名：海原台（宁夏回族自治区地震局）十堰台（湖北省地震局）
第三名：代县台（山西省地震局）乌什台（新疆维吾尔自治区地震局）宁波台（浙江省地震局）木奇站（辽宁省地震局）
6. 倾斜潮汐形变综合台
第一名：包头台（内蒙古自治区地震局）
第二名：乾陵台（陕西省地震局）张家口台（河北省地震局）
第三名：麻城台（湖北省地震局）蓟县台（天津市地震局）姑咱台（四川省地震局）
7. 重力潮汐台站
第一名：宜昌台（湖北省地震局）

第二名：昆明台（云南省地震局）

第三名：乌加河台（内蒙古自治区地震局）高台台（甘肃省地震局）乌什台（新疆维吾尔自治区地震局）

8. 洞体应变台站

第一名：宜昌台（湖北省地震局）

第二名：白银台（甘肃省地震局）云龙台（云南省地震局）

第三名：铁岭台（辽宁省地震局）泰安台（山东省地震局）泗县台（安徽省地震局）湖州台（浙江省地震局）

9. 钻孔应变台网站

第一名：高台台（甘肃省地震局）

第二名：泰安台（山东省地震局）通化台（吉林省地震局）宽城台（河北省地震局）

第三名：昔阳台（山西省地震局）锦州台（辽宁省地震局）格尔木台（青海省地震局）南通台（江苏省地震局）贵阳台（云南省地震局）

（五）电磁学科

1. 地电阻率

第一名：大同台（山西省地震局）

第二名：合肥台（安徽省地震局）新沂台（江苏省地震局）海安台（江苏省地震局）乾陵台（陕西省地震局）

第三名：延庆台（北京市地震局）红格台（四川省地震局）通渭台（甘肃省地震局）腾冲台（云南省地震局）

2. 地电场

第一名：高邮台（江苏省地震局）

第二名：榆树台（吉林省地震局）延庆台（北京市地震局）大同台（山西省地震局）宝坻台（天津市地震局）马陵山台（山东省地震局）

第三名：蒙城台（安徽省地震局）嘉峪关台（甘肃省地震局）绥化台（黑龙江省地震局）兴济台（河北省地震局）洛阳台（河南省地震局）夏台县（山西省地震局）

3. 地磁基准

第一名：红山台（河北省地震局）

第二名：乌鲁木齐台（新疆维吾尔自治区地震局）泰安台（山东省地震局）长春台（吉林省地震局）

第三名：喀什台（新疆维吾尔自治区地震局）邕宁台（广西壮族自治区地震局）兰州台（甘肃省地震局）武汉台（湖北省地震局）嘉峪关台（甘肃省地震局）

4. 地磁秒采样

第一名：喀什台（新疆维吾尔自治区地震局）

第二名：乾陵台（陕西省地震局）红山台（河北省地震局）蒙城台（安徽省地震局）

第三名：泰安台（山东省地震局）马陵山台（山东省地震局）静海台（天津市地震局）武汉台（湖北省地震局）仙女山台（重庆市地震局）

5. FHD 观测

第一名：高邮台（江苏省地震局）

第二名：盐城台（江苏省地震局）红山台（河北省地震局）广平台（河北省地震局）

第三名：新沂台（江苏省地震局）乌什台（新疆维吾尔自治区地震局）信阳台（河南省地震局）涉县台（河北省地震局）大同台（山西省地震局）

6. 流动地磁

第一名：云南省地震局

第二名：安徽省地震局

（六）地下流体学科

1. 水氡

第一名：平凉台附件厂井（甘肃省地震局）

第二名：宁波台（浙江省地震局）新10泉（新疆维吾尔自治区地震局）姑咱台（四川省地震局）

第三名：天水台（甘肃省地震局）下关台（云南省地震局）宝鸡台（陕西省地震局）

2. 水位

第一名：平凉C11井（甘肃省地震局）

第二名：海口ZK26井（海南省地震局）汤池1号井（安徽省地震局）锦州台（辽宁省地震局）新04井（新疆维吾尔自治区地震局）

第三名：宝坻台（天津市地震局）罗源洋后里井（福建省地震局）山龙峪台（辽宁省地震局）弥勒台（云南省地震局）川05井（四川省地震局）苏18井（江苏省地震局）延寿台（黑龙江省地震局）怀来台（河北省地震局）宁德台（福建省地震局）

3. 水温

第一名：沈家台（浅）（辽宁省地震局）

第二名：易门台（云南省地震局）阜新台（辽宁省地震局）庐江台（安徽省地震局）新04井（新疆维吾尔自治区地震局）

第三名：昌平台（深）（中国地震局地壳应力研究所）平凉C11井（浅）（甘肃省地震局）德令哈台（青海省地震局）石柱鱼池井（重庆市地震局）泉州1井（福建省地震局）高七井（辽宁省地震局）川05井（四川省地震局）苏05井（江苏省地震局）高村井（天津市地震局）

4. 气氡

第一名：庐江台（安徽省地震局）

第二名：盘锦台（辽宁省地震局）聊城台（山东省地震局）夏县台（山西省地震局）

第三名：海原台（宁夏回族自治区地震局）弥勒台（云南省地震局）安阳台（河南省地震局）

5. 水汞

第一名：洱源台（云南省地震局）

第二名：平凉台（甘肃省地震局）聊城台（山东省地震局）

第三名：下关台（云南省地震局）怀来台（河北省地震局）

6. 气汞

第一名：聊城台（山东省地震局）

第二名：庐江台（安徽省地震局）怀来台（河北省地震局）

第三名：九江台（江西省地震局）保山台（云南省地震局）赤峰台（内蒙古自治区地震局）

7. 氡气

第一名：聊城台（山东省地震局）

第二名：丰台台（北京市地震局）

第三名：大庆台（黑龙江省地震局）

三、分析预报评比

（一）分析预报综合评比

1. 一类单位

第一名：中国地震台网中心

第二名：新疆维吾尔自治区地震局

2. 二类单位

第一名：山西省地震局

第二名：山东省地震局

3. 三类单位

第一名：重庆市地震局

第二名：广西壮族自治区地震局

（二）日常分析预报

第一名：重庆市地震局

第二名：广西壮族自治区地震局　海南省地震局

第三名：山西省地震局　山东省地震局

（三）年度会商报告

1. 一类局

第一名：新疆维吾尔自治区地震局

第二名：云南省地震局

第三名：甘肃省地震局

2. 二类局

第一名：安徽省地震局

第二名：山东省地震局

第三名：宁夏回族自治区地震局　山西省地震局

3. 三类局

第一名：陕西省地震局

第二名：青海省地震局

第三名：黑龙江省地震局　浙江省地震局

4. 局直属单位

第一名：中国地震局地震预测研究所

第二名：中国地震台网中心

第三名：中国地震局地壳应力研究所　中国地震局第二监测中心

四、信息网络评比

（一）国家地震前兆台网中心、区域中心系列

1. 综合排名

第一名：中国地震台网中心

第二名：山东省地震局　河南省地震局

第三名：天津市地震局　新疆维吾尔自治区地震局

2. 网络运行单项

第一名：中国地震台网中心

第二名：天津市地震局　河南省地震局

第三名：新疆维吾尔自治区地震局　安徽省地震局

3. 信息服务单项

第一名：中国地震台网中心

第二名：山东省地震局　河南省地震局

第三名：云南省地震局　天津市地震局

（二）直属单位系列

1. 综合排名

第一名：中国地震局第二监测中心

第二名：中国地震局地壳应力研究所

2. 网络运行单项

第一名：中国地震局地壳应力研究所

第二名：中国地震局第二监测中心

3. 信息服务单项

第一名：中国地震局第二监测中心

第二名：中国地震局地壳应力研究所

（三）市县地震局与台站节点系列

1. 市县地震局综合评比

第一名：济南市（山东省地震局）

第二名：潍坊市（山东省地震局）秦皇岛市（河北省地震局）大理州（云南省地震局）

第三名：濮阳市（河南省地震局）铜陵市（安徽省地震局）莆田市（福建省地震局）宜春市（江西省地震局）临汾市（山西省地震局）

2. 台站节点综合评比

第一名：聊城台（山东省地震局）

第二名：宝坻台（天津市地震局）泰安台（山东省地震局）蒙城台（安徽省地震局）

第三名：银川台（宁夏回族自治区地震局）大同台（山西省地震局）平凉台（甘肃省地震局）下关台（云南省地震局）邯郸中心台（河北省地震局）

（中国地震局监测预报司）

2011 年中国测震台网运行年报

一、中国测震台网基本情况

通过中国地震局“十五”重大工程项目“数字地震观测网络”的实施，已经建成由 1 个国家地震台网和 32 个区域地震台网组成可覆盖全国的地震监测台网。全国地震运行台站 1006 个，其中包括国家台站 148 个，区域台站 806 个，火山台站 33 个，2 个台阵，19 个台点。

国家测震台站和区域测震台站配置的地震计主要包括 JCZ－1 甚宽带地震计，CTS－1、STS－2、KS－2000 系列、BBVS 系列、CMG 系列、FBS－3 系列、BKD－2、GS－13、JDF 系列和 DS 系列等宽带地震计，以及 FSS－3 系列短周期地震计等。各台站配置的数据采集器主要包括 EDAS 系列、TDE、SMART－24R、Q680 和 DM24 等。各区域测震中国地震台网中心到国家测震中国地震台网中心使用 SDH 行业专网传输数据。各区域测震台网根据台站当地通信条件分别选用 SDH、DDN、CDMA、GPRS、ADSL、无线超短波、扩频微波和卫星等通信信道进行台站到区域台网测震中心的数据传输。中国地震局“十五”重大工程项目期间，国家测震台网中心使用自行开发的国家测震台网常规数据处理软件，各区域测震台网中心使用广东省地震局开发的 JOPENS 常规数据处理软件。四川地震台网、云南地震台网等还配置了自行研制的分析处理软件。

二、测震台网实时数据交换情况

2011 年，包括国家测震台站、区域测震台站、火山测震台站和科学台阵在内的 1006 个台站的实时观测数据，首先汇集到各区域测震台网中心，再通过流服务器汇集到国家测震台网中心。此外，国家测震台网中心还实时接收 14 个境外台、近实时接收全球地震台网（GSN）77 个台站的观测数据。

国家测震台网中心向 32 个省级测震台网中心转发相邻区域台站的实时数据，向五大区域自动地震速报中心转发其负责区域内台站的实时数据，向中国地震局地球物理研究所测震备份中心和广东国家地震速报备份中心实时转发全部固定台站的实时数据。

根据国家测震台网中心基于流服务器实时数据接收情况的统计，中国测震台网 2011 年全网运行率为 97.26%，比 2010 年略有提高。

三、测震台网数据存储情况

2011 年，国家测震台网中心存储 miniSEED 格式的原始连续波形数据包括国家台站连续波形数据 135.4GB，区域台网台站连续波形数据 807GB，流动台站连续波形数据 8.6GB，强震台站连续波形数据 104.6GB；完成 $M_S5.0$ 以上地震国家台站事件波形数据的截取和存储 108.1GB，区域台站事件波形数据的截取和存储 691GB。

四、全国地震速报、编目及产出情况

2011 年，全国测震台网按照《地震速报技术管理规定》（2008 年修订）要求，成功地完成了“3・10”盈江地震、“3・11”日本大地震等 62 次地震的速报工作。

全国测震台网按照《测震台网运行管理办法（试行)》要求，对各台网报送的快报目录和正式目录进行统一编目，产出中国地震台网观测报告及目录，为地震预报及相关科研工作提供完整的目录资料。

根据《地震监测台网应急产出和服务工作方案》（修订）要求，中国地震台网中心联合中国地震局地球物理研究所、中国地震局地震预测研究所、福建省地震局、云南省地震局、中国地震局地壳应力研究所、中国地震局地质研究所等多家单位，协调合作，圆满完成年度破坏性地震震后应急产出任务。产出的震源机制、破裂过程、应力触发、烈度分布等专业化产品为震后应急工作提供技术支持和保障。

（中国地震局监测预报司）

2011 年中国地震前兆台网运行年报

一、台网分布与运行概况

中国地震前兆台网由形变、电磁、地下流体三大学科观测台网组成。2011 年全国地震前兆台网由 726 个观测台（站）、35 个省级区域地震前兆台网中心，5 个学科台网中心和 1 个国家地震前兆台网中心组成，分别负责台站观测、区域前兆台网运行、学科台网质量监控、全国前兆台网运行监控与数据服务。学科台网中心即：形变台网中心、重力台网中心、地磁台网中心、地电台网中心、地下流体台网中心。随着观测技术、信息技术的迅速发展，目前中国地震前兆台网基本实现了数字化、网络化观测。

形变观测（形变、重力）台站由形变和重力观测台网组成，其中形变观测台站 242 个，重力观测台站 38 个，承担中国大陆地壳形变的监测任务；

电磁（地磁、地电）观测台站由地磁和地电观测台网组成，其中地磁观测台站 157 个，地电观测台站 131 个，承担中国大陆电磁场的监测任务；

地下流体观测台站共 421 个，承担中国大陆地下流体的监测任务。

2011 年，各观测台网向国家地震前兆台网中心报送观测数据的前兆台站数 726 个，观测仪器 2351 套，其中，模拟观测仪器 94 套，人工观测仪器 317 套。

“九五”数字化观测仪器 530 套，“十五”数字化仪器观测仪器 1410 套，另有无型号的人工观测设备（如温度计、测绳、皮尺、量杯等）104 套未纳入统计。

各学科观测仪器和辅助观测仪器数量中形变观测仪器 514 套，占台网仪器总数的 22%；重力观测仪器 38 套，占台网仪器总数的 2%；地磁观测仪器 285 套，占台网仪器总数的 12%；地电观测仪器 190 套，占台网仪器总数的 8%；流体观测仪器 950 套，占台网仪器总数的 40%；辅助观测仪器 374 套，占台网仪器总数的 16%。

2011 年，在保证全国地震前兆台网实施“九五”系统接入改造项目顺利完成的同时，各省级地震局前兆部门进一步加强了日常监控与维护，使得 2011 年全国地震前兆台网运行总体平稳。全年平均有 1986 套仪器（包括无型号的人工观测设备）纳入国家地震前兆台网的运行管理评比范围，占全国地震前兆台网运行仪器的 80. 90%（2010 年为 69. 55%）。2011 年全国地震前兆台网数据汇率为 98. 19%（2010 年为 96. 84%），其中参评台网的数据汇集率为 99. 45%（2010 年为 99. 01%）；台网观测数据连续率为 96. 18%（2010 年为 94. 21%），参评台网数据连续率为 98. 70%（2010 年为 98. 45%），台网观测仪器运行率为 98. 00%（2010 年为 97. 78%），参评台网仪器运行率为 98. 79%（2010 年为 98. 46%）；各项观测技术系统总体运行正常。

二、台网运行管理概况

2011 年，全国地震前兆台网运行管理工作在中国地震局监测预报司的直接领导下，在 2010 年工作的基础上，继续以强化规范运行和台网产出为目标，台站、区域台网中心、学科台网中心和国家地震前兆台网中心各环节工作协调配合，建立健全各项规章制度，在台网观测、台网运行、产出与服务、技术管理等方面的工作进步显著。

1. 地震前兆台网评比办法修订

为进一步加强地震前兆台网运行管理评比工作，规范前兆台网日常运行维护与数据产出服务，充分发挥省级区域中心和国家地震前兆台网中心和学科中心在地震前兆台网运行、质量监控和数据分析研究中的作用，提高地震前兆台网整体运行质量与服务效能，在原《区域地震前兆台网运行管理评比办法（试行）》的基础上，重新制定了《地震前兆台网运行管理评比办法》并发布实施，新办法主要在以下方面进行了修订：①加强产出与应用，逐级加强各级的数据分析，异常跟踪，产品产出与应用；增加监测数据跟踪分析、地震事件简报、典型事件简报的要求；②增加技术资料管理，完善技术系统管理、增加资料归档；③将各学科台网中心、国家地震前兆台网中心纳入评比，加强整体运行能力，发挥学科组在“四结合”中的指导作用，推进学科中心实体化的建设。

2011 年 4 月《地震前兆台网运行管理评比办法》正式实施。

2. 运行质量监控

2011 年，在地震前兆台网运行质量监控方面取得突出成绩，继续推进地震前兆台网质量监控体系建设与完善。2011 年，全国地震前兆台网继续按照现有运行质量监控思路，由国家地震前兆台网中心负责监控全国区域地震前兆台网的运行管理工作，各学科台网中心负责台站观测数据质量监控，区域中心负责本区域台网运行质量监控。依据《地震前兆台网运行管理评比办法》对区域地震前兆台网运行管理进行评比，评比采用年评比和月评比相结合的方式。月评比内容包括地震前兆台网运行监控、数据汇集与连续性、观测月报 3 个方面。国家地震前兆台网中心每月 15 日前完成月评比工作，同时将评比结果在国家前兆台网中心网站上公布。区域中心通过月评比报告及时掌握上月本区域台网的总体运行情况，发现运行中存在的问题并及时更正。2011 年 8 月开始，对区域台网中心、学科台网中心和国家地震前兆台网中心的运行月报实行网上在线评分。评分方式采取各单位交叉评分，运行月报分别由不同的 3 家单位进行评分，评分结果取 3 家单位评分的平均得分，该项措施对于促进各单位月报规范编写、相互交流有一定的成效。

同时各省级地震监测主管部门组织制定台网运行管理考评办法，明确奖励与惩罚措施，对区域台网中心的技术管理、系统运行和产出应用等工作进行定期检查与年度考评。

3. 实施观测数据异常跟踪简报制度

2011 年 7 月，为了进一步落实《关于加强地震监测预报的工作意见》，由中国地震台网中心牵头，联合甘肃省地震局监测与预报方面的有关专家，就地震前兆监测工作中实施数据异常跟踪简报制度的可行性讨论，编制了简报大纲，并在跟踪流程上做了规定。后经研究决定先行在甘肃省地震局、新疆维吾尔自治区地震局和山西省地震局进行试点工作。

从2011年8月起，以上3个省级区域地震前兆台网中心每月向国家地震前兆台网中心报送前兆观测数据异常跟踪简报，并由各学科台网中心和国家地震前兆台网中心进行汇总。通过近4个月的试点工作开展，该项工作在地震监测与预报领域起到良好的示范作用，并取得实际效益，引起各方领导的重视。该项工作的实行调动了台站监测人员工作积极性，并对培养其良好的数据分析能力具有积极促进的作用。

4. 进一步规范产品产出，发掘深层次前兆产品

自2010年8月地震前兆台网服务平台正式运行以来，各单位严格依照《前兆台网产品产出与汇集服务技术约定》和《前兆台网产品产出工作规范》，及时产出相关学科产品并上传到地震前兆台网产品服务平台，供地震分析预报人员使用。同时用户也针对一些产品提出修改建议和意见。经过一年多的常态化产出，一方面规范各学科的产品产出，促进产品产出的规范性和及时性，同时也进一步整合全国地震前兆台网产出的各种产品，提升地震前兆台网的效能。目前，各学科台网中心仍在不断探索和研究新产品。

5. 实施完成全国地震前兆台网“九五”系统接入改造项目

中国地震前兆台网发展至今，先后经历了模拟观测、“九五”数字化、“十五”网络化等多个阶段，各阶段都建设了相应的观测系统，均已积累大量的观测数据，为地震预测预报探索和科学研究工作提供了非常有价值的观测资料。受不同建设时期技术条件的限制，观测模式、数据管理、运行管理等方面均存在较大的差异，导致目前中国地震前兆台网并行运转着“模拟”“九五”“十五”三套观测系统，加大了台网运行维护的复杂性，也造成数据应用的诸多不便。为简化地震前兆台网运行维护与管理，提高地震前兆台网观测质量及应用效能，2011年，中国地震局决定在全国范围内开展地震前兆台网观测系统的并网改造工作。该项目内容主要包括：①“九五”和模拟观测仪器的接入改造；②地震前兆台网专业软件升级完善与部署；③历史数据迁移。全国地震前兆台网经过历时1年的努力，日夜奋战，顺利完成了项目设计目标：①实现了“九五”、模拟和人工观测系统的整合，显著提高地震前兆台网运行效能和管理效能；②完成地震前兆观测数据的整合，切实提升数据管理和共享服务能力；③完善了地震前兆台网软件系统，有效保障了地震前兆台网稳定运行。该项目的完成对于推进地震前兆台网技术系统整合和运行管理具有深远意义。

6. 实施完成第一阶段地震前兆台网监测效能评估工作

2011年6—9月，在2010年第一批13家单位实施地震监测效能评估的基础上，重新修订和完善了效能评估标准，完成对剩余25家单位的地震前兆台网进行效能评估。效能评估采用基于多属性决策的效能评估方法，对中国地震前兆监测台网的观测仪器、观测环境、观测质量、预报应用和综合管理进行效能评估和多指标效能的综合评价，这是自“八五”清理攻关以来又一次全面体检。通过对评估结果进行科学分析和验证，发现问题及时整改、提高效率是此次效能评估的出发点和落脚点。为使此次效能评估更具科学性、合理性和可用性，各学科运用最新的研究成果，有针对性地制定满足各种观测手段、符合特定技术要求的效能评估标准，经过各省级地震局的自评估和学科技术管理组的再评估，两批次效能评估共完成了对全国743个前兆台站、1900套定点观测仪器和流动观测的全面梳理和系统总结。

截至2011年12月，各学科中心负责的学科监测效能评估总报告完成，由中国地震台网中心牵头的地震前兆台网监测效能评估总报告形成。

7. 专题工作会议

为了规范地震前兆台网运行管理工作和提高运行质量，及时纠正运行管理过程中存在的问题，国家地震前兆台网中心和各学科台网中心定期集中对区域台网技术人员进行技术培训工作。培训内容包括观测技术、数据处理方法、技术系统维护、工作要求等。同时，各区域台网根据需要定期组织培训台站工作人员或进行经验交流。

2011年，全国地震前兆台网继续在加强台网日常运行管理工作的同时，以监测效能评估和加强产品产出规范为工作要点开展工作。在全国范围内组织了两次专题会议。

（1）2011年5月15—19日，2010年度全国地震前兆台网评比暨效能评估工作会议在陕西西安召开。会议内容为：审议了2010年度地震前兆台网预评比结果，总结交流运行管理工作经验；总结第一批地震前兆台网效能评估工作进展情况，研究部署第二批效能评估工作；对台网运行管理工作进行了专题讨论。此次会议对推动地震前兆台网的规范化运行与发展具有重要意义。

（2）2011年10月22—26日，全国地震前兆台网监测效能评估报告审查工作会议在广西桂林举行。会议专家组审查了地倾斜、洞体应变、钻孔应变、跨断层形变、区域水准、流动重力、重力台站、地电、地磁、流动地磁、水位、水温、氡、汞14个观测台网效能评估分报告和前兆效能评估总报告，并给出审查意见。专家组一致同意国家地震前兆台网监测效能评估总报告和各学科分报告通过审查，建议国家地震前兆台网中心和各学科技术管理组根据专家组提出的意见进一步完善和提炼评估结果。

三、台网运行指标综述

根据《地震前兆台网运行管理评比办法》和《前兆台网产品产出与汇集服务技术约定》，各省级区域地震前兆台网中心应认真履行区域地震前兆台网前兆仪器运行维护工作，及时监控台网的运行情况。

数据汇集率是评价全国地震前兆台网产出数据及时性的关键性指标，区域地震前兆台网中心每天应及时汇集本区域地震前兆台网的前兆观测数据并及时向国家地震前兆台网中心报送；国家地震前兆台网中心每天计算本区域台网数字化原始数据和预处理数据自然采样率的汇集率，然后计算出月平均汇集率，进而计算年平均汇集率（具体计算方法参见《地震前兆台网运行管理评比办法》），其中人工地磁绝对观测仪器和模拟观测仪器未纳入计算范围，因仪器故障造成全天观测中断的观测项目，在统计汇集率时不作未到计算。

区域台网观测数据连续率为区域地震前兆台网所有观测台项数字化原始数据及模拟实测数据的年连续率的平均值，是评价观测数据质量的指标之一。

根据全国地震前兆台网向国家地震前兆台网中心汇集数据的到达情况，统计各区域前兆观测仪器产出的原始观测数据连续率、汇集率及仪器运行率。需要指出的是，除汇集率外，统计中将观测仪器故障引起的数据缺失也计算在内。

2011年，全国地震前兆台网运行仪器共计2455套，包括104套无型号的观测仪器。其中有1986套仪器（包括无型号仪器）参加运行评比，占台网仪器比例的80.90%（2010年为69.55%）。在新实施的《地震前兆台网运行管理评比办法》中增加参评仪器数量分之后，各区域台网积极申请参评仪器，使得参评仪器比例较2010年有较大的提高。参评仪器占运行仪器比例大于80%的区域台网有28个（2010年为9个）。参评仪器占运行仪器比例小于80%的区域台网有7个，分别是北京市地震局、中国地震局地壳应力研究所、甘肃省地震局、福建省地震局、广西壮族自治区地震局、湖南省地震局、四川省地震局，其中福建省地震局、甘肃省地震局和四川省地震局参评比例较少，分别为52.00%，66.70%和45.54%，以上3家省局的地方台仪器占有较高的比例。

（1）观测仪器运行率。2011年，全国地震前兆台网仪器运行率较2010年提高了0.22%，为98.00%，其中参评仪器的运行率较2010年提高了0.33%，为98.79%。仪器运行率较2010年提高的区域台网有17个，其中提高了0.50%及以上的有13个区域台网，下降0.50%的有11个区域台网。其中北京市地震局、中国地震局地壳应力研究所、中国地震局地质研究所、广西壮族自治区地震局、河北省地震局、江西省地震局、上海市地震局、中国地震灾害防御中心相对2010年下降幅度大于1%。全台网仪器运行率小于95%的区域台网有北京市地震局、福建省地震局、西藏自治区地震局，分别为93.89%、94.46%、94.34%。

2011年，全国地震前兆台网参评仪器运行率较全台网仪器运行率高0.79%。其中参评仪器与全台网仪器运行率大于99%的有安徽省地震局、重庆市地震局、海南省地震局、河南省地震局、吉林省地震局、江苏省地震局、山东省地震局、山西省地震局等14个区域台网，占全台网的40%（2010年为48.57%）。参评仪器与全台仪器运行率小于95%的区域台网有西藏自治区地震局，2010年为2个区域台网。

（2）台网数据汇集率。2011年，全国地震前兆台网数据汇集率相对2010年提高1.35%，为98.19%。数据汇集率较2010年提高的有31个区域台网，有25个区域台网的数据汇集率提高比例超过0.5%，其中安徽省地震局、中国地震局地质研究所、甘肃省地震局、广东省地震局、广西壮族自治区地震局、河南省地震局、黑龙江省地震局、内蒙古自治区地震局、青海省地震局、山东省地震局、上海市地震局、四川省地震局、天津市地震局、西藏自治区地震局、中国地震局地震预测研究所、云南省地震局、浙江省地震局、中国地震灾害防御中心的数据汇集率较2010年提高比例超过了1%。汇集率下降的区域台网的数据汇集率较2010年下降比例基本控制在0.5%范围内。

参评仪器数据汇集率与全台网数据汇集率较2010年同时下降的区域台网有中国地震局地壳应力研究所、河北省地震局和新疆维吾尔自治区地震局。有22个区域地震台网全台网数据汇集率与参评仪器数据汇集率同时提高，其中中国地震局地质研究所、广东省地震局、广西壮族自治区地震局、黑龙江省地震局、上海市地震局和浙江省地震局提高比例大于1%。

2011年全国地震前兆台网数据汇集率较2010年全面提高，且各区域台网提高比例都相对较高，得益于各区域地震前兆人员及时处理因技术系统造成数据无法采集和上传的故障。

（3）台网数据连续率。2011年，全国地震前兆台网数据连续率较2010年提高1.97%，为96.18%。数据连续率较2010年提高的有28个区域台网，其中较2010年数据连续率提高0.5%的区域台网有24个区域台网，其中中国地震局地质研究所、广东省地震局、四川省地震局、中国地震局地震预测研究所较2010年提高超过4%。2011年数据连续率较2010年夏季比例超过0.5%的有5个区域台网，其中下降比例较大的有北京市地震局、西藏自治区地震局和中国地震灾害防御中心，分别达到6.16%、1.13%和1.60%。引起数据连续率下降主要原因是仪器故障造成数据缺记。

2011年，参评仪器数据连续率较全台网数据连续率提高0.25%，为98.70%。参评仪器数据连续率较2010年提高的区域台网有21个区域台网。其中中国地震局地质研究所、广西壮族自治区地震局、湖南省地震局、四川省地震局、云南省地震局等10个区域台网参评仪器数据连续率较2010年提高0.50%以上。

（4）总结。综合上述结果分析，2011年，全国地震前兆台网仪器运行率、数据汇集率和数据连续率较2010年都有较大的提高。有9个区域台网在各方面的运行指标都较2010年有所提高，分别是中国地震局地球物理研究所、甘肃省地震局、广东省地震局、湖北省地震局、辽宁省地震局、陕西省地震局、四川省地震局、新疆维吾尔自治区地震局和云南省地震局。

（中国地震局监测预报司）

中国地震背景场探测项目综述

为最大限度减轻地震灾害和实现国家防震减灾工作确定的奋斗目标，《国家防震减灾规划（2006—2020年）》明确提出2006—2020年中国防震减灾的主要任务是："加强监测基础设施建设，提高地震预测水平；加强基础信息调查，有重点地提高大中城市、重大生命线工程和重点监视防御区农村的地震防御能力；完善突发地震事件处置机制，提高各级政府应急处置能力。"通过"中国地震背景场探测"项目的实施，有力推动防震减灾向有重点的全面防御拓展，实现确定的防震减灾奋斗目标。

"中国地震背景场探测"项目是在"中国数字地震观测网络"工程建设的基础上，优化观测台网布局，填补空白监测区域，扩大海域试验观测，提升科学台阵探测能力，建设专业数据处理与加工系统，初步形成覆盖中国大陆及近海海域的地震活动图像、地球物理基本场、地下物性结构等地震背景场数据获取能力和数据产品加工能力，为中国地震预测预警、地球科学研究、国家大型工程、国防建设和国家地震安全计划提供支撑。

"中国地震背景场探测"项目由观测台网、科学台阵探测系统、数据处理与加工系统构成。

观测台网由中国测震台网、中国重力台网、中国地磁台网、中国地壳形变台网、中国地电台网、中国地下流体台网、中国强震动台网7个台网组成，分别获取地震活动图像、地下物性结构图像和应力场、重力场、地磁场、地壳垂直和水平形变、微动态地倾斜、地应变；地电场和地下电性结构；地下水物理和水化学动态；强地震震动图等。

探测系统由科学台阵探测系统和活断层探测系统组成，分别获取壳幔速度结构图像和活断层地质构造图等。

数据处理与产品加工系统由数据处理硬件支撑平台和专业数据处理软件系统构成，产出各类地震背景场图像产品。

一、观测台网

建设594个固定台站，4个流动观测台网。

1. 测震台网

建设136个测震台站和1个流动观测系统。

国家台68个，区域台60个，海岛台8个。

国家台：建设68个台站。对"九五"期间建设的47个国家测震台站进行技术改造；新建19个国家测震台站（包括：17个地面型和2个井下型）；新建2个小孔径台阵。"十五"项目完成后，在已建成152个国家测震台站和2个小孔径台阵的基础上，形成由171个国家测震台站和4个小孔径台阵组成的国家测震台网。

区域台："十五"项目完成后，在已建设的792个区域测震台站的基础上，此项目在全国范围内新建60个区域测震台站（包括51个地面型和9个井下型）；重点是青藏高原、南北地震带、天山地震带等台站相对稀疏且地震多发地区以及部分重点监视防御区，解决影响地震定位精度和总体成场观测能力的关键“控制点”。

海岛台：在中国近海海域新建8个海岛测震台站，包括6个地面型和2个井下型，增强中国近海海域的地震监测能力。

流动观测系统：“十五”项目中建成19个应急流动观测台网（配备了200套流动观测设备），在此基础上，新建北京、天津、吉林、黑龙江、上海、浙江、安徽、江西、湖北、湖南、广西、海南和西藏13个应急流动观测台网，配备91台流动观测设备。

2. 重力台网

建设14个相对重力台站和1个流动观测系统。

相对重力台网：相对重力观测网的建设以满足中国大陆构造环境特征的重力潮汐参数背景值观测为主。此项目在“十五”和陆态网络项目基础上，新建6个相对重力台站，改造“九五”以前的6个相对重力台站，完善2个“十五”建设相对重力台站观测条件与环境。

流动重力台网：流动重力联测网的建设将以监测整个中国大陆强地震活动引起的重力变化为主。此项目在“十五”项目基础上，新建140个重力基本点，改建160个重力基本点，增加14000千米重力测线，形成由600个重力基本点，测线总长度约60000千米的流动重力观测网。

3. 地磁台网

建设31个地磁台站和1个流动观测系统。

基准台：全国地磁基准网台站按500千米间距均匀布设，按此规划共计需要建设40个基准台站。在“十五”已建成29个基准台站的基础上，新建且末、锡林浩特、丽江、浙西、重庆、涉县、乾陵7个基准台站，使地磁基准网台站总数达到36个，逐步向规划的40个台站数量靠拢。

基本台：全国地磁基本网台站以200千米间距均匀布设，按此规划共计需要近400个基本台站。在“十五”61个基本台站建设基础上，新增24个基本台站，使地磁基本台站总数达到85个，逐步向规划的400个台站数量靠拢。

流动观测系统：在“十五”建设的基础上，此项目为流动观测台网增配由星站差分GPS观测仪、野外地磁测量及配套设备等构成的5套流动观测设备。依靠星站差分GPS观测仪解决西部流动观测站点建设与维护困难的问题，以便对自然条件和人文环境恶劣的西部地区，如青藏高原和新疆沙漠地带进行地磁基本场的探测。

4. 地壳形变台网

建设17个地壳形变基准台站和1个流动观测台网。

基准网：地壳形变观测基准网建设以进一步优化观测台网布局，有选择补缺地震重点监视区域形变台站点，提升地震地壳形变监控能力，初步形成台网探测的基准框架为主要任务。基准观测网由17个形变观测基准台站组成，在“十五”数字化地震观测网络项目建设基础上，在目前全国地倾斜、地应变观测点相对薄弱的西藏、甘肃和海南等地区新建6个倾斜、应变基准台站，建立起有效的观测控制点，加强对重点监测区的观测；升级改扩建11个倾斜、应变基准台站，增加部分宽频带和综合观测仪器，加装辅助检测装置，以实现在运行仪器的检测和校准。

流动网：新建 1 个流动形变台网，包含 3 个流动检定场。具体在天津青光监测基地新建 8 个 GPS 观测墩及 7 个光电测距观测墩；在西安附近新建 7 个 GPS 观测墩及 8 个光电测距观测墩；在武汉市及附近建立数字水准仪相关检验场以及重力基线场地各一处。

5. 地电台网

建设地电台站 63 个，地电阻率和地电场测项 82 个。台站主要分布在华北、南北地震带、东北、东南沿海和首都圈及各大城市附近，台站分布基本上覆盖中国大陆，重点区域空间加密，能大致满足中国大陆及区域性的地电阻率、地电场背景场探测需求。

地电场新建 14 个测项、改造 14 个测项，共计 28 个测项，项目建成后使全国含地电场测项的台站总数增加至 116 个。地电阻率新建 13 个测项、改造 41 个测项，共计 54 个测项，项目建成后使全国含有地电阻率测项的台站总数达到 77 个。

6. 地下流体台网

地下流体台网建设台站 93 个，包括中国大陆主要地震活动构造带地下流体背景场观测台站 83 个、地球化学区域中心台站 10 个。

基本台站：新建 3 个综合观测站和 2 个观测点及相应配套仪器设备的购置。以天山地震带、南北地震带、张渤地震带和郯庐地震带 4 个中国大陆主要地震活动带为主体，在“十五”“中国数字地震观测网”工程流体数字化观测站的基础上，吉林、湖北、新疆、内蒙古新建 3 个深井综合流体观测台站和 2 个观测台站。对 55 个水文地质条件比较清楚的深循环温泉和深含水层观测井观测站进行改造，并更新仪器；针对目前地下流体模拟观测设备指标不一致问题，对 20 个观测台站进行观测设备的更新；在云南、四川强震活动地热异常区，建设 2 条断裂带高密度地温观测网，形成由基本台站组成的、覆盖主要地震活动带的地下流体背景场观测系统；改造 1 个地球化学比测中心。

地球化学区域观测中心台站：在北京、吉林、山东、山西、安徽、福建、新疆、甘肃、云南、四川等省（自治区、直辖市），选择观测项目齐全、技术能力较强、具有区域示范作用的 10 个流体化学观测站，配置必要的仪器设备，建设地震地球化学区域观测中心台站，承担背景场观测中区域地球化学观测的比测和技术服务任务。

7. 强震动台网

强震动台网建设台站 240 个。在重点监视区内台站空白区新建 80 个区域强震动台。在首都圈和兰州地区建设 2 个示范性地震预警网络，新建 160 个预警强震动台站，构建中国东部和西部预警示范系统观测网络。

区域强震动台站：“十五”期间，国家投资在全国范围内布设了 1594 个固定自由场地强震动台站。这些台站主要分布于 21 个地震重点监视防御区（1996—2005 年）内，台站间距已基本满足 25 ~ 50 千米的密度要求。考虑到《全国地震重点监视防御区判定结果（2006—2020 年）》与《全国地震重点监视防御区（1996—2005 年）》划分存在一定的差别，为在原有基础上进一步确保地震重点监视区（2006—2020 年）内强震动台站间距满足 25 ~ 50 千米的要求，在重点监视区内台站空白区新建 80 个区域强震动台。

预警强震动台网：在首都圈和兰州地区建设 2 个示范性地震预警网络，新建 160 个预警强震动台站，构建中国东部和西部预警示范系统观测网络。2 个示范工程分别考虑以 2 种不同预警模式为主体的方案，首都圈为以原地预警与异地预警相结合的综合预警方案，兰州地区为以异地预警为主的预警方案，充分考虑地震活动环境差异和城市及重大工程的典型分布特征。原地预警台站以城市和重大工程为布设预警对象，在城市和重大工程附近（50千米范围内）布设多个台站，以确保本地有3个预警强震动台站能够同时获得地震信号。异地预警台站以已知的大型活动断裂带为布设区，在预警目标200千米范围内的活动断裂带两侧布设预警台站，台距约为20千米，确保50千米断层范围内有3个预警强震动台站能够同时获得地震信号，在预警目标城市和重大工程较近的断层带上适当加密台距。

二、科学探测系统

根据国家地震事业的规划需求，对科学台阵建设的目标是争取能在2020年前完成对全国重点地震震害防御区的壳幔结构的探测，以后再将探测区域扩大至全国的其他地区。

科学台阵探测系统建设内容具体包括：流动地震观测仪器系统、车载流动单元系统及数据处理系统。在“十五”建设的600套地震仪系统的基础上，增加400套宽频带地震仪系统和100套高频流动地震仪系统，提高对中国壳幔结构的精细探测能力，为揭示地震的孕育过程和活动规律提供构造和动力学方面的背景信息。

三、数据处理与加工系统

数据处理与加工系统建设数据中心2个，即测震台网中心、地震前兆台网中心；购置测震、重力、地磁、地壳形变、地电、地下流体6个系统数据处理设备及开发相应软件。

1. 测震台网中心

在“十五”中国数字地震观测网络项目的测震台网中心建设的基础上，基于地震活动性、地下结构和地球物理基本场等科学研究成果，建立并完善地震活动图像处理软件、地下物性结构成像处理软件、地壳应力场成像处理软件，初步形成获取覆盖中国大陆和海域的地震活动图像、地下物性结构图像和应力场等地震背景场能力。

2. 地震前兆台网中心

地震前兆台网中心建设内容包括产品存储管理、数据处理与产品加工、产品可视化展示3部分。通过地震前兆台网中心的建设，实现对重力、地磁、地壳形变、地电、地下流体等5个地球物理地球化学背景场观测台网产出大量观测数据的深层次加工，提供反映地球物理地球化学场正常动态变化的背景场产品，以及反映地震多发区地震孕育过程中地球物理地球化学场时空动态变化的背景场产品，使这些宝贵的观测数据最大限度地发挥其作用，为地震、气象环境减灾，国防建设，科学研究提供服务。

（中国地震局监测预报司）

各省、自治区、直辖市，中国地震局直属单位监测预报工作

北京市

1. 震情

2011 年，北京市地震局结合震情形势和地震监测预报工作实际，积极开展地震监测、震情跟踪和分析会商工作，震情跟踪和分析会商进一步强化，地震监测及效能进一步提升。

1 月制定印发《北京市 2011 年度震情跟踪工作方案》，年中制定《北京市地震局庆祝中国共产党成立 90 周年活动期间北京市震情保障工作方案》。组织召开北京市 2011 年中、2012 年度地震趋势会商会，提出北京市 2011 年中及 2012 年度地震趋势研究主要结论意见，邀请多名业内专家针对北京、首都圈和华北地区的震情形势开展专题交流和研讨，较为全面准确把握 2011 年度北京地区的地震趋势。对平谷区东高村镇大旺务村墙体坍塌、大兴区魏善庄镇南田各庄村水井温度升高、房山区闫村镇果各庄村井水温度升高、房山区大安山乡红大路群蛇聚集、平谷区马昌营镇前芮营村地裂缝等宏观异常进行调查、跟踪和落实。2011 年市、区（县）两级地震部门共及时落实宏观异常 15 次。

共召开周、月、加密和紧急会商会 64 次，其中加密和紧急会商会 11 次，共计上报各类会商意见 78 份。完成春节、"两会""五一""庆祝建党 90 周年活动"以及"十一"国庆长假期间震情保障工作。全年共完成地震速报 16 次，启动震情应急 3 次，即 2 月 11 日密云 2.3 级、10 月 12 日石景山 2.3 级、12 月 4 日延庆 2.0 级地震。地震发生后，有关人员迅速到岗并进行紧急会商，对震后趋势及时作出正确判定；通过严密跟踪工作措施，继续强化背景研究与分析预测研究，坚持地震背景研究与震情短临跟踪的密切结合，较好地把握北京地区全年震情形势。

2. 台网运行管理

北京市地震前兆台网参评观测仪器运行率平均为 99.53%。北京市地震前兆台网按照相关技术要求编写台网及学科观测报告，共产出台网观测月报 12 份，学科月报 300 份，台网年报 1 份，学科年报 36 份，异常落实报告 3 份。

结合台网的实际情况，更新 4 个水位传感器，并且在同期完成 6 个台站 6 套流体综合观测设备的更新改造。为进一步完善通州徐辛庄、顺义板桥、平谷赵各庄、房山良乡台这 4 个无人值守流体台站的观测，购置 4 套 QY－1 型气压传感器，为水位测项提供气压辅助观测，符合学科组要求的观测规范，于 12 月全部安装完成。

全年速报共计 16 次，启动应急 8 次。无错报、漏报、迟报现象发生。完成地震快报编目 442 条，正式报地震编目 442 条。观测数据归档达 2.36TB，存储全年台网产出的单台 24 小时连续波形、单小时所有台站波形、事件波形、标定波形和标定数据处理结果。撰写、

报送台网运行报告 12 期，地震观测报告 12 期，编印《北京市测震台网运行年报（2011 年)》1 份。

3. 台网建设

根据年度观测资料评比结果和工作实际，停测延庆县地震局松山地震台水氡测项、撤销通州地震台 95 地电阻率等 2 个手段，淘汰落后项目，整合有效资源。完成平谷地震台地电阻率观测线路迁移方案、昌平地震台环境优化改造项目申请材料的编制、评审及上报，完成丰台地震台优化改造项目的建设任务。

完成 2 个测震台观测仪器更换，完成 8 个台的中科光大流体观测设备升级更新、7 个台站进行“九五”接入“十五”系统升级改造和 1 个水位设备升级改造等前兆台网改造，完成强震台网 5 个台站的电源改造任务。

区县地震局共新建 4 个地倾斜观测站，对 1 个观测井、3 个电位台站进行升级改造，新建宏观观测站点 18 个。

（北京市地震局）

天津市

1. 震情

天津市地震局组织编发《天津市地震局 2011 年度震情短临跟踪工作方案》，加强震情短临跟踪工作，做到人员到位、措施到位、保障到位。扎实异常核实工作，先后 10 余次深入现场开展工作。严格坚持会商会制度，密切跟踪当前的异常和震情发展，积极与唐、廊、沧、秦、承联合开展震情会商。强化地震安全保障，在“庆祝建党 90 周年活动”、全国“两会”、重大节日等重要时段，印发《中国共产党成立 90 周年地震安全保障工作方案》等安保方案，用于指导特殊时段的震情监视跟踪工作。积极稳妥处置蓟县 2.8 级地震，快速消除社会影响，维护春节期间的社会稳定。日本“3·11”地震后，在日常工作的基础上，深入分析地震对天津地区震情发展趋势的影响。

10 月 27 日，组织召开天津市 2012 年度地震趋势会商会。会议综合分析华北地震活动和地震学参数异常以及形变、电磁和流体等前兆异常的基础上，对 2012 年度华北地区、首都圈、天津及邻近地区地震活动趋势及值得注意地区提出判定意见。预报评审委员会对判定意见进行认真严格评审，通过天津市 2012 年度地震趋势会商意见。

2. 台网运行管理

天津市区域台网运行良好，前兆、测震、强震动、GNSS 台网观测数据连续率平均达 98.0% 以上，地震信息网络系统连通率达 99.5% 以上，圆满完成天津境内及周边地区的 5 次地震速报任务。在全国 2010 年度地震监测预报工作中取得较好成绩，有 11 个测项在全国统评中获得前三名，其中两个测项获得第一名。

制定《天津市地震局地震监测设施和观测环境保护制度》，有效处理静海地震台 1000kV·A 输电线路、蓟县高压线路、张道口 GPS 观测点迁移到大寺育英小学操场内、蓟县小辛庄爆破、宁河地震台、宝坻地震台等6起环境保护事件。

3. 台网建设

切实做好站点维护以及技术系统升级改造。完成台网中心软、硬件升级改造工作；维修维护97个观测点的仪器设备，排除台站网络故障。完成静海等6个地震台站井下地震计的提井维修工程；完成武清台、杨村小世界台、赵本村台的拆迁、重建和搬迁工程；完成27个区域台站的采样率由50 SPS统一升级到100 SPS采样工作；完成杨成庄台、东台台电源“一户一表”改造工作；完成八里台台、和平地办台的搬迁选址工作。完成青光地震台优化改造工程、宝坻地震台磁房和两口观测井建设工程；新增6台套前兆观测仪器，维修9台套仪器，报废2套；完成王3井等仪器设备防雷改造任务；完成静海地震台“十五”Oracle数据库等技术系统维护10余次，确保前兆台网的正常运行。

4. 监测预报基础和应用研究工作

天津市地震局的地震监测人员在完成日常监测任务的同时，积极开展为监测工作服务的软件开发工作，获专利著作权2项，分别为“基于WebGIS的地震前兆台网运行监控与数据管理系统V1.0”和“天津市地震前兆台网运行管理软件V1.0”。承担中国地震局“震情跟踪合同制定向任务”项目1项。

（天津市地震局）

河北省

1. 震情

一是地震观测质量稳中求进。根据2011年度公布的结果，河北省地震局在2010年度地震监测预报资料质量评比中参评项目有106项，参评台站优秀率100%，获得学科评比前三名共20项；二是震情跟踪工作扎实开展。针对河北省的地震形势和震情跟踪任务，制定《2011年度河北省震情跟踪方案》，并专门成立震情跟踪领导组和震情跟踪工作组，重点加强晋冀蒙交界地区和环渤海地区的震情监视工作。组织召开年中、年度地震趋势会商会，坚持长中短临预报相结合，建立异常和预测意见登记及上报制度；三是台站规范化管理工作有序推进。进一步加大台站管理交流的力度，组织后土桥—大同台、何家庄—聊城台、南京—红山台结对子，进行业务互访；接待福建省地震局台站考察交流团到保定、张家口、承德地震台交流访问、山东泰安地震台到红山交流访问，通过一系列交流活动，进一步加强与有关省级地震局、台站的交流与合作，使基层台站同志开阔眼界，学习好的管理经验和技术思路。

2. 台网运行管理

河北省区域地震前兆台网2011年在运行的台共计69个，在运行的观测仪器共计191套，测项分量共计377个。台网平均运行率为98.5%、平均连续率为98.26%、平均完整率为98.13%，年产出数据量约10G。河北省数字遥测地震台网按时完成大震速报和各类测震、强震台网的数据处理、报送和归档服务任务。2011年，完成地震速报12次，处理编报地震及爆破事件1544条，向中国地震局APNET网报送快报44期。

2011年，全年共组织各类业务培训10余期，培训人数达100余人次，设立地震科研基金，资助8项重点项目，6项硕博项目，21项青年项目，充分促进了地震科研水平的提升。2011年度4人次获中国地震局防震减灾优秀成果二等奖一项，多人在各种专业刊物上发表学术论文。

3. 台网建设

一是正式实施中国地震局背景场探测项目河北省4个测震台、1个地磁台、2个地电台、1个流体台和48个强震台的建设任务，2011年到位资金695.21万元，执行率100%；二是由河北省发改委批准投资立项的“曹妃甸地震综合观测中心”建设项目主体工程、机房装修、室外工程，南堡、甸头2个子台建设已竣工，综合楼通过土建验收，正在进行结算审计；三是进行河北中部地磁台改造工程，建设黄壁庄、文安、丰宁3个台站FHD磁房并采购相关设备。

4. 监测预报基础和应用研究工作

2011年，河北省地震局监测处组织保定流动队开展“鄂尔多斯地块东北缘及邻区地磁观测研究”，项目获经费支持90.41万元，通过对鄂尔多斯及周边地区岩石圈磁场监测网的重复监测，建立上述区域的岩石圈磁场动态模型，探讨产生岩石圈磁场局部异常变化的物理机制和物理过程，为地震活动性趋势判定和区域地震预测研究提供基础科学依据。

（河北省地震局）

山西省

1. 震情

2011年，山西省地震局印发《山西北部至晋冀蒙交界地区2011年度震情跟踪工作方案》和《山西地区2011年度震情跟踪工作方案》，对山西省忻州、朔州2个市落实震情跟踪方案、“三网一员”工作和宏观监测点运行情况进行检查。在全国“两会”“庆祝建党90周年庆祝纪念活动”以及中部六省投资贸易博览会等重点时段，制定和细化山西省震情保障方案，加强震情形势跟踪。2011年共召开年度地震趋势会商会1次，年中会商会1次，周、月会商会52次，临时或紧急会商会16次。积极改进会商形式，开展跨区域、跨学科部门会商，邀请中国地震局18个单位专家参加山西省地震局2011年年中地震趋势会商会和华北东北片区2011年年中地震趋势会商会。加强宏观异常收集、落实工作，制订宏观观测奖励办法，截至2011年底，山西省有48个县制定并出台宏观观测点补助经费政策，占到山西省县级行政区域的40%。2011年山西省地震局共落实15项宏观异常。

2. 台网运行管理

山西省测震台网台站运行32个，系统运行率为97.09%，脉冲合格率为100%；山西省前兆台网运行仪器84台套，连续率为99.77%，运行率为100%，数据完整率为99.58%；山西省信息服务网络运行信息节点17个，区域中心局域网的运行率为99.30%，区域中心到国家中心骨干网运行率为98.142%，市县信息节点运行率为96.97%，台站信息节点运行率为99.67%。2011年共处理不可抗力造成的设备报停11次。积极开展地震速报竞赛工作，山西省地震局代表队在第二届全国地震速报新疆赛区竞赛中荣获团体第二名。在2011度全国观测质量评比中有18项获前三名。

山西省地震局印发《山西省地震宏观观测点奖励办法》《地震骨干监测站点环境改造项目管理办法》和《山西地震背景场探测项目管理办法》等制度办法。

山西省地震局参加中国地震局举办的各类培训班18个共31人次，自办了电磁学科观测技术培训班、流体学科氡、汞观测技术培训班、信息网络安全技术培训班和前兆技术培训班。

对观测环境保护执法处理的事件主要有：左权县七里河地震台受煤矿排风机影响事件，代县地震台水准线路下达枝段受修建高速公路影响事件，大同天镇测震子台受开办铁矿影响事件。处理中南电力设计院哈密—河南800kV特高压直流输电线路工程影响事件。

3. 台网建设

完成五台地震科技中心建设工程并顺利验收通过。灵丘地震台优化改造项目通过竣工验收。太原地震综合观测站、太原晋机厂地震综合观测站、大同机车厂地震观测站、交口县地震局观测站、介休地震观测站、武乡县地震局观测站、临汾市地震监测台网、运城市地震局台网中心进行了环境优化改造。

山西省地震局完成陆态网络项目临汾、长治、夏县、灵丘4个GNSS观测站建设，调试安装VPN通信系统及视频监控系统和IP电话。通过“钻孔应变组网观测试验与应变实时监视系统”项目，新上5台钻孔应变仪器，分别为FZY四分量应变仪1台、RZB－2A型电容式钻孔应变仪1台、YRY－4分量钻孔应变仪3台进行对比观测。

（山西省地震局）

内蒙古自治区

1. 震情

2011年，内蒙古自治区发生$M_L \geq 1.0$地震542次，其中$M_L 1.0 \sim 1.9$地震307次，$M_L 2.0 \sim 2.9$地震195次，$M_L 3.0 \sim 3.9$地震37次，$M_L 4.0 \sim 4.9$地震2次，$M_L 5.0 \sim 5.9$地震1次。最大地震是2011年7月22日呼伦贝尔市陈巴尔虎旗（49°44′N，118°48′E）发生的$M_L 5.1$地震。以上地震次数统计均为可定位地震。2011年发生$M_L \geq 3.0$地震40次，与2010年31次相比，地震活动频度有较大上升。

7月22日，呼伦贝尔市陈巴尔虎旗西乌珠尔附近发生4.2级地震后，内蒙古自治区地震局和呼伦贝尔市地震局迅速召开紧急会商会，分析震情、判定结果，及时向呼伦贝尔市政府通报地震情况，采取电视台现场采访等方式，第一时间向公众介绍震情和震后趋势初步意见，避免恐慌情绪的蔓延，维护社会稳定。

10月17—19日，内蒙古自治区地震局在呼和浩特市召开2011年度内蒙古自治区地震趋势会商会。会议组织与会专家和分析预报人员对2012年度内蒙古自治区地震趋势判定、短临预报工作思路及重点监视区强化跟踪措施进行认真的讨论，确定3个需要关注的地区。

2. 台网运行管理

作为全国试点单位，内蒙古自治区地震局完成前兆台网部分“九五”观测设备升级改造工作，将其并入“十五”观测网，进一步推进自治区前兆台网网络化、现代化进程，健全和完善数字化观测体系。

内蒙古自治区地震局制定背景场项目管理制度，在临河、通辽分别召开专门会议研究项目实施工作，印发《关于中国地震背景场探测项目工程建设内蒙古自治区地震局组织机构及施工图设计的函》。

完成东胜、集宁地震台的搬迁选址工作，呼和浩特地电台、百灵庙地震台的干扰事宜正在进一步协商中。

在2010年度全国地震监测预报工作质量全国统评工作中，包头地震台获倾斜综合第一名，呼和浩特地震台获资料分析第二名，监测预报研究中心获台网速报第二名，乌加河地震台获资料分析第三名、重力潮汐第三名，赤峰地震台获气汞第三名。在2010年度强震动观测评比中，内蒙古自治区地震局获强震动观测运行维护优秀奖和强震动观测记录优秀奖。

3. 台网建设

在鄂尔多斯市新建展旦召苏木地震前兆观测台，增设两项宏观观测手段，在呼和浩特市新建两口地下流体数字化观测井。

对海拉尔地震台进行护坡修筑；宝昌地震台地电线路维修、测震摆房防渗透被覆处理，解决观测洞室进水、受潮问题；锡林浩特地震台更新供电线路（采取地下掩埋铠装电缆方式）；宝昌、乌兰花地震台进行防漏、保温维修处理。

对中西部11个强震台、赤峰4个强震台、阿拉善盟及乌海的4个强震台进行常规现场检查。更换呼和浩特、萨拉齐地震台发生故障的调制解调器；紧固公地台的电话线路；安装彩钢顶棚解决沙海台观测室漏雨问题；更换大甸子台因受潮损坏的仪器电源、无线路由器；元宝山台由电话传输改为无线网络传输，赤峰境内4个强震台全部改为网络传输，通信条件得到极大改善；吉兰泰台由电话传输改为无线网络传输；针对乌海地震台原有供电线路老化问题，委托当地进行改造。

背景场项目完成前期土地预审工作、施工图设计工作，招投标工作、正在进行土建工程。

“内蒙古自治区陆态网络”项目完成教育部、中国科学院、内蒙古自治区气象局、内蒙古自治区测绘地理信息局等外部委和地震局共16个基准站的光纤接入和路由器、NAS的安装调试工作。16个基准站自2010年9月投入试运行。试运行期间设备工作稳定，运行良好，2011年1月通过中国地震局在天津组织的设备安装验收，通过专家组评审，6月项目通过中国地震局组织的财务验收。目前各GNSS观测站运行稳定、数据产出良好，已应用于全国构造环境监测和分析预报。

内蒙古自治区分区域地震预测预警项目新建和改建的17个地下流体观测井及前兆台网中心建立的一个地下流体观测网运行稳定，已被分析预报人员运用于会商和研究。

4. 监测预报基础和应用研究工作

内蒙古自治区地震局自筹资金，与广东省地震局合作建设“内蒙古自治区地震速报系统”，完成硬件平台搭建工作。

内蒙古自治区地震局承担的“内蒙古自治区地震灾害现场应急反应信息系统”和“多功能多测项数字地下流体综合监测仪研制”项目通过内蒙古自治区科技厅验收。

内蒙古自治区地震局选送的“基于 PMC 方法的内蒙古台网监测能力研究”和“河套地震带的应力场变化跟踪研究”2 个项目通过中国地震局科学技术司 2012 年度地震科技星火计划初审，在星火计划申报中首次获得立项。

（内蒙古自治区地震局）

辽宁省

1. 震情

2011 年，辽宁省内发生 2.0 级以上地震 84 次，3.0 级以上地震 9 次，4.0 级以上地震 1 次。

针对全省面临的震情形势，制定《2011 年度辽宁省震情跟踪工作方案》。在全省地震系统认真贯彻落实《中国地震局关于加强地震监测预报工作的意见》，不断加强监测预报工作的管理和制度建设。3 月 27 日和 8 月 30 日，分别在大连市和烟台市召开渤海海峡及邻区协作区联席工作会议，两省监测预报专家进行震情会商，对震情跟踪措施、监测系统建设及运行管理等工作进行深入交流，对协作区短临跟踪与震情应对工作进行研讨。还对全省震情会商机制进行改革，一是发挥各市地震局在年度震情趋势判定和震情跟踪工作中的作用，要求对本市辖区内的地震前兆异常情况及时落实和上报；二是要求省地震局所属地震监测台站定期开展震情会商和观测数据异常分析工作，并在年终会商会上对本台站手段的跟踪情况、异常落实情况、资料分析情况进行汇报。2011 年 6 月 20 日至 7 月 8 日，通过开展震情会商、异常跟踪、突发震情应对信息等工作，完成中国共产党成立 90 周年的震情保障工作。

2. 台网运行管理

监测管理工作进一步规范，全省监测台网稳定运行。省内共分布 37 个测震台站，全年总系统运行连续率大于 97%，地震记录波形可用率大于 97%；东北区域自动速报中心系统运行连续率达 100%，自动速报结果可用率达 90%；产出数据 2600G、数据光盘 1000 张、记录地震事件 700 个；向中国地震局速报辽宁地区 3.0 级以上地震 6 次，转发中国地震局 6.0 级以上地震 156 次；组织辽宁省地震速报竞赛暨第二届全国地震速报竞赛选拔赛，并选派 4 名选手代表省地震局参加在长春市举办的第二届全国地震速报竞赛复赛。辽宁地震前兆台网运行的台点数共有 57 个，其中形变观测 18 个、地电观测 3 个、地磁观测 9 个、流体观测 31 个，重力观测 1 个，按时完成设备维护、数据采集、预处理检查、数据上报、数据质量反馈、数据共享等工作。同时对地震监测系统管理平台地震台站基础信息数据库和台站仪器设备数据库进行完善，并研发地震台站监测系统管理平台，为全面掌握全省地震监测系统基本信息提供服务。按照中国地震局的有关要求，完成 25 万余字的《辽宁省地震局地震前兆台网监测效能评估报告》，系统总结全省地震前兆台网规划布局、观测环境、观测系统、运行管理、观测数据质量及观测资料应用等情况。并于8—12月，陆续对抚顺市地震局、锦州市地震局、沈阳市地震局、营口市地震局等新增观测项目进行评估和验收，对符合入网条件的观测项目进行分级分类，并正式入库。完善地震观测系统管理，加强台站监测人员的技术交流和培训工作。选派优秀的技术人员参加中国地震局组织召开的各学科统评会议，根据会议提出的问题和建议，及时反馈和整改，保证观测质量稳步提高；联系有关单位，安排参加各个学科主办的相关业务培训，全年共派出监测骨干50余人次参加各学科组织的业务和管理培训。依据《地震监测管理条例》，继续做好台站环境保护工作。对本溪市地震局的1号井观测受干扰事件，责成建设部门依法恢复观测环境和协议赔偿；对丹东东港市汤池水氡观测站、锦州地震台沈家台流体观测站、营口熊岳水准场地等观测环境受干扰事件，均依法予以协调并消除干扰。对全省测震、形变、电磁、流体、信息网络学科共145个测项的地震观测资料进行评比，其中优秀141项，优秀率为97.24%；128个测项参加全国评比，其中获得评比前三名的11项，112个测项获得优秀，优秀率为96%。同时资助沈阳、大连和盘锦地震台申报的“地震监测预报科研三结合”科研课题。

3. 台网建设

完成辽宁前兆台网“九五”系统接入改造实施工作：按照中国地震局的有关要求，4月23日制定《辽宁省地震局前兆台网“九五”系统接入改造实施方案》；6—7月，完成全省“九五”前兆仪器、台站通信等接入改造工作；8—12月，完成“九五”接入改造仪器测试运行、前兆台网专业软件升级、历史数据迁移、并行观测等工作。5—12月完成东北片区流体台网仪器改造实施项目；完成鞍山地震台优化改造项目的申报工作，并获立项审批，项目金额90万元；完成辽宁省地震烈度速报台网建设项目的组织工作；完成中国大陆构造环境监测网络项目（辽宁部分）和中国地震背景场探测项目（辽宁部分）的组织和实施工作。对辽宁省流动水准、流动地磁、流动重力、流动测震技术装备进行清理，调整并完善全省流动观测台网的布局。对全省各市县地震局近两年新增的30个前兆观测手段进行现场评估，对其中12个符合观测规范要求的测项进行验收并纳入省级网络管理，适当给予经费支持。

（辽宁省地震局）

吉林省

1. 震情

吉林省地震局以中国地震局《关于加强地震监测预报工作的意见》为纲领，切实做好监测预报工作。1月组织开展吉林省地震观测资料质量评比及成果验收工作。3月组织吉林省台站参加全国观测资料质量评比工作，共有6个观测项目获得国家评比奖励，延边地震台测震观测获全国综合评比第一名，单项评比第一名和第二名，榆树地震台地电场观测、长春地磁台地磁基准、通化台钻孔应变观测获得国家单项评比第二名。10月在长春召开

2012 年度吉林省地震趋势会商会，吉林省 9 个市（州）和各地震台站共 50 余人参加会议，检验 2011 年度地震趋势会商的预测意见，并提出 2012 年度地震趋势预测意见。

2. 台网运行管理

加强地震台网运行与建设管理。吉林省地震监测台网运行稳定，数据产出连续可靠，测震台网整体运行率达 97% 以上，单台平均连续率达 97. 36%，前兆台网整体平均运行率达 98. 7%，信息网络运行率达 99. 57%。完成年度长白山天池火山流动 GPS 和水准观测任务。地震与火山监测中心和台站有 26 人次参加各类专业学科的业务培训，进一步提高观测人员对技术系统的应用和数据处理能力。

重新修订完善《吉林省地震局地震速报信息报送规定》《吉林省地震局地震短信发布制度》和《吉林省地震局科研项目管理办法》。

加强台站观测环境保护，提高地震监测质量。经一年协商，磐石市住房和城乡建设局同意解决磐石地震台观测手段受城市公路建设干扰的迁建问题，现进入选址阶段。龙岗火山站所辖金川子台测震观测受城市道路建设干扰影响，完成迁建任务。

进一步完善台网数字化系统建设。延边地震台、四平地震台、丰满地震台和双阳地震台“九五”前兆仪器并网接入“十五”技术系统，实现台网观测数据统一入库和上报，模拟观测全部实现数字化观测。通化市地震局地震地下水观测井网更换 3 套数字化水位温观测仪，实现了数字化观测。中国大陆构造环境监测网络（陆态网）——吉林长白山 GNSS 基准站项目和中国东半球空间环境地基综合监测子午链工程（简称“子午项目”）长春地磁台节点建设项目通过验收并投入运行。

（吉林省地震局）

黑龙江省

1. 震情

2011 年，黑龙江省地震局监测预报各部门结合具体情况开展各项工作。黑龙江省地震监测中心负责黑龙江区域测震、前兆、强震台网和应急、信息中心运行和维护；黑龙江省地震分析预报与火山研究中心负责全省地震分析预报工作，各有人值守专业台站完成各自地震监测设备维护和资料产出，各学科质量管理组负责监测资料质量监控和技术支持，在牡丹江地震台积极探索台站承担区域维护任务模式，各部门分工合作，较好地完成了年度监测预报工作。

10 月 18 日，2012 年度全省地震趋势会商会在哈尔滨召开，对 2012 年地震趋势进行会商，召开省地震预报评审委员会会议对会商报告进行评审。

2. 台网运行管理

测震台网运行率 96. 12%；台网每月统计台站数据完整性全年平均值 95. 80%，按规定进行地震速报，全年共速报地震 15 个。2011 年前兆台网运行率为 98. 18%，平均连续率为 93. 75%，平均完整率为 96. 71%。

建立完善《黑龙江省区域前兆台网管理制度》《黑龙江省区域前兆台网工作值班制度》《黑龙江省区域前兆台网中心数据管理与服务》《黑龙江省区域前兆台网技术系统管理与维护制度》《黑龙江省区域前兆台网巡检、检查、备份制度》等各项制度规章制度，规范值班流程。

组织召开全省前兆台网培训班，组织人员参加全国分析预报培训班、全国测震台网系统实用技术培训班等培训，努力提高其业务能力。

积极协调相关部门，依法对绥化地震台观测环境进行保护。

测震台网编辑地震目录报告12期、编辑整理黑龙江省测震台网运行月报12期、上报中国地震局信息网络评比相关月报资料12期。全年监测并提交数据库省内及周边地区地震243个、爆破4465个（其中$M_L \geq 2.5$爆破18个）、矿震234个（其中$M_L \geq 2.5$矿震13个），处理触发事件5000余次。全年备份光盘730张，硬盘6块，事件CD盘24张，年产出数据总量约1.04T，台网值班工作日志6本。

黑龙江区域地震前兆台网区共产出24个台站、92套仪器的238个测项观测数据，全年产出数据量约为20GB。这些资料为黑龙江省地震监测预测研究、地震应急与地震安评工作提供数据服务。

3. 台网建设

中国地震局投入资金，对齐齐哈尔地震台、哈尔滨地震台进行台站优化改造。借助“中国地震背景场探测”项目，对漠河地震台进行了扩建。

4. 监测预报基础和应用研究工作

全年开展监测预报方面科研项目10余项，中国地震局行业科研专项项目1项，星火计划项目2项，黑龙江省科技攻关项目1项，中国地震局监测预报司“三结合”项目3项。

（黑龙江省地震局）

上海市

1. 震情

2011年，上海市地震局切实做好震情短临跟踪工作和判定工作，加强异常信息的及时核实与上报、震情综合分析与判定等关键环节。强化地震前兆台网管理，密切关注台站周围环境变化，提高震情分析时效性和分析意见的合理性。有效应对2011年1月12日南黄海5.0级地震和“3·11”日本地震的影响。顺利完成建党90周年震情保障工作。实施“九五”及模拟观测系统整体并入“十五”系统的改造升级工作。完成上海市综合深井地震观测系统建设第一阶段项目主要建设内容。“中国地震背景场探测（上海部分）”项目正式启动实施。

2. 台网运行管理

测震台网运行率达98.28%，前兆台网运行率达95%，均比以往有较大提高。测震台网2011年全年出台维修和抢修67次，前兆台网约90次，保证台网各台站设备的正常运行。

测震台网全年处理地震事件258次，发布短信地震信息约274条，其中速报地震27次；转发EQIM速报地震227次（其中国内地震32次，国外地震195次）；向EQIM发布上海及邻近地区的速报地震1次。前兆台网完成36份震情通报、365份监控日报、12份前兆台网月报以及1份年报。

继续完善监测预报工作规章制度。制定《上海市地震局地震预测意见管理办法》，修订《上海市地震局速报技术管理规定》。同时进一步细化工作规定和实施细则，确保制度执行的有效性。

共组织观测人员共10批13人次参加中国地震局组织的监测预报各类学科的业务知识和岗位技能的培训，进一步提高了观测人员特别是青年观测人员的业务知识水平和操作技能。

上海市松江区佘山自来水厂和上海凯凌公路养护工程建设有限公司因施工不慎将佘山地震台阵S06子台通信电缆挖断。经多次协商，3月上海市地震局与两家肇事单位达成补偿协议，切实保护了地震监测设施，确保地震监测预报工作的顺利进行。

1月崇明扬子中学台站电缆被校方施工队挖断、7月长兴岛地震台围墙因当地公路扩建被损坏，上海市地震局在崇明县地震办公室的协助下，与肇事方多次协调，予以妥善解决，台站设施恢复正常。

在2010年度全国地震观测资料质量评比中，共有34项参评项目获得优秀。2011年，上海市地震局科研人员共发表2篇监测预报方面的论文。

3. 台网建设

继续推进上海市综合深井地震观测系统建设第一阶段项目实施，项目建设获得重要进展，6月和11月崇明长江农场综合深井地震台和浦东张江综合深井地震台分别建设完成并通过单位工程验收，投入试运行。

佘山地震台数据中心改造项目于10月底完成，实现人机分离、环境整洁，消除长期以来存在的安全隐患；崇明地震台观测楼改造大修工程有序推进。

“中国地震背景场探测（上海部分）”项目按中国地震局统一部署，有序开展。5月，对项目进行任务分解和下达，正式启动上海地震背景场探测项目的建设工作。

为加强前兆台网的日常运行维护管理，提高前兆台网观测质量及工作效率，开展“九五”及模拟观测系统整体并入“十五”系统的改造升级工作。3月，细化落实改造技术方案；7月，完成所有物理接入改造工作；12月，基本完成将“九五”历史前兆数据迁移至“十五”数据库中的前兆系统整合工作，实现前兆观测数据的统一管理。

（上海市地震局）

江苏省

1. 震情

2011年，江苏省地震局监测预报重点工作任务均按预期计划完成。印发《2011年度江苏省震情监视和短临跟踪工作方案》《江苏省省属地震台2011年重点工作任务》《江苏省地震局2011年度地震监测台网运行经常性项目任务书》，有针对性地加强对市县地震局、省属地震台地震监测预报工作的指导。召开江苏省震情研讨会、全省地震观测资料评比会、省属地震台长工作会议和全省地震趋势会商会。圆满完成“春节”等重要节假日和“庆祝建党90周年活动”等时段震情保障工作。继续推进地震前兆“九五”系统接入改造项目，目前宿豫苏05井、通州苏12井升级改造完成。参加全国观测资料评比测项全部达优，共有17个测项获得全国评比前三名，其中江苏省级测震台网速报、高邮台电磁学科、地电场、FHD观测等四项获第一名，创参赛历史最好水平。承办第二届全国地震速报竞赛及速报岗位创先争优活动南京赛区复赛。扬州承办全国地电、地磁培训班，在溧阳举办全国高压直流供电影响地磁观测研讨会。编制《2011年度江苏省地震局地震监测台网运行经常性项目任务书》，完成《江苏省地震局2010年地震监测工作自评报告》。制定《重点地震监测台站优化改造项目实施管理细则（试行)》，力争对重点地震监测台站优化改造项目的各项管理工作达到标准化、制度化。

基本完成淮安地震台优化改造建设任务，监测楼主体工程浇筑顺利，即将封顶。申请将“宿迁地震台优化改造”项目列入2012年任务并上报中国地震局批准。加大同射阳县政府及有关部门协调沟通，修订完成射阳地震台新台建设规划图，督促射阳地震新台基础设施项目全面启动，完成围墙建设工程，其他正在建设之中。完成“江苏省地震监测台站加密及应急系统扩建工程”项目的组织实施。继续推进中国地震局下达的“中国地震背景场探测”项目有关任务。全国首个超深井东海地球物理综合观测站建设正有序推进。

2. 台网运行管理

根据中国地震台网中心“十五测震软件业务运行评价系统”网站发布的数据级各台站归档后的台站卷数据文件，江苏省测震台网2011年全年运行率97.13%，各台站的数据实时运行率和数据完整性基本一致。除高淳地震台、六合地震台、溧水地震台、如东地震台、泗洪地震台、宜兴地震台6个台站的年运行率低于95%，其余32个台站的年运行率大于95%。

江苏区域地震前兆台网在运行的30个台站中，国家级和省属台站14个，市县级台站16个；形变台站10个，流体台站12个，地电台站4个，地磁台站14个。在运行的仪器共计90套，测项分量共计271个。其中形变学科仪器17套，测项分量62个；流体学科仪器26套，测项分量27个；地磁学科仪器23套，测项分量72个；地电学科仪器8套，测项分量60个；辅助观测仪器16套，测项分量50个。观测方式有数字、模拟和人工3种。绝大多数观测仪器运转正常，产出的观测数据的主要精度指标符合规范要求。

江苏区域地震前兆台网2011年在运行台站、观测仪器中，有个别仪器运行率较低，如海门苏14井水位仪故障频繁，丹徒苏18井气汞仪死机缺测较多，气象三要素仪器因软件原因造成缺记较多，其他观测仪器运行基本正常，数据稳定性较高。2011年江苏区域地震前兆台网仪器（含不参评仪器）的平均运行率为99.75%，观测资料的平均连续率为99.84%，完整率为99.76%，年产出数据量约6602MB。

制定《江苏省地震局地震监测台网运行经常性项目管理办法》，并对2010年制定的

《江苏区域地震前兆台网运行值班制度》《江苏区域地震前兆观测台站运行值班制度》《江苏区域地震前兆台网观测系统与技术系统管理与维护制度》《江苏区域地震前兆台网数据管理与服务制度》《江苏区域地震前兆台网数据产品产出制度》《江苏区域地震前兆台网登记与备案制度》《江苏区域地震前兆台网资料归档制度》进行修改和完善。

选派人员参加在扬州举办的全国地电、地磁培训班、全球卫星导航数据处理、“九五”接入改造项目、历史数据迁移和管理系统升级等培训班，并于12月15日在溧阳举办全国高压直流供电影响地磁观测研讨会。

江苏省地震局先后针对泗洪地震台测震、高邮地震台地电、溧阳曹山水准测量、南京地震台高淳观测基地地电场、无锡地震台地磁等观测环境受破坏情况，积极与相关方联系，并派员同工程建设方进行数十次交涉，最终与中材国际公司就溧阳曹山地震测量场地保护问题达成协议，对方补偿28万元。目前新测量点已投入对比观测，有利保证地震监测工作正常进行。

江苏省测震台网中心数据的产出基于JOPENS技术系统。JOPENS系统承担着所属台站的数据流接收、地震事件速报、地震快报、正式报编目、月报生成、标定文件及运行日志等数据波形资料的应用、服务和存储等任务。台网中心配备有长达90天的在线波形缓存服务器和数据库管理的数据存储管理系统，定期产出江苏测震台网观测报告，每天定时归档连续波形数据、事件波形数据、标定波形数据以及各类日志文件等数据资料，定时采用光盘介质（DVD）刻录方式和大硬盘存储两种方式长期保存数据资料，每月刻录（4.7G/DVD）光盘约40张，归档在江苏省测震台网中心保管使用保存。

2011年度，江苏省地震局相关科研成果获得两项省级科技成果奖。“新沂台地磁核旋观测成果及研究应用”“淮安地震台定点核旋、FHD观测成果”项目分别获得了省级科技成果奖一等奖和二等奖。

江苏省地震局相关人员共发表论文11篇，其中正式发表9篇，待发表2篇，核心期刊9篇。

3. 台网建设

江苏省测震台网中心由1个省级地震台网中心和41个数字测震台站组成，其中国家级台站2个、省级台站13个、市县级台站26个。各台站基本均匀分布于全省范围内，平均台站密度约4.0台/万平方千米，平均台间距约为45千米，苏南、苏北地区台站稍密，苏中及沿海地区因松散沉积覆盖层较厚，以井下台站为主，台站也相对稀疏。

41个测震台站中有38个作为参评台站，向中国地震台网中心上传实时波形数据。为了提高对网缘地震的监控能力，江苏省地震局通过SDH行业网从中国地震台网中心回传河南、山东、安徽、浙江、上海5个省（市）32个台站的实时波形数据。目前，江苏省测震台网中心接收实时波形数据的台站总数达到73个。

对“九五”前兆观测系统实施接入改造，最终完成改造12个台站，改造仪器共计16套，接入管理系统的仪器（含模拟和人工）共计42套，完成第一阶段42套仪器105个测项分量的历史数据迁移，实际迁移完成234条记录数据，迁移数据总数达505833115条。在管理软件升级的工作中，新增南通台节点服务器，并对包括备份服务器在内的3台服务器均重新安装了SUSE LINUX操作系统、ORACLE数据库以及新版前兆数据管理系统，台网中心和台站值班计算机均将数据处理系统同步升级为2011版。

4. 监测预报基础和应用研究工作

江苏省地震局开展了基于数字地震记录和地球物理场观测资料，从震源机制、GPS资料、流动水准、重力场以及前兆整体趋势变化等方面加强区域应力场背景研究；基于区域动力学背景，根据地震期幕划分规律和区域地震活动特征，强化太阳黑子、地球自转加速度以及全球和全国强震等外部因素对江苏地区地震活动的影响分析；重点分析典型地震活动图像（条带、空区、震群、平静和增强等）及其预测意义；加强对各类地球物理场观测资料变化的异常性质判定，逐步梳理和建立预报指标体系。开展背景噪声在区域数字测震台网系统监控技术中的研究、利用数字地震波形资料反演江苏地区中小地震震源机制、背景噪声在区域数字地震台网系统监控中的应用、江苏台网值班管理系统开发、检验双差定位法在连云港爆破事件中的应用、江苏地区介质非弹性衰减和场地响应研究、2005年江西九江—瑞昌M_S5.7地震破裂参数及余震静态应力触发研究以及江苏及周缘地区地震精定位与构造意义分析等研究工作。

（江苏省地震局）

浙江省

1. 震情

2011年，浙江省数字地震台网共记录到发生在浙江省区域内的$M_L \geqslant 1.0$地震15次。地震活动水平低于2010年。浙江省各级地震部门牢固树立震情意识，上下协同，切实加强震情值守，较好完成“庆祝建党90周年活动”等重要时段的震情保障工作。全年共落实地震宏观异常3次；成功完成地震速报1次；组织召开各类地震趋势会商会71次。全省观测资料质量继续保持稳步上升势头，浙江省地震监测台网获监测综合评比，省级测震台网第3名；宁波地震台获地壳形变学科倾斜潮汐形变单项台评比第3名、地下流体学科水氡观测第2名；湖州地震台获地壳形变学科洞体应变台评比第3名；浙江省地震局获年度会商报告（三类单位）第3名。在第二届全国地震速报竞赛暨地震速报岗位创先争优活动南京赛区比赛中，浙江省地震局进入复赛。

2. 台网运行管理

在省、市、县三级地震部门的共同努力下，2011年浙江省各级地震台网（站）保持连续稳定运行：浙江省数字测震台网实时运行率达97.97%，24个正式运行台站运行率达99.19%，6个固定台站运行率达97.72%；数字前兆台网除个别台站因雷击造成停记外，未出现长时间断记事件，全年仪器运行率、数据连续率、完整率超过98%；信息服务系统运行率超过99.6%。浙江省地震局组织开展对全省地震监测台网的科学评定。10月17—19日，浙江省地震局在杭州组织召开浙江省2012年度地震趋势会商会。会议对2012年度浙江省及邻区地震趋势进行研判，并形成《浙江省2012年度地震趋势预测意见》。

3. 台网建设

浙江省地震基础设施建设持续推进，围绕建设海洋经济示范区战略，浙江省地震局切实加大海岛地震监测台站建设力度，舟山东极岛、台州大陈岛两个海岛综合观测台站建设工作全面完成，温州南麂岛地震监测台站建设工作进展顺利。全年新建各类观测台站（点）31 个，地震监测能力进一步提高。2011 年底，浙江省滩坑水库地震监测台网建设顺利完成并通过验收，以此为依托，浙江省地震局对水库等重点地区地震活动的监测与分析能力进一步加强。

4. 监测预报基础和应用研究工作

浙江省地震局组织完成科技公益项目“浙江省区域强地面运动参数关系及应用研究”的验收；组织申报并成功立项浙江省科技计划项目 2 项、地震科技星火计划项目 2 项、中国地震局科技“三结合”项目 3 项；设立局级科研项目 7 个，为年轻科技人员开展地震科研提供平台。根据工作需要，完成大型水库地震安全基础信息调查工作；完成温州文成、泰顺交界地震监测预报工作总结。同时，还制定《浙江省地震局落实〈中国地震局关于进一步加强地震科技工作的意见〉实施施办法》《浙江省地震局科技计划信用管理和科研不端行为处理办法（试行）》，修订《浙江省地震局省（部）科技计划项目管理办法》，进一步规范项目的申报、立项、实施等环节。

（浙江省地震局）

安徽省

1. 震情

2011 年，安徽省地震监测预报工作始终坚持以震情为中心，进一步加强台网建设管理，不断夯实地震监测基础，强化震情监视和短临跟踪工作，妥善应对安庆 4.8 级地震，全面实现“一场一带一站”科技发展战略，促进地震“监测、预报、科研、实验”相结合，监测预报工作取得优异成绩。在 2011 年全国观测项目评比中，共有 23 项获得前三名，其中有 3 项获得第一名，再创历史最好成绩。在“第二届全国地震速报竞赛南京赛区”竞赛中，安徽省代表队荣获团体赛第一名，3 名同志在个人技能赛中包揽前三名，顺利进军全国总决赛并取得第四名的好成绩。

2. 台网运行管理

安徽省地震数字测震台网由 1 个测震台网中心和 28 个数字地震台站组成，并接收周边省份 19 个台站的波形数据，实时接收波形数据的台站数量达 47 个，测震台网连续率达到 99% 以上。全省绝大部分地区地震的监测能力可达到 2.0 级，局部地区可达到 0.4~1.0 级。安徽区域地震前兆台网由 1 个区域前兆台网中心和 40 个台站组成，数字和模拟观测技术系统并存，共有 44 个测项，各类前兆观测仪器 102 套（不含备用仪器 15 套），262 个测项分量，总体运行率达 99.74%、数据连续率和完整率均达到 99% 以上。流动地磁、重力、跨断层水准观测网 2011 年完成全省 48 个跨断层流动形变场地、296 个流动重力测段、108 个流动地磁测点的地震流动监测工作；完成大别山监测预报实验场－东大别构造带近500千米地磁剖面的观测；完成安庆震区数十个地磁矢量测点及重力测点的重磁背景场跟踪观测工作；参与完成中蒙国际科技合作项目《远东地区重磁场及深部构造观测与模型研究》中的有关工作。

修订完善《安徽省地震局科研项目管理办法》，完善《安徽省地震局“十五”数字化前兆观测质量管理办法与评比细则》，制定《钻孔应变评比办法》等规章制度。

全年全省地震台网技术人员参与全国地震监测技术各类培训和省际交流20余次。承办全国地震台站防雷技术培训班和“九五”前兆系统接入改造实施工作研讨会，举办全省形变、电磁前兆观测培训班及技术系统、观测仪器维修维护培训班5次。

合福铁路的修建影响泾县地震台观测环境，安徽省地震局相关部门及时与铁路施工方及省高铁公司取得联系，协商解决方案，已与施工方达成协议，对台站部分测项采取抗干扰措施，正在与省高铁公司就铁路运行对泾县地震台观测环境影响解决方案进行协商。合肥地震台地电阻率测项搬迁项目已取得土地规划许可证，完成土地利用前期工作，具备项目建设基本条件；蚌埠地震台因受市政道路建设影响，经与该市有关部门充分协商，最终达成补偿50万元来实施抗干扰工程的协议，补偿经费已到位；黄山地震台地电阻率测项因受该市茶博园公司施工影响，经多次交涉，双方愿意在继续履行2006年达成的地震观测环境保护协议框架的基础上，增加该台抗干扰工程，正在进一步协商。此外还开展了蒙城地震台、嘉山地震台、五河女山井等观测环境保护工作。

全年共速报省内及周边地区地震4个，地震编目353个，地震观测数据归档按照“连续波形、事件波形、标定波形”3个类别进行分类，其中产出连续波形数据879.4GB、地震事件波形数据3052MB、地震计标定数据波形375.4MB。2011年，全省地震监测台网技术人员共承担安徽省地震局合同制课题4项，重点基金课题1项，青年基金课题2项，发表论文12篇，获得安徽省地震局防震减灾成果奖一等奖1项。

3. 台网建设

更换舒城等6个地震台的地震计和部分数据采集器。全年新增合肥形变台钻孔应变、泾县凤村井水氡等15项观测手段。新建太湖地震台、蚌埠市地震监测中心、亳州市地震监测中心3个测震台站。

4. 监测预报基础和应用研究工作

在安徽省政府、相关市政府和省直部门的大力支持和帮助下，安徽地震局党组提出建设“大别山地震监测预报实验场、蒙城国家地球物理野外科学观测研究站、郯庐断裂带中南段重点研究室”这一地震基础研究带动科技发展战略。2011年完成“场站带”的基础建设任务，“一场、一带、一站”科技发展战略已经全面实现，科研功能、引领功能、辐射功能日益突显，在全国地震系统发挥引领作用。共有2项安徽省地震科研基金重点项目、5项安徽省地震科研基金青年项目和36项局地震科研合同制项目获局科研专项经费支持；获批中国地震局星火计划项目2项、“三结合”课题3项；承担2011年震情跟踪青年课题4项，2020地震短临预报攀登计划项目1项，2011年度中国地震局监测预报科研三结合课题3项，其他任务性课题3项；与中国地震局预测研究所等单位签订科技合作协议4项，共计经费70.94万元。此外，安徽省地震局与中国地震局地球物理研究所、云南省地震局等单位共同承担科技部国际科技合作与交流专项1项，项目总经费近千万元。在中国地震局防震减灾优秀成果奖评审中，“安徽省地震监测预报连续12年全国先进的成功探索与创新实践”项目获得二等奖，“2006—2020年安徽省地震重点监视防御区判定研究”项目获得三等奖。

（安徽省地震局）

福建省

1. 震情

2011年，福建省地震局广大干部职工牢固树立震情第一的观念，着力加强地震监测基础设施建设，改革创新地震会商制度，加强现代化台站建设，强化地震短临跟踪，不断提升地震速报水平和地震会商水平，监测预报工作迈上新台阶。

10月17—19日，福建省2012年度地震趋势会商会在福州召开，与会专家就福建省2012年度地震趋势作专题报告，就闽台地震活动近期出现的态势进行广泛而深入的研讨，提出2012年度闽台地区地震趋势意见。

2. 台网运行管理

测震台网平均实时运行率为99.26%，平均数据完整率为99.04%，全年处理报警事件472个，速报地震37个，转发中国地震台网中心速报地震信息65条，分析地震事件5700个，编报地震1307个。

2011年度前兆台网仪器平均运行率为97.11%，数据连续率为98.81%，数据完整率为96.78%，全年产出模拟和人工观测数据5MB，“九五”数字化观测数据1.43G，“十五”数字化观测数据10.6GB。

强震动观测台网全年共记录到0次地震事件，共获取0条加速度波形记录，完成0份烈度速报报告，完成1182台次台站仪器远程通信检查。

加强全省地震监测手段管理，要求各地震台站认真做好地震监测工作，严格执行技术规范，保证提供连续、可靠、及时的观测数据。制定《福建前兆观测台网运行管理评比办法（试行）》和《福建区域地震前兆台网运行管理规定与细则（试行）》；制定《福建省地震局地震台站年度综合考评暂行办法（试行）》和《福建省地震局地震监测仪器维修分中心管理条例》；加强制度建设，有力推进了监测预报工作。

按照中国地震局的要求及福建省地震局的计划安排，2011年继续稳步推进台站职工的业务培训工作。2011年举办台站全员专业培训班；加强对台站一线技术人员的培训，派出参加中国地震局系统学科专业培训学习达10余人次。

依据《地震监测管理条例》，认真做好地震台站监测环境保护工作。2011年重点就泉州基准地震台地磁台观测环境的保护工作与南安市政府达成共识，形成纪要，共同做好泉州基准地震台地磁台观测环境的保护工作。做好大田县均溪镇GPS基准站环境保护工作，相关干扰源已迁出；做好石狮市祥芝镇烈度速报台站的环境保护工作，已落实相关工作。

福建省地震局参加2010年度中国地震局地震监测预报工作质量全国统评获得优异成绩：地震台网获监测综合评比省级测震台网第三名、监测单项评比省级测震台网系统运行第一名、监测单项评比省级测震台网编目第二名；宁德地震台、福州市地震局获水位评比第三名；泉州市地震局获水温评比第三名；莆田市地震局获市县地震局与台站节点系列市县地震局综合奖第三名。其余台站各观测项目全部获得优秀。

3. 台网建设

福建省防震减灾二期工程台站建设和仪器安装工作已全面完成，进入试运行；福州地震台全部前兆观测项目仪器安装完成，进入试运行。建设内容为速报台网84个台、台阵32个台、GPS台网30个台；福州地震台形变学科观测项目5台（套）仪器。

根据中国地震局的统一部署和省地震局的工作安排，及时完成背景场建设项目施工设计工作，开展福州地震台仪器采购和莆田、永安、闽侯3个台站仪器采购合同签约工作，开展福州水化站、莆田地震台观测设施建设等工作。

继续加强福建省地震宏观观测网建设工作，应地震形势变化的需要，动态性地在地震重点监视防御区和值得注意地区增建若干个宏观测报点，使福建省地震宏观观测网测报点个数达近百个，同时加强各级地震宏观点的建设。

永安地震台新办公楼、永安地磁台全面完成工程建设工作；长汀地震台完成监测房建设、新办公楼建设封顶，进入装修建设阶段；东山地震台建设工作，省发改委立项和批复经费，台站建设前期工作在实施中；开展邵武地震台、宁德地震台新台站建设规划工作；泉州基准地震台与解放军第180医院签订搬迁合同，首期到位200万元搬迁款，协商省人防办通过泉州市人防办在使用清源山人防山洞上予以支持，泉州地震台正在开展搬迁重建的新台选址工作。

4. 监测预报基础和应用研究工作

加强科技项目管理工作，积极协助科技人员申报国家和省级各类科技项目，2011年度福建省地震局科技人员在各类学术刊物上发表论文80余篇。加强项目经费申报及使用管理，对《福建省地震局科技基金项目管理办法》和《福建省地震局青年科技基金项目管理办法》进行修订。

为增强福建省防震减灾科学技术的创新能力，有效解决福建省防震减灾工作体系建设中社会需求比较迫切且具有福建省地域特点的科技问题，设立防震减灾科技攻关项目，编制《福建省地震局科技攻关项目管理办法》。

（福建省地震局）

江西省

1. 震情

2011年，江西省境内共发生M_L1.0以上地震148次，其中M_L1.0～1.9地震121次，M_L2.0～2.9地震24次，M_L3.0～3.9地震2次，M_L4.0以上地震1次，即9月10日瑞昌—

阳新 M_L4.9 地震。

江西省地震局认真贯彻《中国地震局关于加强地震监测预报工作的意见》精神，高度重视震情监视和跟踪研判工作。继续推行监测预报目标考核制度，强化震情意识与观测资料质量意识。加强震情跟踪研究，特别是在9月10日瑞昌—阳新地震后，第一时间组织开展震情会商，研判震情发展趋势，积极把握震情发展变化动态，及时作出较为准确震情趋势判定意见，有效维护了社会稳定。

做好重大节日和重要活动期间震情的监视跟踪工作。编制并实施《建党90周年震情跟踪保障方案》和《南昌市第七届城市运动会震情保障工作方案》，下发《关于加强春节期间地震监测预报工作的通知》，督促做好春节期间的地震监测预报工作。5月19日组织召开2011年度年中会商会，10月17—19日组织召开2012年度全省地震趋势会商会议，全省11个设区市地震部门、各地震台，江西省地震局有关部门、单位负责人，地震预报评审委员会全体委员和厦门地震勘测研究中心工作人员共50余人参加会议。会议通过2012年度江西省地震趋势会商意见并对各单位年度地震趋势研究报告和专题报告进行评比。派人员参加华南片年中地震趋势会商会和郯庐带震情形势研讨会。

2. 台网运行管理

经过一年的建设，江西省防震减灾地震应急指挥中心暨台网加密与扩建项目建设9月3日主体工程顺利封顶，11月9日通过验收。通过实施南昌中心地震台和修水地震台等优化环境改造工程不断改善台站观测基础条件，通过片区仪器维修和省级仪器维修机制的建立，加强台网运维保障能力，全年测震、前兆、强震动台网和信息网络运行率保持在97.5%以上。依法科学合理地处置好“溪洛渡—浙西±800kV直流输电线路工程”与南昌地震台地磁观测环境保护的行政许可；依法妥善处置进贤台地震观测环境保护事件，保护观测环境不受影响。3月3日，在南昌召开2010年度全省地震观测资料统评会。收集2011年洪灾期间各台站受灾情况，向中国地震局监测预报司报送有关情况，开展台站救灾工作。组织完成前兆台网“九五”系统接入“十五”系统改造，并于年底前完成前兆台网历史数据迁移至“十五”系统。

3. 监测预报基础和应用研究工作

进一步落实中国地震局《关于进一步加强地震科技工作的意见》精神，印发《关于做好近期地震科技工作的通知》，充分发挥局属事业单位、各地震台站及市县防震减灾部门在地震科技工作中的地位和作用。修订《江西省地震局科研项目及课题管理办法》，充分发挥科研项目经费作用，加强科研项目管理。

抓好地震科技创新政策环境建设，采取走出去和请进来的办法，2011全年外出学习培训人员10余人次，组织综合交流3次。继续做好送科技下台站、下基层活动。下达中国地震局2011年度“三结合”课题“闽粤赣交界区地震震源位置及速度结构研究”研究任务，“赣南地区地震震源参数研究”等3项青年基金课题进行立项研究。积极组织中国地震局。2012年各类科研项目申报。2011年，江西省地震局科技人员在各类刊物上共发表3篇学术论文。

（江西省地震局）

山东省

1. 震情

2011 年，山东省地震局制定实施年度震情短临跟踪工作方案，认真开展年、半年、月、周和临时会商，积极主办或参与环渤海、鲁豫皖、晋冀鲁豫等区域震情联防，加强对年度重点地区、郯庐带的强化研究，及时落实各类地震异常，较好把握多次显著性地震事件的震后趋势，圆满完成“两会”“庆祝建党 90 周年活动”“十一”等特殊时段的震情保障任务。制定《山东省地震局地震预测意见管理实施细则（试行）》，规范管理程序，明确各级责任，加强对社会地震预测意见的管理。

2. 台网运行管理

山东省测震台网测定天然地震、爆破、矿震等事件近 700 次，向中国地震台网中心速报地震 10 次，向山东省政府发送《震情快报》18 期。积极推进菏泽、济宁、临沂、莱芜、德州、滨州等市地震局台网中心建设，认真做好地震台网的维修维护，保证各类台网和信息网络系统的稳定可靠运行。举办全省第二届地震速报技能比赛。利用全省地震应急救援演练时机，开展以 3G 为网络平台的全省流动地震观测组网技术培训，实现山东省与全国地震观测资料质量评价标准的衔接。起草印发《山东省测震流动观测系统仪器设备管理办法》，形成每月第二周周四全省流动观测组网联调机制。在全国地震观测资料评比中有 22 项获得全国前三名。

3. 台网建设

开展对全省地震监测台站（点）、群测骨干点及宏观观测点的全面调查，加强新增监测项目的资料应用和信息管理，升级改造莒县、马陵山、聊城、泰安等地震台站的观测设备。各地新建成一批地震台站（点），全省测震台站增至 126 个，强震台站增至 146 个。会同省地震台网中心和部分台站完成地震监测台网效能评估工作。

4. 监测预报基础和应用研究工作

8 月 24 日，山东省政府办公厅印发《关于加强矿震监测与矿震灾害防范工作的通知》，拓宽我省地震监测工作的社会管理和公共服务领域。山东省地震局组织淄博、枣庄、潍坊、济宁、泰安、莱芜、菏泽等市地震局召开矿震事件监测座谈会，就落实省政府办公厅文件精神，切实加强矿震监测与矿震灾害防范工作进行研讨。菏泽等市政府出台关于加强矿震工作的意见。协助兖矿集团鲍店煤矿进行台网的升级改造。

国家级科研项目立项实现新突破，首次获得国家自然科学基金委青年基金项目立项资助。作为第一承担单位承担的国家科技支撑计划课题“面向公众的地震监测预警技术研究与集成示范”通过科技部组织的可行性论证。省地震局下达 59 项科研项目，新增 6 项省部级科研项目。“济南市主城区活断层探测与地震危险性评价”成果获山东省科技进步二等奖，“山东测震台网建设及其专业软件研制”成果获中国地震局防震减灾优秀成果奖二等奖。省地震局科技人员出版地震科技论著 4 部，发表核心期刊以上高层次论文 31 篇。邀请外部专家到省地震局讲课 10 余人次，组织赴美、英、日、德等国以及我国台湾地区开展防震减灾科技交流活动。

（山东省地震局）

河南省

1. 震情

2011 年 3 月 15 日，河南省防震抗震指挥部召开会议，贯彻落实国务院 2011 年防震减灾工作联席会议精神，研究部署全省防震减灾工作，落实震情短临跟踪工作措施。制定下发短临跟踪区震情跟踪方案并与各有关市地震局签订责任书，各有关市地震局上报本单位短临跟踪方案。

全面检查台站观测、数据传输、异常核实等诸环节工作。6 月 23 日至 7 月 15 日进行跟踪区震情短临跟踪工作检查，传达中国地震局有关文件精神，布置监测、短临跟踪工作。

10 月 13—15 日，组织召开全省年度地震趋势会商会，提出 2012 年河南省地震趋势会商意见，对震情短临跟踪工作进行部署。

2. 台网运行管理

河南省测震台网目前共有数字化台站 23 个，其中：国家台 3 个，分别为洛阳、信阳、南阳地震台；区域台 20 个，分别为商城、浚县、卢氏、周口、大安、驻马店、林州、安阳、濮阳、清丰、焦作、济源、延津、商丘、航海、尖山、平顶山、许昌、薄壁、范县地震台。模拟台站 1 个，为鹤壁地震台。全年数字化测震台网的运行率为 99. 64%。

河南区域地震前兆台网由 1 个区域中心、27 个前兆台站组成，包括 14 个有人值守台站和 13 个无人值守子台，其中国家级台站 1 个，省级台站 8 个，市县级台站 18 个；按观测类别划分，包括重力观测台站 1 个，形变观测台站 4 个，地磁观测台站 5 个，地电观测台站 2 个，地下流体台站 19 个，辅助观测台站 15 个。在运行前兆观测仪器共计 75 套，测项分量数 171 个，全部向国家中心正式报送数据。2011 年河南区域地震前兆台网在运行观测仪器运行率平均为 99. 84%。其中形变学科仪器平均运行率为 99. 64%，电磁学科仪器平均运行率为 99. 95%，地下流体学科仪器平均运行率为 99. 92%。

河南省辖区域内没有出现观测环境受损现象，各类观测站点运行正常。

经评审，《2010 年 10 月 24 日太康 *M*4. 7 地震现场工作报告》获 2011 年度河南省地震局防震减灾优秀成果一等奖；《防震减灾知识简明读本》《洛阳地震台测震观测资料（2005—2010 年）》获 2011 年度河南省地震局防震减灾优秀成果二等奖；《卢氏地震台优化改造项目实施》《南阳地震台优化改造》等 7 个项目获 2011 年度河南省地震局防震减灾优秀成果三等奖。

3. 台网建设

按中国地震局要求完成“中国陆态网济源 GNSS 基准站”的资料归档、验收、审计工作。河南省地震局承担的 GNSS 基准站建设任务圆满完成。

郑州市地震局筹建上街地震台，该台将成为集测震、前兆、强震、烈度速报为一体的多测项的综合观测地震台，并在该台设立信息节点，成为上街区地震监测、宣传教育、震害防御、地震应急指挥为一体的防震减灾基地。濮阳市地震局正在筹建濮阳县地震台，建设后，该台将成为集测震、强震、水位、地热、气氡等多种测项的综合观测地震台，两台建设问题，省地震局复函同意建设。两地震台建设、地震仪器的采购和安装及试运行工作均按照中国地震局地震观测网络要求，省地震局将给予技术支持与指导。两台建成并通过省地震局验收合格、正式运行后，将按要求纳入河南省数字化地震观测网络，这对全省地震监测预报工作将是有力的促进。

按照中国地震局“九五”系统接入改造工作要求，顺利完成该项工作的实施。截至11月底，《河南省地震局“九五”前兆台网系统接入改造技术方案》中所涉及所有台站全部接入“十五”前兆台网数据管理系统，相关台站历史数据全部迁入“十五”前兆数据库。

4. 监测预报基础和应用研究工作

中国地震局评定的2011年度“地震监测、预报、科研”三结合课题中，河南省地震局有两个项目通过专家评审，获得资助资格，分别为“地脉动异常在地震预测中的应用研究”“前兆地电‘九五’‘十五’数字仪实时处理系统”。

（河南省地震局）

湖北省

1. 震情

2011年，湖北省地震局始终坚持和强化“震情第一”观念，狠抓地震速报质量，及时为政府和社会提供震情信息。制定周密的重点监视区震情跟踪方案，加强长江三峡工程175米实验性蓄水期间的震情监测及趋势分析工作。全年速报地震9次，均通过数字测震台网在10分钟内报出地震三要素并发出应急群呼和信息群呼，地震速报工作准确、及时。

严格执行周会商、月会商、年会商、节假日加密会商、地震发生后紧急会商等震情会商制度，及时提出地震趋势判断意见。全年召开月会商12次、周会商52次、地震应急会商9次、地震紧急会商1次、地震临时会商1次、年中地震趋势会商1次、华东片半年趋势会商1次、华南片半年趋势会商1次、湖北省2012年度地震趋势会商1次、华东片2012年度地震趋势会商1次、陕西省地震局2012年度地震趋势会商1次、全国2012年度地震趋势会商1次、建党90周年震情保障加密会商3次、瑞昌—阳新间地震后加密会商10次、三峡震情趋势专题会商1次，合计各类会商96次。

关注三峡库区有感地震活动，重视长江三峡地区地震分析预报工作。全年共分析处理三峡遥测地震台网记录地震事件1888条，精确定位617个地震事件，速报三峡重点监视区内2.0级以上地震6次。有效开展地震观测与应急工作，及时向三峡总公司和国家有关部门报送震情。加强运行管理，确保三峡监测系统全面、正常、可靠运行。

2. 台网运行管理

加强湖北省数字地震监测台网运行管理。2011年湖北省测震台网总体运行率平均为99.15%，进入全国32个台网总体排名前10名；前兆台网总体运行率平均为99.42%，完整率平均为99.89%，数据汇集率平均为99.84%，5次进入全国台网排名前10名，总体排名较2010年度有所提高。对台站观测资料质量、监测环境、财务管理、仪器维护与管理、绿化等方面的工作进行综合考核、评比，加大台站的管理与奖惩力度，促进台站工作质量的提高。组织开展地震速报岗位练兵等活动以提高台站和台网的地震速报质量。定期对台站进行检查并以《台站观测资料质量月检查通报》的形式在网上公布。

按照中国地震局下发的《测震台网运行管理细则》《省级地震台网系统运行评比标准》《省级地震台网编目评比标准》《省级地震台网速报评比标准》等要求进行管理，台网系统总体运行率达99.9%，27个台站平均运行率为98.99%。规范湖北测震台网日常运行管理，对台网内部人员作了明确分工，使台网运行、编目、速报、应急等工作有章可循，台网运行保持良好状态。定期对值班人员的地震速报工作熟练程度进行检查、考核。引进自动地震速报实时处理软件，在地震速报工作中予以应用，取得良好效果，确保地震速报的快速和准确。加强对武汉、恩施强震台的监督管理工作，主动联系南水北调中线水源有限公司，商讨关于丹江口水库大坝强震台站的重新安装和管理、新建强震台的协调管理等工作；协助中国地震台网中心在武汉组织召开“中国地震局测震学科2010年度全国观测资料质量评比暨业务交流会”。

全年前兆台网的运行率为99.49%。根据台网运行的实际情况，针对前兆观测工作中存在的问题，要求台站依据《地震前兆台网运行管理办法（试行）》《区域地震前兆台网中心运行管理技术要求》和《关于加强湖北省地震前兆台网运行管理工作的通知》，进一步完善“台站运行值班制度”，明确值班责任，从观测数据采集、资料预处理、数据入库和检查、值班日志填写、仪器运行与维护、系统监控等环节提出具体的工作要求，把前兆台网运行管理工作落到实处，保证前兆观测系统连续、正常、有序运行；进一步完善“台站技术系统管理与维护制度”，建立“故障处置、报告与记录制度”，包括仪器设备和软件系统管理、巡查、维护、更新等工作内容，保障台网技术系统的正常运转；完成2011年度湖北省前兆台网前兆资料监测效能评估和预报效能评估；完成湖北省区域中心和各节点台站数据库、数据库管理软件、数据预处理软件的升级。

完成三峡地震监测系统各分项年度资料检查；2011年承担的运行项目通过中国长江三峡集团公司验收。

3. 台网建设

为切实加强湖北省防震减灾基础设施建设，“湖北省地震监测中心建设”项目纳入省长督办的十大中心建设任务之一。项目建设过程中，常务副省长召开项目建设现场办公会专题研究项目建设具体问题，要求保障投入、加强管理，确保作为省政府“双十重点工程”之一的省地震监测中心项目建设按期完成。

继续推进地震台站环境改造。参与丹江地震台新建摆房工程、丹江地震台环境改造工程、郧县地震台围墙维修工程验收。丹江地震台新建摆房工程和郧县地震台围墙维修工程验收合格。丹江地震台环境改造工程验收基本合格，提出部分整改要求并督促落实。组织完成丹江地震台和宜昌地震台绿化改造。编制湖北省地震台站修缮方案，拟在湖北省申请专项资金，对“十五”建成的地震台站进行修缮改造；根据中国地震局要求，对2011年台站受灾情况进行认真调查统计，经认真统计和测算，湖北省地震台站救灾修复经费共需96.7万元。按要求将受灾情况统计结果上报中国地震局；组织编制郧县地震台优化改造方案，上报中国地震局，争取国家项目经费支持；积极推进“武汉基准地震台地磁观测”项目迁建工作，完成初步设计、立项与土地征用工作；积极推进“长江三峡水库诱发地震监测系统升级改造”项目实施，完成改造合同签订。

4. 监测预报基础和应用研究工作

全年投入30万元，支持湖北省及三峡地区年度地震趋势、高速实时地震波形数据流服务应用、基于ArcGIS的地震应急实时动态标绘关键技术、形变学科年度地震趋势研究、重力学科年度地震趋势研究等多项监测预报基础和应用研究项目。

（湖北省地震局）

湖南省

1. 震情

2011年，湖南省地震监测预报工作以震情监视为重点，健全完善相关管理制度、加强台站和台网运行管理、推进重点项目建设和台站改造、做好日常分析会商和震情跟踪研判，地震监测基础能力得到提高。多次现场考察有感地震，并分别于5月、11月召开全省2011年中和2012年度地震趋势会商会，会上针对日本“3·11”地震及省内永顺、石门等地震开展地震趋势分析研究，及时作出地震趋势判定意见。

2. 台网运行管理

加强台网运行管理，全省测震、前兆各学科观测系统运行稳定，产出资料连续可靠，地震速报率达到100%；举办全省地震速报竞赛和全省前兆数据处理培训班，组织参加全国区域地震速报竞赛。监测系统运行维护项目总体执行情况良好，全省监测系统仪器运行率达98%以上，各测震台站波形连续率和前兆数据连续率达98%。及时速报全年24次$M_L2.0$以上地震，准确测定地震参数；通过在线和离线方式为分析研究用户提供地震目录、波形和前兆观测资料服务。编写东江水库、托口水库、凤滩水库监测台网建设方案，签订东江水库台网监测和台网数字化建设合同；修订完善地震科研课题管理办法，组织国家自然科学基金、星火项目、行业专项基金、湖南省科技厅计划项目申报、湖南省地震局防震减灾科研课题和优秀成果评审等；制定省属地震台站科普基地建设方案及经费概算；编写《湖南省科技年鉴》防震减灾章节，编撰《湖南省地震志》地震监测篇目和地震科技篇目。

3. 台网建设

启动湘潭虚拟台网建设试点工作；组织完成“中国地震背景场探测”项目湖南子项目的台站土建工程和设备采购；完成怀化、岳阳、邵阳地震台新址勘选；实施益阳地震台、津市地震台优化改造和湘乡地震台设备搬迁；配合中国地震局地壳应力研究所完成“九五”设备接入改造、长沙地震台数据传输网络改造；制定并执行全省测震台站值班计划；继续承担东江水库诱发地震监测项目管理。

（湖南省地震局）

广东省

1. 震情

2011 年，广东省地震局实现粤闽两省监测预报观测资料共享及重大前兆异常核实情况互通互报。完成 4 个前兆台站的“九五”并网改造项目。完成广东地区以及汕头加密流动重力复测任务各 2 期。完成 62 千米水准监测工作 30 期。石榴岗海啸预警中心建设进入单体报建阶段。广州基准地震台改造工作有序推进。顺利完成深圳大运会地震安全保障工作。

2010 年度全国地震观测资料评比中，广东地震台网地震编目获第一名，速报获第二名，系统运行获第三名，强震动观测运行维护获第三名。肇庆地震台获子午工程联合测试先进集体奖。

坚持震情跟踪和日常震情会商等制度，召开会商会 50 多次，提交震情分析报告 60 多期。对省内出现的重大前兆异常及时进行现场落实。组织召开《华南地震》创刊 30 周年编辑工作研讨会、闽粤区域地震跟踪工作协调会及华南地震仪器维修中心年会暨监测系统技术交流会，承办全国地震应急流动观测技术研讨会。妥善处置“西淋岗断层”事件。

10 月 11 日，召开 2012 年度广东省地震趋势会商会。会议对广东省 2012 年度地震活动趋势作出综合判定。

2. 台网运行管理

广东省测震台网平均连续率达 96.6%，记录处理地震事件 4302 个，7 次速报广东省地震台网监控责任区内的地震事件。国家地震速报备份系统共速报国内外地震 1000 多次，快速测定包括日本 9.0 级特大地震在内的多次重大地震事件。广东地震前兆台网全年仪器运行率 98.69%，连续率 98.51%，完整率 96.88%。完成省测震台站设备巡检维护维修 160 台次，强震台站设备 200 台次，前兆台站设备 58 台次。举办“地震分析预报新软件使用培训班”和“地震观测新技术及地震预报研究培训班”，承办“全国地震应急流动观测技术研讨会”和“全国自动地震速报工作研讨会议”。湛江地震台测震项目搬迁台址确定为吴川吉兆湾。对新丰江和平地电台观测环境受干扰情况进行排查。完成新丰江测量站环境整治。

3. 台网建设

完成“十一五”项目 9 个测震台站的工程基建工作。新丰江水库地震监测预报综合试验中心大楼主体工程通过验收，并完成库区 10 个测震台的摆房主体工程建设和地网布设工作。阳江地震海啸基准监测站大楼主体工程完成地基加固、内外墙砌筑，扩建工程完成；监测台阵 10 个子台全部完成仪器安装调试。完成“十一五”立体地震观测项目 97% 的强震台站的安装。完成汕头地震台、台山地震台 GPS 项目建设。完成汕头市地震局、汕头地震台、肇庆地震台、深圳地震台的“九五”并网接入改造项目。完成新丰江地震台井下垂直摆倾斜仪的安装调试。完成河源和平地电台深孔地电阻率传感器测试。5 月份肇庆地震台“子午工程”建设项目通过国家正式验收，观测数据网络通信和防雷改造项目实施。

深圳市完成地震监测网络工程一期建设项目和二期招标工作。佛山市完成“佛山市数字遥测地震台网”项目中顺德、三水、高明三个遥测子台建设。江门市完成前兆观测显示系统的研发安装测试。汕尾市完成陆丰、陆河 GPS 基准站建设验收。阳江市深孔地磁观测项目通过验收。湛江市数字遥测地震台网升级改造项目通过验收。

开发南海地震海啸预警系统，处于测试运行阶段；完成Android系统地震信息客户端的研制；完成地震信息发布网页手机版；初步完成地震SHAKEMAP网页显示；JOPENS-MSDP0.5.2版通过测试；地震预警模块初步通过测试，与JOPENS系统集成；强震数采MR2002接口设计通过验收测试。

4. 监测预报基础和应用研究工作

地震行业基金项目“地震自动速报技术”通过中国地震局验收；省科技项目“基于网络平台的地震台网数据处理系统”通过验收。省科技项目“地震自动速报与预警技术研究”和“广东省地震紧急信息服务平台建设及其产业化运用”进展顺利。获得中国地震局2011年度震情跟踪专项任务单位震情跟踪项目1项和个人项目2项。完成中国地震局震情跟踪合同制定向任务“闽粤交界及近海地区强震趋势跟踪和深入研究”；2项青年震情跟踪合同制定向任务“广东省小震S波分裂研究”和“粤闽交界地区噪声的瑞利面波群速度层析成像”取得初步结果。

完成国家“十一五”科技支撑计划“水库地震监测与预测技术研究”2个子专题“水库地震序列基本统计特征研究”和“中国水库诱发地震与区域构造的关系”结题并通过科研和财务验收。完成所承担的广东省社会发展科技项目“四川汶川特大地震发震与成灾机理的科学考察和研究以及广东的对策”专题6“东南沿海地震带地震活动趋势研究”结题。完成广东省社会发展科技项目“卫星热红外遥感资料在地震预测中的应用研究”结题并通过验收。承担中国地震局监测预报工作专项“中国大陆7、8级地震危险性中-长期预测研究”（M7专项）广东部分任务，完成2008—2011年研究报告有关广东部分的内容编写。

（广东省地震局）

广西壮族自治区

1. 震情

2011年，广西壮族自治区地震局始终牢固树立“震情第一”观念，紧盯震情不放松，综合运用各种分析方法和手段，综合分析，点面结合，密切跟踪地震动态。共完成《2011年下半年广西地震趋势研究报告》《广西大厂矿区地震与爆破特征研究》《龙滩水库诱发地震研究进展》《广西暴雨触发震群活动研究》4个专题报告，深入分析矿山地震、水库地震和暴雨触发有感震群的发生机理和显著特点，在此基础上全面分析广西及邻区的地震趋势。

2. 台网运行管理

全年维修维护台站供电线路、通信传输设备、数据采集等故障共60多次。每逢春节、全国两会等特殊时段，都会对台网设备进行全面认真排查，做到早发现早排除，确保特殊时段仪器正常运转；《广西地震监测发展规划（2011—2020年）》《广西壮族自治区“十二五”防震减灾科学技术发展规划》初稿完成；9月南宁遥测台更名为广西地震台网中心；

经与河池市政府协商，由河池市政府出资搬迁河池地震台。完成河池地震台新址勘选及设计方案通过有关部门评审；组织人员参加广西壮族自治区人民政府牵头组织的“2011 年桂台经贸文化合作论坛”；组织人员参加由自治区应急办和外专局联合举办的“广西地震预警与应急处置访日培训团”赴日本进行为期 15 天学习培训；广西地震台网中心荣获 2011 年度广西测震台网观测资料评比第一名。南宁九塘、石埠和桂平西山井荣获 2010 年度全国地震监测资料质量单项评比优秀奖。邕宁地震台地磁荣获优秀奖第三名。2011 年灵山地震台工会获县先进工会荣誉称号。在第二届全国地震速报竞赛暨岗位创先争优活动中，获得南宁赛区团体三等奖，龙政强同志获得个人技能三等奖，成功晋级全国总决赛。

3. 台网建设

完成大厂矿区台网验收、陆川地震台仪器设备安装、县市虚拟台网、南北地震带项目、龙滩强震台网升级改造 5 项工程。经过多方努力，与大唐岩滩水电有限公司签订岩滩地震监测台网建设合同。

“中国地震科学台阵探测——南北地震带南段”是列入《国家中长期科技发展规划纲要》和《国家地震科学技术发展纲要》优先主题的重要基础性科研项目。2011 年完成 25 个台站勘选、土建、仪器安装等工作。

南丹大厂地震监测台网在 2011 年 1 月通过竣工验收。2011 年以来共完成桂林市、来宾市、北海市、防城港市、崇左市、钦州市、贵港市 7 个市地震局虚拟测震台网建设。

4. 监测预报基础和应用研究工作

成功应对 2 月 28 日广西都安 M_L3.0 地震、3 月 10 日云南盈江 M_S5.8 地震、3 月 11 日日本 9.0 级地震、10 月 3 日广西隆林 M_L3.0 地震、10 月 20 日广西合浦 M_L3.1 地震等数十次有感地震事件。第一时间提供地震绿色通道短信息发布内容，第一时间启动地震应急会商进行科学研判，提供趋势判定意见和对策建议，第一时间通过短信系统向地市地震局部门提供震情统一回答口径。全年发送地震信息 7600 多条，工作信息 17000 多条。

完成广西壮族自治区人民政府督办项目“右江断裂带水库地震跟踪工作”课题研究。与自治区科技厅签订《广西凌云与凤山交界特殊震群研究》等 2 项课题任务书。《龙滩库区流一固耦合作用过程与水库诱发地震》等 2 项成功申报中国地震局 2012 年地震科技星火计划项目。

（广西壮族自治区地震局）

海南省

1. 震情

2011 年，海南省地震局全面贯彻落实《中国地震局关于加强地震监测预报工作的意见》，牢固树立“震情第一”观念，以震情为中心，精心部署，认真落实震情跟踪及宏观异常调查，对重大异常及时进行核实、判断。

2011 年度海南省及邻区海域最大地震是北部湾 11 月 27 日 M_L4.1 地震；次大地震是广

东阳江 6 月 2 日 M_L3.6 地震；海南岛陆最大地震是 9 月 14 日儋州市王五镇 2.2 级地震。

2. 台网运行管理

海南省台网由固定观测台网和流动观测点网组成。2011 年固定观测台网由前兆台网、测震台网、强震动观测台网和火山监测台网 4 个台网共 47 个子台组成。其中，前兆台网共有国家台站 2 个、区域台站 2 个、市县台站 5 个；测震台网共有 3 个国家台、17 个区域台；强震动观测台网有 13 个子台；火山监测台网由 5 个观测子台和台网中心组成。地震监测手段包括测震、强震、地磁、流体、形变、大地电场、重力、GPS 观测 8 种。流动观测包括 GPS 形变观测及流动重力观测。台网运行率为：前兆台网 95%，测震台网 90%，强震动观测台网 93%（除三江台、新海台因故障不能运行外），火山监测台网 92.5%。

为促进区域台网有序、高效运行，海南省地震局逐步完善《海南区域台网中心与台站的运行值班制度》《区域台网观测系统与技术系统管理与维护制度》《区域台网数据管理与服务制度》《区域台网数据产品产出制度》《区域台网登记与备案制度》《区域台网资料归档制度》等规章制度，海南地震台网中心各项工作趋于规范化，提高了台网运行效率和运行质量。全年观测环境基本稳定，未发生观测环境被破坏的事件。

2011 年海南区域地震前兆观测台产出数据总量约为 3.66GB；测震观测台产出数据总量为 933GB。地震上网共 410 次，编写地震月报目录共 36 份。在 2011 年的全国地震观测资料评比中，海南省 21 个台项的观测资料参加评比，其中海口地震台地热、水位和琼海水位测项观测资料分别获得第三名，另 18 个台项观测资料获得优秀。

3. 台网建设

台网布局无调整。完成全省前兆台网的监测预报效能评估，完成三亚地震台改造，完成陆态网络项目琼中、三亚和海口 GPS 基站的网络通信运行，完成三亚台、万宁台、那大台等 7 个台站传输信道升级改造，完成琼中台地磁子午工程土建部分二期改造。协助美国地质调查局专家完成琼中台 CDSN 升级改造项目实施方案制定，完成海南省地震背景场探测项目、西沙地震台建设项目年度目标。

4. 监测预报基础和应用研究工作

海南省地震局积极支持技术人员申报和承担中国地震局和海南省科研课题。2011 年获得 1 项中国地震局“星火计划”项目。完成中国地震局“三结合”课题 1 项。海南省地震局还自筹资金资助 4 项科研课题，用以解决日常工作中发现的疑点、难点问题。评审海南省地震局防震减灾优秀成果奖 4 项。第一作者公开发表学术论文 6 篇，其中 EI 核心期刊 1 篇。

（海南省地震局）

重庆市

1. 震情

2011 年，重庆市地震局牢固树立“震情第一”观念，坚持把震情监视跟踪作为重中之重来抓，坚持月会商、周会商、节假日会商和特殊时段会商制度，对异常进行及时追踪和落实。向中国地震台网中心报送各类会商报告共69期。其中周会商报告52期，月会商报告12期，临时会商或加密会商报告5期。在当年监测预报工作质量全国统评中，地震分析预报综合评比在三类局获得第一名，日常分析预报取得全国第一名。重庆前兆台网系统运行系列获得全国评比第三名，前兆台网产出与应用系列荣获第三名。

2. 台网运行管理

2011年度台网运行情况良好。其中，测震台网系统总体运行率达99.98%，台站资料平均完整率达99.58%，台站平均实时运行率达99.71%。全年向中国地震台网中心EQIM速报地震10个，向重庆市委、市政府报送震情值班信息22期，全年编目地震事件441个。前兆区域中心技术系统正常运行率在99.99%以上。区域台网全年数据汇集率达100%，报送率达100%，观测仪器全年平均运行率达99.89%，观测数据平均连续率达99.87%，平均完整率达99.16%。

调整重庆市地震局科学技术委员会成员，增设由6位退休专家组成的老专家咨询小组，调整后的重庆市地震预报评审委员会成员共计17人。

启动“重庆及邻区长周期地震动衰减关系研究”“远场大震对重庆地区超长建筑结构的影响与抗震应用”“重庆及邻区震后烈度评估模型构建”3个研究项目。完成“满足时-频统计特性的人工地震动合成”研究项目。全年为MDI一体化等43个重大建设工程提供抗震设计数据。

（重庆市地震局）

四川省

1. 震情

2011年，四川省地震局认真贯彻《中国地震局关于加强地震监测预报工作的意见》，落实地震监测质量目标管理责任制，坚持做好地震台网监测月评和综合评比工作，加强地震监测质量管理。发挥西南片区地震仪器维修中心作用，保障前兆信息收集传输畅通，审定地震监测环境行政审批200余项，及时修复因灾受损台站，协同做好陆态网络与网络工程区域GPS联测工作，全省地震监测系统正常运行。加强人员业务培训，参加全国地震速报竞赛荣获优异成绩。德阳、广元地震台网中心建成运行，四川省市级数字化区域台网增至10个。全省地震监测质量较大幅度提升，在全国评比获得前三名19台项。组织制定四川地区、川滇协作区、川滇藏协作区震情跟踪工作方案，召开川滇及川滇藏协作区震情研讨暨跟踪工作会议，会同落实震情跟踪措施，强化震情形势研判。修订《震情会商机制试点改革方案》，推进震情会商机制改革。调查核实宏微观异常现象82起，组织例行会商80次、紧急加密会商23次，认真分析研究各方意见，较好地把握全省震情趋势。

2. 台网运行管理

四川区域地震前兆台网有59个观测台点，其中，国家级台站9个，区域级台站（点）24个，市县级台站（点）26个。四川区域地震前兆台网有地磁学科观测台站16个，形变学科观测站16个，重力学科观测站4个，流体学科观测站36个。四川区域前兆台网观测仪器套数为228套，共计477个测项分量。日常工作有数据监控、入库、检查和数据交换；数据量约为50M/天。完成前兆数据中心服务器、数据库及软件维护，按时报送四川前兆台网月报、年报。2011年台网仪器平均运行率为98.2%，平均连续率为97.9%，平均完整率为96.5%，较2010年相比有较大进步。完成并报送12期月报、1期年报。年数据产出约为40G，目前数据总量为190.1G。

四川数字测震台网通过"5·12"汶川地震恢复重建后，增加8个测震台，台站由原来的52个扩展为60个。2011年全年共分析处理地震15292条，速报地震308次，产出地震数据2126.1 GB，维护台站105次，台网运行率达97.48%，中心运行率达99.99%，完成科学台阵探测项目年度计划任务，帮助建成眉山、广元两个数字台网，完成炉霍5.3级地震流动观测任务。

完成跨断层流动场地水准、基线观测、流动重力、流动地磁观测、年度连续观测，完成重力网的改造，形成9个闭合环。流动水准、基线、重力、地磁测量成果自评为优秀。

落实地震观测质量目标责任制。根据《观测质量目标考核办法》，继续与各监测单位负责人签订《地震观测质量目标责任书》，将地震监测质量紧密纳入单位年度目标动态考核，与奖惩挂钩，增强责任意识。完善监测质量评比办法。局测震学科管理组依据中国地震局《测震台网运行管理办法（试行）》和中国地震局《测震台网运行管理细则》，结合四川省各类测震台网和测震台站实际情况，制定并印发《四川省测震台网运行管理细则》《四川省测震台网速报技术管理规定》《四川省测震台网编目技术管理规定》《四川省有人值守测震台站运行管理细则》《四川速报台站大地震速报评比标准》《四川测震台站系统运行评比标准》《四川测震台站资料分析评比标准》，增强了监测质量评比的科学性和可操作性，较为准确、全面地反映监测工作质量。转发中国地震局监测预报司《测震台网运行管理细则（2011修订版）》《钻孔应力－应变台站观测年度评比办法（2011试行）》及系列评比办法与评分标准，并组织学习贯彻。坚持月评制度，加强数据传输和信息沟通。坚持开展台站质量月评工作，通过"四川地震监测预报网站"及时公布检评结果，实现了与中国地震局网上评比对接，保证全省各观测手段网上评比的及时顺利进行，促进了数据共享，方便了前兆短临信息收集，实现了各单位信息沟通，为全省地震监测预报系统技术与管理人员提供了学习和交流的平台。

2011年度安排40余名台站观测人员和中心技术人员参加中国地震局组织的技术培训（观测岗位考核培训班、数字化观测技术规程培训班、项目管理岗位培训班、学科观测质量培训班等）。

四川省地震观测环境保护纳入省政府的政务中心，依法加强全省地震台站保护。共接收建设工程地震监测环境审批件200余份，通过其他渠道了解的建设工程若干。对可能影响地震观测环境的工程项目，及时进行调查，与业主方进行协商，共同寻求妥善处理办法，赔付的崇州地震台、燕子沟地震台正在建设中。完成建设项目地震观测环境影响审批178项。

3. 台网建设

2011年度汶川地震灾后重建项目全部完成，通过验收，投入正式运行。四川数字测震台网在汶川地震灾后重建项目中，除完成对受损的4个台站进行恢复加固外，还新建天全、宝兴、安岳、盐亭、苍溪、旺苍、红原、九寨沟8个测震台，同时还对台网中心的台站数据接入、数据处理、数据存储、数据服务、综合业务管理和中心配电系统6大能力进行全面升级改造。四川前兆台网在“5·12”汶川特大地震灾后重建项目中，恢复和增加10个前兆观测台点，其中4套地下流体监测设备、3套洞体摆、1套体应变观测数据暂时接入市县级服务器，2套沙层应变数据由台站收取并保存数据。

全面升级改造台网中心台站数据接入、数据处理、数据存储、数据服务、综合业务管理和中心配电系统6大能力。经改造完成后的四川数字测震台网，台网中心达到接入测震台站不低于300个；提供不低于2000路台站实时波形数据服务；具备在线连续波形数据不低于3个月，事件波形数据不低于3年的存储能力；中心供电系统由2组UPS并行保障；实现对全川测震网络和设备进行综合监控管理的目标。

4. 监测预报基础和应用研究工作

加强对已有地震监测手段的监测工作，完善“四川省GPS观测网络系统”和“卫星热红外接收系统”，开展西南构造区强震预测预警技术和指标研究和四川地下流体与强地震关系研究和预测方法研究、水库地震研究以及监测设备的研究及基础应用性的研究课题。开展“精确传递函数地震观测系统研究”“Flex2400射频模块在地震台站报警信号的传输应用研究”“强震构造大震复发周期的定量评价方法研究”等。

（四川省地震局）

贵州省

1. 台网运行管理

对黎平、凯里、玉屏、晴隆等地震监测台站进行检查并就相关业务工作进行了指导。同时对威宁、兴义、安顺、罗甸等地震监测台仪器进行检查维修，保证贵州测震台网正常运行。

2. 监测预报基础和应用研究工作

大力推进地震背景场观测项目建设工作和“中国地震科学台阵项目探测——南北地震带南端”项目相关工作。2011年，贵州省地震局完成地震背景场观测项目晴隆和盘县两个台站建设和仪器安装、调试工作，两台站运行正常，数据产出规范。配合四川地震局和南京大学完成“中国地震科学台阵项目探测——南北地震带南端”贵州境内台站勘选、建设和仪器设备安装工作。4月，四川省地震局工作组完成在黔架设20个台的任务指标，9月，南京大学工作组完成在黔架设25个台的任务指标。各流动监测台站设备运行正常，数据产出规范，达到预期设计要求。

（贵州省地震局）

云南省

1. 震情

2011 年，云南省地震局牢固树立“震情第一”观念，切实加强对震情跟踪工作的领导，做到组织到位、人员到位、措施到位，保障到位。按中国地震局的要求，制定完成并上报《2011 年度云南震情跟踪工作方案》，同时，成立以局长为组长的云南省震情跟踪工作领导小组，下设日常工作办公室，负责云南省震情跟踪工作。各州、市地震局（防震减灾局）和局监测预报单位制定方案，全面安排落实震情跟踪工作，同时成立震情跟踪工作领导小组和工作组，并与云南省地震局签订 2011 年度的《云南省震情跟踪工作责任书》，部分州市局还与县级地震部门签订责任书。

云南省地震局参与“2011 年度川滇交界东部强震危险区震情跟踪协作区”工作。开通云南地震资料信息数据库网，同时由四川省地震局数据库网上调取川滇交界地区的四川观测资料，开展资料交换，进行跟踪分析。

云南省地震局在做好周月会商的同时，对盈江 5.8 级地震、缅甸 7.2 级地震、腾冲两次 5.2 级地震等一些显著地震事件及突出异常进行紧急会商。2011 年共召开震情会商会 102 次、专题研讨会 12 次。向中国地震局和云南省委、省政府上报《震情反映》17 期。认真做好前兆异常分析与宏微观异常落实。2011 年前兆动态跟踪提取异常有 62 项。云南省地震局、州市县地震部门共派出 220 人次专业技术人员实地落实宏观现象 61 次。

针对云南省震情发展形势，2011 年组织或承办有关震情跟踪工作会议 18 次，向云南省政府和中国地震局上报震情反映和震情形势报告 7 份，下发有关震情跟踪和预测预报工作的文件 25 份，落实有关工作部署。

2011 年度云南省及周边地区发生≥5.0 级以上地震 4 次，分别是 3 月 10 日盈江 5.8 级地震、3 月 24 日缅甸 7.2 级地震、6 月 20 日及 8 月 9 日腾冲的两次 5.2 级地震。

2. 台网运行管理

云南省区域测震台网和地震前兆观测台网的平均运行率分别为 98.3% 和 98.7%，云南区域行业网运行率达 99% 以上，云南省强震动台网和活断层技术系统年均运行率达 99.6% 以上。对云南省年内发生的 8 次 4.5 级以上地震均在 6 分钟内速报，云南台网速报处理触发地震事件 1350 次，编目地震 16392 个，发送地震短信息 32 万余人次。完成地壳形变、地球重力、地磁场、GNSS 台网观测与数据处理，按计划完成水库监测台网建设与运维。

云南省地震局修订、印发《云南省地震观测资料质量评比与奖励办法》，自 2011 年起正式施行。修订测震和信息学科评比办法，新增云南省短波电台通信质量评比内容。研究修改云南省形变、电磁、地下流体的观测资料质量评分标准，在征求意见的基础上，各评分标准已正式下发执行。

按照中国地震局要求，组织对 2010 年度监测工作进行全面回顾总结和认真研究，完成 2010 年度监测台网运行管理工作总结考评报告的编写及 2011 年度云南省地震监测运行和管理工作任务书的填报工作。

为加强地震监测系统的运行管理，促进地震监测系统运维工作，建立云南测震台网、前兆台网、信息网络运行情况网上定期公示制度。同时，每周在防震减灾网上公示各州市地震部门及专业地震台站的模拟监测数据情况，专业地震台站每月报送台站监测工作月报表。

按照《中国地震局2011年教育培训计划》要求，编制《云南省地震局2011年教育培训计划》。8月初在昆明市举办为期7天的云南测震台网运行管理培训班。

根据中国地震局监测预报司要求，组织云南省6个学科技术协调组对2010年度地震观测资料进行检查和初评，并在云南省地震观测质量评审委员会验收、审定后，将参评的174项评定结果及时上报。

在2010年度全国地震监测预报质量评比中，云南省获得28项前三名，获奖数量连续8年保持全国第一位。2011年度地震趋势研究报告全国评比获第二名。在第二届全国地震速报竞赛暨岗位创先争优活动南宁赛区复赛中，云南省地震局获团体三等奖、个人技能赛一等奖。

3. 台网建设

云南省地震局于年初编报了2010年度3个台站优化改造绩效考评报告，曲江水化站和通海地磁台于9月底通过竣工验收，元谋于4月初通过竣工验收。7月初，完成2012年度台站优化改造项目申报书、评审报告、可行性研究报告编写、论证，上报中国地震局。完成2011年度腾冲地震台、剑川地震台优化改造项目。

配合中国地震局开展地震台站管理改革调研工作。云南省地震局多次召开会议，形成一系列工作成果。组织编写上报《云南省地震局“九五”前兆台网系统接入改造技术方案》，按计划于2011年年底前完成改造工作。

为贯彻落实中国地震局加强监测预报工作的意见精神，充分发挥地震监测数据在科研、地震预测预报方面的作用，云南省地震局下发《关于印发地震前兆观测数据服务调用方案的通知》，进一步规范数据共享网站的管理。8月22日，组织召开地震数据共享服务专题会议，对推进云南省面向市县地震部门地震科学数据共享服务工作进行研究部署。

4. 监测预报基础和应用研究工作

3月，云南省地震局组织中国地震背景场探测项目实施前期准备工作，对如何推进项目实施进度进行研究和安排；5月，传达中国地震局关于云南地震背景场项目初步设计、投资概算的批复及实施的相关情况，对测震、重力、地磁、地电、地下流体、强震各台网建设的主要问题进行认真研讨，并安排部署施工图设计和实施预算编织工作；6月，根据中国地震台网中心《关于背景场项目批复及实施若干情况的说明函》要求，在初步设计基础上，结合云南省实际情况，对云南地震背景场探测项目的施工图设计进行相应调整。下发《关于做好云南地震背景场探测项目实施工作的通知》，要求加强管理，认真组织实施，按期保质保量完成建设任务。6月30日将《云南地震背景场探测项目施工图设计》上报中国地震台网中心及中国地震局监测预报司。8月17日，组织召开背景场项目实施工作会议，通报进展情况，安排部署下一步工作。11月14日，组织召开云南地震背景场探测项目领导小组扩大会议，对年底前项目实施工作进行安排。

1月，中国大陆构造环境监测网络基准站水准联测成果质量检查暨二级监理会议在蒙自召开。3月，及时组织相关专家对云南省地震局陆态网络与网络工程区域网2011年GPS联测方案进行修改完善，并上报。6月，按要求完成项目验收工作。

2011年度，云南省地震局水库监测台网小湾水库台网16个子台，共分析处理地震11620个，年平均运行率为94.98%，上报年报1份，工作月报12期；糯扎渡台网12个子台及景洪台网4个子台，共分析处理地震6595个，年平均运行率分别为91.42%和96.76%，各上报年报1份，工作月报12期；金沙江流域38个测震台，澜沧江流域1个测震台网4个子台运行率达95%以上。共产出月报12期，季报4期。

5月，组织召开《水库地震监测管理办法》实施座谈会，就该办法的贯彻执行提出明确要求，制定具体措施。细则初稿已基本完成，7月，召开起草工作组会议完善后提交审定。

根据中国地震局监测预报司要求，组织有关部门对云南省2010年度“三结合”课题进行检查、验收，同意结题。组织开展2012年度“三结合”课题申报工作，筛选出5项申报课题，并及时上报。

主动源重复探测项目宾川气枪震源激发系统已经建成并成功进行了激发试验，以4月27日在大理召开的“滇西深部主动源探测研讨会”和中国地震局党组成员、副局长刘玉辰在宾川主动源发射基地宣布实验工作正式启动为标志，该项目第一阶段建设目标基本实现。8月，云南省地震局在大理召开滇西深部主动源探测项目工作会议。9月，组织有关专家在宾川对主动源探测前期建设项目进行阶段验收，并对项目后续任务提出具体要求。

2011年上半年完成部分台站的勘选和架设任务，8月，地震科学台阵探测项目开始实施，到8月底，完成德钦县、西藏盐井和香格里拉县部分观测点的安装。9月，召开云南省地震局地震科学台阵探测项目实施工作领导小组会议，对加快项目实施进度进行部署。

（云南省地震局）

陕西省

1. 震情

2011年，陕西省地震局制定并组织实施年度震情跟踪工作方案和强化地震监视与跟踪工作方案。全年召开会商会193次，落实各类地震异常51次，上报震情报告149期。会同甘肃省地震局、宁夏回族自治区地震局和中国地震局地质研究所对鄂尔多斯西南缘断裂开展两次野外考察。完成建党90周年和西安世园会等重大活动期间的震情保障任务。

2. 台网运行管理

加强台网运行管理，强化数据共享，各类台网及信息网络、西北区域地震自动速报中心、仪器维修中心运转正常，设备运行率在95%以上。全年共监测地震事件3732次，速报37次，发送地震速报短信18万条，编辑地震目录1772条。在全国地震观测质量评比中，乾陵地震台电磁学科综合评比获得第二名；倾斜潮汐形变、地电阻率、地磁秒采样获得第二名；宝鸡地震台水氡获第三名。强震台网观测运维、记录分别获得第三名。

组织陕西省地震局地震监测预报学科组2010年度参加国评观测资料省级验收工作，加强地震观测资料质量和台网运行管理。

组织开展全国地震前兆台网评比暨效能评估工作；配合地球所对美国地质调查局专家来陕进行 CDSN 升级改造台站的调查工作。选派 9 人次参加了 4 个学科的全国质量评比会，选派 8 人次参加观测岗位培训。组织各市地震局分析预报人员参加“西北五省地市（州）地震部门分析预报人员培训班”，提高地市地震部门震情跟踪分析能力。

落实地震观测质量目标责任制，与陕西省地震局各有人台站签订任务经费承包书，定量考核指标，明确责任任务。

3. 台网建设

完成陕西省地震局中央财政地震灾后恢复重建基金项目地震监测系统重建工程与地震信息平台建设分项目建设内容，验收新建台站（点）99 个，包括测震台站 21 个，强震台站（点）45 个，前兆台站 14 个，GPS 站点 19 个。

配合中国地震局地壳应力研究所开展“九五”模拟前兆观测系统升级改造并入“十五”数字地震观测系统实施工作。

推进台站改革，提出区域中心地震台建设方案，调整商州、彬县、蒲城地震台业务、人员及资产。

推进上王地震台恢复重建和彬县、宝鸡地震台观测环境保护工作。

（陕西省地震局）

甘肃省

1. 震情

2011 年，甘肃省地震局加强地震监测台网运维和管理，强化监测人员业务培训，实施流体台网设备更新改造，加强地震监测设施和地震观测环境保护，保证台网连续、可靠运行。对发生在省内及边邻地区的 9 起显著地震事件作出较准确震后趋势判定，为政府决策提供可靠依据。

2. 台网运行管理

甘肃省测震台网运行率达 95% 以上，共速报国内外地震 67 个，编目省内外地震 5776 个，及时向中国地震局地震预测研究所、各市州地震局提供观测资料 1000 份；前兆台网运行率达 99.6%，数据完整率达 98.9% 以上；强震动台网运行率达 92% 以上；信息网络运行率达 99% 以上，满足信息发布、地震速报、地震目录和前兆资料的查询。

制定《甘肃省测震台网运行管理实施细则（试行）》《甘肃省测震台网地震速报技术管理实施细则（试行）》《甘肃省地震观测台网运维办法（试行）》《地震台站观测岗位职责》《甘肃省区域台网观测系统与技术系统管理与维护制度》《甘肃省地震局前兆台网数据管理与服务制度》《甘肃省地震局前兆台网数据产品产出制度》《甘肃省地震局前兆台网登记与备案制度》《甘肃省地震局前兆台网中心资料归档制度》《强震动台网部工作职能、职责和任务》《强震动台网维护管理细则》和《强震动台网部机房管理制度》等规章制度。

参加中国地震局举办的各种技术骨干业务培训82人（次）；参加甘肃省组织的技术培训8人（次）。甘肃省地震局组织各种培训60人次；组织召开“第七届中国西部地震观测技术交流会议”，来自西部9个省（自治区、直辖市）地震局和市县地震局的100名监测人员参加，以会代训；举办1期西北片区流体台站新购FD—125水氡仪、4期测震台网业务、2期高性能计算中心培训班；14人次参加国际性学术交流培训。

加强地震监测设施和地震观测环境保护，甘肃省地震局自筹30万元资金，完成省内所有地震监测台站坐标的精确测定，地震台站保护资料向各市州备案工作全面展开，完成向甘肃省建设厅、甘肃省国土资源厅、甘肃省公安厅备案工作；对兰州、武威、武都等5起地震监测设施和观测环境受干扰事件进行行政执法，地震台站索赔迁建费及技术防护费共计289万元，到位资金94万元。

在全国地震观测资料质量评比中获前三名23台项，其中第一名5台项，第二名9台项，第三名9台项。

3. 台网建设

完成地震监测台网维修改造工程、汶川特大地震和舟曲泥石流灾害灾后重建工程、中国地震局“九五”前兆台网并网改造与历史数据迁移、“陆态网”项目新增建设工程、高性能计算机群系统建设方案论证和设备招标采购及系统安装联调，市县地震信息网站集群系统建设任务，全面启动背景场探测甘肃分项目工程建设。

全省地震监测台网基础设施、基础保障系统和观测系统进行全面更新和升级，地震监测基本实现了数字化、网络化和集成化。采购前兆仪器70台（套）、测震仪器8台（套）、强震动仪器37台（套），更新老旧设备；完成音凹峡地震台、玉门关地震台通信系统和供电系统改造；更换玛曲地震台、岷县地震台数采，改造33台（套）前兆仪器；新建8个台（站、点）通信系统；完成6个强震动台站的拆迁、改建和部分台站的观测室维修、电力线路更换和通信系统维修改造；完成甘肃省地震监测流体台网仪器设备更新改造。

4. 监测预报基础和应用研究工作

2011年获得资助的科研项目包括国家自然科学基金项目1项、中国地震局星火计划项目2项、“三结合”课题3项、野外站基金2项、震情跟踪合同制定向工作任务5项；获得甘肃省地震局防震减灾优秀成果5项；监测预报人员发表论文20余篇。实施井下综合观测新技术应用，建设完成天水地震台地电阻率井下观测系统；陇南中心地震台地电阻率井下观测建设工程完成钻井5眼；自行研发自制UPS电源，较好解决了前兆台站特别是无人值守台站的供电问题。开展地震矩加速释放模型、小震震源机制解、库仑破裂应力触发作用、地震活动异常增强和异常平静等方法在年度危险、小震精定位、*b*值空间扫描、基于CAP方法的小震震源机制解研究。完成数字化前兆观测资料初步清理工作，初步确定可用、基本能用、不能用的台项和测项。

（甘肃省地震局）

青海省

1. 震情

2011 年，青海省地震局认真贯彻落实《中国地震局关于加强地震监测预报工作意见》和《青海省地震局关于加强监测预报工作的实施意见》，强化监测预报工作措施，加大监控力度。

全年共赴现场落实异常 33 余次，电话落实异常 75 余次，召开周会商 52 次、月会商 12 次、临时和加密会商 105 次，编写临时会商意见 41 期，并对 13 次显著地震事件开展紧急会商及震后趋势判定工作；完成 2010 年 4 月 14 日玉树 7.1 级地震预测预报工作总结和反思报告；编写青海省年中、年度会商和 2012 年青海省地震趋势会商研究报告，完成 2011 年度各季度的地震大形势跟踪报告、年中和年度大形势会商报告。《2011 年青海省年度趋势会商报告》在全国地震系统三类局获第一名。

2. 台网运行管理

全年共维护维修仪器 250 余台套，分析处理地震数据信息 3812 条，完成地震速报 76 次，测震台网运行率达 97.35%，前兆台网运行率达 92.16%，强震动台网运行率达 92.5%，区域行业网运行率达 99.83%，保证了观测仪器的正常运转和观测资料的连续可靠。

地震观测资料在全国地震系统评比中取得历史性的突破。在 2010 年度中国地震局评比中，湟源地震台获测震台站综合评比第一名、资料分析第二名和系统运行第三名，格尔木地震台获钻孔应变第三名，德令哈地震台获表层水温第三名。在新疆举行的“全国第二届速报竞赛暨速报岗位创先争优活动”中取得第五名。

（青海省地震局）

宁夏回族自治区

1. 震情

2011 年，宁夏回族自治区地震局统筹力量，研究制定 2011 年全区震情跟踪方案，抓好地震监测、异常跟踪、震情会商和谣言应对等工作。承办中国地震学会空间对地观测专业委员会换届暨 2011 年学术研讨会，组织第二届全区地震速报竞赛暨速报岗位创先争优活动，派队参加第二届全国地震速报竞赛暨速报岗位创先争优活动乌鲁木齐赛区复赛，取得一张全国个人决赛入场券。组队参加第七届南北地震带台站观测技术交流会。积极参与编写《宁夏防震减灾“十二五”规划》，明确“十二五”期间监测预报工作的重点和努力方向。

较好地把握全区震情趋势，高效处置银川 3.1 级地震事件，有力地保障了“第二届宁洽会暨中阿经贸论坛”等重大活动时段的地震安全。牵头举办“南北地震带中北段地震形势暨宁夏和周边地区台网布局研讨会”，科学研判宁夏及邻区震情形势。

2. 台网运行管理

完成全区140套地震监测仪器运维保障任务，地震观测资料质量不断提高。利用台站优化改造、受灾恢复等项目经费，对银川基准台小口子台实施外墙保温和地电热采暖改造；对固原地震台实施供水管网改造；对银川小口子台、北塔地磁台安装防盗报警装置。

3. 台网建设

分析研究宁夏台网布局现状和改进意见，与相关科研院所达成地震科技合作的初步意向。宁夏地区地震背景场探测工程项目初步设计、建设用地预审和协议签订等事宜已全部完成，进入项目施工阶段。完成陆态网络项目仪器安装、通信施工、档案验收和试运行等工作，完成项目验收，开始正常运行。

4. 监测预报基础和应用研究工作

在2010年度地震监测预报质量全国评比中，宁夏回族自治区地震局共有87个测项参评，有7个测项获得全国前三名，占参评测项的8%，其中：地震监测中心强震动观测运行维护获全国第一名；海原地震台倾斜潮汐形变和地震监测中心强震动观测记录获全国第二名；海原台地下流体学科郑旗气氡，地震监测中心流动重力，银川台台站节点综合奖，分析预报中心年度会商报告获得全国第三。

强化横向协作，成功申报自治区科技攻关项目1项、中国地震局星火计划3项、地震行业科研专项2项、“三结合”课题2项、震情跟踪项目2项，设置省局级科研项目9项；完成自治区攻关项目、地震行业科研专项、星火计划、震情跟踪等科研项目11项，基本满足宁夏地球科学研究需求，加强地震科技创新。强化管理，增加投入，通过设置小型科研项目，鼓励监测预测人员积极参与课题研究，撰写科研文章，努力培养高素质的一线业务骨干，全年有5项课题被评为省局级防震减灾优秀成果，发表论文18篇；编制完成《宁夏回族自治区“十二五”防震减灾规划》，并于2011年9月被宁夏回族自治区人民政府印发执行，项目概算约1.6亿元。

（宁夏回族自治区地震局）

新疆维吾尔自治区

1. 震情

2011年，新疆维吾尔自治区地震局认真落实《中国地震局关于加强地震监测预报工作的意见》，加大对监测预报一线的支持保障力度。开展“十二五”及“援疆项目”衔接工作，配合中国地震局及五部委认真完成“陆态网络”项目后续工作；积极推进台站保障系统优化工作；完成模拟观测（如金属水平摆等）数字化改造前期调研和改造工作。

2. 台网运行管理

台网运行率为95.85%，速报地震591个，地震编目条数26800多条，产出《新疆测震台网地震观测报告》12期。有人值守专业地震台站17个，总体运行良好。新疆前兆台网运行率为99.2%，资料连续率为99.52%，完整率为99.11%，数据产出总量为20GB，产出

《新疆前兆台网运行年度报告》1 期。

推行“十五”观测规范和技术规范，进一步提升台网运转效能工作效率和台网管理水平。进一步规范数据产出、汇集、报送；仪器设备和软件系统的管理、巡查、维护等工作，保障了台网技术系统的正常运转。

3. 台网建设

推进台站向综合地震台、中心地震台方向发展，有机结合现有地震台站资源，完成乌什地震台、水磨沟地震台的改革推进工作。完成和田、温泉、新源、石场、巴里坤、富蕴、克拉玛依等地震台的发展规划工作。完成阿图什哈拉峻、喀什马场、乌恰井下摆仪器的数据传输改造和数据库规范化等工作。完成精河地震台 3 套形变观测数字化仪器改造，实现水管倾斜仪和伸缩仪两套观测仪器模拟和数字资料的对比观测。完成库车县东风煤矿井下摆倾斜仪以及康村分量式钻孔应变的数字化改造。

4. 监测预报基础和应用研究工作

成立重点危险区震情跟踪专项工作组，开展危险区动态跟踪专项研究。承担中国地震局震情跟踪合同制定向工作项目 4 项，以及天山中段强震危险性强化跟踪项目，力争在震情研判的方法和实效上有所突破。加大对数字地震资料在震情跟踪中的应用研究。通过开展专项课题研究，识别和提取各项异常特征，加强其在震情判定中的作用。获得全国地震观测资料评比前三名 21 项。

（新疆维吾尔自治区地震局）

中国地震局地球物理勘探中心

1. 震情

2011 年，中国地震局地球物理勘探中心完成华北强震强化强化监视跟踪 2 期复测和地震重力测网中的内蒙古测网、山西测网和冀鲁豫测网 2 期复测及陕西关中测网和宁夏测网 1 期复测工作，2010 年 4.7 级河南太康地震后应急复测 2 期。2011 年共计测量重力测点 793 个、重力测段 872 段，总计 89 个闭合环；新建测点或改造测点 15 个；全年共计总行程约十万千米，安全无事故，圆满完成 2011 年度监测任务。

野外观测中对变化较大的测点、测段在现场立即进行异常核实，对即将被破坏的测点选建新点，进行新老测点之间的联测工作，确保流动重力观测资料的连续性。

野外观测小组和室内工作小组及时将每期重力观测数据进行整理与计算，根据重力资料对各测区地震趋势进行分析研究、会商讨论，2011 年在 APnet 网上共发布会商结论 12 次。开展年中、年度地震趋势会商，参加河南省地震局、重力学科组和中国地震局的年中、年度会商会。

2. 台网运行管理

793 个测点均正常观测，其中包括 9 个被杂物覆盖的测点和 6 个即将被破坏的测点。健全重力观测资料及预报意见保密制度。5 人次参加了中国地震局监测预报司举办的重力数据新软件使用、地震地质、地震台站形变和流体监测等培训班。2011 年重力观测资料与处理结果及时与中国地震台网中心、中国地震局地震预测研究所、中国地震局重力学科组、宁夏回族自治区地震局、内蒙古自治区地震局、陕西省地震局、山西省地震局、山东省地震局、河北省地震局和河南省地震局等兄弟单位共享。

3. 台网建设

对 6 个新建测点与老点进行四程联测，新建 9 个临时点。

4. 监测预报基础和应用研究工作

通过与湖北省地震局重力室、中国地震局第二监测中心重力室交流学习，进一步加强重力观测技术及其数据处理方法的研究；提交年中、年度地震趋势研究报告各 1 份；在核心期刊上发表文章 1 篇。

（中国地震局地球物理勘探中心）

中国地震局第二监测中心

2011 年，中国地震局第二监测中心完成区域精密水准测量 4137 千米；水准路线踏勘 2111 千米，埋设水准标石 139 座；完成区域 GPS 观测 584 个站点；完成重力监测 617 个测点；完成跨断层水准测量 67 个场地 181 处次；完成跨断层红外测距 12 个场地 75 条边。工作区域涉及陕、甘、宁、疆、滇、川、青、藏、晋、蒙等省区。在地震系统 2011 年度流动形变监测资料评比中，获得监测质量综合评比第一名。

以震情为中心，加大对流动形变、定点形变、地震活动、地质构造、动力环境和其他前兆等多方资料的综合分析力度。做好地震前兆异常资料信息交流与共享，加强跨地区、跨单位的震情跟踪与会商联防。向中国地震局提交的年度地震趋势会商会的震情研究报告，被作为全国地震大形势分析研究和地震重点危险区判定的重要依据引用，并获中国地震局直属单位评比前三名。

（中国地震局第二监测中心）

台站风貌

江苏南京地震台

江苏南京基准地震台前身是建于1931年的北极阁地震台，第一台仪器为从德国购进的大型维歇尔地震仪，1932年7月8日14时45分19秒（GMT）记录到第一个地震，1972年搬迁至中山陵水榭南面的东新村7号，台基岩性为石英长石砂岩。有地震记录至今近80年。台站代码NJ2。

1. 台站概况

台站设测震室、前兆室、综合办公室和高淳观测基地。2011年在职职工17人，其中大专学历2人，本科学历13人，研究生学历2人。

2. 观测手段

中山陵观测基地有测震（CMG－3ESPC120地震计外接CMG－DAS－S3数据采集器和CTS－1E地震计外接EDAS－24－IP数据采集器两套）、体应变（TJ－Ⅱ）、短水准测量（DiNi12）、极低频电磁波（ELF）和气象三要素（RTP－1）。高淳观测基地有地电阻率（ZD8BI）、大地电场（ZD9A－Ⅱ）和在建地磁（FHD－2B、GM－4、CTM－DI、G856、Overhauser）。

3. 荣誉成果

2011年度所有测项资料连续率达到99%以上，所有参评资料均达优秀。其中，大震速报全国资料质量评比第三名，测震综合质量全国资料质量评比第三名。测震资料质量在省局评比第一名，资料质量分析报告局评比第二名，前兆报数省局评比第三名。

取得的科研成果有：

“大型维歇尔地震仪修复与应用”（江苏省科技发展项目）在进行，完成所有部件的测定、图件绘制及缺损部件的修复工作，预计于2012年完成总体组装与调试。

“南京台地电场观测资料处理软件研制”（中国地震局监测预报司“三结合”项目）研究完成，产出应用软件1套。

“南京台（高淳基地）雷击灾害成因分析及对策”（江苏省地震局青年基金项目）研究完成。

“地震分析传输”（中国地震台网中心横向联合项目）编制完成软件1套，在全国部分台站试运行。

发表《区域近震直达纵波走时变化和小震活动规律》科技论文1篇，合作发表《江苏地区地电场变化特征与差异性分析》科技论文1篇。

南京基准地震台门户网站于2011年1月1日正式开通。

地震科学馆年接待人数约5000人次，2011年11月份参加由江苏省科协组织的“青少年科技嘉年华”科普展览。

（江苏省地震局）

甘肃平凉中心地震台

甘肃平凉中心地震台始建于1973年，是甘肃省地震局6个中心地震台之一，担负着甘肃省陇东地区及宁夏西海固和陕西西部地区的地震监测预报任务。目前，该台在平凉及其周缘地区共设有（无）人值守地震监测台站21个，涵盖四大学科近60项观测手段，是甘肃省迄今观测项目最全的流体综合基本台。

台站现有职工12人，其中大学本科以上学历11人，工程师以上职称5人。

平凉地震台把抓好观测质量放在日常工作的首位。自1985年参加全国观测资料评比截至2011年，共获得全国观测资料评比前三名67项。其中第一名25项，第二名18项、第三名24项。

平凉地震台专门建立地震预报会商小组。职工经过长期探索和震例研究其观测资料对周边地区 $M_S \geqslant 4.0$ 左右的地震有较好的前兆反映，总结出一定规律。对2010年6月22日发生在宁夏永宁 $M_S4.5$ 地震提出较为准确的预报意见。

在做好监测预报工作的同时，做好人才培养工作，让年轻人勇挑重担，近几年来，先后获得中国地震局防震减灾优秀成果奖4项；中国地震局兰州地震研究所防震减灾优秀成果奖6项；申请完成中国地震局“三结合”等课题7项。

2009年9月，平凉地震台在实施汶川地震灾后重建项目中，保质保量提前完成全部任务，成为甘肃省地震局灾后重建项目的样板工程。

由于平凉地震台突出的工作业绩，近年来，3次被中国地震局评为“监测预报先进集体”，2次被邀请在全国地下流体学科大会上推广先进工作经验，先后被平凉市委、市政府授予2008年度市级“卫生先进单位”、2011年度市级“文明单位”荣誉称号，并被平凉市园林局评为2010年度平凉市级“园林式单位”，2011年被全国地下流体技术协调组正式确定为全国仅有十个地球化学区域（西北片区）研究中心之一。

（甘肃省地震局）

浙江湖州地震台

浙江湖州地震台隶属于浙江省地震局，位于浙江北部太湖南岸的湖州市南郊岘山脚下，台站代码HUZ。台址附近的现代构造断裂主要有苏州—湖州北东向断裂；长兴（湖州）—屯溪北东向断裂；湖州—嘉善东西向断裂，3条断裂在湖州台附近交会。

湖州地震台始建于1976年8月，到1978年8月台站主体工程竣工，台站占地1365.4平方米，建筑面积为557平方米。2003年湖州地震台进行了优化改造、同时为了保护地震观测环境，新征用山地面积为1291平方米，总占地面积为2656.4平方米，建筑面积亦增加到714.2平方米。

1. 台站概况

湖州地震台自建台以来为浙江省地震局输送了许多干部，先后有4人上调省局工作，其中2人担任副局长，2人担任处长。目前台站在职职工4人。

2. 观测手段

湖州地震台现有测震、强震、地壳形变、地下流体观测。观测仪器有：CTS－1甚宽带地震计、FSS－3短周期地震计、BBAS强震计；TJ－2钻孔应变仪、SS－Y体应变仪、DSQ水管倾斜仪、VS垂直摆倾斜仪、SSQ数字石英水平摆倾斜仪、DZW重力仪；LN－3水位仪、SZW－1A水温仪。2008年GPS基准连续站建成并安装了卫星接收器。该台成为浙江省内以地壳形变观测为特色的综合地震观测台站。

3. 荣誉成果

湖州地震台自参加观测资料评比以来，获得科技进步成果奖三等奖8次；测震资料获得浙江省地震局评比第一名19次，中国地震局评比前三名6次；前兆资料获得浙江省地震局评比第一名21次，中国地震局评比前三名5次；获得全国地震监测先进集体2次，获得浙江省地震局先进集体18次，2人4次获得全国地震监测先进个人。

（浙江省地震局）

新疆喀什基准台

新疆喀什基准台原位于荒地乡，2006年搬迁至慕士塔格东路7号，2010年台站进行了优化改造。

1. 台站概况

现有工作人员14人，分为测震和前兆两个观测组，台站承担地震监测及南天山西段异常跟踪、大震现场应急等工作。

2. 观测手段

测震组的任务是：

负责处理喀什马场台和巴楚台两个国家台近震、远震数据；负责处理喀什中继台，英吉沙台和叶城台3个区域台近震数据；承担喀什马场、巴楚台、喀什中继台、英吉沙台、叶城台、岳普湖台、西克尔台、八盘水磨台、乌恰台、阿图什台测震仪器维护任务；承担喀什周边强震仪器维护任务；承担巴楚、布伦口两站的陆太网仪器维护任务。

前兆组的任务是：

承担GM3和M15两套地磁相对观测仪器2个国家台数据处理仪器维护任务；承担CTM－DI、Mingeo和G856 3套人工绝对地磁观测任务；承担栏杆钻孔倾斜和马场体应变2个国家台数据处理仪器维护任务；承担乌恰、哈拉峻和马场3台钻孔倾斜数据处理仪器维护任务；承担伽师55#数据处理仪器维护任务。

3. 荣誉成果

在2011年6月的全国地磁资料评比中，喀什台地磁观测资料再创佳绩，夺得地磁秒采样系列全国第一名、地磁基准观测系列全国第三名的成绩。在新疆维吾尔自治区地震局2011年年度会商会上，喀什台被评为2011年度地震监测预报先进集体，取得了2011年度地震趋势预测第一名、2012年度新疆地震趋势研究报告第一名、2011年度地震短临预报第三名的成绩。2011年，喀什基准台连续第四年被新疆维吾尔自治区地震局评为年度先进集体、优秀文明台站。

（新疆维吾尔自治区地震局）

吉林长春合隆地磁台

吉林长春合隆地磁台前身是中国科学院长春地球物理观象台，是建国后国家建设的“老八台”之一。1951在长春市南关区南岭选址建设，1952年4月投入地磁仪器观测，1957年三分量磁变仪、史密斯磁力仪和地磁感应仪正式投入观测。

该台1977年归属国家地震局，1978年迁建于长春市农安县合隆镇，更名为长春合隆地磁台，1979年至2008年台站57型、CP－4型和CB－3型三分量磁变仪等9套地磁仪器投入运行观测。1979年整理出版《1957—1978年地磁观测报告》，1981年经国家地震局批准为国际地磁资料交换台，属于国家Ⅰ类地磁台。1984年国际教科文组织授予长春合隆地磁台国际地球观测百年纪念银质奖章。

2004年由于城市轻轨项目建设，台站观测环境受到严重干扰影响，同时台站观测环境和观测设备严重老化，吉林省地震局结合“十五”项目和台站优化改造项目，按照国家地磁台建设标准重新选址迁建。2007年新长春地磁台建成，台站占地6万平米，台站观测环境、观测设施焕然一新，10套观测设备全部使用“十五”数字化仪器，实现地磁、地电场、流体、电磁项目的综合观测，地磁观测连续2年获得国家地磁评比前三名。2011年作为中国地震局“子午项目”中节点台站通过验收，4套观测设备投入运行观测。

2010年世界第十四届IAGA地磁台站观测仪器、数据采集与处理工作会议在长春召开，在台站开展全国地磁观测仪器的比测工作。同年台站成功申请成为INTERMAGNET节点（英国地调局的爱丁堡节点），开展国际资料交换。

（吉林省地震局）

地震灾害预防

2011 年地震灾害预防工作综述

一、抗震设防要求管理

2011 年，扎实推进新一代全国地震区划图编制。在广泛征求各方意见的基础上，完成“两图两表”技术要素编制和标准文本起草工作。

有效实施地震安全性评价行政许可。发布地震安全性评价资质单位升级补充规定。初步建立全国地震安全性评价工程师注册和单位资质行政许可管理系统。组织完成200 余项重大工程地震安全性评价和城市小区划审定，依法确定抗震设防要求，开展 3 批次地震安全性评价工程师注册和单位资质认定，批准45 人注册一级地震安全性评价工程师，认定地震安全性评价甲级资质单位 4 个、乙级资质单位 6 个。各省级地震局审定地震安全性评价报告 3000 余项，批准 200 余人注册二级地震安全性评价工程师，认定地震安全性评价丙级资质单位 20 余个。

加强抗震设防要求监督管理。参与张家口等 12 个城市总体规划的审查，以及黄河龙羊峡等 7 项大型工程的抗震设计专题审查。各省级地震局积极探索抗震设防要求监管途径和措施，海南省积极推进抗震设防要求全过程监管，河北省将安评报告审查和抗震设防要求确定纳入房地产开发项目行政审批流程。

配合完成全国核电安全综合检查。在环境保护部牵头组织的“全国民用核设施综合安全检查”中，组织专家参与 15 个已运行核电机组、26 个在建核电机组的检查。

配合教育部门全力做好全国中小学校舍安全工程。积极参与工程实施的各个环节，深入工程实施现场开展督促检查，多次派出的工作组赴福建、云南等地指导校安工程实施。

继续推进抗震民居工程实施。各地整合新农村建设等涉农项目资源，积极推进抗震民居建设工作。河南等地在修订地方条例中，设立防震减灾工作专项经费开展农村住宅抗震设防管理，实现新突破。

二、震灾预防基础性业务

2011 年，活断层探测成果不断产出。继续推进“中国地震活断层探察——华北构造区”“中国重点监视防御区活断层地震危险性评价项目”项目的实施，石嘴山市、重庆市等地和一批城市活断层探测工作已经完成。

加强对强震动台网运行情况实地抽查或远程检查。国家强震动台网各项运行指标逐年提高，实际运行率稳定在 90% 以上，1/3 以上台站实现网络通信，全年共获取记录 499 组。

国家强震动台网中心网站注册用户 795 个，其中 139 名用户下载多达 125GB 的强震动观测数据，台网服务能力进一步提升。

三、市县防震减灾

一是推进防震减灾示范试点创建。各地整合社会资源，积极开展地震安全社区创建工作，内容更加丰富，数量和质量都明显提高。江苏省将地震安全示范社区创建工作列入政府目标责任，四川、山东等省开展全国第一批防震减灾示范县创建活动。广东省组织开展创建防震减灾示范城市工作。示范试点创建工作进展显著，逐步形成了县级地震部门抓社区街道和基层组织、市级地震部门抓示范县、省级地震部门抓示范城市的格局。

二是推进防震减灾纳入政府目标考核。6 个省将考核工作写入修订的地方法规，逐步实现了防震减灾工作与政府主体工作同部署、同检查、同落实、同考核，效果十分显著。

三是不断加大对市县的指导和支持力度。组织泉州市“市县信息化管理系统”在山东、河南、陕西、四川等省份的试点推广工作，加强上级对下级地震部门的定量化、精细化管理。加大对市县防震减灾骨干人才的培训力度，全面提高市县部门领导的政策水平、业务管理水平，切实提高基层社会管理和服务能力，各地纷纷开展对市县地震部门的业务培训，全年举办市县地震部门领导培训上百次。

四、防震减灾宣传

一是在“防灾减灾日”等重要时段，统筹部署系统各单位防震减灾科普教育工作。“5·12”防灾减灾日和“7·28”唐山大地震纪念日期间，全国约有 2200 多个县（区、市）、1000 多个社区参与宣传活动，组织上街宣传 1500 余场，布设展板 15000 多块，设咨询台 3000 多个，发放宣传品 400 余万份，接受群众咨询数百万人次。联合有关部门，在全国 23 个城市、1034 条公交线路、4 万辆公交车同步组织实施了防震减灾科普知识进公交大型公益活动，活动规模大、影响面广。积极协调国家文物局、中宣部宣教局等部门赴河北省唐山市出席纪念唐山抗震 35 周年暨国家防震减灾科普教育示范基地揭牌仪式。

二是积极开展防震减灾基础知识通俗读本编创，将通俗读本分别翻译成蒙古语、藏语、朝鲜语、维吾尔语等少数民族文字的工作。与中央电视台合作拍摄防震减灾科教片《震不倒的房子》《隔离地震的建筑》《救援机器人》，在中央电视台播出，产生很好的社会效果。与央视动画合作制作的动画片《乐乐熊之米拉历险记》，在当期央视少儿动漫剧收视排名第一，获中国动画学会首届国产优秀动画片奖。

三是广泛搭载公共媒体开展科普宣传。云南省在电视台开辟地震专栏，累计播出 20 期。福建省建成全国第一个数字地震科普馆，成立专门的网络宣教队伍，加强对舆情的监控和引导。

四是继续拓展宣传阵地和渠道。新认定国家防震减灾科普教育基地 19 个，累计总数达到 77 个。西藏在拉萨成功举办西藏防震减灾 60 年成就展。多个省份将防震减灾纳入党校或行政培训机构课程。

（中国地震局震害防御司）

2011 年防震减灾新闻宣传综述

一是组织重大活动宣传报道。开创性地组织开展了中国国际救援队成立 10 周年宣传活动，营造良好舆论氛围。建立与中宣部新闻局协同宣传工作机制，确定中宣部新闻局出面牵头组织中央媒体广泛宣传防震减灾工作。此外，组织开展全国地震局长会议、机关司级干部研讨会、全国防灾减灾日、国际救援队赴新西兰、日本救援等新闻宣传，全国贯彻实施《中华人民共和国防震减灾法》《水库地震监测管理办法》实施工作座谈会和防震减灾知识公交行等一系列重要活动的新闻宣传。结合新闻媒体“走基层、转作风、改文风”活动，及时印发通知部署地震系统开展走基层活动，掀起地震系统防震减灾事业宣传热点，进一步密切防震减灾同人民群众的关系，为推动防震减灾事业又好又快发展提供有力舆论支持。

二是加大地震事件信息发布和舆论引导。国内外重大地震发生后，第一时间通过局门户网站和中央主流媒体发布地震情况，3 月 11 日日本 9.0 级大地震发生后，第一时间组织召开媒体通报会，安排专家详细解读地震情况，解答公众关心的问题。印发《关于加强近期防震减灾宣传工作的通知》。要求系统各单位充分利用日本地震海啸后公众关注的契机，围绕震害防御、地震预测预报、应急救援、地震速报、台网建设，提高社会防震减灾意识等方面积极主动开展宣传。组织专门力量全天候开展网络舆情监视跟踪工作，编发《舆情反映》供局领导和机关各部门负责人参阅，及时掌握社会舆论动态，有针对性地开展答疑解惑工作。就媒体和公众关注的救援队、三公经费、超级月亮、活断层等热点问题，及时组织专家会同新闻媒体开展舆论引导工作，截至 11 月 30 日共编发《舆情反映》42 期，安排接受媒体采访 40 余次。

三是新闻宣传工作基础进一步夯实。加强对系统各单位新闻宣传工作的指导。制定印发《加强防震减灾新闻宣传工作的意见》和《中国地震局新闻宣传工作考核办法（试行）》，对地震系统各单位新闻宣传工作作出部署。组织编制“十二五”防震减灾宣传规划（新闻宣传部分），组织开展政策研究重点课题“地震事件新闻策略研究”的研究工作。

四是全面开展中国地震局网站改版工作。加强网站建设运行的组织领导，对网站建设领导小组、信息保障组人员增补和调整，并对领导小组和信息保障组职责细化完善。健全完善局网站运行模式，明确网站群的架构体系以及第三方专业公司负责网站技术运维的保障方式。新版网站栏目策划及需求分析工作已基本完成，整体改版工作预计年底前完成。

（中国地震局办公室）

各省、自治区、直辖市地震灾害预防工作

北京市

1. 抗震设防要求管理

2011 年，北京市地震局组织完成石油科技国际交流中心工程等 40 项工程的地震安全性评价报告函审和批复工作，完成北京市档案馆新馆等 35 个项目抗震设防要求（标准）审查意见，对绿通联审平台分 8 批次共计 845 个项目进行梳理，对不需要进行地震安全性评价的项目及时放行，保证项目审批顺利进行。

2. 防震减灾法制建设

3—7 月，北京市人大城建委组织部分委员和市人大代表，对北京市区县防震减灾工作进展、地震安全农居试点、防震减灾示范校建设及中小学校舍安全工程开展情况、地震应急体系和应急避难场所建设等专题进行 5 次专题调研及检查工作。通过执法检查，较全面总结近年来首都防震减灾工作的经验教训，重点查找薄弱环节及存在问题，提出解决措施和建议，为防震减灾地方法规修订工作奠定基础。

9 月，北京市人大常委会通过北京市政府提交的《北京市实施〈中华人民共和国防震减灾法〉的规定》立项申请，正式列入北京市人大 2012 年的计划项目。

3. 建筑抗震排查和加固改造工作

5 月，经北京市市长专题会批准，由政府投入 150 亿元，全面启动北京市城镇老旧房屋抗震排查和加固改造工作。年内，完成鉴定 127.6 万平方米。积极推进抗震节能型农居建设，全市共完成抗震节能型农居建设 3130 套，建筑面积约 33.8 万平方米。完成全市 4357 座公路桥梁的排查鉴定工作，其中 3098 座达到规定的抗震设防等级（Ⅷ度），达标率 71.1%，未达到抗震设防等级的桥梁正分步采取增设抗震构造措施。2011 年，共完成大修工程 28 项，中修工程 17 项。完成地质灾害防治工程 12 项，治理公路里程 348.09 千米。完成武警部队所属产权 97.82 万平方米营房的抗震排查鉴定工作，完成铁路部门总计 3422 栋 125.92 万平方米建筑的抗震调查工作。

4. 防震减灾科普教育基地和示范区建设

继续大力推进防震减灾科普教育基地建设，建成防震减灾科普教育基地 35 处，其中国家级基地 6 处，市级基地 9 处，建有社区宣传教育站 70 多处。印发北京市防震减灾示范学校、示范社区建设指南和标准，明确区县建设任务和责任。北京市建设区县级防震减灾示范校 25 所，示范社区、企业、村庄 60 多个。

5. 防震减灾社会宣传教育工作

北京市各区县地震局以大型宣传活动、科普知识互动展、防震减灾工作表彰大会、报告会、有奖答题、讲座、专家咨询等形式，在街头、社区或在乡镇、村社举办宣传活动，

各区县领导积极参与，向群众散发防震减灾宣传册、讲解防震减灾知识。通过一系列富有成效的防震减灾宣传活动，对普及地震科普知识，提高公众防震减灾意识，掌握基本、实用的灾时应对、应急避险和自救互救技能发挥了积极作用。

6. 区县防震减灾工作

北京市地震局制定印发《关于开展地震安全社区创建工作的通知》，指导西城、朝阳、昌平、海淀等区县开展地震安全社区创建工作，全年新建地震安全示范社区12个。

在近年来全面推进依法行政工作的基础上，为丰台、延庆、大兴等5个区县地震局申请行政执法证件的人员组织专业法律知识考试，各区县共计16名防震减灾行政执法人员取得行政执法证。

（北京市地震局）

天津市

1. 抗震设防要求管理

天津市建委、发改委、教委、财政局、卫生局联合颁布《关于提高我市学校、医院等人员密集场所建设工程抗震设防标准的通知》，落实全市新建、改建、扩建学校和医院抗震设防要求提高一档的要求。天津市地震局简化抗震设防要求审批程序，实施行政审批再提速，审批时效提高30%，年内共完成抗震设防要求行政审批事项52项。

2. 地震安全性评价管理

积极推进地震小区划工作，天津市和平区地震小区划进入专家评审阶段。加强地震安全性评价市场监管，天津滨海国际机场、北大港风电厂等60多项生命线工程和重大工程开展地震安全性评价，努力做到应评尽评。

3. 活动断层探测工作

完成对沧东断裂、海河断裂塘沽段、汉沽断裂及渤海海域隐伏断裂的活断层探测与危险性评价，提出周边区域规划建设的建议。建立滨海新区活断层基础资料数据库和GIS管理系统。

4. 防震减灾社会宣传教育工作

在“5・12”防灾减灾日、“7・28”唐山大地震纪念日、“科技周”期间，组织开展大型系列宣传活动。党校系统将防震减灾教育纳入教学计划。新建滨海防震减灾科普教育基地，举办地震科普讲座和报告会40余场，直接受众达10万人。社区、学校、企业积极开展防震减灾宣传活动，其中，中小学校实施“一本教材、一个课件、一个预案”的“三个一”工程，课堂教育明显增强，知识普及更加全面，应急演练逐年增多。电台、电视台、报纸、网络等主流新闻媒体设置专题栏目，播发防震减灾科普知识。针对日本9.0级大地震、俄罗斯6.6级地震等重大事件，天津市地震局及时发布震情信息，积极进行正面宣传，维护社会稳定。

5. 其他工作

中小学校舍安全工程竣工率达98.36%，加固重建298所学校93.67万平方米，全面消除中小学D级危房。加强行政审查，对城市总体规划、临港经济区、中心商务区等重大规划进行严格把关。对红桥区、蓟县的校舍安全工程进行督察。加强滨海新区临港经济区、中心商务区规划行政审查，为天津市国土资源利用、城市总体规划、滨海新区区域发展布局提供科学依据。

（天津市地震局）

河北省

1. 抗震设防要求管理

河北省11个设区市和77个县（市、区）建设项目抗震设防要求确定行政许可事项进驻同级行政服务中心，河北省地震局行政服务中心全年共办理56个重大建设项目的抗震设防要求确定行政许可手续。河北省地震局编制《河北省地震局进驻省行政服务中心方案》，与省住建厅联合印发《河北省农村民居地震安全工程示范村认定办法》，继续推进3000个地震安全民居示范村的建设工作。配合河北省校安办明确全省中小学校舍安全工程三年实施重点，为河北省校安办提供河北省Ⅶ度以上地震高烈度区和地震重点危险区区域范围。与省国资委、省住房和城乡建设厅、省人保公司、省灾害防御协会联合印发《关于加强我省企业防震减灾工作的意见》。

2. 地震安全性评价管理

全省共有300余项重大工程开展地震安全性评价（其中省安评委组织评审222项）。河北省地震局下发《关于开展地震安全性评价市场秩序和抗震设防要求行政许可专项检查的通知》《进一步加强我省地震安全性评价工作的通知》《关于我省地震安全性评价资质单位诚信评级有关问题的通知》。完成河北省10名一级、16名二级地震安全性评价工程初始注册工作以及两家单位的初审和资料上报工作，核发4家单位的丙级地震安全性评价资质许可证书。

3. 震害预测工作

落实河北省地震局《关于推进全省城镇震害预测和地震小区划工作指导意见》，目前11个市的震害预测工作基本完成，唐山两个项目开展了地震小区划工作。

4. 活动断层探测工作

协同项目监理部对“石家庄市深地震反射探测”“廊坊市跨断层钻孔联合剖面探测”“唐山市详细浅层人工地震勘探”等专题的实施进行检查并对施工现场进行现场监理；协同项目监理部和市局组织专家对“沧州市目标区断层活动性鉴定和主要断层分布图编制”“沧州市工作区中小地震精确定位与应力—应变环境分析”“沧州市控制性钻孔探测与目标区第四纪标准剖面建立”和“唐山市1∶25万地震构造图及说明书”“廊坊市震害预测”“张家口市震害预测”“承德市目标区活断层地震危害性评价”“承德市双桥区震害预测及防御对策”等项目专题成果进行验收；2011年活断层项目已进入尾声，各市项目专题的施工和监理验收等都已基本完成。

5. 防震减灾社会宣传教育工作

在“5·12”防灾减灾日、科技周、安全生产月、“7·28”唐山大地震纪念日等重点宣传期，全省地震系统广泛开展防震减灾“六进”宣传活动，接待群众咨询几十万人次，省地震局举办或参与大型宣传活动11次，向社会发放资料和光盘共计21690份（其中，折页类14800份、《科学应对地震》图书1760份、《中华人民共和国防震减灾法》宣传报纸2000份、《地震知识漫画》画册3120份、挂图10套）。下发《关于公布河北省防震减灾科普宣传专家库人员名单的通知》，重新核定防震减灾科普专家库，收录科普专家58名。新制作创作科普作品5种，包括配合建局40周年制作发展中的防震减灾事业宣传片和宣传画册，地震安全性评价介绍片，手机平台交互式科普软件，单机版科普知识互动游戏；修订作品4种，包括科学应对地震读本、地震知识500问、20块展板、3类折页；正式出版1种（科学应对地震）。

6. 其他工作

认定通过5个省级地震安全示范社区；唐山大地震遗址公园获全国首个防震减灾科普示范基地称号。河北省、市、县三级示范学校、示范社区、示范村、示范企业、科普教育基地共计251个。完成全省群测群防人员的重新核定，完成信息录入，全省共登记群测群防人员14081人。全面启动震害防御信息服务系统建设。

（河北省地震局）

山西省

1. 抗震设防要求管理

2011年，山西省11个市均通过政府文件形式将抗震设防要求管理纳入基本建设管理程序或行政审批事项，严格对城市市政、交通、水利、输油气管线等基础工程抗震设防要求审批，对朔州至山阴、运城至三门峡铁路项目，山西沁水煤层气郑庄9亿立方米产能项目，晋煤集团100万吨/年甲醇清洁燃料技术改造项目等重大建设工程开展了地震安全性评价工作。2011年共进行地震安全性评价383项，山西省、市、县三级地震部门审批建设工程抗震设防要求1173项；共建设491个农村民居地震安全工程示范点，建成符合抗震设防要求的民居117451套，面积约为1454.3254万平方米；完成69个县的农村民居抗震性能普查数据汇总。山西省地震局和山西省人社厅联合举办了山西省二级地震安全性评价工程师资格考试，4人通过考试，取得二级地震安全性评价工程师资格。

2. 活动断层探测工作

组织实施中国地震局“地震社会服务工程”项目，印发《国家地震社会服务工程山西省地震局子项目管理办法》，编制预算和实施计划。继续推进临汾、运城、长治、忻州4市活断层探测工作。

3. 防震减灾社会宣传教育工作

在2011年“5·12”防灾减灾日和“7·28”全省防震减灾宣传周期间都专门印发了宣

传活动方案，继续开展防震减灾“开放日”活动，与山西电视台和山西日报合作推出专家访谈和防震减灾知识版面，与省邮政局联合印制并邮寄公益邮折等活动，11个市也开展了形式多样的防震减灾宣传活动。据统计，两次宣传活动，山西省地震系统共印发各类宣传品近300万份，组织或参与指导各级各类应急演练500余次，举办知识讲座400余场。为推进农村防震减灾知识宣传，专门印制15000套农村抗震设防宣传挂图。广泛开展“六进”活动，进机关1355次、进企业963次、进农村1041次、进社区807次。

4. “三网一员”队伍建设

山西省共有宏观观测骨干点551个，一般点2403个，防震减灾助理员1828人；11个市119个县共开展工作检查272次、培训1199次；有79个县（市、区）落实了宏观观测点和防震减灾助理员补助经费。

5. 防震减灾示范创建

截至2011年，山西省共建成1个国家级（省级）、23个市级、80个县级科普教育基地；140个地震安全示范社区；1239所防震减灾科普示范学校。2011年山西省地震局认定省级地震安全示范社区31个、省级防震减灾科普示范学校60所。

（山西省地震局）

内蒙古自治区

1. 抗震设防要求管理

参加内蒙古自治区中小学校舍安全工程工作。85个学校开展了地震安评Ⅳ级工作，进行了地震动参数复核。

对全国新一代地震区划图初步成果和标准文本等，提出修改意见。

与自治区人事厅联合继续在内蒙古自治区开展二级地震安全性评价工程师考试工作。2011年内蒙古自治区已有47人取得二级地震安全性评价工程师资质证。

2. 地震安全性评价管理

2011年，审批建设工程场地地震安全性评价报告143个，其中，国家地震安评委评审安评Ⅱ级工作报告5个，内蒙古自治区地震安评委评审138个。

组织一级地震安全性评价工程师考试报名工作。内蒙古自治区有7人取得一级地震安全性评价工程师资质证。

根据中国地震局《关于做好地震安全性评价工程师注册和单位资质重新认定工作的通知》的要求，完成申报丙级资质单位的审查和重新认定工作。对申报的二级地震安全性评价工程师进行公示和确认。2011年，内蒙古自治区已有1个单位取得甲级资质，1个单位取得乙级资质，4个单位取得丙级资质。

3. 活动断层探测工作

乌海市城市活断层探测工作已正式开始实施；包头市城市活断层探测工作纳入全市重点项目，已完成项目建议书和初可研报告；赤峰市中心城区活动断层探测和震害预测工作已列入全市综合防灾减灾能力“十二五”专项规划。

4. 防震减灾社会宣传教育工作

5—7月，内蒙古自治区地震局及各盟市地震局开展“5·12”防灾减灾日、“7·28”唐山大地震纪念日主题宣传系列活动，在各盟市举办中小学校、幼儿园应急疏散演练、防震减灾科普宣传进社区、进校园等科普宣传活动，并在相关报纸刊登防震减灾知识专版宣传内容。5月12日，内蒙古自治区地震局工作人员做客内蒙古人民广播电台《行风热线》节目，通过直播向听众介绍防震减灾科普知识，并与主持人、听众进行互动交流。

12月16日，内蒙古自治区北方新报专版刊登《大山里的地震台》，专题报道呼和浩特基准地震台基层工作情况。记录了大山里的地震台以及工作人员一天的工作和生活，向广大读者介绍远离城市的基层地震台站及其工作人员，宣传防震减灾基层工作的艰辛。

赤峰市、包头市、呼伦贝尔市科普教育基地先后完成土建工作，经过布展，赤峰市、包头市防震减灾科普教育基地正式开放，呼伦贝尔市科普教育基地布展也已进入实施阶段，预计2012年建成并对外开放。

5. 其他工作

1—3月，组建内蒙古自治区国家地震社会服务工程项目管理机构并制定项目管理办法(《关于报送内蒙古国家地震社会服务工程项目单位子项目管理办法的函》)。

8月2日，向各盟市地震局印发《关于做好内蒙古自治区国家地震社会服务工程项目的通知》，要求各盟市地震局按照项目建设内容和任务计划，配合内蒙古自治区地震局共同做好项目数据收集工作。

8月5日、21日，在巴彦淖尔市和通辽市分别组织召开内蒙古自治区国家地震社会服务工程项目西部、东部片区启动会，详细介绍项目建设的基本情况、工作任务、实施计划、资金使用等。要求各盟市地震部门充分认识项目建设的重要性，加强组织领导，保证工程进度和质量，加强资金管理，积极争取地方政府支持。并与12个盟市地震局签订内蒙古自治区地震社会服务工程项目数据收集责任书，启动内蒙古自治区基础数据收集工作。

8月31日，协调内蒙古自治区人民政府办公厅向各盟行政公署、市人民政府，自治区各有关委、办、厅、局下发《关于做好国家地震社会服务工程基础数据收集工作的通知》。同时，向各盟市地震局下发《关于建设内蒙古国家地震社会服务工程项目地方配套资金的通知》，为地方建设震害防御、应急救援服务系统，防震减灾事业发展提供必要的支持。

10—11月，内蒙古自治区地震局牵头，与自治区党委宣传部、自治区教育厅、自治区科技厅、自治区科协联合开展面向内蒙古自治区中小学防震减灾科普示范学校的推选、考核和评审工作。对内蒙古自治区12个盟市申报学校进行严格的审核，认定巴彦淖尔市临河区第四小学、巴彦淖尔市第二实验小学、乌海市海南区西卓子山学校、呼和浩特市玉泉区通顺街小学、乌海市海勃湾区第三小学5所学校为2011年度“内蒙古自治区防震减灾科普示范学校”。

11月22—24日，举办内蒙古自治区国家地震社会服务工程视频培训会议，进一步明确盟市地震部门数据收集的范围、内容和方法，保证内蒙古自治区高效、有序完成项目数据收集任务。

在完成《内蒙古自治区防震减灾条例》立法调研的基础上，与自治区人民政府法制办沟通协调，完成《内蒙古自治区防震减灾条例》修订草案的4次修改，并初步征求住建厅、发改委、财政厅、公安厅、国土资源厅、民政厅、卫生厅7个主要部门的修改意见。

（内蒙古自治区地震局）

辽宁省

1. 抗震设防要求管理

2011年，全省各级地震部门认真执行《辽宁省抗震设防要求管理办法》，使全省交通、电力、通信、水利、输油气管线等重大建设工程和可能发生严重次生灾害的建设工程地震安全性评价和抗震设防要求管理进一步规范。全年对沈北新区金融港市民服务中心等58项重大建设工程和可能发生严重次生灾害建设工程的抗震设防要求进行行政审批。下发《辽宁一般建设工程抗震设防要求备案管理办法》，加强对一般建设工程抗震设防要求的监管。全省又有锦州义县、朝阳喀左等部分县市将抗震设防要求审批事项纳入工程项目立项审批程序。

2. 地震安全性评价管理

11月，联合辽宁省人事考试局，组织全省二级地震安全性评价工程师资格考试工作。全省共有22人参加考试，5人获得二级安评师资格。根据有关规定，对辽宁省地震安全性评定委员会进行换届，新一届地震安评委由12个成员单位组成，共27名委员。全年对大连高新万达广场、沈阳富邦一品浑南综合体项目等69项建设工程进行了地震安全性评价。

3. 震害预测工作

辽宁省地震局在辖区内完成“沈阳市辖区县地震小区划及地震灾害预测”项目，其中包括“棋盘山地震小区划及地震灾害预测”“康平县地震小区划及地震灾害预测”“法库县地震小区划及地震灾害预测”“新民市地震小区划及地震灾害预测”“辽中市地震小区划及地震灾害预测”5个子项，所有项目均通过中国地震局震害防御司组织的专家验收；完成“辽宁沿海经济带区域地震区划和五点一线县级以上城市地震小区划”项目，已通过中国地震局震害防御司组织的专家验收。

4. 防震减灾社会宣传教育工作

辽宁省地震局与教育部门密切配合，积极推进地震安全示范学校和防震减灾科普教育基地建设，确定第一批科普示范学校120个，建设国家级科普教育基地1个，省级科普教育培训基地1个。全省科普示范学校均已将防震减灾知识作为专题教育的内容，纳入学校教学计划，每学期安排教学不少于2课时。防震减灾科普教育基地全年接待社区居民和中小学生参观学习万余次，举办多期防震减灾助理员教育培训班。防震减灾宣传教育长效机制初步建立。全省各级地震、科技、文教等部门积极协调配合，在“3·11”日本大地震、“5·12”防灾减灾日、“7·28”唐山大地震纪念日、“应急管理宣传周”等重要纪念日、重要时期，充分利用公共媒体和社会资源。采取多种形式，开展防震减灾科普宣传普及活动。

5. 防震减灾法制建设

《辽宁省防震减灾条例》经辽宁省十一届人大常委会第二十二次会议审议通过，于2011年6月1日起实施。这是辽宁省第一部防震减灾地方性法规。辽宁省地震局与省人大教科文卫委、省政府法制办联合印发《关于学习宣传和贯彻实施〈辽宁省防震减灾条例〉的通知》，共同起草《辽宁省防震减灾条例释义》，举办全省地震系统贯彻落实《辽宁省防震减灾条例》培训班。2011年，经过各级政府法制部门的行政执法资格考试，省级地震部门申领地震行政执法证人员24人，地震执法监督证3人；市、县地震工作机构持行政执法证人员221人，持法制监督证人员8人。全省各级地震行政执法机构均建立完备的地震行政执法文书，11个地级市及5个县区在行政审批大厅设立服务窗口，地震行政执法程序进一步完善。

（辽宁省地震局）

吉林省

1. 抗震设防要求管理

按照《国家地震安全性评价管理条例》《吉林省防震减灾条例》和《吉林省重大建设工程地震安全性评价管理办法》及有关法律法规要求，积极推进重大建设工程地震安全性评价工作。全年共有44项重大工程依法开展地震安全性评价工作，为建设工程选址、设防要求、抗震设计提供科学依据。完成二级地震安全性评价工程师注册和丙级资质的重新认定，对准予注册的人员刻制二级地震安全性评价工程师专用章，印发二级注册证书。积极参加吉林省“校安工程”“八路安居工程”实施等相关工作，抗震薄弱房屋或不设防的危旧房屋逐渐减少，全社会防御地震灾害能力呈现逐渐提升的态势。积极推进地震活断层探测与震害预测工作。组织吉林省建设厅、吉林省国土厅、吉林省交通厅、吉林大学等单位的专家考察依兰—伊通断裂，实地察看位于吉林市缸窑附近的探槽，开展伊舒断裂活动性研究的前期工作。

2. 防震减灾社会宣传教育工作

一是积极与党政相关部门沟通协调，利用社会资源开展防震减灾宣传工作。与吉林省教育厅联合在吉林省中小学校普遍开展一次防震减灾知识宣传教育和地震应急演练活动，进一步提高吉林省中小学生防震减灾知识水平和地震应急避险能力。与吉林省委组织部、省委党校、行政学院联合举办吉林省直各部门副厅以上领导干部应对地震灾害能力专题培训班。对进一步增强各级领导干部的防震减灾意识及责任意识，全面加强预防和处置吉林省地震灾害能力建设起到积极作用。与吉林省教育厅、科技厅联合，在吉林省创建70所省级防震减灾科普示范学校，对吉林省中小学开展防震减灾宣传教育起到很好的引领和示范作用。与吉林省教育厅联合，在长春市举办吉林省市（州）、县（区）教育局局长防震减灾知识培训班，培训人员80余人，提高吉林省教育系统领导干部的防震减灾意识和应急避险能力。还与吉林省科技厅联合，将防震减灾知识纳入科技活动周内容，使防震减灾知识随着科技周活动进入千村万户；与吉林省全民科学素质纲要实施办公室沟通，将防震减灾宣传教育纳入《吉林省2011年全民科学素质纲要实施工作要点》。与吉林省科协联合，将长春市第二十七中学国家防震减灾科普教育基地确定为全民科学素质建设重点项目。二是利用重要时段，开展“5·12”防灾减灾日防震减灾宣传活动。制定《2011年吉林省防震减灾宣传教育工作计划》及《2011年吉林省地震局防灾减灾日宣传活动实施方案》。据统计，在2011年的“5·12”防灾减灾日防震减灾宣传期间，吉林省共开展各种规模的广场宣传50多次，悬挂横幅300条，展出展板1271块，发放宣传单、宣传册近30万份，举办专题讲座50余场次，播放防震减灾专题片50余次，报刊发表署名文章、连载防震减灾知识及报道近20篇，有8000余所学校、约500万师生接受了防震减灾知识宣传教育并参加地震应急演练活动。

3. 市县防震减灾工作

长春市政府召开全市地震应急避难场所建设推进会议。白山市政府召开白山市防震减灾工作会议。《延边朝鲜族自治州防震减灾条例》已经州第十三届人大第五次会议审议通过；长春市、松原市、延边州等市（州）政府印发“十二五”防震减灾规划。

（吉林省地震局）

黑龙江省

1. 抗震设防要求管理

2011年，全力开展重大项目地震安全性评价服务工作，满足社会对防震减灾工作需要，黑龙江省地震工程研究院全年共完成地震安评项目70项，地质灾害评价项目4项，压矿项目1项；进一步拓展业务领域，对省内重点项目进行梳理，确定2011年黑龙江省抗震设防管理工作目标。

推进农村民居示范村建设工作，新建示范村51个；加大农村民居技术工匠培训力度，全省举办15期“农村民居建设工程技术工匠培训班”，共培训农民技术工匠1094人，发放农村民居建设工程技术指导手册6万册。按照省政府对校安工程要求，完成对牡丹江包片年度监督工作，对牡丹江市、鸡西市、七台河市28所中小学校舍安全工程进行检查。

2. 地震安全性评价管理

全年共完成审查、登记、备案地震安全性评价项目133项，坚持宣传与执法相结合，较好完成年初确定应做地震安全性评价项目执法率和执法落实率100%目标。

3. 活动断层探测工作

“黑龙江省大庆市地震活断层探测及地震危险性评价”项目启动，黑龙江省地震工程研究院经过招投标中标“黑龙江省大庆市地震活断层探测及地震危险性评价”项目，合同额738万元。

3月3日，中国地震局地质研究所张培震所长和闵伟等研究员，与黑龙江省地震局局长孙建中、吉林省地震局局长任利生等带领的东北三省地震局科研学者一道，到通河县祥顺乡南楼村考察依兰—舒兰断裂在通河地区活动性以及表现特征。

完成哈尔滨市城市活断层探测与地震危险性评价（二期）地质、地球化学、地球物理资料综合分析、编写项目报告和编制成果图件等工作。

4. 防震减灾社会宣传教育工作

在《中华人民共和国防震减灾法》颁布实施纪念日、“5·12”防灾减灾日、“7·28”唐山大地震纪念日等重要时段，全省共设立防震减灾咨询站近300个，为数十万群众讲解防震减灾基础知识。在各级政府办公大楼及主要街道、广场悬挂宣传条幅近4000条，制作、摆放宣传板1000块余块。发放各类宣传资料数10万册，各种宣传单几十万张。各市县采取赠送资料、集中咨询、专场讲座、知识竞赛、播放动画片、宣传片、刊发文章等多种形式开展防震减灾科普知识宣传。黑龙江省防震减灾科普馆设计建设工作启动。

5. 其他工作

（1）开展防震减灾社区试点工作，制定全省抗震设防示范社区建设标准，要求全省13个市地开展防震减灾示范社区建设，年内黑河市、大庆市、哈尔滨市共建成示范社区3个。

（2）10月18日，黑龙江省第十一届人民代表大会常务委员会第二十八次会议在哈尔滨召开。黑龙江省人民政府将《黑龙江省防震减灾条例（草案)》提交会议进行第一次审议，黑龙江省地震局局长孙建中向省人大常委会就重新制定《黑龙江省防震减灾条例》有关情况进行说明，并作题为《地震灾害与防震减灾》的专题讲座。12月8日，《黑龙江省防震减灾条例》经黑龙江省第十一届人大常委会第二十九次会议审议表决全票通过，将于2012年3月1日起施行。

（黑龙江省地震局）

上海市

1. 地震安全性评价管理

2011年，完成上海华电莘庄工业区燃气分布式三联供工程和上海市莘庄综合交通枢纽项目工程等4项工程安评结果的审定及抗震设防要求的确定工作。

为进一步规范地震安评行业收费行为，上海市地震局与上海市发展和改革委员会共同对2003年制定的《上海市地震安全性评价收费项目和收费标准》进行修订，联合印发《关于加强本市建设工程地震安评收费管理的通知》，对上海市地震安评收费工作提出具体要求和收费标准。

根据《中华人民共和国防震减灾法》和相关文件精神，出台《上海市二级地震安全性评价工程师注册实施办法》，进一步规范上海市二级地震安全性评价工程师注册管理工作。

2. 防震减灾社会宣传教育工作

（1）推动示范学校和科普示范基地建设。2011年6月，上海市地震局与上海市教育委员会共同印发《上海市防震减灾科普示范学校认定与管理暂行办法》，要求各区县有重点地在中小学开展防震减灾科普示范学校创建活动。9月，上海市地震局和上海市教育委员会召开上海市防震减灾科普示范学校命名大会。会议宣读《上海市地震局、上海市教育委员会关于将上海市闵行区浦江第二中学等30所中小学命名为上海市防震减灾科普示范学校的通知》，并对首批审查通过的全市30所科普示范学校进行授牌。

继续推进防震减灾科普教育基地的建设。在2011年度国家防震减灾科普教育基地评审中，由上海市地震局推荐参选的市科普教育基地——青浦区青少年实践中心被认定为国家防震减灾科普教育基地。同时，积极鼓励、配合闵行区开展防震减灾科普教育基地建设。

配合市教委积极参与和推进“上海市学生公共安全教育实训基地”项目建设，并负责“自然灾害馆——地震和海啸灾害防范实训功能”建设，2011年启动项目方案编制。

上海市地震局和曹杨街道共同建设具有示范意义的首个社区科普体验馆——上海市曹杨社区防灾减灾科普体验馆，该馆主要为10万曹杨社区居民和普陀区中小学校师生提供防灾减灾科普服务。

（2）形式多样开展防震减灾科普宣传。开展上海地震科普网建设，上线试运行。继续抓住“5·12”防灾减灾日等时机，通过设计制作宣传资料、展板、折页、光盘等对外发放，悬挂横幅，以现场咨询等方式开展全市防震减灾科普宣传教育活动。全年共组织防震减灾知识讲座55次，主题演练活动120场，发放各类宣传资料12万份。

同上海市公务员局协商，确定将防震减灾知识和地震应急管理培训教育工作纳入各级领导干部和公务员培训内容；开展市民防震减灾知识读本编写工作，初步完成读本提纲编写。充分发挥报纸、网络等各种媒体的优势，全年电视台、电台、报刊对防震减灾活动报道次数达45次。

（3）强化防震减灾新闻宣传。为加强网络舆论引导，快速权威发布地震信息，搭建地震部门与广大市民之间便捷的沟通平台，在新浪网、腾讯网、东方网、新民网开通“上海市地震局官方微博”。2011年共发布微博800多条，粉丝数量达10万余人。

结合国内外突发地震事件以及各类科普宣传活动，开展防震减灾新闻宣传工作，2011年共接受中央及沪上主流媒体采访60次。

加强地震舆情监控，吸取山西地震谣言事件教训，及时掌握舆情动态，编印《上海地震舆情反映》。

为健全地震新闻和信息管理队伍，提升地震新闻应对和宣传工作水平，组织召开“2010—2011年度地震新闻应对暨信息员培训会议”。

进一步提升《上海地震信息网》《上海防震减灾》（内部报刊）建设。全年更新网站内容700次，全年访问量将近147000人次。报纸刊登局内外工作信息动态新闻225篇，印发12400份。

（上海市地震局）

江苏省

1. 抗震设防要求管理

2011年，江苏省各地继续推进将抗震设防要求纳入基本建设管理程序工作，加大建设工程抗震设防要求监管力度，12个省辖市及40多个县（市、区）地震局进驻政府行政审批窗口，新建、改建、扩建工程基本达到抗震设防要求。江苏省地震局配合省教育厅、省建设厅等部门做好校舍安全工程的抗震设防要求监管工作。配合省有关部门开展校舍安全工程专项督查工作，对常州所辖两市五区及市直的校舍安全工程，严格执行D级危房立即拆除和封存的规定。按要求完成“国家地震安全社会服务工程”项目的各项工作，建立工作机构和管理体系，上报实施方案和计划。派2人参加技术培训，积极开展省内相关培训。

各市大力开展对农村建房抗震设防工作的指导和宣传教育工作。连云港市赣榆县建立农房建设模型，从选址、抗震设防要求、施工等进行全部过程展示，得到各方好评。

严格执行地震安全性评价行政许可制度，地震安全性评价项目均在省行政权力网上公开透明运行。地震安全性评价结果在江苏防震减灾网公示，接受社会监督，建立行政许可结果公示制度和责任追究制度。

2. 地震安全性评价管理

组织开展建设工程地震安评结果使用情况检查，由江苏省地震局张振亚副局长带队，聘请东南大学抗震所、省地震工程研究院专家，联合对苏州市、无锡市、常州市、连云港、盐城市和宿迁市的18项建设工程地震安评结果使用情况进行检查。常州、无锡、扬州等市通过召开安评结果使用讲座和座谈会的形式进行检查。高邮市地震局参与了项目可行性论证、工程设计、施工审批和竣工验收的全过程。制定二级地震安全性评价工程师继续教育实施办法，组织省内相关资质单位8名同志参加研修培训。继续实行重大建设工程地震安全性评价报告专家主审制，规范评审流程，提高报告质量。2011年全省共受理416个地震安评项目的评审，在江苏省地震局网站公布地震安评报告审定结果，对送中国地震局评审的12个报告进行初审。举办省地震安评委专家和安评持证单位技术人员及各市管理部门参加的技术培训班，邀请专家授课并展开研讨。组织职能部门以及地震安评专家到相关资质单位进行业务指导。加强地震安全性评价单位资质和队伍管理。

3. 活动断层探测工作

徐州市活断层探测项目野外作业全部完成，有4个子专题通过验收；苏州、南通活断层探测项目按计划进度完成阶段工作；宿迁市活动断层探测项目于11月16日开工后，进入全面实施阶段；镇江、泰州市活断层探测项目获政府立项，总体设计方案通过专家评审论证，进入政府招、投标阶段。盐城市震害预测项目完成总体方案设计、论证和招标工作。

4. 防震减灾社会宣传教育工作

指导并组织常州市防震减灾科普教育基地申报国家级防震减灾科普教育基地，该单位被中国地震局命名为国家级科普教育基地。规范省级防震减灾科普教育基地和示范学校创建活动，对已经获得国家级和省级防震减灾科普教育基地命名的单位进行检查、复核。积极开展2011年度省级防震减灾科普示范学校与科普教育基地的创建工作。

江苏省地震局与省卫生厅联合印发《全省防灾减灾日“防御地震灾害，关注生命安全”宣传活动方案》。5月12日，江苏省地震局、省卫生厅联合在南京市下关区静海寺广场举办大型广场宣传活动，地震、医疗卫生等90余名专家参加活动并为数千名市民提供咨询服务，发放宣传资料12万余份。江苏卫视等多家媒体进行采访报道。当日，联合南京市地震、卫生部门在白下区游府西街小学联合举行师生逃生疏散演练活动。全校2017名师生参加演练，仅用2分42秒就从四幢教学楼全部安全撤离至学校操场。在省政府门户网站“中国江苏”直播室开展在线访谈活动。与江苏交通广播网联合举办防震减灾知识特别节目，回答听众问题。参加全国科技活动周暨省科普宣传周主会场宣传活动，发放调查问卷500余份，宣传折页1000余份，科普书籍和科普光盘500余份，接受千余人次咨询。

5. 其他工作

积极做好地震安全示范社区建设。制定印发《江苏省地震安全示范社区创建工作实施意见》，全省积极开展创建，首批12个市的54个社区提交申报材料，52个社区被认定为江苏省地震安全示范社区。召开全省地震安全示范社区创建工作经验交流会，南通、泰州等市作经验介绍。地震安全示范社区创建工作列入新修订的《江苏省防震减灾条例》和《江苏省全民科学素质行动计划纲要实施方案》，写入政府目标责任书。

（江苏省地震局）

浙江省

1. 抗震设防要求管理

以建立健全防震减灾行政许可制度为抓手，全省抗震设防要求监管力度进一步增强。杭州市将“建设工程地震安全性评价工作”作为基建项目审批前置条件，列入项目审批流程。全省全年有160项重大建设工程和生命线工程通过地震安全性评价审定，为城市化进程提供有力的地震安全保障。浙江省地震局加强对校安工程的督促指导，对舟山地区校安工程实施情况进行专项检查。农村抗震民居示范工程建设进一步深入，由平湖市组织实施的省级重大科技专项“浙江省农村新社区民居抗震设防研究示范”项目基本完成；杭州市全面推广临安太阳镇龙门抗震农居示范小区经验。宁波积极开展农村工匠培训，加强农村建筑工匠师资力量建设，有力促进农居抗震技术推广。

2. 地震安全性评价管理

2011年，浙江省各市、县（市、区）党委政府进一步加强对防震减灾工作的组织领导，杭州、嘉兴、金华、衢州等市组织召开全市防震减灾工作会议，认真学习贯彻国务院、浙江省委省政府和中国地震局关于防震减灾工作的新要求，安排部署工作任务。嵊州、洞头、余杭等县（市、区）根据人员变动和工作需要，及时调整了防震减灾工作领导小组，确保工作的有序衔接。平湖市人大对防震减灾工作进行专项视察。义乌市、丽水市遂昌县和嘉兴市海盐县政府印发《关于进一步加强防震减灾工作的意见》，对做好防震减灾有关工作提出明确要求。防震减灾“平安市县”考核平台功能得到进一步强化，在总结前两年考核工作的基础上，浙江省地震局深入各市、县（市、区）调研，召开座谈会，听取意见和建议，研究制定《2011年度浙江省防震减灾平安市县（市、区）考核细则》，对市县防震减灾队伍建设和经费保障提出新的要求。在考核工作指引下，浙江省各地防震减灾工作基础进一步夯实：全省已有39个县（市、区）挂牌成立了地震局；绝大多数的县（市、区）已将防震减灾工作经费作为独立科目纳入政府财政年度预算，财政支持力度较2010年有了明显增长；各地抗震设防监管力度持续增强，新建重大建设工程和可能发生严重次生灾害的建设工程基本上能够按要求开展地震安全性评价。

3. 防震减灾法制建设

《浙江省防震减灾条例》立法调研和初稿征求各市、县（市、区）地震部门意见工作顺利完成。《浙江省防震减灾“十二五”规划》作为浙江省省级“十二五”专项规划，于2011年4月率先发布。《浙江省防震减灾“十二五”规划》设置的6个重点项目以支撑地震重点监视防御区监测预测工作、提高防震减灾社会管理和公共服务水平为主。其中“浙江省防震减灾公共服务信息系统”“浙北地震前兆观测实验场”等3个重点项目于2011年立项成功并启动实施。《浙江省防震减灾“十二五”重点项目建设管理办法》制定出台，有关项目建设任务分解完毕。全省各市、县（市、区）防震减灾工作均被纳入各级政府国民经济与社会发展规划。在省级规划指导下，金华市、嘉兴市、温州市已编制出台本级防震减灾“十二五”专项规划。

4. 防震减灾社会宣传教育工作

浙江省防震减灾科普宣传工作呈现手段多样化、渠道立体化和受众普遍化等新亮点。浙江省地震局联合省委宣传部、省教育厅等部门，印发《关于做好2011年浙江省防震减灾宣传工作的通知》，要求各级各部门利用各种形式将防震减灾知识送入学校、企业、农村、机关、社区和家庭。宁波江北区积极推进“地震科普示范社区”创建，通过定期刊发《社区防灾减灾宣传季刊》、向居民发放地震应急包等措施，将地震科普工作经常化；湖州市专门编制《地震科普小册子》向公众发放，等等。特别是“5·12”防灾减灾日期间，浙江省各级地震部门充分利用网络、电视、公交视频等现代媒介，多层次、多渠道、全方位地开展防震减灾知识宣传。据统计，2011年浙江省、市、县三级地震部门共举办各类广场宣传活动近100场；面向学生、社会公众、机关事业团体等发放各类宣传资料和宣传品20多万份；发送手机短信5万余条；悬挂宣传横幅、条幅200多条；展出展板约3000多块；举办各类防震减灾科普知识讲座近100场。取得良好的防震减灾社会宣传效果。

（浙江省地震局）

安徽省

1. 抗震设防要求管理

2011年，安徽省大力推进抗震设防要求管理工作，在各级政府领导下，各市地震局及发展改革、住建、地震、交通、水利、电力等部门在工程规划、设计、建设等环节中，严格加强抗震设防要求监管，确保新建、改建、扩建工程达到抗震设防要求。全省又有12个市县地震部门进入当地政务中心，设立地震行政审批窗口，16个市级地震部门、近半数县级地震部门依法在窗口受理建设工程抗震设防要求核定。召开全省地震系统建设工程抗震设防要求管理工作研讨会，交流总结经验。加强地震安全性评价市场监管和地震安全性评价报告质量管理，全省全年核定一般建设工程抗震设防要求近1万项。推进农村民居地震安全工程示范点建设，多次组织专家赴市县指导农居建设。编印发放500套防震知识挂图、2万册抗震知识手册，指导农民科学建房，全省已建成农村民居地震安全工程示范点129个，全年新建示范点30个，涉及农户1.18万，新增面积136万平米。部署各市创建地震安全示范社区，已建成市级地震安全示范社区20个。

2. 地震安全性评价管理

认真贯彻落实《省外资质单位开展地震安全性评价工作管理办法（暂行）》，加强对地震安全性评价资质单位的监管，严格地震安评资质单位准入制度，规范地震安全性评价市场。认真贯彻实施《地震安全性评价收费管理办法》，促进全省地震安评市场的良性发展，278项重大建设工程开展了地震安全性评价工作。

3. 震害预测和活断层探测工作

滁州市实施“滁城地震小区划和建筑物震害预测”项目。铜陵市开展地震小区划和铜陵—南陵隐伏断裂探测研究工作。

4. 防震减灾法制建设

大力推进《安徽省防震减灾条例》（以下简称《条例》）修订工作，多次赴省人大教科文卫委、法工委、省政府法制办公室沟通、汇报，争取他们的支持。配合省人大、省政府法制办公室赴山西、宁夏、四川等地学习调研。面向全省地震系统广泛征求《条例》修订意见，并且配合省法制办组织召开专家咨询会、立法论证会和各类座谈会以及征求各厅局意见、专家预审等环节，完善《条例》修订草案。《条例》修订草案、起草说明正式报送省政府法制办公室，等待省政府常务会议审议。强化防震减灾依法行政和行政执法工作，对行政执法人员进行培训考试，65名学员通过考试取得防震减灾执法资格。在省政务服务中心增设政府信息公开申请受理点，实现防震减灾行政审批网上办公。省政务中心全年无超时办件，群众满意度为100%。

5. 防震减灾社会宣传教育工作

举办第二届“防震减灾江淮行”新闻采访活动，中央和省内9家新闻媒体深入防震减灾工作一线进行新闻采访，共播发稿件近20篇。提升了防震减灾工作影响力。与省教育厅、省科协联合推进防震减灾科普教育基地和科普示范学校建设，全省已建成防震减灾科普教育基地26个，其中国家级6个、省级7个、市级26个，新增国家级2个、省级2个、市级9个。已建成科普示范学校省级51所，市级123所。充分利用《中华人民共和国防震减灾法》颁布实施纪念日、“5·12”防灾减灾日、科技活动周、“7·28”唐山大地震纪念日、国际减灾日、法制宣传日等宣传时段，组织专家和市县地震部门集中开展多种形式的宣传咨询活动。据统计，活动期间，共散发各类宣传材料200多万份，举办讲座200多场次，播放地震科普宣传声像作品200多场次，50多家省市新闻媒体进行了采访报道，在门户网站发布政务信息近3000条。

6. 市县防震减灾工作

坚持全省地震系统一体化管理、一盘棋发展的思路，2011年累计投入近400万元，支持帮助基层地震部门解决具体困难，鼓励市县局创新开展工作。在各级政府的重视和支持下，市县地震部门增编增员，机构升格，防震减灾工作队伍进一步壮大，机制进一步完善，呈现出蓬勃发展的大好势头。全省市县地震部门新招本科毕业生23人，太和等7个县级地震部门分别增加1～3人不等的编制，金寨、霍邱等县地震办升格为县地震局，全省各级地震部门工作经费较往年平均增幅20%，铜陵等4个市局新监测楼竣工，工作条件得到极大改善。省市县三级地震工作融为一体，形成合力，和谐并进，共同发展新局面已经形成。

7. 地理信息工作

成功举办安徽省地理信息产业发展论坛。20多个省直厅局、10所高校和研究单位、10多个业内公司的专家、教授、技术人员参加，并特邀中国工程院院士作专题报告，对促进安徽省GIS应用水平、提升安徽省GIS产业的总体实力起到积极的推动作用。组织举办安徽省第二届大学生GIS技能大赛，全省14所高校共247个团队800余人次参赛，进一步扩大GIS的社会影响力。加强“安徽省地理信息系统交流平台”的建设，加大宣传力度，加强媒体之间的交流合作，网站注册用户增至1.3万户。发挥桥梁纽带作用，举办多起GIS技能培训、组团考察活动，协调省直单位和相关企业合作项目6项，促进全省GIS产业快速健康发展。

（安徽省地震局）

福建省

1. 抗震设防要求管理

2011年，一是加强对学校、医院、超限高层建筑等抗震设防管理，完善行政服务中心窗口，推进网上行政审批工作。二是全省农居地震安全工程取得进展。完成基本烈度Ⅶ度以上地区石结构房屋的普查工作，福建省委、省政府出台《关于加快推进“十二五”时期“造福工程”指导意见》，将居住在Ⅶ度以上抗震设防区的石结构房屋需要改造安置的农民纳入“十二五”时期“造福工程”实施范围，为解决好沿海石结构房改造问题提供政策资金支持和组织保障。三是推进校舍地震安全工程。联合教育厅对厦门市校安工程进行督查，联合教育部门在东山县进行校安工程示范点建设，中国地震局两次派出领导和专家来福建进行校安工程督查。四是跟踪服务“水利工程”建设。福建省地震局作为福建省重大水利项目建设协调小组成员单位，配合发展改革、水利、国土、住建等相关部门，加大跟踪服务力度，建立健全抗震设防管理协调机制和检查制度，提高“水利工程”安评质量，做好“水利工程”项目。

2. 地震安全性评价管理

在巩固地震安全性评价工作成果的基础上，重点督促省重点工程和城市基础建设工程地震安全性评价工作。省发改委核准的建设项目中，有交通、能源、化工、水利、电力等10多个行业将地震安全性评价列为前置审批事项。省地震安全性评定委员会共收审地震安全性评价项目165项，比往年有较大增长。

3. 震害预测和活动断层探测工作

继续开展跨越台湾海峡人工地震爆破观测。该项目在2011年8月实施第二期爆破探测，在福建中部平潭—南平—邵武探测剖面平潭、闽侯、南平、邵武等共5个野外爆破点进行人工爆破观测。实施爆破期间，台湾中研院地球科学研究所林钦仁、古进上两位专家到福建开展现场观测。5个炮点按预定的时间顺利起爆，分布在一条纵剖面和四条非纵剖面的仪器同时进行记录观测，获得各条剖面来自地壳不同深度范围的地震波信息，取得预期观测数据，为研究福建省及台湾海峡地壳深部构造、孕震环境、地震发生机理和开展全省中长期地震预测研究提供重要观测数据。

4. 防震减灾社会宣传教育工作

组织部署全省防震减灾宣传活动，努力扩大宣传教育覆盖面，促进防震减灾宣传和科普教育“进机关、进学校、进企业、进社区、进农村、进家庭”。一是加强应急科普宣传。2011年3月11日，日本9.0级大地震发生后，针对海啸、核泄漏恐慌和地震谣传，组织加强防震减灾科普知识宣传教育，加强网络舆情监控和引导工作，维护社会安定和稳定。二是福建省数字地震科普馆建成投入运行。经过两年多努力，完成全国第一个采用360度全景技术的“福建省数字地震科普馆”的建设，并于2011年“7·28”唐山大地震纪念日之际举行了启用仪式，正式投入使用。三是推进防震减灾科普示范学校建设，2011年与省教育厅联合评审认定第二批57所省级防震减灾科普示范学校。四是与省科协、科技馆合作，联合举办“2011年福建省青少年科学素养竞赛”。利用省科技馆平台，5月12日至6月12日，举办以“防震减灾，安全成长”为主题的防震减灾知识网络竞答，全省近9000位中小学生参加了活动。

5. 其他工作

推广防震减灾信息化管理系统。2011年9月26—28日，中国地震局在厦门组织召开市县防震减灾信息化管理系统试点推广工作会议。中国地震局及山东省地震局、陕西省地震局、河南省地震局、四川省地震局及上述4省15个市级地震局等有关单位和负责人参加会议。会上，中国地震局就做好下一步试点推广工作进行部署。会后在山东、陕西、河南、四川等地逐步试点推广该系统。

（福建省地震局）

江西省

1. 抗震设防要求管理

在新一轮行政许可规范清理工作中，江西省地震工作部门共保留5项行政许可，其中江西省地震局的“权限内建设工程地震安全性评价结果的审定和抗震设防要求的确定”行政许可得到保留和加强。2011年5月，完成项目网上审批和电子监察系统建设，顺利通过江西省政府的项目验收。顺利开通江西省重大产业项目绿色通道审批，对防震减灾行政许可实行“统一受理、项目代办、快速转办、并联审批和办结告知”的联审联批。指导各地陆续依法将抗震设防要求纳入基建审批程序，5个设区市和31个县出台《建设工程抗震设防要求管理办法》，进入当地行政服务窗口依法履职，全省0.05g以上地区的市县进入窗口审批达89%；各地依法把关，积极为“两核两控”“城市轨道交通”“西气东输”等重大项目提供地震安全服务，实现行政许可零投诉，涌现出一批优秀窗口，展现了地震部门依法行政的良好形象。统筹城乡防震减灾，积极推进农村民居地震安全工程，将农村民居地震安全工程建设成效，纳入全省地震系统年度考评的重点指标。截至2011年底，江西省共建成地震安全示范社区12处，防震减灾宣传教育示范学校123所，省级科普教育基地7个，国家级科普教育基地3个，地震安全民居示范点680个，惠及农户33082户。积极配合实施校舍安全工程，江西省政府孙刚副省长对地震部门及时、务实、扎实的工作给予批示肯定。各级地震部门积极服务全省农村危房改造，参与选址、安全宣传、工程督导等工作，推进5.5万户任务积极落实抗震设防要求。

2. 防震减灾法制建设

根据2011年4月2日江西省人民代表大会常务委员会第76号公告，《江西省人民代表大会常务委员会关于修改〈江西省防震减灾条例〉的决定》，由江西省第十一届人民代表大会常务委员会第二十三次会议于2011年3月30日通过，自公布之日起施行。这是自2007年3月第一次修订后4年内再次修订，实现与《中华人民共和国防震减灾法》全面衔接，进一步明确江西各级政府和部门的法定职责，完善抗震设防要求监管、次生灾害防范等法律制度。江西省在2011年7月全国人大常委会教科文卫委与中国地震局联合举办的贯彻实施《中华人民共和国防震减灾法》座谈会上作首个交流发言。

3. 市县防震减灾工作

从政策法规、组织机构、工作经费、技术平台4个方面支撑入手，强化市县地震工作机构和队伍建设，逐步实现有人办事、有钱办事，有效破解了市县工作机构不健全、履职能力弱这一长期制约江西省防减灾事业发展的“瓶颈”问题。江西省编办批复8个设区市独立设置正处级防震减灾局，各设区市编办共批复32个县（市、区）独立设置正科级防震减灾局。市县防震减灾工作得到了江西省政府和中国地震局的有力指导，11—12月，江西省政府谢茹副省长专程到宜春、抚州、赣州等地督查指导市县地震工作机构设置、工作条件保障、防震减灾宣传教育等工作，11月底，中国地震局市县工作检查组视察了宜春、九江等地市县防震减灾工作，给予了充分肯定。

（江西省地震局）

山东省

1. 抗震设防要求管理

2011年，大力推进地震行政审批工作规范化，编印《地震行政审批服务窗口工作人员培训教材》，举办2期市县地震行政服务窗口工作人员培训班，对平度、桓台、广饶等8个县级地震部门的行政审批服务窗口进行检查，制定建设工程抗震设防要求审核意见书样本。部署开展全省地震灾害防御工作检查，重点检查各地区、各行业重大建设工程、生命线工程、可能发生严重次生灾害工程和学校、医院等特殊建设工程地震灾害防御措施落实情况。4月12—13日，王随莲副省长带队对聊城市作了抽查；5月6—7日，山东省防震减灾工作领导小组办公室组织对东营市作了抽查。举办农村民居建筑优秀抗震设计方案评选活动，出版优秀设计方案图集，验收第二批 9 个省级农村民居示范工程，推动了各地示范农居建设。

2. 地震安全性评价管理

审批确定一般建设项目抗震设防要求 2000 余项，审批确定重大建设工程抗震设防要求 880 余项。制定地震小区划结果使用说明样本，新下达 13 个地震小区划项目计划，完成 15 个地震小区划报告初审，对莱州、博兴、长岛、海阳等地震小区划现场工作进行检查，菏泽、栖霞、临清、章丘等 8 个地震小区划项目成果通过国家审批并投入使用。完成全省地震安全性评价资质单位执业资格人员注册资料审查和地震安全性评价丙级资质审查，并向社会进行通告。召开地震安评单位座谈会，举办地震安评执业人员继续教育培训班，统一制发注册安评师资格证、注册证和印鉴。

3. 防震减灾社会宣传教育工作

制定《关于进一步加强防震减灾宣传教育工作的意见》，印发年度宣传教育工作方案。防灾减灾日期间，在济南泉城广场举办防灾减灾大型图片展。建立全省机关、企业、学校、医院、社区等人员密集的场所，在每年 5 月举行应急疏散演练活动的制度。派员帮助多个单位开展地震科普和疏散演练活动，扩大地震应急演练的社会覆盖面。加强对各级领导干部的宣传，省地震局领导同志和专家到山东行政学院、烟台、滨州、莱芜等地为各级领导干部讲课。进一步充实丰富宣教产品，修订《青少年地震科普读本》。加强科普基地建设，新认定省级防震减灾科普教育基地 2 处，滨州大山地震与火山博物馆被认定为国家级防震减灾科普教育基地。加强新闻保障和事业宣传，深化与省委宣传部的联系协调，在大众日报刊发省地震局局长访谈，组织新闻单位对省防震减灾工作领导小组会议、省市地震应急救援演练等重要活动进行宣传报道，为防震减灾工作营造良好的社会环境。

4. 防震减灾法制建设

深入贯彻实施《山东省防震减灾条例》（以下简称《条例》），部署全省地震系统学习《条例》活动，开展《条例》释义编写工作。12 月 28 日，《山东省地震监测台网管理办法》经山东省政府第 116 次常务会议通过，自 2012 年 3 月 1 日起施行，全省地方性防震减灾法律法规达到 7 部。指导济南、青岛、淄博市地震局，配合省、市立法机关，推进有关市的防震减灾立法工作，济南市已出台《济南市防震减灾条例》。协调大众网，组织开展了“7·28”防震减灾法律法规知识网上竞答活动。

（山东省地震局）

河南省

1. 抗震设防要求管理

2011 年，河南省各级发改委、规划部门立项核准备案工程经地震部门进行抗震设防要求审批的有 681 项，有 14 个省辖市将抗震设防要求纳入基本建设管理程序。

全省新增农居工程示范点80个，新增示范户970户。河南省农村民居示范点已达269个，示范户29214户。地震安全农居工程在前几年试点的基础上，正在深入推广。充分利用阳光工程培训，将农村建设工匠防震抗震技术培训纳入培训计划，2011年接受培训6328人次。建成城市地震安全示范社区25个。

推进城市地震安全社区示范点建设工作。为加强河南省城市以社区为单位的防震减灾综合能力，省地震局积极推进城市地震安全社区示范点建设工作，7月对濮阳、安阳的滨河社区等进行调研，围绕地震安全社区创建的组织、宣传、应急演练等工作召开座谈会。

2. 地震安全性评价管理

河南省地震局工作人员7月赴濮阳、安阳对安评资质单位进行检查；8月赴信阳（驻马店—信阳成品油管道及配套油库工程）安评现场检查工作；9月组织工作组赴淮河出山店水库工程安评现场检查工作，受理南阳丙级资质单位申请，进行材料的检查以及现场考评等工作。同时，严把报告评审程序，从申请、受理评审方式、评审结果等环节加以严格规范。2011年，河南省共有373项建设工程开展地震安全性评价工作（其中复核63项）。

7月同时受理了南阳丙级资质单位申请，进行材料的检查以及现场考评等工作，河南省共有甲级资质单位2个，乙级资质单位1个，丙级资质单位7个。8月组织有关专家开展安评现场检查工作。

3. 震害预测工作

积极开展地震应急基础数据库收集工作，积极协调系统外的力量，收集到全省境内学校（高、中、小学校及学前教育）、医院、加油站、气站、汽车站、火车站、供电站（营业所）、工厂、企业、事业单位、培训机构、水库、道路（县道、乡道）经纬度信息以及各地市提供的建筑物、救灾物资储备等数据，对数据真实性进行审核，为提高确保灾害快速评估和指挥辅助决策水平奠定基础。

4. 活动断层探测工作

积极开展南水北调渠首区地震安全科学探查项目南阳市活断层探测子项目，1—3月，集中在油田、国土、规划、测绘等部门的物探、地质、基础地理信息、遥感等资料的收集；2—5月，根据前期收集到的资料，编制1∶25万地震构造图和1∶5万目标区断层分布图；根据3月27日会议精神，要求中国地震局地球物理勘探中心布置4条控制性测线对目标区内的断层进行进一步排查或确定，4月11日开始探测，其间，根据监理的现场检查和实地勘察，延长一条测线控制卧龙岗岗坡地貌，增加一条跨白河测线，截至5月15日共完成5条测线，共计32千米。于5月22日邀请专家在郑州对这5条测线的结果进行简单论证，根据论证结果，布置下一步控制测线，共计布置下一步测线30千米左右，完成对白河断层排查，南阳—方城断层展布位置确定，同时加密对朱夏和商丹两条主要断层的控制。该测线于5月28日开始实施，7月完成。4月30日，在南阳市地震局，通过公开招标，河南中州地矿岩土水务有限公司中标；5月17日开始第一个标准钻孔的勘探，该孔5月29日终孔，终孔深度为150米；为保证该钻孔各项质量指标满足规程要求，特聘请地质所活断层项目钻探专家陈献程全程现场监督指导。第二个标准钻孔5月30日开钻，该孔设计深度100米。第一个标准孔采取释光样和孢粉样，孢粉样5月30日送中国科学院南京地质古生物研究所进行测试；释光样准备跟第二个标准孔一起送检。

5. 防震减灾社会宣传教育工作

印发了《2011 年河南省防震减灾宣传教育工作要点》，对全省的防震减灾宣传教育工作，包括防灾减灾日活动、示范学校和科普基地创建、党校培训和新闻宣传等工作都提出了明确的要求和指导意见。积极创建国家防震减灾科普教育基地，新增国家级防震减灾科普教育基地 2 个，总数达到 6 个。大力拓展防震减灾宣传新途径，完善 12322 热线服务管理。与腾讯公司合作，开通了官方腾讯微博。积极开展防震减灾科普丛书编写工作。配合新闻媒体开展“走基层、转作风、改文风”活动，让社会公众了解基层地震工作者，普及了防震减灾知识，取得了很好的宣传效果。

6. 其他工作

防震减灾工作纳入政府目标考核体系。截至 2011 年底，河南省继新乡、南阳、安阳后，又有开封、濮阳、焦作 3 个省辖市将防震减灾工作纳入政府目标考核体系。

（河南省地震局）

湖北省

1. 抗震设防要求管理

2011 年，湖北省各大城市的住建、地震等部门经科学论证，制定或修订了城市抗震防灾规划；指导荆门、十堰等地出台《地震安全性评价管理规定》等规范性文件，将建设工程抗震设防要求管理纳入基本建设管理程序，要求各级项目审批和设计图审查部门把抗震设防要求的确定作为必审内容，严格按照抗震设防要求和工程建设标准设计，强化地震部门对建设工程抗震设防的监管职责；各市（州）积极开展一般工业与民用建设工程的抗震设防要求监管，武汉市完成一般工业与民用建设工程行政审批 897 项，十堰市 83 项，鄂州市 75 项，黄冈市 67 项，随州市 16 项，咸宁市 10 项，宜昌市 8 项。继续推进农村民居地震安全工程建设，并纳入湖北省“三农”工作、大别山革命老区建设等重点工作中统筹推进。全年完成农村民居地震安全工程示范户建设 27000 余户。湖北省级财政共向省 16 个市 48 个县拨付农村民居地震安全工程经费共计 200 万元。编印《农村民居抗震知识挂图》《农村民居抗震技术指导手册》，免费发放到各市县，用于农村建筑工匠培训和指导农民建设抗震农居。对《武汉市抗震防灾规划》的修编提出意见，积极推进重大生命线工程抗震设防措施，参加武汉市轨道交通四号线 2 期工程初步设计审查等。

2. 地震安全性评价管理

完成湖北地安建设工程咨询有限公司地震安全性评价丙级资质名称变更等行政许可事项。组织湖北省地震安全性评定委员会审定湖北省境内 70 余项新建、扩建、改建建设工程的地震安全性评价结果并出具批复意见，科学确定有关重大建设工程的抗震设防要求。

3. 活动断层探测工作

湖北省房县启动活动断层探测试点工程。

4. 防震减灾社会宣传教育工作

全省地震系统开展“5·12”防灾减灾日、科技活动周、科普日、“7·28”唐山大地震纪念日、国际减灾日期间的宣传活动。在日本“3·11”9.0级大地震发生后，组织编制多套防震减灾科普知识宣传资料和挂图，深入基层开展多次防震减灾科普宣传活动。加强对武汉地震科普馆、黄冈李四光纪念馆等防震减灾科普教育基地的指导工作，积极推进九宫山、襄阳、黄冈地震科普宣传教育基地建设工作；组织市县地震部门开展第二次湖北省防震减灾科普示范学校认定工作。

江西瑞昌与湖北阳新交界4.6级地震发生后，湖北省地震局和当地政府第一时间采取措施：一是明确新闻主题，统一口径；二是媒体采访，解疑释惑，正确引导舆论；三是有效回答公众电话问询，回答群众质疑问题，及时消除谣言影响，稳定群众情绪。

5. 其他工作

为进一步完善湖北省防震减灾法律法规体系建设，增强《国务院关于进一步加强防震减灾工作的意见》（以下简称《意见》）的贯彻实施力度，结合《湖北省防震减灾条例》的修订，在地方立法中强化《意见》相关要求。2011年9月29日，《湖北省防震减灾条例》经湖北省十一届人大常务委员会第二十六次会议审议通过，于2011年12月1日起施行；11月21日，湖北省人民政府在洪山礼堂举行《湖北省防震减灾条例》颁布实施新闻发布会，12月12—14日，湖北省地震局召开宣传贯彻培训会。

（湖北省地震局）

湖南省

1. 抗震设防要求管理

2011年，湖南省地震局组织对新一代全国地震区划图湖南部分的后期论证与初审，为中强地震活动区抗震设防区划的确定提供理论与技术支撑；强化抗震设防要求管理，重新印发建设工程抗震设防要求审批等5项行政许可实施程序，全省14个市、45个县的抗震设防要求审批进入政务中心，依法审批近2000项建设工程；继续推进农村民居防震保安示范工程建设，新增怀化市鹤城区凉亭坳乡、洪江市托口镇、会同县漠滨乡为省农村民居地震安全工程试点乡镇，全省52个县、134个示范点共建成示范农居2674户，累计农居达8400多户；积极推进国家地震社会服务工程震害防御部分建设，完成通用仪器设备招标，下达10个示范县农居数据收集任务，签订数据收集和入库合同，完成年度投资；配合省审改办推进行政许可清理工作，合并保留了建设工程抗震设防要求审批等3项行政许可事项，行政许可网上审批工作取得进展；积极参与全省校舍安全工程建设，组织地震专家对有关市县进行校舍安全工程督察。

2. 地震安全性评价管理

全省共有地震安全性评价乙级和丙级资质单位各一家，共注册一级地震安全性评价工程师3人，二级地震安全性评价工程师11人。组织修订完善《湖南省地震安全性评价收费办法》，继续实施地震安全性评价管理目标责任制，加强与发改委、建设厅等部门的联系协调，积极参加多项重大建设工程和保障房工程的可研、设计审查工作。依法对130项重大建设工程进行场地地震安全性评价，并根据评价结果确定审批抗震设防要求。

3. 防震减灾社会宣传教育工作

防震减灾宣传阵地建设得到加强，湖南省地震局与省教育厅联合在全省中小学校组织开展省级防震减灾科普教育示范学校创建工作并取得成效，全省有24所中小学校被评为省级防震减灾科普教育示范学校，并给予表彰奖励。受此影响，其他各级示范学校创建工作得到加强，共建成各级科普示范学校139所；以中小学生群体为重点，组织全省性的影视宣传教育活动，在全省各级防震减灾科普教育示范学校巡回放映地震科教片《中小学生地震逃生与自救》和《地震灾害的预防》，省教育电视台在黄金时段播出以地震应急避险为题材的动画片《蟾童》《笨笨狗PK巨能魔》；各级科普教育基地功能作用明显，省地震局首次向社会公众开放湖南省防震减灾科普展示室和省数字地震台网中心，受到社会各界的高度关注；"5·12"防灾减灾日、"国际减灾日"、科技活动周、"7·28"唐山大地震纪念日等重要时段的社会宣传教育活动准备充分，形式多样，成效明显；5月13日，湖南省副省长韩永文在湖南日报发表题为《努力提升我省防震减灾综合能力》的访谈文章。

4. 其他工作

积极推进防震减灾地方立法工作，湖南省人大相关部门与省地震局组成联合调研组，赴甘肃、青海等地开展《湖南省实施〈中华人民共和国防震减灾法〉实施办法（修订）》立法调研；省政府出台《关于进一步加强防震减灾工作的实施意见》；基层防震减灾工作得到加强，新晃县被列为省级防震减灾工作试点县，衡山县白果镇被列为省级防震减灾工作试点乡镇，部分市县防震减灾工作已纳入政府目标考核体系。

（湖南省地震局）

广东省

1. 抗震设防要求管理

加强农村地区抗震设防宣传，大力推进农村民居地震安全示范工程。截至2011年底，广东省19个地市（除深圳、珠海）完成220个农村民居地震安全示范村建设，占总任务的95.6%；下拨地市经费1388万元。各地市举办上百场次农村建筑工匠技术培训班和宣传科普知识讲座。开展农村民居抗震实用技术研究，结合地方建筑特色和农民需求，设计适合粤东西、粤北农村地区的抗震房屋。

做好重点监视防御区内的县级以上城市抗震性能普查项目。截至2011年底，完成广州、深圳等13个重点监视防御区内地级市的11.93亿平方米建（构）筑物抗震性能普查任务，占总任务的85%，累计下拨经费432万元。各地市分别编制了城市建构筑物抗震性能分析及对策研究，作为旧城改造、城市规划及震时应急依据。

积极为全省各类建设规划编制和修订提供咨询服务。2011年参与广州、深圳等9个地市近期建设规划的修订和评审工作。为东莞、珠海等9个市的城市建设规划提供抗震设防方面的意见。

2. 地震安全性评价管理

2011 年度，完成地震安全性评价报告行政审批共计 607 项，其中一般项目 147 项，重大工程项目 460 项。

完成一级地震安全性评价工程师注册工作 2 人次。广东省工程防震研究院、广东省地震工程勘测中心获地震安评甲级资质。

3. 活动断层探测工作

7 月，完成“东莞市石龙—厚街、南坑—虎门断裂探测与地震危险性评价”项目的 8 个专题成果验收。10 月在东莞市组织召开“东莞活动断层探测”项目的整体验收会，中国地震局党组成员、副局长刘玉辰参加验收会并讲话，徐锡伟研究员担任验收组长，成果获得东莞市政府认可，并将为东莞市城市规划建设、工程项目选址提供必要的技术支持，为东莞市经济发展提供地震安全服务。

4. 全国中小学校舍安全工程专项检查

2 月，按照广东省政府安排部署，广东省地震局完成对茂名、湛江两市 2010 年度校安工程实施情况的督办工作。落实省政府分片包干要求，加大潮州、揭阳两市校安工程督办，对潮州、揭阳进行两次专项检查。

5. 国家地震社会服务工程

编制国家地震社会服务工程与广东省创新服务工程融合方案，组织全省震害防御信息服务数据采集规范的培训，完成城市震害防御数据库建设招标工作，与中标单位和 6 个市县签订项目实施合同。

6. 防震减灾法制建设工作

将《广东省防震减灾条例（送审稿）》报省法制办，申请列入 2012 年立法计划。省人大原则同意将其纳入 2012 年立法计划。

7. 防震减灾社会宣传教育工作

2011 年，防震减灾知识首次纳入各级党校（行政学院）常规班次“应急管理”模块，并逐步进入常态化。防震减灾理念还首次走进岭南大讲堂、珠海大讲堂，走进广州、河源、揭阳、惠州等市中层干部培训讲坛等。联合团省委等开展“小红帽”广东红领巾应急避险教育计划，地震应急演练将覆盖全省中小学。紧紧抓住日本大地震后的宣传时机，接受媒体 100 多批次采访，做到电视有画面、广播有声音、报纸有版面、网络有窗口，这是一次接待媒体最多、持续时间最长、宣传面最广的新闻宣传应对行动。“5・12”防灾减灾日期间，首次策划举行以“减灾、安全，建幸福家园”为主题的媒体开放日活动、公众宣传活动周活动、地震应急紧急救援和监测设备展，取得良好的宣传效果。

8. 其他工作

率先推动防震减灾示范城市创建工作。6 月初，广东省政府办公厅印发《转发省地震局关于开展防震减灾示范城市创建活动的实施意见的通知》。9 月，在东莞市召开“广东省防震减灾示范城市认定标准研讨会”。11 月，《广东省防震减灾示范城市申报认定办法（试行）》和《广东省防震减灾示范城市认定标准（试行）》正式印发，2012 年首次接受申报开展防震减灾示范城市创建活动。

组织有关专家对西淋岗断裂进行专项详细勘察，并于2011年3月16日在佛山组织召开“广从断裂西淋岗滑坡构造现场研讨会”，邓起东院士及50多位专家学者到场共同研讨，较好地处置了西淋岗断裂事件引起的社会关注。11月22—23日，粤桂琼交界地区第十八届防震减灾联席会议在柳州市召开，探讨如何共同推进三省（区）防震减灾工作。

（广东省地震局）

广西壮族自治区

2011年，广西壮族自治区地震局共对300个重大建设工程和可能发生严重次生灾害的建设工程进行地震安全性评价行政许可。3月，完成广西桂中治旱乐滩水库引水灌区一期工程加旦—良马隧洞施工振动测试；8月，完成防城港市行政中心区地震小区划和玉林市城区及周边开发区地震小区划；11月，将防震减灾内容列入广西城市建设规划馆；11月18日，与自治区科技厅、共青团广西区委、自治区科协联合印发《关于印发广西壮族自治区防震减灾科普教育基地相关认定管理工作的通知》。广西壮族自治区地震局对7个建设工程场地进行断裂活动性鉴定。

（广西壮族自治区地震局）

海南省

1. 抗震设防要求管理

加强建设工程抗震设防要求管理。积极落实国务院《关于进一步加强防震减灾工作的意见》和海南省人民政府《关于进一步加强防震减灾工作的意见》，加大抗震设防要求管理力度，严把建设工程抗震设防关，全年依法审批重点工程项目25项，其中安评项目24项，备案项目1项。

全省18个市县中有17个市县设立审批窗口，其中13个市县进入市县联合审批大厅，开展建设工程抗震设防要求管理行政审批。

海南省抗震设防要求全程监管技术服务系统项目完成项目信息化建设部分的招标工作。该系统建成后既能为抗震设防要求行政审批服务，又能为相关部门提供各种抗震设防技术服务。

农村民居地震安全工程建设。加强少数民族地区茅草房和危房改造工程抗震设防指导；加强库区移民搬迁和海南省重大项目整体搬迁的农居抗震设防指导。组织省农居工程技术服务专家组开展农居工程技术指导；组织开展农居工程专项检查，重点对存在问题的市县进行督导，确保农居工程的推进。依据《海南省农村民居地震安全工程审批程序》等规章制度，组织专家对全省网上申报的抗震农居典型示范户材料进行严格审核，2011年共审查申报抗震农居示范户3472户，核准2410户。

结合海南省乡镇和村委会换届工作，指导市县开展乡镇助理员和村联络员的更新，完善农居工程技术服务网络。购买农居工程专用多媒体播放器1600件，配备给全省乡镇防震减灾助理员和村群测群防联络员，用于开展防震减灾宣传和抗震农居指导。

2011年共组织举办工匠、乡镇防震减灾助理员和村联络员等培训班20期，培训3000余人次；编印制作完成海南省农居地震安全工程宣传展板20幅，分别发送到18个市县和洋浦经济开发区管委会，为农村民居地震安全工程下乡入村宣传提供保障。编印农居工程宣传资料（宣传单、册、挂图等）3万份，发送到全省每个行政村。

2. 地震安全性评价管理

海南省地震安全性评定委员会完成重大项目地震安全性评价报告评审42项，为海南省重大建设项目和可能发生严重次生灾害的建设项目提供科学合理的抗震设防要求提供保障；完成澄迈老城开发区地震小区划及三亚海棠湾地震小区划一期工作；完成海南省地震安全性评定委员会人员调整；印发《海南省二级地震安全性评价工程师注册实施办法》；制定了海南省地震安全性评价收费标准，印发《海南省地震安全性评价收费管理办法》，使海南省地震安全性评价收费管理工作走向规范化。

3. 活动断层探测工作

严格按程序稳步推进“中国地震重点监视防御区活动断层地震危险性评价”项目子项目“海南铺前—清澜断裂地质调查与活动性鉴定”，按计划完成资料收集整理、地质地貌调查、勘选、土壤氡测量、浅层地震勘探、多道直流电法勘察、控制性钻孔探测、联合钻孔剖面探测等项工作，依据浅层地震勘探下园测线的断点，布设9个钻孔，孔深均达到基岩面，总进尺526米，钻孔联合剖面探测结果分析，未发现断裂切割上部第四纪地层。

4. 防震减灾宣传教育工作

结合“3·11”日本9.0级大地震海啸、“5·12”汶川地震纪念日等热点事件，利用海南省科技活动月、防震减灾宣传周等契机，积极主动开展防震减灾宣传教育工作。通过现场宣传、接受媒体采访、举办防震减灾宣传图片巡回展览、在电视台播放防震减灾宣传片、设立防震减灾条例宣传专栏、开展防震减灾教育基地、举办防震减灾知识讲座、组织地震应急演练活动等形式开展防震减灾宣传，提高全社会防震减灾意识，增强人民群众对防震减灾科普知识和依法开展防震减灾工作的认识，提高广大人民群众防震避险自救互救能力。

5. 其他工作

制定《海南省市县政府防震减灾工作考核暂行办法》，并以省政府办公厅名义印发执行，首次将海南省防震减灾工作纳入政府考评体系，明确提出考核实施对象、考核内容、考核标准、考核程序和奖惩措施等，有力促进市县防震减灾工作的开展。制发《海南省地震局国家地震社会服务工程项目单位子项目管理办法》，并完成项目初步设计、数据收集和硬件设备的招标工作。

（海南省地震局）

重庆市

1. 抗震设防要求管理

2011年，重庆市地震局分别与重庆市城乡建委、重庆市发改委联合出台相关文件加强建设工程抗震设防管理，各区县（自治县）积极与城乡建设、发改委等部门协调，已有20个区县（自治县）先后将抗震设防管理要求纳入建设工程基建程序前置审批项目，其中万州、涪陵、荣昌3个区县地震部门正式入驻政府行政审批大厅。重庆市地震局成立重庆市抗震设防审批大厅，对全市部分重大工程项目开展地震安全性评价审批。6月，重庆市城乡建委与重庆市地震局联合举办全市建筑抗震设防培训会，各区县（自治县）城乡建委、地震局有关工程勘察设计单位及施工图审查机构的行政管理人员和专业技术人员，共计377人参加培训。

2. 地震安全性评价管理

组织力量对黔江地震和黔江断裂带进行现场考察，圆满完成荣昌地震小区划和重庆都市区活断层探测与地震危险性评价工程，项目成果提交规划和建设部门应用。此外，重庆市地震局作为全市居住安全和中小学校舍安全工程技术保障以及监督检查的成员单位，主动服务抗震民居和校安工程建设，推动两项工程的顺利实施，全市1929所学校开工改造校舍，建成农民新村519个、巴渝新居5.2万户，改造农村危旧房12万户。

3. 防震减灾法制建设

召开新闻发布会，宣传《重庆市防震减灾条例》。在全市法治政府宣传月期间，举办专题讲座、法律知识有奖竞猜、防震减灾有奖征文等活动，提高全社会防震减灾法制意识。对各区县（自治县）防震减灾工作进行执法检查，解决区县（自治县）在防震减灾工作当中存在的突出问题。启动《重庆市建设工程场面地震安全性评价管理规定》修订工作，申请列入年度市政府立法计划。

4. 防震减灾社会宣传教育工作

通过防震减灾科普大篷车进校园、科普征文比赛、科普知识竞赛、防震减灾专版宣传，采用发放宣传资料、专家咨询、展板展示、举办科普研讨会、避震减灾新产品展示和地震仪器实物展出等宣传手段，积极营造防震减灾科普宣传氛围，取得较好宣传效果。在"5·12"防灾减灾宣传活动期间，全市共有30多个区县（自治县）开展宣传活动，接受咨询5万多人次，辐射群众近千万人。

（重庆市地震局）

四川省

1. 抗震设防要求管理

2011年，凉山、广元、眉山等市州防震减灾局通过以政府名义或与发改、住房和城乡建设联合发文方式，使抗震设防要求监管作为建设工程可行性论证必备内容，切实纳入基本建设管理程序。全省将抗震设防要求监督纳入基本建设管理程序的市州达到9个。全年审定重大工程抗震设防要求200余项。审查建设项目规划、工程抗震设防专题研究、特定场址地震安全承载能力报告等90余项。

全省农居地震安全工程和校舍安全工程稳步推进。新增农居地震安全示范点15个，农居地震安全示范乡镇增至541个、示范村增至3627个。眉山市丹棱县梅湾村地震安全农居建设经验还作为样板被11月1日的《四川日报》报道，并剖析了全省农村抗震设防工作进展和经验。雅安、广元、绵阳等地积极开展校舍安全督查和技术服务，及时消除中小学校舍地震安全隐患。自贡市年度完成校安专项投资近2400万元。

2. 地震安全性评价管理

全省共有863项建设工程的抗震设防要求经过防震减灾部门审定。德阳、自贡等地实现重大建设工程地震安全性评价监控率100%。凉山州全年共办理建设工程抗震设防要求审批129件，建设工程面积达260万平方米，协同州规划建设部门开展建设工程初步设计审查134项，面积达223万平方米。

3. 震害预测工作

什邡市完成地震小区划立项招投标；宜宾市编制市区地震地质构造图及综合性防震减灾卫星影像地图；已正式发布防震减灾“十二五”规划的雅安、眉山、乐山等市安排了活断层探测或普查专项。

4. 活动断层探测工作

汶川地震以来，成都、德阳、绵阳、西昌、汶川、北川、青川、什邡、会理等市县开展了活断层探测、地震小区划；成都、西昌城市活断层探测工作通过验收；雅安市主要活动断裂调查与填图项目已经完成80%的任务。

5. 防震减灾社会宣传教育工作

联合14家单位开展“5·12”防灾减灾宣传周——汶川特大地震三周年大型主题宣传活动，组织四川防震减灾40年赛思特杯防震减灾知识网络竞赛活动，编制完成北川地震科普体验馆设计大纲，保持防震减灾公益热线“12322”畅通，地震科普宣讲组专家深入全川党政机关、学校、部队、企业、社区做防震减灾科普报告，受众人数3万余人。及时更新四川防震减灾信息网页，坚持编纂《四川防震减灾信息》，切实加强防震减灾宣传教育，增强广大民众防震减灾意识。与四川省科技馆联合举办大型“地震科普体验展览”，进行全国巡展，主要在辽宁丹东科技馆、吉林延边汪清科技馆、吉林市博物馆、内蒙古满洲里科技馆等地展出，受到广大市民的极大关注，受众人数达10多万人。各地区结合“三下乡”等活动组织开展形式多样、内容丰富的科普宣传，累计发放科普资料近100万份，举办知识讲座150场次。社会民众防震减灾意识进一步增强。

（四川省地震局）

贵州省

1. 防震减灾法制建设

2011年初，完成《贵州省防震减灾条例》的起草工作。1月7日，贵州省人民政府将《条例》纳入2011年“拟提请贵州省人大常委会审议的地方性法规项目”。贵州省人大常委会将《贵州省防震减灾条例》列入《贵州省人大常委会2011年立法计划》“拟安排审议的立法项目”。2月6日，贵州省人民政府法制办公室发出《关于公开征求〈贵州省防震减灾条例〉意见的通知》，公开向社会征求修改意见。随后，《贵州省防震减灾条例》起草小组先后召开论证会议6次，协调会议3次，改稿会议5次，推进立法工作。4月11日，贵州省人民政府第41次常务会议审议通过了《贵州省防震减灾条例》，并以《贵州省人民政府关于提请审议〈贵州省防震减灾条例〉的议案》提请省人大常委会审议。4月29日，贵州省人大环资委发出《关于公开征求〈贵州省防震减灾条例〉修改意见的通知》向社会公开征求意见，征求意见修改后提交贵州省人大常委会审议。5月29日，贵州省人大常委会第二十二次会议第一次审议了《贵州省防震减灾条例》。9月27日，贵州省人大常委会第二十四次会议审议通过了《贵州省防震减灾条例》，2011年12月1日颁布实施。

2. 防震减灾社会宣传教育工作

《贵州省防震减灾条例》颁布后，贵州省地震局立即向全省地震系统下发《关于学习贯彻〈贵州省防震减灾条例〉的通知》，编印《贵州省防震减灾条例》单行本，并将《贵州省防震减灾条例》全文在《贵州日报》刊载，撰写《贵州省防震减灾条例》解读8期在贵州都市报、贵州都市网开辟专栏进行宣传，整理立法备忘录等相关资料在贵州地震信息网开辟专栏宣传《贵州省防震减灾条例》。对《贵州省防震减灾条例》规定职能职责进行分解，制定《关于贯彻实施〈贵州省防震减灾条例〉的通知》，联合贵州省人民政府法制办等印发全省实施。

（贵州省地震局）

云南省

1. 抗震设防要求管理

完成29个站点43个机井、温泉的改造工作。完成73套流体、形变和气象三要素辅助观测仪的采购。洱源地震台危楼改造、综合业务楼建设工程竣工。群测群防队伍发展到1万余名。中小学校校舍安全工程2011年累计开工411.6万平方米，竣工176.6万平方米。完成107座小（一）型病险水库除险加固任务；693座小（二）型水库除险加固工程已开工。建设完成19个县市救灾物资储备库；2.6万多平方米的省级救灾物资储备库建成并投入使用。完成州市供电局、供电公司地震应急装备、物资补充以及电力地震应急指挥系统建设。云南省应急救援中心项目完成农用地转用报批工作；云南省地震灾害紧急救援队扩建项目正在进行地震灾害模拟设施建设；省级地震灾害医疗卫生救援队、紧急救援医疗队配备了专业装备设施；搜救犬训练基地扩建后达到二级警犬繁殖单位标准。

按照《云南省人民政府办公厅关于加快推进减隔震技术发展与应用的意见》要求，参与和配合云南省住建厅等相关部门，研究推进云南省减隔震技术发展应用的相关政策。参加“云南省减隔震技术推广应用联席会议”，就推广应用的重点优先地区、学校医院等人员密集场所、减免优惠政策、技术支持、强制性措施等提出意见和建议。指导州市县地震部门，宣传减隔震技术，配合住建部门，推进减隔震技术推广应用。

2. 地震安全性评价管理

2011 年，云南省地震局就地震安全性评价管理共完成 6 项工作：一是制作、发放地震安全性评价工程师资格证书、注册证书以及执业印章；二是完成地震安全性评价委员会 2011 年 330 余份重大工程的地震安全性评价报告的送审、会审以及行政批复工作，对地震安评文件进行归档管理；三是完善地震安全性相关评审制度，召开云南省地震安评委全会，审议通过《云南省地震安全性评审委员会章程》《云南省地震安全性评价报告评审专家确定办法》和《云南省地震安全性评价报告专家评审费标准》；四是努力推进地震安全性评价收费实施办法、收费办法的出台，组织专家认真研究，结合云南实际起草《云南省地震安全性评价收费办法》；五是积极参与有关地震安全的社会事务管理工作，参加云南省发改委组织昆明市李仙江流域崖羊山、石门坎水电站、临沧市罗闸河一、二级水电站、绿汁江雨果水电站等 6 个项目的抗震防震研究设计专题报告审查；六是组织专家认真研究，3 次对新一代全国地震区划图初步成果（云南地区）提出书面意见。

3. 防震减灾法制建设

《云南省防震减灾条例》（以下简称《条例》）的修订工作从 2009 年成立修订小组开始，到云南省人大二审通过，颁布实施整个立法过程，历时 20 个月，经过 4 次调研、3 次正式征求意见，12 个重要会议、10 多次集中反复修改。2011 年 7 月 27 日，云南省十一届人大常委会第二十四次会议高票通过新修订的《条例》。新《条例》于 2011 年 9 月 1 日起颁布施行。《条例》明确了云南各级政府、地震部门和相关部门在防震减灾工作中的管理职能和职责。

新《条例》突出“三个纳入”，即：将防震减灾工作纳入政府目标考核体系、防震减灾工作经费纳入预算、建设工程抗震设防纳入基本建设审批程序，特别是对“地震灾害分级和启动地震应急预案的事权划分”的规定，具有云南特色。新《条例》的颁布标志着云南省防震减灾工作进入法制化、规范化的新阶段。

云南省地震局积极开展新《条例》宣贯工作。通过新《条例》单行本、文件、新闻发布会、宣传标语、短信、防震减灾网专栏等多种方式，向云南各级人民政府、省直各部门、各级地震部门、职工和公众进行广泛宣传，在云南省掀起学习宣传贯彻新《条例》的高潮。

4. 防震减灾社会宣传教育工作

云南省地震局出台云南省地震系统宣传工作规划（2011—2015 年），明确“十二五”期间防震减灾宣传工作的指导思想、目标和任务。

组织编制完成楚雄等 5 个州市的彝、傣、哈尼、纳西、壮等 5 个少数民族语言、文字、影视科普作品，共计44万册（套）。会同云南省教育厅编制完成《中小学地震应急指导手册》，并向云南省中小学发放3万册。拍摄完成《地震百科》最后11期，整个栏目24期圆满完成。

云南省地震局按照条目大组分工表，负责编纂《云南大百科全书》地理·生态卷（地理篇）中的“地震”部分。多次召开编纂工作会议，讨论地震部分条目级次和层次，并提交《云南大百科全书》编辑部地震部分条目。

以“5·12”防灾减灾日、“7·28”唐山大地震纪念日、“10·13”国际减灾日、“11·6”云南省防震减灾宣传日为契机，开展形式多样的大型宣传活动。《云南日报》刊发《科学防灾主动减灾十大措施惠民生》一文。在多家主流媒体的联合助阵下，宣传效果良好。

全面开通云南省12322防震减灾公益服务热线，成为向公众宣传防震救灾的又一重要窗口。2011年，云南省地震局向中国地震局和云南省委、省政府报送重要工作信息有近70条被采用，云南省地震局荣获“2011年度云南省党委系统信息工作二等奖”；向中国地震局门户网站报送信息1300余条，云南防震减灾网发布信息2400余条。

积极开展防震减灾科普示范学校评比活动。完成2011年国家防震减灾科普教育基地申报，普洱大寨观测站获准。建立新闻发言人制度。

（云南省地震局）

陕西省

1. 抗震设防要求管理

2011年，会同陕西省安全生产监督管理局对汉中市中小学校舍安全工程实施情况进行实地督查。全省各市县强化一般建设工程抗震设防要求备案管理，西安、杨凌等五市一区将建设工程抗震设防要求管理纳入基本建设程序，约有1600项一般建设工程进行了抗震设防要求备案。

推进市县防震减灾工作纳入政府目标责任考核，渭南、咸阳、宝鸡、西安纳入目标考核，部分市纳入系统内部考核。省地震局实施市县工作专项培训。

2. 地震安全性评价管理

加强地震安全性评价报告审查和资质管理，增加重大建设工程会审次数，对部分地震安全性评价项目在评审前进行野外工作检查，审定50项重大建设工程的地震安全性评价结果，参加榆林北郊热电厂、富平阎良热电厂等8项重大工程的可行性论证，确保按照地震安全性评价结果进行抗震设防。

继续推进农村民居地震安全示范工程建设，全省新建地震安全示范点81个。要求各市对全省农村民居示范点进行复查，对商洛市农居建设示范工作检查和调研。全年新建地震安全社区44个，组织开展第二批省级地震安全示范社区的申报和命名工作。组织西安市长庆未央湖花园社区、宝鸡新福路社区申报国家级地震安全示范社区。

陕西省“十一五”防震减灾重点项目西安、宝鸡、咸阳地震小区划项目通过初验，成果通过国家地震安全性评定委员会评审，咸阳地震活断层探测项目基本完成。汶川地震灾后恢复重建项目宝鸡、汉中市活断层探测项目基本完成，6 个专题通过验收。

地震背景场探测、社会服务工程、杨凌示范区地震小区划、渭南活断层探测及西安烈度速报系统建设项目等“十二五”重点项目已启动实施。

3. 防震减灾社会宣传教育工作

在全省“防震减灾宣传活动周”“科技之春”宣传月、“7·28”唐山大地震纪念日等重要时段，开展各类防震减灾宣传活动 600 多次，受众达到 200 万人。尤其是全省“防震减灾宣传活动周”期间，制定下发《2011 年防震减灾宣传活动周暨“防灾减灾日”活动方案》，全省共举行各类演练 800 多场，参与人员 29 万多人，散发各类防震减灾宣传资料 38.59 万份（册），展出展板 2300 多板次，举办科普讲座、报告会 258 场，悬挂宣传标语横幅 746 多条。

新增市级防震减灾科普示范基地 8 个，县级 12 个。高陵县防震减灾科普馆成功申报为国家防震减灾科普教育基地，在中央电视台 10 套进行专题报道。省地震局、省教育厅和省科协共同命名“陕西省防震减灾科普示范学校”10 所，新增市级科普学校 57 所，县级普示范学校 108 所。

全省 2 万个村电子阅览室和 8710 个农家书屋均配送《农村抗震设防知识读本》等防震减灾宣传资料。陕西省地震局与省行政学院共同举行“陕西省行政学院防震减灾教学基地”揭牌仪式，建立领导干部防震减灾宣传教育长效机制。陕西省地震局为新疆全区行政学院师资培训班的 30 多位学员开展防震减灾现场教学活动。陕西省地震局邀请省电视台新闻中心记者深入泾阳地震台采访，开展防震减灾“走基层”活动。

（陕西省地震局）

甘肃省

1. 抗震设防要求管理

2011 年，依法加强重大建设工程和学校、医院等人员密集场所抗震设防要求监管，甘肃省地震局与甘肃省发展改革委员会联合对舟曲小水电建设开展抗震设防要求检查，制定进一步加强舟曲恢复重建工程抗震设防要求的意见；甘肃省地震局牵头组织对张掖市校安工程的督导检查，校安工程抗震设防要求得到落实。加强一般性建设工程抗震设防要求监管，甘肃省市县地震工作部门制定出台了一系列加强建设工程抗震设防要求管理办法和规范性文件，联合建设、规划等部门开展抗震设防要求专项检查，审批确认抗震设防要求 1235 项，比 2010 年增长 18.54%。

加强农村民居抗震设防管理，甘肃省地震局不断完善“甘肃省农居地震安全技术服务网络系统”，建成甘肃省农居地震安全技术服务网络中心，14 个市州农居地震安全技术服务区域中心，22 个县市区农居地震安全技术基层服务站，为农居工程提供抗震设防标准和技术服务，本年度新建农居地震安全示范点 226 个，示范户 28345 户，组织农居地震安全技术负责人培训2600人次。

2. 地震安全性评价管理

依法加强地震安全性评价监督管理，修订《甘肃省建设工程地震安全性评价报告评审办法》《甘肃省地震安全性评价资质单位监督管理办法》等规章制度，改进抗震设防要求审批工作程序；开展地震安全性评价执业资格注册和资质单位清理整顿工作，重新核发丙级地震安全性评价资质，审查核发甘肃省二级地震安全性评价工程师注册证书。2011年度对83项重大项目开展地震安全性评价，确定科学合理的抗震设防要求。

3. 防震减灾社会宣传教育工作

甘肃省各级地震部门坚持法制宣传与防震减灾科普教育相结合，依托电视、报纸、网络等媒体及科普教育基地、科普示范学校、地震安全示范社区，坚持不懈地开展经常性防震减灾法制与科普知识宣传教育；利用“5·12”防灾减灾日、“7·28”唐山大地震纪念日、“12·4”法制宣传日、科技宣传周等特殊时段，开展集中宣传教育；深入开展防震减灾法制与科普知识“进机关、进学校、进企业、进社区、进农村、进家庭、进部队”等活动。2011年全省地震系统接受媒体专访38人次，展出展板1000块，发放宣传资料80万份，悬挂横幅350条，播放录音1000小时，《地震知识报》发行16期、15万份，接受咨询15万人次，接受教育达35万人次，社会公众、中小学师生依法参与防震减灾活动意识明显增强，自救互救和应急避险能力普遍提高。

（甘肃省地震局）

青海省

1. 抗震设防要求管理

2011年5月，青海省委办公厅，青海省人民政府办公厅联合下发《关于印发〈州市地、省直部门领导班子2011年度目标责任（绩效）考核目标〉和〈部分县2011年度绩效考核目标〉的通知》，明确将防灾减灾工作纳入各州（地、市）政府目标责任考核体系。这一工作目标的确定，使青海防震减灾工作走在全国的前列，获得中国地震局的高度肯定和赞扬。

2. 地震安全性评价管理

在玉树灾后重建项目重大工程建设中，青海省地震局为省委、省政府及时提供灾区重建所需的选址、地震安全评估和地震地质灾害评价意见。根据中国地震局《关于征求新一代全国地震区划图初步成果意见的函》文件要求，提出对新一代地震区划图青海省部分的修改意见和建议。青海省地震局完成对青海民航（机场）布局及地震安全性可研阶段的评审、青海坎布拉后弘文化园主题雕塑等30余项重点建设项目工程场地地震安全性评价工作，同时配合全省保障性住房和校舍安全工程建设部门，积极推进青海省农村牧区居民地震安全保障住房和校舍安全工程。

3. 防震减灾社会宣传教育工作

青海省地震局在“5·12”防灾减灾日和“4·14”玉树地震、“4·26”共和地震、

“7·28”唐山大地震等纪念日开展形式多样、内容丰富的防震减灾科普知识宣传系列活动，充分发挥青海省、西宁市、海东地区、海西州地震信息网和青海省、海西州防震减灾科普教育基地以及青海少数民族防震减灾科普培训基地的宣传阵地作用，开展深层次、宽领域的防震减灾宣传，提高广大民众的防震减灾意识。2011 年共组织开展各类科普宣传讲座 25 次，发放地震科普读物 12000 余套，地震科普知识挂图及光盘 300 余套，展出展板 820 余块，悬挂横幅 300 余条，发放各类宣传资料 15 万余份，累计受众达数 10 万余人。

4. 其他工作

青海省地震局成立防震减灾行政执法监察总队，制定《青海地震行政执法人员管理办法》《青海省地震局行政执法过错责任追究实施细则》《青海省地震行政处罚自由裁量权实施办法》和《青海省地震行政处罚自由裁量权执行标准（试行）》等管理办法，进一步强化全省防震减灾行政执法和监督检查力度。同时根据各地实际情况，要求未设立防震减灾执法监察机构的州（地、市）、县地震局按照“总队—支队—分队”的行政执法机构模式组建防震减灾执法监察队伍。

根据《国务院关于加强法治政府建设的意见》和中国地震局有关文件精神，组建青海省地震局依法行政工作领导小组。

《青海省地震安全性评价管理条例》正式进入修订立法调研程序，已向青海省人大科教文卫委员会提交调研报告。同时，会同青海省发展和改革委员会共同研究制定并颁布《青海省地震安全性评价收费管理办法》。

（青海省地震局）

宁夏回族自治区

1. 抗震设防要求管理

加强行业自律，强化抗震设防监管，认真履行在地震安全工程、校安工程中的部门职责，增强防震保安能力。全年开展重大建设工程场地地震安全性评价 89 项，市县地震部门确认一般工业与民用建筑抗震设防要求 1000 余项。

2. 防震减灾社会宣传教育工作

自治区各市县地震部门在“5·12”防灾减灾日、“7·28”唐山大地震纪念日召开专题会议，研究落实经费和人员，广泛开展防震减灾知识宣传，据统计，仅“7·28”唐山大地震纪念日期间全区接受防震减灾知识教育群众就达到 230 多万人次。其间，自治区地震局还组织开展了“全区防震减灾知识网络竞赛活动”，地震、宣传、科技、科协等部门层层联合发文、部署，区内外 17 个新闻单位对活动进行分阶段、多角度的解读报道，进一步增强了活动效果，提升了社会公众的防震减灾意识。

3. 地震科技服务

积极发挥专业优势，编制完成《海原地震博物馆二期建设方案》，顺利完成石嘴山市、平罗县活断层探测项目。推动各地建立良好的政策环境，银川市发布社区地震应急救援志愿者管理办法、地震安全示范社区创建标准，中卫市发布地震灾情速报工作规定，石嘴山市、平罗县、西吉县发布地震应急工作检查管理办法等。

4. 防震减灾法制建设

与自治区人大教科文卫委员会、政府法制办加强工作联系，积极推进自治区防震减灾条例、地震监测管理办法立法工作。加强科普示范学校建设。启动第二批全区防震减灾科普示范学校创建活动，2011 年，6 所中学和 6 所小学通过检查验收，被授予“自治区防震减灾科普示范学校”称号。

（宁夏回族自治区地震局）

新疆维吾尔自治区

1. 抗震设防要求管理

2011 年，新疆维吾尔自治区地震安全性评定委员会审定 80 余项地震安全性评价报告。开展了阜康市、库尔勒市经济技术开发区以及奎屯市的地震小区划工作，地震工作服务社会的能力逐步加强。各类建设工程抗震设防要求的审批保证了震害防御法定职责的落实。开展喀什地区、柯坪地块、焉耆盆地北缘、阜康断裂的活断层填图研究；深入昆仑山，开展2008 年 3 月 21 日于田 7.3 级地震形变带的科学考察。完成地震安全性评定委员会和地震灾害损失评定委员会成员的调整。

2. 防震减灾社会宣传教育工作

围绕 2011 年世界计量日活动主题“计量检测 · 健康生活”和地震计量知识宣传主题“地震计量 · 支撑发展”，制作宣传展板及宣传挂图，进行科普宣传。在“5 · 12”防灾减灾日、“7 · 28”唐山大地震纪念日等时间段，提前准备相关材料下发到各地、州、市，安排“防灾减灾、保平安、促和谐”等相关主题宣传活动。据不完全统计，各地共组织 200余名地震专家、科普工作者、科普志愿者参与了各项活动，发放《地震灾害应急知识》《青少年防震减灾知识》等科普书籍 2 万余本，开展讲座 200 余场，悬挂防震减灾横幅宣传标语 1600 余条，科普画廊、橱窗、栏站 1000 余个，张贴挂图、图片 7000 余张，城市中心广场展出展板 4000 余块，放映宣传片 242 场次，举行地震应急演练 300 余次，参观科普知识图片展览 10 万余人，观看科普知识电视讲座 30 万余人，接受科普知识咨询 6 万余人，受益群众 100 余万人，组织专家作防灾减灾科普报告。自治区各地地震部门抓住当地有关纪念日等时期做好“走出去”工作，各地组织地震专家分别到政府机关、学校、社区等开展集中科普讲座活动，据不完全统计，各地、州、市地震部门开展各种类型科普讲座几百场，普及人群万余人次。

3. 重要抗震防灾安全工程

（1）安居富民（抗震安居）工程。“安居富民”工程是新疆 22 项重点民生工程之一。2011 年，完成 30 万户“富民安居”工程建设任务。作为自治区安居富民工程领导小组成员单位，定期对安居富民工程进行巡查，提高各地安居富民工程开工率，加快推进工程进度。

新疆大范围建设的抗震安居房，有效保障了民众的生命财产安全，新源—巩留 6.0 级地震发生在人口相对集中的地区，虽然造成巨大的财产损失，但没有发生人员伤亡，持续经年的抗震安居房建设成效明显。新疆未来几年还将大力实施该项工程。

（2）校安工程。自治区多次召开会议研究部署相关工作，组成联合检查组深入各地进行督导检查，适时通报相关问题。自治区初步计划安排近 13 亿元地方债券资金，同时积极争取中央资金，鼓励地县加大自筹资金投入力度，全面推进校安工程项目建设任务。

（3）其他工程。自治区重要建（构）筑物抗震防灾安全工程中的医院、卫生院、疾控中心、幼儿园（托儿所）、儿童福利和老年福利机构等公共建筑按照自治区党委、政府的安排部署有序推进。

4. 市县防震减灾工作

2011 年初，为贯彻落实中国地震局《关于加强市县防震减灾工作的指导意见》，推进市县防震减灾工作，制定并印发《新疆维吾尔自治区地震局加强市县防震减灾工作方案》。利用地震系统援疆的有利时机，通过对口援建省地震部门的帮助，改善各地、州、市地震部门的办公条件等硬件设施，大幅提高日常工作水平和地震应急能力。同时，积极指导、配合、协助各地、州、市地震局，使县级机构编制得到进一步补充，县级机构得到进一步健全。针对市县地震部门新成立的多、新到任领导多、新招入工作人员多、社会管理和服务经验丰富但缺乏地震基本知识等特点，通过逐级培训、工作检查、项目建设等各种机会，有针对性地开展业务培训指导，确保地方地震部门工作能力稳步提升。

制定《新疆维吾尔自治区州、市（地）、县（区、市）防震减灾工作目标考核办法（试行）》《年度防震减灾工作重点目标责任指标》以及《防震减灾工作目标考核材料编写要求》等文件；对地、州、市（县）地震部门的防震减灾目标考核工作进行了规范。在年底组织第一次州、市（地）、县（区、市）防震减灾工作目标考核会议，并将考核结果予以通报。实践证明，通过定量目标考核，极大促进了地、州、市地震部门的工作积极性，也保证了自治区防震减灾重点任务的完成。

5. 防震减灾法制建设

《新疆维吾尔自治区防震减灾条例》作为适时出台的立法项目被列入 2011 年自治区人大和政府的立法计划。

（新疆维吾尔自治区地震局）

地震灾害应急救援

2011年地震灾害应急救援工作综述

在中国地震局党组的正确领导下，地震系统各单位坚持防震减灾科学发展的基本思路，齐心协力，攻坚克难，着力加强自身和社会地震应急救援能力建设，全面完成地震应急救援各项工作任务，取得了新的重要进展。

一、突出引领作用，大力推进救援队伍建设

国家地震救援队作为全国地震等灾害救援领域的排头兵，十年来创造了不平凡的业绩。为认真总结队伍建设和救援经验，充分发挥示范引领作用，按照中国地震局党组的部署，精心筹备并成功举办了国家地震救援队成立十周年纪念活动。温家宝总理作重要指示，充分肯定国家地震救援队成绩并提出殷切希望。回良玉副总理亲切接见国家地震救援队并作重要讲话，对进一步加强和做好灾害救援工作提出明确具体的要求。中国地震局及时会同有关方面召开国家地震救援队重大事项联席会议，对贯彻落实国务院领导同志指示精神作出部署，强化对国家地震救援队新扩编队员的培训和训练，完成队伍装备扩充和更新任务，整体战斗力得到明显提升。在国家地震救援队的示范引领下，有力推动了非战争军事行动应急救援力量格局的形成，各级地震应急救援力量快速发展，到2011年底，覆盖全国的武警部队应急救援力量组建完成，初步形成战斗力。多地组建第二支或多支省级地震灾害紧急救援队，省级地震专业救援队达39支。此外，多地积极推动地震应急救援志愿者队伍组建和培训工作，志愿者队伍得到蓬勃发展。

二、健全制度标准，稳步推进应急救援规范化管理

《国家地震应急预案》进入国务院最后审批程序，组织编制各级各类地震应急预案系列修订指南。许多省（自治区、直辖市）地震局开展了政府应急预案的修订工作。中国地震局联合发改委、民政部、安监总局等部门修订印发《地震应急工作检查管理办法》后，各地认真贯彻实施。研究制定《地震现场救援行动规范》《社区志愿者地震应急与救援建设指南》《救援现场装备与后勤保障工作手册》《省级地震现场应急工作队装备建设指导意见》等标准和制度。认真落实地震应急工作重心前移指示，建立现场应急工作队员上岗制度，优化震害调查、科学考察等技术规范，震后分时段快速提供灾区范围、烈度分布、灾害损失等信息，不断提升为抢险救援、抗震救灾、恢复重建等服务的能力。修订颁布地震现场调查、直接经济损失评估、间接经济损失评估和恢复重建工程资金评估4项国家标准。

三、需求引领发展，应急服务保障水平快速提升

加强灾情速报工作。31 个省级地震局全部开通了 12322 灾情收集短信平台，灾情速报人员队伍不断壮大，初步建立了与新浪、腾讯等新媒体灾情信息的应急联动机制。加强地震应急指挥中心建设。完善地震应急指挥中心技术系统，实现震后灾情快速评估结果向中办、国办及时上报。开展基于实战的全国性指挥服务保障应急演练，建立应急服务产品快速产出流程，规范应急专题信息和图件。开展地震应急准备与风险评估工作。召开年度地震危险区应急准备工作会议，制定印发《地震重点区应急风险评估与对策研究工作指南》，选取重点地区和重点省局开展试点工作。推进应急避难场所建设。

四、夯实基层基础，着力提升市县应急救援能力

全面贯彻落实加强市县防震减灾工作的指导意见，中国地震局制定印发《市县地震工作部门应急救援能力建设参考指标》，积极推进市县地震应急管理机构、技术装备系统、应急准备、应急预案编制、应急和救援两支队伍建设等工作。

五、谋划长远发展，发挥应急救援科技支撑效力

中国地震局发布“十二五”地震应急规划，规划围绕中国在减轻地震灾害方面的迫切要求和防震减灾事业发展中需要解决的重大关键问题，提出进一步健全地震应急救援工作体系的指导思想、原则、目标、任务和政策措施，有效整合资源，科学设置重点和关键项目，统筹谋划“十二五”期间应急救援工作布局和发展方向。重庆等地结合当地实际编制本地“十二五”地震应急救援体系建设规划，明确发展方向和主要任务。

（中国地震局办公室）

各省、自治区、直辖市地震灾害应急救援工作

北京市

1. 地震风险评估体系建设

组织开展北京市 2011 年地震风险评估工作，编写《北京市 2011 年地震风险评估报告》，报送北京市突发事件应急委员会、中国地震局。

2011 年 12 月 27 日制定印发《北京市地震风险评估实施细则》，进一步规范地震风险评估工作。

2. 首都圈地区地震应急协作联动机制建设

10 月 24 日，北京市地震局牵头组织召开 2011 年首都圈地区地震应急准备工作会议。北京市地震局、天津市地震局、河北省地震局、中国地震台网中心、中国地震应急搜救中心等单位有关领导参加会议，会议对构建首都圈地区地震应急准备工作长效机制提出具体任务目标。

11 月 3 日，北京市地震局组织开展首都圈地区地震应急联动演练，天津市地震局、河北省地震局、中国地震台网中心、中国地震应急搜救中心等单位参加演练。室内演练突出地震应急指挥系统和政务工作、宣传工作、现场工作相结合、现场工作队和救援队相结合的原则，提升演练流程的实用化。室外演练突出现场应急处置和实际工作，强调工作快速展开和保障能力。演练贴近实战，有效提高首都圈地区地震应急联动能力。

3. 地震灾害应急救援队伍建设

在北京市委、市政府统一领导下，根据军民融合加强非战争军事行动能力建设的精神，北京市政府和北京卫戍区联合印发《北京市人民政府北京卫戍区关于建设驻京部队专业应急救援队伍的通知》，成立驻京部队地震灾害专业应急救援队。

4. 地震应急避难场所规划建设与管理

深入推进地震应急避难场所规划建设工作，北京市新建地震应急避难场所 11 处。截至 2011 年，北京市建设的符合国家标准的地震应急避难场所 71 处，总面积约 1406. 48 万平方米、疏散面积约 469. 26 万平方米、可疏散人数约 236. 74 万。

5. 地震灾情速报员队伍建设

修订《北京市地震系统灾情速报工作实施细则》，并将修订后的文件印发各区县地震局施行。重新修订全市地震灾情速报员相关信息，截至 2011 年底，全市共在册地震灾情速报员 7594 人，基本覆盖到每个社区，为震后及时收集灾情奠定基础。

6. 地震应急志愿者队伍建设

北京市地震应急志愿者服务队在“志愿北京平台”注册为团体会员，6 个区县地震局在市地震应急志愿者服务队下注册为二级团体会员，地震应急志愿者工作开始走向网络化

管理。

7. 地震应急演练工作

3月25日，北京市地震局牵头组织开展北京市2011年春季地震应急联合演练，中国地震局震灾应急救援司、中国地震台网中心、中国地震应急搜救中心及北京市昌平区地震局、怀柔区地震局等单位140余人参加。演练采取无脚本演练方式，贴近实战，进一步检验在京地震系统各单位的应急联动，提高北京市地震应急能力。

（北京市地震局）

天津市

1. 应急指挥技术系统建设

进一步完善地震应急指挥体系，强化对市抗震救灾地震应急指挥中心的运行维护管理，高水平完成华北区域地震应急指挥技术系统联动演练和首都圈地区地震应急联动演练。推进区县地震应急基础数据库建设，建立地震应急基础数据更新机制。开通“12322”防震减灾服务短信平台，拓宽地震灾情收集、地震信息发布渠道。进一步加强防震减灾公益服务热线管理，提高服务水平，解答群众来电6557次。

2. 地震应急救援准备

在完善市、区（县）两级地震应急预案的基础上，重点推进乡镇（街道）地震应急预案的修订工作。天津市16个区县已基本完成乡镇（街道）地震应急预案修编备案，形成“横向到边、纵向到底”的四级地震应急预案体系。全面做好预案落实工作，开展不同层面应急演练。天津市地震局、应急办、发展和改革委员会、民政局、安全生产监督管理局等部门联合修订了《地震应急工作检查管理办法》，开展书面检查、实地抽查、跟踪整改等多种形式的应急检查，增强地震预案的科学性和操作性。积极发挥长虹公园应急避难场所示范效应，完成汉沽区应急避难场所规划编制。

3. 应急救援队伍建设

制定天津市救援队行动方案、联席会议、培训演练等多项制度。进一步密切军队地方合作，强化地震灾害紧急救援队的日常管理与应急调动。天津市地震局与武警天津总队联合组建第二支市级地震灾害紧急救援队，完成队伍装备配备，推进训练场地的规划建设。天津市公安局、武警天津总队建立两警联勤机制，强化相互配合与协作。组织天津市各级各类应急队伍开展专业性的培训、训练、演练，提高应急救援队伍的实战能力和抢险救援能力。

4. 应急救援条件保障建设

天津市民政、商务、粮食等部门逐步加大物资储备力度，不断增加物资储备品种，初步建立物资储备体系和应急调用机制。

（天津市地震局）

河北省

1. 应急指挥技术系统建设

做好地震应急指挥技术系统日常运维。完成廊坊、唐山、秦皇岛、保定、石家庄、沧州、衡水7个市局地震应急指挥技术系统建设，举办“市级地震应急指挥技术系统软件培训班”，再次完善软件，下发各市局使用。承担“国家地震社会服务工程项目”河北省地震局子项目应急分项，编写完成《地震社会服务工程应急救援系统初设方案（河北单位工程）》，获批后正式实施；编制《河北省抗震救灾指挥数据库更新方案》，更新基础数据库10类119854条数据。

2. 地震应急救援准备

（1）强化地震应急预案管理工作。以省政府防震减灾工作联席会议办公室的名义印发《河北省地震应急预案管理办法》，有效地发挥河北省地震局作为省防震减灾联席会议办公室在全省防震减灾工作中的积极作用。印发《河北省地震局关于切实做好地震等突发公共事件报告工作的通知》《河北省地震局实施〈地震灾情速报工作规定〉细则》，进一步加强突发事件信息报送和地震灾情速报工作管理。制作河北省地震局应急工作流程挂图。印发《河北省2011年度地震重点危险区应急准备工作方案》，进一步加强地震重点危险区应急准备工作。

（2）修订《河北省地震应急工作检查管理办法》。联合省发展和改革委员会、省民政厅、省安全生产监督管理局对《河北省地震应急工作检查管理办法》进行修订，印发至各设区市及扩权县人民政府。

（3）开展多种形式地震应急演练，提升应急处置能力。参加2011年首都圈地区地震应急联动实战演练，派出16名现场人员，完成前后方应急行动；完成2011年度全国地震应急指挥系统服务保障能力演练；依托“中日合作地震紧急救援能力强化计划项目”（JICA项目），组织省政府应急办、省民政厅等相关人员共同完成无脚本、信息注入式地震灾害应急桌面推演，此次演练得到中国地震应急搜救中心主任吴建春和JICA项目日方专家的高度评价。

（4）进一步推进城市地震应急避难场所建设，河北省地震局被中国人民解放军总参谋部授予全军科学技术进步三等奖。一是结合河北省城镇建设三年上水平工作，河北省避难场所建设列入地方各级政府三年上水平建设考核体系。二是4月18日，唐山市地震局出台《地震应急避难场所标准》（DB 13/T 1378—2011），成为全国第一家市级地方标准。三是河北省地震局被中国人民解放军总参谋部授予全军科学技术进步三等奖，以表彰《人民防空工程兼作地震应急避难场所技术标准》在国防动员人民防空工程平战结合、平灾结合的利用方面作出的突出贡献。

（5）推进JICA项目实施。积极推进JICA项目实施，开展河北省地震应急时刻表编制和桌面演练筹备工作。7月24日—8月6日，由河北省地震局纪检组组长戴泊生带队赴日参加JICA中日紧急救援能力强化合作项目应急领域第二期研修班。

3. 应急救援队伍建设

（1）加强河北省地震灾害紧急救援队能力建设。一是配置河北省第二支地震灾害紧急救援队装备。积极联系省财政厅印发《河北省地震局关于现役部队地震应急专业力量装备器材保障所需经费的函》，推动救援队装备配置资金落实。二是筹划河北省武警部队抗灾救灾应急救援力量建设的落实，以书面形式向省委、省政府汇报武警河北省总队地震应急救援队建设工作建议，制定《武警河北省总队应急救援队建设方案》，计算建设经费概算。

（2）强化地震现场工作队能力提升。2011 年 6 月 27—30 日，在承德举办地震应急工作培训班，各市地震局、中心台，机关各处室、直属事业单位 50 多人参加培训。印发《河北省地震灾害调查评估上岗资格管理办法（试行）》，完善省地震现场工作队建设标准。

4. 地震应急救援行动

妥善处置 2011 年 9 月 1 日石家庄市辛集冀州深州交界 *M*3.3 地震和 9 月 5 日唐山丰南 *M*3.1 地震事件。

（河北省地震局）

山西省

1. 应急指挥技术系统建设

完成了山西省地震应急指挥中心与太原、大同、朔州、忻州、阳泉、长治、晋城、吕梁、临汾、运城 10 个市地震应急指挥中心音视频联通及 2011 年度地震应急基础数据收集、更新任务；完成了应急中心系统改造和办公室内网信息互通互联；应急中心参加全国评比获得综合考核第一名、指挥平台单项第一名、数据库单项第一名、现场工作系统第二名。继续开展地震应急无线短波电台通信网建设，2011 年长治、晋城、临汾、阳泉、朔州、忻州 6 个市地震局和 20 多个县地震局完成短波电台架设。太原市和运城市开通了超短波地震应急通信网。

2. 地震应急救援准备

修订《山西省地震应急预案》。在新修订的预案中建立了指挥部成员 AB 角负责制：A 角是各部门的正职，参加抗震救灾指挥部的决策部署，B 角是各部门分管副职，负责落实各分指挥部的应急任务。增加地震谣传等其他地震事件的应对机制；要求由 9 个应急工作组牵头部门负责组织制定本组应急联动方案，建立组对组、点对点的应急联动机制。

6 月，在各市人民政府和省防震减灾领导组成员单位自查地震应急准备情况的基础上，山西省地震局与省政府应急办组织 3 个专项检查组，对重点监视防御区内的太原、大同、忻州、临汾、运城 5 个市进行重点抽查，实地查看 5 个县级政府、7 个应急物资储备点、8 个应急避难场所、7 支应急救援队伍，通过专项检查，摸清全省应急救援队伍、避难场所建设和应急物资储备情况。

开展形式多样的地震应急演练。山西省组织市级综合演练 10 次、县级演练 6 次、军警民实兵演练 2 次，其他各级演练 4000 余次。省军区在吕梁市举行以地震为背景的军民联合综合防卫演练。太原、运城、朔州3个市也开展以地震为背景的规模适度的军警民一体演练。山西省地震局、省委宣传部、各新闻媒体组织新闻宣传和新闻发布演练与网上应对演练。山西省地震监测预报人员开展以提高快速预判地震形势为背景的应急演练。

利用特殊时段、重点时段大力开展形式多样的应急与防震宣传，2011年共印发宣传资料120万余张，宣传读本60万余本，报纸12万余份、光盘5万余张、展板2000余块。

山西省11个市均制定应急避难（险）场所建设规划，建成有设施、有设备、功能基本齐全的应急避难场所6处，其中朔州市3处、晋城市1处、临汾市1处、运城市1处。

3. 应急救援队伍建设

太原市依托武警太原支队机动大队组建150人的地震灾害救援队。晋中市为市级地震救援队配备250万元的应急救援装备。山西省30余个县成立60～80人不等的地震救助志愿者队伍。依托武警山西总队机动支队成立“抗震救灾应急救援队”，队员68名。截至2011年底，山西省共有骨干救援队伍139支4895人；地震、矿山等专业救援队伍67支4253人；交通、医疗卫生、水电等企业应急队伍325支13593人。其他应急队伍2934支，共481788人。

山西省地震救援队2011年组织培训6次和多次应急演练。一队在山西竞赛中获第一名、东北—华北片竞赛中获第三名；二队建设与演练获得北京军区的表彰。山西省地震局与省武警总队、省应急办联合起草《武警山西省总队抗灾救灾应急救援队伍建设与使用方案》，规定省、市、县党委政府调动使用武警部队权限，建立在培训、灾情速报等方面的共建共管机制。

4. 应急救援条件保障建设

山西省应急物资储备主要采取实物储备、协议储备、能力储备3种方式。11个市储备生活必需品6.7万吨；生活救助品14.5万件（套、顶）；应急通信装备：通信车39辆、卫星电话16部、GPS定位仪230台、超短波通信装备145套、对讲机1787部；应急救援装备：生命侦检类114套、破拆类573套、顶升支撑类94套、发电车42辆、发电机505台；大型工程机具：挖掘机792台、装载机1121台、吊车86台、应急抢修抢险车249台、运水车186台、自卸车368台、运输车2171辆、其他车辆1157辆。建立应急物资台账，实施动态管理，签订震后统一调动征用协议，制定应急储备物资贴息补偿制度、物资调用制度和紧急配送制度。

5. 地震应急救援行动

一是3月7日忻州五寨发生4.2级地震。山西省、忻州市、五寨县三级地震局共同协助地市、县政府有序有效地开展震后应急处置工作，组成联合现场工作队，对灾损进行调查和地震科学考察工作，及时发布震情信息，安定民心、稳定社会。此次地震由于S波振动时间短，灾区无房屋破坏和人员伤亡。二是“1·15”河津3.4级地震、“4·21”长子3.1级地震、“4·26”山阴3.1级地震、“8·2”古县3.7级地震、“9·30”襄垣3.0级地震、“12·24”山阴3.3级地震发生后，山西省地震局及时通过广播、电视、网站公告震情信息，当地各市、县地震局立即去震中区调查情况，会同公安、宣传进行震情监视和公布地震信息，公布地震类型和震后趋势判定，这些地震均无房屋破坏和人员伤亡。

（山西省地震局）

内蒙古自治区

1. 应急指挥技术系统建设

（1）对地震应急指挥系统老化摄像头进行更换和维修；卫星设备进行重新定位及隔离度测试，多次对卫星设备进行维护和保养；对高清视频会议系统和原有视频会议设备进行重新布线和连接安装及软件升级；针对地震应急指挥中心设备老化现象明显增多这一问题，对全部服务数据进行全面备份和维护。

（2）在2010年的全国地震应急指挥系统评比中获得地震应急指挥平台单项和地震应急指挥中心综合考核优秀奖。

（3）参与内蒙古自治区地震应急指挥平台的建设，向内蒙古自治区应急办提供应急管理机构、内蒙古自治区地震台站、地震重点监视防御区、地震重点监视防御城市、内蒙古自治区重大危险源（地震带、火山）等专业信息。

（4）推进应急信息平台建设，协调内蒙古自治区人民政府下发关于收集应急救援基础数据的文件，并向各盟市地震局下达有关任务要求。

2. 地震应急救援准备

（1）7月，内蒙古自治区人民政府印发《内蒙古自治区地震应急预案》，对应急分类、响应级别、响应对策、应急职责、任务落实、应急程序、应急保障等方面工作进行细化、实化，进一步明晰应急职责、规范应急流程、增强处置效能。

（2）3月29日，内蒙古自治区地震局举行地震应急集结演练，全体应急人员均在接到短信通知后按时到达指定地点参加演练。

（3）9月15日，内蒙古自治区地震局参与2011年全国地震应急指挥系统服务保障能力演练，结合内蒙古自治区防震减灾工作实际开展武警救援队联动演练。模拟地震现场进行科学考察、震害快速评估、应急通信等科目演练，按规定时限要求生成前后方指挥部地震应急指挥图件、震中分布图、地震序列分布图等图件，形成地震趋势判定、地震灾害预评估与应急辅助决策等报告。演练检验应急预案启动、地震应急指挥大厅及应急通信设备使用、地震信息发布、地震应急人员集结、地震应急现场工作队编组工作等方面的应急能力，对12322公益服务热线短信、语音平台应用进行检验。

3. 应急救援队伍建设

（1）8月，内蒙古自治区地震局正式成立应急救援处，确定工作职责，配备工作人员，制订有关工作制度。

（2）重新修订《内蒙古自治区地震局地震应急工作流程》，从组织机构、应急准备、预警与处置、响应与救援等方面对在内蒙古自治区行政区域内开展地震事件和地震传言的预警、处置等活动进行全面规定，将具体应急职责明确到人，规范地震应急处置工作流程。

（3）进一步细化盟市地震局、台站和基层速报员的职责分工，指导灾情速报网建设，规范灾情速报内容、方法、程序和地震灾情速报格式等，制定符合内蒙古自治区实际的地震灾情速报实施细则。

（4）制定《内蒙古自治区地震局地震现场工作管理规定》，进一步规范现场地震监测、震情趋势判断、灾情收集报送、灾害调查与损失评估、地震科学考察和新闻宣传等工作。

（5）12月16—17日，武警部队副参谋长黄海辉、中国地震局震灾应急救援司副司长尹光辉率联合检查组对内蒙古自治区武警工化救援力量建设情况进行检查评估。联合检查组观摩工化应急救援力量建设检查评估应急联动演练，对武警内蒙古总队工化救援力量建设给予充分肯定，认为工化应急救援力量建设呈现出3方面的工作亮点：一是各级领导高度重视，组织领导机制保障有力；二是工作机制健全有效，能力建设成效明显；三是专业训练深入扎实，装备设施管理有序，特别是场地建设走在全国的前列。联合检查组要求武警内蒙古总队和自治区地震局要加强沟通和协调联动，警民融合，积极作为，加大对工化救援队的指导力度，进一步加强专业救援能力训练和培训。

4. 应急救援条件保障建设

进一步落实《关于印发省级地震现场应急装备建设指导意见的通知》精神，为地震现场工作队更新和配备通信设备、手持GPS、数码摄像机、一体机等工作装备，提高内蒙古自治区地震局现场工作队地震应急能力。

5. 地震应急救援行动

内蒙古自治区地震局处置四子王旗3.8级地震、陈巴尔虎旗4.2级地震、阿拉善右旗4.8级地震等地震事件，第一时间向自治区党委、政府报送震情信息和受影响情况，及时向自治区领导提供决策部署建议。按照内蒙古自治区地震局地震应急预案的规定，派出现场工作组，开展流动地震监测，组织震情分析会商，科学把握和判定震情趋势。

（内蒙古自治区地震局）

辽宁省

1. 应急指挥技术系统建设

进一步完善省、市地震应急指挥技术平台、灾害损失快速评估系统、灾情实时获取和快速上报等系统建设；加强地震应急指挥平台技术培训、演练、学习调研及完善装备保障，确保震时不乱；完成地震应急基础数据库的部分空间数据和属性数据的更新工作，即对地震活动、公路、铁路、水道分布图、活动构造分布图、重点监视防御区、地震台站7类空间数据进行更新，对全省人口、经济、房屋、大型企业经济、气象、地震系统联络、灾情速报网、地震应急预案等11类属性数据进行更新。并重点完成了地震应急基础数据库的整合和基础查询工作，拓展应急服务空间，提升服务能力。地震应急基础数据库荣获全国地震应急指挥中心评比二等奖。

2. 地震应急救援准备

一是进一步加强地震应急检查，推进各级预案修订和完善工作。2011年7月，辽宁省地震局与省直5个部门联合下发《关于辽宁省地震应急工作检查方案的通知》，对全省地震重点监视防御区的应急工作进行检查。截至2011年底，省级地震应急预案修订完成，即将印发；各市县相继开展预案的修订和完善工作，其中沈阳市的地震应急预案修订工作全部完成，其所辖各县（市）的地震应急预案已经印发。二是适度开展各类救灾抢险应急演练。5月12日，参加省救灾委在抚顺举办的由辽宁省多部门参与的抗洪救灾联动演练；6月28日，参加在长春举办的东北三省地震部门应急联动演练；7月5日，参加由辽宁省消防局主办的沈阳周边4城市消防局中队举行的地震救援演练；10月29日，辽宁省地震局组织开展系统内部地震应急现场工作队演练，此次演练重点检查人员到位、预案流程、工作装备、个人装备、现场工作要求等内容。三是整合全省地震应急救援力量。2011年通过在全省开展地震应急救援力量统计调查，全省各种专业与非专业救援力量达5万人，各市都有成立地震专家组、应急协调组等。同时地震应急避难场所也有新突破，全省已有50处。对现有“三网一员”进行重新调整，有地震灾情速报员编录在册4020人。全省地震安全示范社区已达6个，社区相继成立防震减灾小组，制定社区防灾应急预案，组建志愿者队伍，开展适当的防灾演练。特别是大连市“永嘉尚品天城”和“澳南明秀庄园”地震安全社区住宅建设以规划设计为龙头，采用先进的减震技术，得到国内外同行业高度评价，成为城市地震安全示范社区建设的新亮点。

3. 应急救援队伍建设

9月9日，组建武警辽宁省总队地震应急救援队并举行授旗暨揭牌仪式。该队伍由武警辽宁省总队工化救援中队、应急医疗救援队、后勤应急保障队、辽宁省地震专家组，共计256人组成。担负辽宁省发生破坏性地震及其引发的次生灾害、建（构）筑物倒塌、滑坡泥石流以及国家、军队和省人民政府赋予的其他抢险救援任务。

（辽宁省地震局）

吉林省

2011年10月28日，举行武警吉林省总队应急救援队授旗揭牌仪式。武警吉林省总队应急救援队由省武警总队工化中队、应急医疗救援队、省地震局专业技术人员共计108人组成，该支队伍由省武警总队和吉林省地震局共同建设、管理，担负省内发生破坏性地震及其引发的次生灾害、建（构）筑物倒塌、滑坡泥石流的抢险救援，承担跨区增援任务。主办2011年东北区地震应急区域协作联动演练。来自“东北三省三局一所”（吉林省地震局、辽宁省地震局、黑龙江省地震局和中国地震局工程力学研究所）的领导和工作人员90余人参与此次演练。举办第一期地震应急管理培训班，来自吉林省直属20多个相关厅局的相关领导参加培训和研讨，详细解读地震应急预案，进行应对地震灾害以及媒体应对的实战演练。配合吉林省人大在白山市、延边朝鲜族自治州等地执法检查，提交检查报告，吉林省人大常委会审议执法检查情况报告，并向吉林省政府提出整改工作意见。开通12322防震减灾公益服务热线和短信平台。吉林省地震局会同省发展和改革委员会、民政厅、安全生产监督管理局 4 部门联合制定并印发《吉林省地震应急检查工作管理办法》。

（吉林省地震局）

黑龙江省

1. 应急指挥技术系统建设

（1）省级地震应急指挥技术系统建设。开展地震应急指挥中心日常运维管理工作，模拟触发地震，调试指挥技术系统并做好记录，向中国地震局备案。

（2）市级地震应急指挥技术系统建设。开展地震应急中心建设日常维护工作。定期进行设备检查维护。

（3）地震应急基础数据库建设。更新全省地震事件目录，完成全省市（地）县人口、经济等属性数据更新，完成全省市（地）房屋数据更新，加工完成部分灾害危险源数据矢量化。收集全省救灾物资数据，相关行业救援队数据。

2. 地震应急救援准备

（1）各级各类地震应急预案修编情况。4 月黑龙江省防震抗震领导小组正式更名为黑龙江省防震减灾领导小组，各成员单位修订完善本部门预案。

（2）地震应急检查工作落实情况。10 月 19 日至 11 月 2 日，由黑龙江省地震局、省应急办、省发展和改革委员会、省民政厅和省安全生产监督局组成地震应急工作检查组对哈尔滨市、齐齐哈尔市、大庆市和大兴安岭地区进行抽查。检查组听取市（地）政府（行署）关于地震应急准备工作情况汇报，实地考察应急救援队伍、避难场所、应急救援物资储备和社区等基层地震应急预案编制。

（3）地震应急演练落实情况。2 月 22 日，黑龙江省地震局、省政府应急管理办公室联合举行《黑龙江省地震应急预案指挥系统模拟实战演练》。演练现场设立省抗震救灾指挥部中心会场和大庆市应急数据处理中心分会场。省政府、省军区、中国地震局领导，省应急办、省抗震救灾指挥部成员单位主管领导，市（地）政府领导和地震局局长，省地震局有关人员 130 余人参加此次演练。演练由省政府副秘书长师伟杰主持，副省长于莎燕担任总指挥，中国地震局党组成员、副局长赵和平作点评。8 月组织人员参加“东北三局一所”地震应急联动演练。

（4）应急救援科普宣传教育情况。利用“5・12”防灾减灾日、“7・28”唐山大地震纪念日等防震减灾宣传重要时段，大力宣传应急避险、自救互救等常识。

（5）地震灾情速报网络建设和管理情况。12322 防震减灾公益服务热线正式开通。

（6）应急避难场所建设情况。2011 年继续推进应急避难场所建设，与各有关部门对避难场所标准、设备进行完善。

3. 应急救援队伍建设

（1）各级地震救援机构建设情况。2011 年黑龙江省抗震救灾指挥部成员单位，由原来

28 家调整扩大为 51 家。黑龙江省各级政府成立抗震救灾指挥部。

（2）各级地震现场应急工作队伍建设和管理情况。黑龙江省地震局地震现场工作队由监测预报组、灾害评估与科学考察组、综合组地震和结构等专家和工作人员组成。各市（地）地震局地震现场工作队由地震应急工作人员组成。

（3）各级地震灾害紧急救援队伍建设和管理情况。2011 年 8 月 11 日，黑龙江省武警部队应急救援队揭牌暨授旗仪式举行，副省长于莎燕为救援队授旗并讲话。

2011 年 11 月 3 日，黑龙江省地震局和省武警总队在省武警总队训练基地联合举办省武警总队应急抢险救援队力量建设现场观摩会。省委常委、省政府常务副省长刘国中、副省长于莎燕到会，省防震减灾领导小组相关成员及有关单位领导 40 余人参加观摩。

4. 应急救援条件保障建设

2011 年黑龙江省地震局更新完善应急物资 3 万余元。

5. 地震应急救援行动

（1）2011 年 1 月 15 日五大连池 4.2 级地震应急处置。黑龙江省地震局职工按照预案分工开展应急工作。此次地震应急响应及时，工作开展顺利，处置效果良好。此次地震无人员伤亡和财产损失报告。

（2）2011 年 10 月 14 日俄罗斯阿莫尔州斯科沃罗季诺镇（距黑龙江省漠河县兴安镇边界以北 92 千米）发生 $M6.6$ 强有感地震，省内大部分地区有感，黑龙江省地震局地震现场工作队前往震区协助当地政府开展工作，此次地震无人员伤亡和财产损失报告。

（黑龙江省地震局）

上海市

1. 应急指挥技术系统建设

上海市共新建、改建强震动监测点 56 个，进一步加强了强震动监测能力，计划在 5 年内建成地震烈度速报网络，达到震后 10 分钟内完成地震烈度速报的目标。地震烈度速报的方法内容目前已基本完成，灾情快速判定系统技术方案初步形成，建成后将为地震应急指挥决策发挥更大的作用。

2. 应急救援队伍建设

11 月 29 日，由上海市地震局和武警上海总队联合组建的上海武警特种救援队在上海浦东新区宣告成立。中国地震局党组成员、副局长赵和平出席仪式并讲话，上海市副市长、市公安局局长、武警上海总队第一政委张学兵宣布救援队成立并授旗。

救援队以武警上海总队工化救援中队为依托主体，并由武警总队医院为主的应急医疗救援队、武警上海总队九支队为主的后勤应急保障队和上海市地震局地震现场工作队共同组成，全队人员共计 178 名，担负上海市可能发生的破坏性地震及其引发的次生灾害、建（构）筑物倒塌救援，兼顾其他重、特大灾害抢险救援及国家、军队和市政府赋予的跨区域抢险救援任务。救援队将突出“快速反应”和“重大工程灾害救援”两个能力，纳入上海市应急救援体系。

3. 地震应急救援行动

（1）参加安徽安庆地震救援实战。2011 年 1 月 19 日 12:07 时，在安徽省安庆市市辖区、怀宁县交界发生 *M*4.8 地震，震中位于北纬 30.6°、东经 117.1°。地震发生后，根据华东地震应急联动协作区地震应急预案，上海市地震局立即派出地震现场工作队于当日 14:40 出发，赶赴安徽安庆地震现场协助工作。

上海市地震局地震现场工作队一行 15 人，由应急管理、地震宏观考察、震害损失评估专家组成，拥有丰富的应急工作经验。工作队抵达震区后分成两组，分别进行建筑物安全鉴定和地震烈度分布调查。共排查 4650 户居民，鉴定确认受损严重、不宜居住房屋 605 幢，同时为震区烈度分布图的划分提供第一手资料。

（2）参加华东协作区应急联动演练。2011 年 10 月 15—18 日，上海市地震局参加在安徽安庆举行的“华东地震应急联动协作区应急救援联合演练”。此次演练有华东五省一市 6 支队伍共 100 多人参加，设置的科目有：区域快速响应联动（模拟），应急通信、生命探测、山崩废墟搜救、震灾评估、媒体应对和搜救组综合比武等，以检验华东协作区紧急拉动、协同作战、搜救和指挥一体化能力。

4. 地震应急处置

2011 年 1 月 12 日南黄海 *M*5.0 地震和 3 月 11 日日本 *M*9.0 地震，上海均有明显震感。两次有感地震发生后，上海市地震局应对工作突出一个“快”字，立即将震情上报市委、市政府和 110 应急联动中心，同时利用已组建的全市主流媒体新闻记者联系网，由局新闻发言人及时向媒体通报震情信息。在对外发布震情信息时，增加震中距和震源深度两个地震要素，将地震“三要素”变为“五要素”，提升震后信息发布服务能力。震后妥善安排专家接受媒体采访，为公众解答地震监测、预测、防御等专业问题，其中，南黄海 *M*5.0 地震发生后，共接受电视、广播和平面媒体采访 23 次；日本 9.0 级大地震发生后，共接受电视、广播和平面媒体采访 31 次。两次有感地震的成功应对，消除了公众恐慌心理，有力维护了社会秩序稳定，取得显著的社会效益，得到了市政府领导的充分肯定。

（上海市地震局）

江苏省

1. 应急指挥技术系统建设

完善地震应急基础数据库建设。收集江苏全省各市（含部分县）交通旅游图，结合全省各区县基础背景信息，制作全省 13 地市和郯庐断裂带、茅山断裂带等区域各类专题图件 100 余幅。

2. 地震应急救援准备

全省共编制地震应急预案 13000 多件，大部分县级地震应急预案编制或修订，部分县市深入到乡镇一级，连云港、徐州、南通等市的所有行政村全部编制地震应急专项预案。

4 月，江苏省地震局与江苏省住建厅、江苏省民防局对全省应急避难场所建设情况进行联合检查。检查组对各地地震应急避难场所规划建设检查情况进行汇总考核，总结近一年来全省地震应急避难场所规划建设取得的阶段性成果，同时分析存在的问题，对推进全省地震应急避难场所规划建设提出建议，最终形成《关于全省地震应急避难场所规划建设情况的报告》上报江苏省政府。

5 月 11—13 日，江苏省地震局组织参加在南京、仪征两地举行的代号为“信联 - 2011”的江苏省军队地方联合地震应急指挥信息保障演练。5 月 12 日，徐州市政府成功举行防震减灾应急救援综合演练，这是徐州市政府首次举行的地震应急预案综合演练。6 月 1 日和 10 月 28 日，宿迁市和连云港市分别举行地震应急桌面演练。10 月 16—17 日，江苏省地震局组织参加华东地震应急联动协作区 2011 年度地震应急综合演练。9 月 15 日，江苏省地震局成功参加全国地震应急指挥技术系统演练，圆满完成江苏部分演练任务。此外，演练还实现江苏省地震局 12322 远程灾情上报、搜集、汇总功能，拓展江苏省地震局地震应急指挥辅助决策系统与省政府地震应急指挥调度平台的音视频互联互通。12 月 15 日，成功举行常州市政府暨苏南地震应急协作联动区地震应急综合演练。

江苏全省建成 124 个避难场所，其中 8 个省辖市建成至少 1 个中心（1 类）地震应急避难场所。

3. 应急救援队伍建设

江苏省地震局根据新一轮岗位设置和人员变动情况，及时完成现场工作队队员的补充调整，并调整任务分工。目前，全省市、县级地震现场工作队总人数超过 300 人。2011 年，省、市、县购置应急车辆、海事卫星电话和 GPS、发电机、导航仪、对讲机等应急救援装备 250 多台（套），新增应急装备费用数百万元。

11 月 11 日，依托省武警总队工化分队组建的江苏省第三支地震灾害紧急救援队举行揭牌授旗仪式，何权副省长为武警江苏应急救援队授旗并作重要讲话。省政府为武警救援队配备约 2000 万元的专业救援装备。

江苏省省级志愿者队伍目前有南京中网卫星通信公司、江苏无线电协会组织的无线电爱好者地震应急通信分队。

江苏省无锡新区民防救援队、南京黄埔抗震救灾民兵连、南京建工集团地震灾害救援大队相继建立。苏州常熟市地震局与常熟市文明办、常熟团市委联合建立防震减灾志愿者队伍，志愿者总会直接领导的市、镇及有关单位分会有 31 支，形成社会共同参与的地震灾害应对网络。徐州市通过创建“防震减灾志愿者站”的形式，为社区地震应急志愿者提供固定交流培训场所。

4. 地震应急救援行动

1 月，江苏省境内相继发生建湖有感小震群、南黄海海域 *M*4.8 地震及东台 *M*2.9 地震。江苏省地震局分别于 1 月 2 日、3 日凌晨派出 3 支现场工作队到震区协助当地政府进行应急处置，架设流动测震仪，做好地震流动监测和社会稳定工作。同时，通过 12322 热线、江苏防震减灾网站在线咨询等方式及时、准确发布震情，解答社会公众咨询。1 月 19 日，安徽安庆 *M*4.8 地震发生后，江苏省地震局派出 2 支现场工作队，完成 2 条线的烈度调查、最终结果核查确定，协助完成地震损失快速评估和极震区烈度线圈定工作，完成调查震区房屋 980 户。

（江苏省地震局）

浙江省

1. 地震应急救援准备

浙江省各级地震部门坚持常备不懈，紧抓震情不放松，着力建立健全应急工作机制，做好日常应急准备工作。浙江省共举办各级、各类地震应急演练 20 余次，参与人数超过 10 万，有效地增强了广大民众的自救互救能力，提高了地震部门自身的整体素质和应急水平。全省地震应急避难场所建设呈现新亮点：杭州市编制完成《应急疏散避难场所布局规划》，将地震应急避难场所与其他灾种的应急避险场地综合考虑，做到平灾结合、综合利用。3 月 21—23 日，浙江省地震局会同浙江省政府应急办、浙江省安全生产监督管理局对秦山核电公司、杭州湾跨海大桥管理局、中石化镇海炼化分公司、中化兴中石油转运（舟山）有限公司、宁波皎口水库管理局、浙江珊溪经济发展有限公司、华东电网公司新安江水力发电厂 7 家大型重点企业进行地震应急预案检查。

2. 地震应急处置

2011 年 3 月 11 日，日本本州以东海岸附近海域发生 9.0 级特大地震。地震发生时，浙江省温州市、杭州市等多个城市高层建筑震感明显。地震发生后，浙江省地震局坚决贯彻浙江省委省政府领导的指示精神，迅速采取应对措施，全力维护社会安全稳定：一是立即启动局内 4 级地震应急响应工作程序，全体工作人员进入应急戒备状态，同时对相关应急流程进行细化，将工作任务和责任落实到部门和个人；二是安排专门人员，加密查看地震观测数据，全面加强对全省地震活动的监测跟踪与分析，全体地震预报人员 24 小时待命，一有异常情况立即进行紧急会商；三是由局领导亲自带班，安排专门人员开展 24 小时应急值守；四是主动加强与浙江卫视、浙江日报、浙江人民广播电台等省内主要新闻媒体合作，全面加强防震减灾和地震海啸科普知识宣传，严防地震谣传发生；五是进一步加强与浙江省气象局、海洋渔业局等部门的联系与沟通，加强舆情、震情、灾情收集，做好信息报送工作。

（浙江省地震局）

安徽省

1. 应急指挥技术系统建设

省级地震应急指挥技术系统主要完成新大楼指挥技术系统设备的招投标、采购、安装、部分调试和内部装饰等，并且对技术系统的搬迁、升级方案进行整体实施规划。定期对蚌埠市、铜陵市2个地震应急指挥分中心进行软硬件设备的巡检各4次，对合肥市、马鞍山市、滁州市应急节点进行各1次的巡检与维护。对各市局、台站给予远程技术支持10余次，及时解决各节点相关问题。对宿州市、滁州市、六安市地震应急基础数据库进行更新、整理和入库，保证各市级应急决策系统的时效性。编写亳州市、马鞍山市、滁州市地震应急指挥技术系统建设方案，完成铜陵市地震应急指挥技术系统的研制，并与滁州局签订滁州市地震应急指挥中心技术系统软件系统开发协议。组织或参与各类演练共15次。完成中国地震局应急青年课题“安徽省地震应急三级响应指挥技术系统研制”，实现省内地震分级响应的功能，并顺利通过验收。对空间化后的地震应急基础数据库进行更新与整理，对各项数据进行排查纠错与更新。由于巢湖市的撤销，对安徽省行政区划等一系列数据进行检查、修改与重新划分。制作滁州市和宿州市1∶10000应急基础图库，共计63个图层。

2. 地震应急救援准备

继续推进各级各类地震应急预案修订完善，经省政府批准，安徽省地震局和省政府应急办等部门联合印发《安徽省地震应急工作检查管理办法》，省地震局联合政府应急办、人防办组成检查组对沿郯庐带中南段的蚌埠市、滁州市、安庆市及桐城市进行地震应急专项检查，并将检查情况和建议报告省政府。芜湖、阜阳、马鞍山等市陆续印发本市的检查管理办法，合肥市组织5家市直单位对4县1市8区和市直有关部门进行应急检查，特邀市人大代表和政协委员现场监督。安徽省地震应急救援训练基地、滁州市人民广场、淮北市地震应急与科普宣教基地等5处地震应急管理相关场所入选首批29处省级应急管理示范点和示范工程。修订《安徽省地震应急区域协作联动工作实施方案》，调整省内3个协作区的单位组成和轮值单位，新增协作区应急工作考评制度。组织承办2011年全国地震应急救援工作会议，在安庆市举办2011年度华东地震应急协作区地震应急救援联合演练。参加中国地震局统一组织的全国2011年度地震应急指挥中心联合演练。购置地震现场工作队装备车并组织开展装备集成和野外作业应急演练。多次安排专家先后赴六安军分区、安徽科技学院、安徽省电力公司、阜阳市武警支队进行地震应急救援讲座。

3. 应急救援队伍建设

与省内两所知名高校联合成立安徽省地震现场应急工作队震灾评估专家分队，并举办全省地震现场工作队震灾评估分队培训班，特邀中国地震局震灾应急救援司、中国地震应急搜救中心的专家授课。进一步加大社会联动力度，与安徽省人民防空办公室签订应急联动协议，并在华东协作区地震应急救援联合演练中实现强大的应急通讯和现场视频直播。此外，安徽省武警总队依托工化救援中队成立省武警地震救援分队。

4. 应急救援条件保障建设

安徽省地震现场工作队装备水平进一步提升，新增装备车一辆，并添置生命探测、救援教学、个人防护等数十万元应急装备。省地震应急救援训练基地新增装备30多万元，新建宣传栏等基础设施，成功接待省地震灾害评估分队学员学习观摩和部队首长、省市有关部门领导观摩数百人次。

5. 地震应急救援行动

2011年1月19日安庆发生4.8级地震，安徽省地震局迅速反应，启动地震三级响应，

6 分钟内将震情信息上报中国地震局和安徽省委、省政府，各项处置工作全面展开：一是震后 20 分钟，现场工作队赶往震中区域考察震灾情况，迅速启动华东区域地震应急联动机制，5 支省级现场工作队迅速赶赴震区，协助震区政府开展现场应急处置工作；二是立即召开紧急会商会判定地震趋势；三是立即开展全省地震系统网上应急检查，要求省地震局各部门、各地震台和相关市地震部门加强震情监视和应急值守；四是现场工作队抵达震区后迅速开展灾民紧急安置、危房排查、震灾评估、流动监测等工作。省地震局提供的灾民安置、危房排查、舆情应对等建议均被采纳，现场应急处置工作受到安徽省委、省政府和震区各级政府及当地群众的一致好评。三级响应终止后，省地震局先后完成安庆地震应急科学总结、安庆 4.8 级地震灾害损失评定、《安庆 4.8 级地震应急工作资料汇编》和安庆地震应急图片展等工作。

（安徽省地震局）

福建省

1. 地震应急救援准备

截至 2011 年底，福建省共制定省、市、县（区）三级政府地震应急预案 95 部，各级抗震救灾指挥部成员单位地震应急预案 919 部，各类生命线工程、学校、社区、人员密集场所、重点企事业单位等的地震应急预案 477 部，形成省、市、县（区）三级地震应急预案体系，进一步加强全省防震减灾社会动员能力。

福建省地震局贯彻落实中国地震局《地震应急工作检查管理办法》，结合福建省实际，联合省发改委、省民政厅、省安监局等部门修订《福建省地震应急检查工作制度》，并在龙岩市联合开展地震应急工作检查；省政府应急办参加此次应急工作检查。其他各设区市也由设区市政府牵头，各自开展地震应急检查工作。

9 月 15 日，福建省地震局结合中国地震局全国地震应急指挥系统服务保障能力演练，联合福州市消防支队特勤大队，在福州闽清举行地震灾害应急救援拉动综合性实战救援演练。此次演练参加人员为福建省地震局现场工作队、福州市消防支队特勤大队及搜救犬分队、战勤保障大队、闽清县消防大队共 60 多人，福州消防支队司令部派员现场进行指导协调，省军区、武警福建省总队、武警福建省森林总队救援队代表现场进行观摩。

10 月 16 日“2011 年华东区应急协作联合演练”在安徽省安庆市举行。福建省地震局黄向荣副局长带领由福建省地震局地震现场工作队和福建省地震紧急救援队组成的福建省地震应急队共 19 人参加此次应急协作联合演练，并在联合演练比武中摘取桂冠。

12 月 13 日，漳州市东山县在西埔及东山二中两地举办地震桌面推演和现场地震综合模拟演练。福建省地震局黄向荣副局长、漳州市地震局陈禹生局长应邀到场观摩并点评指导。

福建省地震局信息网络与地震应急指挥中心在每周星期五下午开展全中心地震应急指挥系统操作规程和设备运作的演练。另外，各设区市在机关、企事业单位、学校、社区均开展了不同规模、不同形式的地震应急演练。

福建省地震局积极组织编写防震减灾科普手册，在福建省地震局网站上发表多篇科普和应急救援文章。派人支持设区市进行地震应急工作培训，介绍地震现场工作经验，指导市县地震应急工作。

福建省地震局应急救援处组织研发的《市县地震快速反应系统》在福建省及全国30多个市县，包括上海市地震局、成都市地震局等地震部门推广。

福建省委、省政府将地震应急避难场所建设列为省政府2011年为民办实事项目，要求全省2011年内建设完成300处地震应急避难场所。各设区市、平潭综合实验区根据自身实际情况，积极推动地震应急避难场所建设。福建省地震局统一协调市县地震部门积极争取政府领导、有关部门及业主单位的理解和支持，逐步形成政府主导、地震部门协调把关、业主负责的建设模式。各地在推进地震应急避难场所建设中形成了一些好做法，如泉州市推进已建地震应急避难场所基础资料数据库整理工作，并在福建省防震减灾管理系统发布；龙岩市加大应急避难场所建设投入，对县（市、区）每个避难场所建设市级均予财政补助15万元，高起点、高标准建设地震应急避难场所；莆田市为了更好管理和使用应急避难场所，在地震或其他灾情发生时能够顺利启用，确保灾民安置工作高效有序开展，率先出台《莆田市应急避难场所启动预案》；厦门市集中规划设计，由市地震局统一组织设计，下发设计方案给业主单位，指导业主单位建设；漳州市联合市人大、政协推进地震应急避难场所建设工作，并将地震应急避难场所建设进展及时在《闽南日报》上向社会公布；南平市将地震应急避难场所建设列入政府督查内容，对建设进展滞后的县（市、区）进行督查通报，南平市地震局加大地震应急避难场所建设在地震工作考评中的比重；福州市、三明市、平潭综合实验区在地震应急避难场所中对地震应急避难场所相关设施进行创新设计。

截至2011年底，福建省共完成305处地震应急避难场所。泉州、福州、漳州、莆田四设区市在原有规划任务数基础上超额完成建设任务，厦门、龙岩、三明、南平、宁德五设区市全部完成规划任务数建设任务，平潭综合实验区主体工程基本完成。

福州、厦门、泉州、漳州、莆田、龙岩、南平、三明、宁德九设区市重视并积极推进“三网一员”的建设，完成了对社区、乡镇、村居的“三网一员”培训工作。

2. 应急救援队伍建设

11月23日，福建省政府抗震救灾指挥部联络员会议在福建省地震局召开，福建省政府抗震救灾指挥部41个成员单位派员参加。

福建省地震局同福州大学签订《地震应急救援科技协作协议》，成立福建省地震现场应急工作队福州大学震灾评估专家分队，进一步完善政府领导、部门配合、协调联动、社会参与、信息共享的工作机制。8月和11月，福建省地震局分别在厦门、福州组织两次地震现场灾害评估培训。

7月，根据中国地震局和武警部队联合制定的《关于武警部队抗灾救灾应急救援力量建设与使用的若干意见》要求，进一步贯彻落实中国地震局和武警部队抗灾救灾力量建设兰州会议，武警福建省总队依托武警福建总队工化救援中队成立应急救援队。到2011年底，福建省共有各级地震救援队伍87支，总人数达4491人，其中省级地震救援队4支，队伍人数580人，市级地震救援队10支，队伍人数1054人，县级地震救援队73支，队伍人数2857人。

2月4日，邵武地震救援志愿者队伍参与“2·4”福建邵武拿口特大交通事故救援行动，在救援中救出和打捞多名遇难者。

11月12日，由福建省地震局和共青团福建省委联合举办的福建省地震救援志愿者培训班在福州举行。全省志愿者队伍包括省直地震救援志愿者、厦门蓝天救援队、福清地震救援志愿者服务队、邵武地震救援志愿者服务队等共120余人参加培训班，福建省地震局黄向荣副局长专程出席培训班开幕式并做重要讲话。

截至2011年底，福建全省共成立各级地震救援志愿者队伍共378支，全省注册地震救援志愿者11381人，可动员志愿者7万余人次。

福建省救援队二期装备建设进入尾声，大部分设备投入使用。省地震灾害紧急救援队二期装备共完成46个合同包招标采购任务，合同预算为3082.34万元，实际中标金额为2695.1765万元，节约资金387.1635万元，项目完成91.8%，包括灾情获取、快速机动、侦检、搜索、营救、医疗和后勤保障7类159种3663件（套）装备。

截至2011年底，省级地震救援队建设共投入7981.54万元，配置现场救援急需的搜索、营救、医疗、通信、动力、车辆、个人防护、后勤保障8大类260余种9486台（件、套）装备。

福建省地震局积极配合省政府应急办公室和福建省经济贸易委员会，提供福建省地震救援队装备物资清单，充实省级应急救援物资储备库，实现资源共享。

（福建省地震局）

江西省

1. 应急指挥技术系统建设

江西省防震减灾地震应急指挥中心暨台网加密与扩建于2011年9月3日主体工程封顶，11月9日通过验收。通过建设地震应急指挥室和地震应急响应联动中心等，江西省地震局地震应急指挥技术系统与江西省政府地震应急指挥平台实现互联互通。江西省地震局与江西省广电局加强合作，推动地震信息发布绿色通道建设工作。指导市县开展应急技术能力建设，截至2011年底，九江市等6个设区市建成地震应急指挥中心。

2. 地震应急救援准备与队伍保障建设

修订实施《救援队伍建设三年规划》，江西省各设区市建立综合救援队伍，落实装备保障经费，开展分级分类培训400人次，选派7名省、市地震灾害紧急救援队骨干前往国家救援基地培训，提高队伍战斗力。8月4日，江西省政府应急办、地震局、武警总队在南昌召开抗灾救灾力量建设第一次联席会议。12月28日，武警江西总队应急救援队在省武警总队第一支队基地举行授旗挂牌大会，江西省政府办公厅副主任喻晓社为救援队授旗，江西省地震局局长王建荣、武警江西总队副总队长周四洋为救援队揭牌。武警江西总队应急救援队依托武警工化救援中队组建，这是江西武警的第一支专业救援力量，也是江西省应急救援体系新增的一支重要有生力量。积极开展地震应急避难场所建设，全省共建成174个地震应急避难场所。全省各地结合防震减灾宣传活动，开展各级地震演练50多次。

3. 地震应急救援行动

高效有序处置瑞昌—阳新 *M*4.6 地震。2011 年 9 月 10 日 23 时 20 分，在江西省瑞昌市与湖北省阳新县交界发生 *M*4.6 地震。此次地震发生在中秋节前夕，波及江西省大部分地区，造成较大社会影响。江西省委省政府和中国地震局领导高度重视，先后作出重要指示。江西省地震局积极协助九江市政府和瑞昌市政府，迅速行动、高效应对。一是全局人员迅速到岗，启动省地震局应急预案二级响应，部署应急工作，并建议启动省应急预案三级响应。二是主动引导社会舆论，通过各级各类新闻媒体发布震情信息，指定专人对网络舆情进行跟踪处置，发布手机短信400多万条。三是在震后 50 分钟派出现场工作队赶赴地震现场，开展震情监视和震情影响调查。四是在震后 2 小时提出较为准确的震情趋势判断意见，及时对外公开发布，有效维护社会稳定。9 月 11 日，江西省政府谢茹副省长代表省委省政府，深入九江瑞昌震区，指导应急处置工作、看望慰问群众和地震现场队同志，对此次地震应急处置工作给予肯定。

（江西省地震局）

山东省

1. 应急指挥技术系统建设

2011 年 8 月 26 日，山东省地震局牵头组织华北地区暨渤海海峡及邻区地震应急指挥系统联通演练，北京市地震局、天津市地震局、河北省地震局、山西省地震局、内蒙古自治区地震局、河南省地震局、辽宁省地震局参加联通演练。完成市级地震应急指挥中心建设项目分项目的测试验收，开展“十一五”应急类项目收尾相关工作。组织对 2010 年度市级地震应急指挥中心工作质量进行评比，不定期组织检查省市地震应急指挥中心视频互联互通情况，督促各市加强“十一五”重点项目建设成果的转化和实际应用。

2. 地震应急救援准备

结合创建“山东省地震应急预案管理示范县（市、区）”活动，积极推进乡村、学校、医院等基层地震应急预案建设，组织第三批预案管理示范县评选。全省地震应急示范县达到 48 个，实现 17 市全覆盖。制定春节、国庆节、两会等节日和特殊时段专项应急预案，保障地震安全。与省政府应急办联合印发《关于加强防灾应急疏散演练工作的通知》，对全省机关、企业、学校、医院、社区等人员密集的场所应急预案编制和演练进行部署，并且建立在每年 5 月举行应急疏散演练活动的制度。

5 月 15 日，举行山东省暨菏泽市地震应急救援演练，演练模拟菏泽市牡丹区发生 6.5 级破坏性地震，王随莲副省长任总指挥，省防震减灾工作领导小组、菏泽市抗震救灾指挥部成员以及 34 支救援队伍、951 名救援人员、163 辆救援车参加现场救援演练。

加强区域协作联动，参加 2011 年度鲁豫皖交界及邻近地区地震应急联席会议。省内鲁西、鲁中、鲁东 3 个应急协作联动区分别召开联动区会议，开展有关工作。继续推进地震应急避难场所建设，各地新建设一批标准化地震应急避难场所，全省地震应急避难场所达447处。继续推动12322公益热线社会化服务，加强12322短信平台管理。开展抗震救灾物资装备统计工作，重新备案全省地震灾情速报人员，全省灾情速报人员达16845人。

3. 应急救援队伍建设

举办首届地震系统应急救援技能培训和竞赛，派出省市救援队业务骨干参加中日JICA合作地震应急救援能力强化培训。与团省委、省青年志愿者协会联合印发《山东省地震救援志愿者管理办法》，进一步规范和促进各地志愿者队伍建设。

4. 应急救援条件保障建设

加强地震系统内部应急装备建设，为17个市统一配发小型救援工具，17个市局建成应急物资储备库，备案地震应急通信设备272台。

5. 地震应急救援行动

2011年1月24日、27日鄄城与河南范县交界*M*3.2地震和*M*3.1地震，1月29日济阳*M*3.5地震，3月8日河南太康*M*4.6地震，5月20日安丘*M*3.6地震，6月13日垦利*M*3.0地震，7月26、27日威海3级小震群，10月13日鄄城与河南范县交界*M*4.1地震，10月23日莘县*M*3.0地震，11月29日莱西*M*3.2地震等15次显著性地震事件发生后，山东省和有关市、县地震部门迅速启动地震应急预案，有序开展现场应急、震情研判、新闻应对、社会宣传等工作，维护社会稳定。

（山东省地震局）

河南省

1. 应急指挥技术系统建设

2011年，对省级地震应急指挥技术系统的升级改造列入河南省“十二五”防震减灾规划，完成项目建议书编写。

完成省辖市地震应急指挥系统建设项目建议书编制，上报省发展和改革委员会。

结合社会服务项目，对地震应急数据进行修改补充。

2. 地震应急救援准备

截至12月5日，18个省辖市全部制定了本级地震应急预案，28个省直部门制定了本单位的地震应急预案；519个省辖市局（委、办）、141个县（市、区）政府、42个县（市、区）地震机构、1254个乡（镇、办事处）、996个重要企事业单位、5057个社会基层组织制定了《地震应急预案》，预案总数达到了7997件。2011年底启动预案修订工作。

6月23日至7月15日，河南省地震局组成震情跟踪及地震应急工作检查组，对周口市、驻马店市、平顶山市、许昌市、漯河市、信阳市、南阳市、开封市、商丘市震情跟踪及应急工作进行检查。

河南省地震局每季度开展1次地震现场工作队及应急人员桌面演练，每半年开展1次实战演练。11月23日，河南省地震局组织开展了全局规模的地震应急桌面演练，模拟8时

46 分兰考县与民权县交界（34.72°N、114.91°E）发生 $M5.2$ 地震。

河南省地震局积极推进和海燕出版社、科技出版社联合出版防震减灾科普知识系列丛书的工作。

2011 年底，各省辖市特别是位于值得注意地区按照每个行政村、社区应有 1 ~2 名灾情速报员的要求，建立、充实了灾情速报员队伍，并将人员情况报河南省地震局应急处备案。河南省已建成应急避难场所 47 处。

3. 应急救援队伍建设

对河南省防震抗震指挥部成员进行调整。全省 18 个省辖市均成立防震抗震指挥机构，部分县（市）也成立地震应急指挥机构。

河南省地震局地震现场工作队伍作适当调整，18 个省辖市地震局成立地震现场工作队。

河南省武警总队确定救援队在省武警总队直属支队工化救援中队基础上组建，编制 68 人。派出 6 批次 20 多人次赴北京凤凰岭国家地震应急救援基地、福州武警指挥学院、徐州、贵阳、甘肃等地进行地震救援和接装培训，开展各种训练。

9 月，河南省地震局与陆军 20 集团军，签订《军地地震应急救援协作联动协议》，建立军地协作联动机制。

截至 2011 年底，郑州、鹤壁、安阳、濮阳等 14 个省辖市相继成立志愿者队伍，志愿者在册人数达到 27921 人。

4. 应急救援条件保障建设

河南省地震局配备地震现场应急所需的基本装备。各省辖市地震局陆续完善地震应急装备。

8 月，河南省武警总队救援队装备到位，主要有挖掘机、装载机、推土机、照明车、起重机、救援车、宿营车、炊事车、淋浴车，各类切割、顶撑、破拆、照明等救援设备 13 大类、92 种、1705 件（套），资金额度 3000 多万元。

5. 地震应急救援行动

2011 年 3 月 8 日 0 时 19 分，河南省周口市太康、扶沟和西华县交界发生 4.3 级地震。地震发生后，河南省地震局立即启动地震应急预案，全体人员在规定时间内到岗开展工作。随即召开指挥部会议，安排地震应急工作。周口、南阳、驻马店等市地震部门第一时间启动地震应急预案开展工作。河南省地震局卢国合副局长带领地震现场工作队迅速赶赴震区，开展流动监测和震灾评估工作，并架设 8 个流动地震台，密切监测地震活动。

（河南省地震局）

湖北省

1. 应急指挥技术系统建设

（1）开展地震应急指挥技术系统月演练 12 次，中南五省（区）季度演练 4 次。参加中国地震局牵头的半年演练 1 次，2011 年全国地震应急指挥系统服务保障能力演练 1 次。

（2）继续大力推进地震应急基础数据库更新，同时开展湖北省地震社会服务工程应急救援服务系统数据收集。

（3）落实工作专班，负责 12322 防震减灾公益服务热线运行与维护，全年运行平稳、无故障，定期开展 12322 地震应急短信平台测试。

2. 地震应急救援准备

（1）完善应急预案体系建设。受湖北省政府应急办委托，组织专班认真研究探讨，对《湖北省地震应急预案》进行“简明化、图表化、程序化、数字化”设计，形成示范性模板；指导荆门市完成《荆门市地震应急预案》的修订。

（2）落实地震应急工作检查管理办法。4 月，联合湖北省发展和改革委员会、省民政厅、省安全生产监督管理局下发《关于印发〈地震应急工作检查管理办法〉的通知》，有效加强湖北省地震应急管理工作，规范地震应急工作检查，进一步促进地震应急救援工作科学依法、统一有序开展。

（3）抓好地震应急演练活动。3 月赴黄冈市地震局检查、指导地震工作主管部门开展防震减灾知识宣传和地震应急演练；5 月 9 日，组织应急人员、携带应急装备，参加湖北省政府办公厅在赤壁市应急救援中心举办的湖北省基层应急救援建设成果展示汇报会和突发灾害事故应急救援实战演练；7 月 11 日，组织应急人员、携带应急装备，在赤壁参加由公安部举行的突发重大灾害事故综合应急救援演习；10 月 16—17 日，在三峡重点监视区宜昌市郭家坝组织 2011 年长江三峡 175 米试验性蓄水地震应急演练，并邀请中国长江三峡集团公司人员观摩。

（4）加强地震应急救援科普宣传。4 月，组织机关 40 多名干部到武穴市石佛寺镇魏高邑村开展送防震减灾知识下乡专题活动及与黄冈市、武穴市地震局在武穴市区组织开展防震减灾宣传“上街道、进学校、进社区”活动。

（5）推进应急联动机制建设。加强湖北省政府部门应急联动机制建设，实施湖北省突发事件预警信息发布平台、省政府应急平台、部门应急平台的互联互通建设，组织开展湖北省地震局、省军区、武警部队、省气象局、电信湖北分公司等各单位间的应急联动。

4 月，在湖北省武汉市江夏区郑店湖北省军区教导队举办的“省军区国防动员和民兵预备役业务集训”中，两次派出地震专家为湖北省军区团职以上干部作地震救援行动组织与实施的报告；9 月，完成湖北省地震灾害损失评定委员会换届工作，成立第四届湖北省地震灾害损失评定委员会；10 月，组织省政府应急办与武警总队分管应急工作的领导前往四川省、青海省参观考察，学习多震地区应急救援机构部门的先进工作经验；10 月，参加在广西召开的中南五省（区）地震应急协作联动会议，与海南、湖南、广东、广西 4 省区代表交流 2011 年度地震应急救援工作经验；与湖北省气象局就湖北省突发事件预警信息发布平台事宜展开合作，签订合作协议，完成平台运行的测试；与中国电信武汉分公司就湖北省应急平台建设方案进行协商讨论，落实推进省政府应急平台与部门应急平台的互联互通；与武警湖北总队进行多次会谈，双方就建立联席会议制度、衔接两家应急预案、制定训练计划、尽快形成战斗力、调动使用的权限、装备能力和场地建设等事项达成初步共识。

3. 应急救援队伍建设

（1）加强地震现场应急工作队伍建设。为高效有序地开展地震现场工作，培养扩大地震现场应急工作队伍，地震发生后，迅速派出年轻同志和经验丰富的老同志一同到现场开展地震应急工作。

（2）加强地震灾害紧急救援队伍建设。6月，组织来自武汉、咸宁、黄冈、鄂州、宜昌、黄石、荆门、潜江等市区地震局系统的13名管理干部在中国地震局应急搜救中心培训基地（北京）参加为期1周的地震应急与救援管理专业培训及研修；7月，在黄冈市举办2011年度地震应急培训班，部分科技专家和应急救援处、各市（州）及部分县市地震局（办）共90余人参加培训；8月，组织4人赴江苏省地震局和山东省地震局考察学习地震应急管理工作。

（3）推进湖北省地震灾害救援志愿者队伍建设。制定地震灾害紧急救援志愿者队伍培训内容，提高地震灾害救援志愿者应急救护、防灾避险、健康知识等专业能力，为下一步开展志愿者队伍的专业培训奠定基础。

4. 应急救援条件保障建设

采购相机、摄像机等应急装备，使其更加符合地震现场应急工作需要。

5. 地震应急救援行动

（1）地震现场应急工作情况。组织协调开展应急处置工作10次，派出地震现场工作队2次。2011年长江三峡水库175米试验性蓄水期间，于9月15日至11月4日派出两名工作人员赶赴库区加强监测并对库区相关地震部门开展巡视工作。

（2）地震紧急救援工作情况。高效处置2011年9月10日江西省瑞昌市与湖北省阳新县交界处发生的$M4.6$地震。地震发生后，迅速开展地震应急处置，并派出现场工作队，迅速开展地震灾情调查。及时向湖北省委、省政府和中国地震局报告震情、灾情。随时跟踪震情和现场工作动态，始终保持前后方指挥部的密切联系，做好信息的收集与上报。同时，要求鄂东市（县）地震管理部门迅速派人到地震现场了解震区震感及震灾情况。由于响应快速，处置得当，震区生产生活秩序迅速恢复正常。

9月13日，组织湖北省地震灾害损失评定委员会对《2011年9月10日江西省瑞昌市与湖北省阳新县交界处$M4.6$地震灾害直接损失评估报告》进行审定，评审认为报告符合国家标准GB/T 18208.4—2005《地震现场工作第4部分：灾害直接损失评估》要求，地震灾害损失评估区划分、房屋的破坏比、损失比等主要计算参数选取科学合理，资料充分，内容翔实。湖北省地震灾害损失评定委员会原则同意报告结果。

（湖北省地震局）

湖南省

1. 应急指挥技术系统建设

根据湖南省政府应急平台建设规划要求，湖南省地震局完成省级地震应急指挥系统技术改造。改造后，湖南省地震局地震应急指挥中心视频会议系统可与中国地震局、湖南省政府召开远程电视电话会议，在全国省级地震应急指挥系统演练中发挥出色。

2. 地震应急救援准备

加强中南五省区（湖南、湖北、广东、广西、海南）地震应急协作联动工作，中南五省区应急协作联动工作机制和应急预案日趋完善。加强湖南省各级各类地震应急预案的动态管理，组织开展全省地震应急预案管理软件培训。湖南省地震局会同湖南省发展和改革委员会、省民政厅、省安全生产监督管理局、省应急管理办公室5部门制定出台《湖南省地震应急工作检查管理办法》，组织开展形式多样的地震应急演练。湖南省公安消防总队集结怀化、湘西、张家界、邵阳、常德等6个市州公安消防支队在溆浦县开展跨区域地震应急演练，在桑植、安化等县组织全县性的较大规模的地震应急救援综合演练，各级防震减灾科普示范学校均组织以应急避险、紧急疏散为主题的地震应急演练。应急救援科普宣传教育扎实，全省地震工作部门结合自身实际，均组织《湖南省实施〈突发事件应对法〉办法》宣传周系列宣传活动，共举行防震减灾应急救援科普报告会50场次，制作展板300多张，发放各类宣传资料80000多份，发送短信12000条。认真落实《湖南省地震灾情速报实施细则》，正式开通12322防震减灾公益服务热线。湖南省共建成110处应急避难场所。

3. 应急救援队伍建设

湖南省地震局应急救援处人员编配合理，市州地震机构均明确应急管理岗位和工作人员，全省大部分市县成立综合应急救援队伍，武警湖南总队是以应对破坏性地震为主要任务的应急救援队，地震应急救援专业力量得到加强。湖南省地震现场工作队伍健全，管理严格；湖南省地震灾害紧急救援队及省武警总队工化救援队及各市州专业救援队伍教育训练扎实，实战能力提高明显。

4. 应急救援条件保障建设

湖南省地震应急住宅交付使用，应急救援快速反应能力得到大幅提升。

5. 地震应急救援行动

2011年，湖南省发生多次有感地震，影响较大的有10月中旬在湘西自治州永顺县与龙山县交界处发生的*M*3.8地震。地震发生后，湖南省地震局立即组织现场工作队赴现场考察，并就地震成因及应注意事项向当地政府通报。此次地震给当地群众造成一定程度恐慌，但未发生人员伤亡及财产损失。

（湖南省地震局）

广东省

1. 应急指挥技术系统建设

地震应急指挥中心每月开展1次常规地震应急演练、每周开展1次常规地震应急视频会议测试。应急通信指挥车每月组织演练。更新完善地震应急基础数据库。

在2010年度省级地震应急指挥中心质量考核中，获地震应急指挥中心综合考核第三名和地震应急基础数据库单项考核第二名及地震应急指挥中心先进个人1名。

2. 地震应急救援准备

按照新的《广东省突发事件总体应急预案》要求，修订《广东省地震应急预案》。与广东省发展和改革委员会、省民政厅、省安全生产监督管理局联合印发《广东省地震应急工作检查管理办法》。认真做好地震重点危险区震情跟踪和地震应急准备工作。完善检查制度，开展应急检查，大力推进演练工作。制定地震重点危险区应急准备方案，落实各项应急对策措施。组织开展多次跨区域拉动演练。联合潮州市人民政府举行参加人数约 80 万人的大规模避震疏散演练。制定并颁布实施《广东省地震灾情速报工作实施细则》和《广东省地震现场工作实施细则》。积极协助省民政厅开展全省应急避难场所规划和建设。全省建成 70 多个地震应急避难场所。

3. 应急救援队伍建设

建立省市两级防震抗震救灾联席会议制度，加强对地震救援队伍的建设和管理。组织广东省地震局现场工作队与省地震灾害紧急救援队于 2011 年 12 月 8—9 日在云浮市郁南县开展跨区域地震救援拉动演练。加强广东省地震灾害紧急救援队日常管理、培训和演练。12 月 9 日，与武警广东省总队联合组建第二支省级地震救援专业队伍——中国人民武装警察部队广东省总队应急救援队授旗暨揭牌仪式在广州举行。中国地震局党组成员、副局长修济刚，广东省委常委、政法委书记、公安厅长梁伟发，副省长刘昆出席仪式。第二支省级地震救援专业队由 120 名队员组成，其中，武警广东省总队第二支队工化救援中队 100 人，广东省地震局专家组 20 人。主要担负广东省内发生的破坏性地震及其引发的次生灾害、建（构）筑物倒塌、滑坡、泥石流、洪涝，以及国家、军队和地方政府赋予的其他抢险救援任务。

选派多名广东省地震灾害紧急救援队骨干队员参加中日加强地震救援能力建设培训，完成 JICA 项目中期评估。4 月 26 日，广东省地震灾害紧急救援队与汕头、潮州、揭阳、汕尾消防支队及省总队直属特勤大队共出动 161 名指战官兵和 35 辆消防车，在汕头市开展粤东地区地震灾害事故跨区域拉动演练。

9 月 26 日，联合广东省地震灾害紧急救援队、广州市地震局、广州市红十字会、广州市团校以及从化市地震局首次举办全省地震应急救援志愿者骨干培训班。截至目前全省已建成 21 支近万人的地震应急志愿者队伍。

4. 应急救援条件保障建设

地震应急通讯指挥车投入使用，在深圳大运会地震安保工作中发挥重要作用；组织制定《加强广东地震应急指挥技术系统服务保障能力建设方案》并开始实施。

5. 地震应急救援行动

2011 年 3 月 10 日云南盈江 *M*5.8 地震和 3 月 11 日日本 *M*9.0 特大地震后，借助新闻媒体及时向社会公众发布地震灾情和地震科普知识，消除公众恐震心理。

2011 年 3 月 18 日 09 时 38 分，广东省云浮市（22.9°N，112.0°E）发生 *M*1.9 地震 1 次，云浮市区部分有感，立即启动应急预案，迅速向有关部门、社会公众通报地震信息，正确作出震后趋势判断意见。妥善应对 2011 年 5 月 13 日揭阳汕头交界地区 *M*2.4 地震、6 月 2 日阳江 *M*2.9 地震、6 月 8 日阳江 *M*2.8 地震以及 11 月 5 日阳江 *M*2.5 地震。

（广东省地震局）

广西壮族自治区

1. 应急指挥技术系统建设

2011 年，广西柳州市通过岩溶塌陷地震安全区划项目和柳东、阳和地震小区划地图数字化，补充和完善地震应急指挥中心基础数据库，完成《基于跨部门共享的柳州市地震应急基础数据库更新框架设计》。来宾市本级和兴宾区、象州县制定地震应急指挥系统细化方案。

2. 地震应急救援准备

（1）各级各类地震应急预案修编情况。广西壮族自治区重新修订并印发《广西壮族自治区地震应急预案》，广西壮族自治区党委宣传部、财政厅、建设厅、教育厅、卫生厅、地震局等 21 个委办厅局修订或制订部门预案；市级地震应急专项地震应急预案 14 个，部门地震应急预案 318 个；县级地震应急预专项预案 111 个，部门地震应急预案 726 个；街道（乡镇）地震应急预案 41 个，一些大型企业、中小学校制定部门应急预案，区、市、县、村四级地震灾害应急体系框架基本形成。

（2）地震应急演练落实情况。广西壮族自治区地震局针对元旦、春节等节假日和纪念汶川地震 3 周年组织开展地震应急集结演练、前后方指挥部协调演练、全区地震应急指挥中心演练、地震应急处置科技保障演练、地震短信息公众发布绿色通道演练、地震应急指挥系统服务保障能力演练等 10 多次。南宁市、柳州市、玉林市由当地政府组织综合性大型地震应急演练，地震应急演练的目的具体，方案完善，准备充分，情景模拟真实。

（3）地震灾情速报网络建设和管理情况。广西壮族自治区地震局积极联合自治区通信管理局及三大通信公司对广西地震短信息绿色通道运行能力进行检验，理顺地震短信息发布机制。形成由地震短信息绿色通道和 12322 防震减灾公益服务平台组成的地震信息发布和灾情收集黄金通道。

（4）应急避难场所建设情况。广西壮族自治区发展和改革委员会、住房和城乡建设厅、财政厅、民政厅、地震局 5 部门联合印发《关于贯彻落实地震应急避难场所建设意见》，共同推进地震应急避难场所建设。南宁市南湖广场应急避难场所建成并已投入使用，桂林、玉林、贵港、来宾等市正在积极推进筹建，共建有地震应急避难场所 36 个。自治区和 14 个地级市、90 多个县均建立多种形式的救灾物资储备库，为开展包括地震灾害在内的救助提供可靠的物资保障。截至 2011 年 11 月，广西南宁、柳州、北海、防城港、钦州、贵港、玉林、百色、来宾、崇左共 10 个市共有避难场所 30 个、872 万平方米，合计可安置人数达到 129 万人。

3. 应急救援队伍建设

（1）各级地震现场应急工作队伍建设和管理情况。广西共有省级地震现场工作队 1 支 25 人。结合广西“小震致灾，小震大灾”的特点，广西壮族自治区地震局创建地震灾害信息飞播机制，制定和完善应急演练、处置、现场工作等方面的规章制度，出台《广西壮族自治区地震局地震应急处置管理办法》和《广西壮族自治区地震局地震现场工作管理规定实施细则》。

（2）各级地震灾害紧急救援队伍建设和管理情况。11 月 28 日，广西地震灾害紧急救援队正式成立，该救援队以武警部队官兵为骨干力量，以通信、医疗、装备保障等专家为技术核心，以社会志愿者队伍为强力支撑，下设总队队部和第一搜救支队、第二搜救支队、医疗支队、综合保障支队 4 个支队，总人数 273 人，基本达到同时在两个不同区域实施救援行动的人员和队伍要求。

4. 地震应急救援行动

广西壮族自治区地震局先后成功应急和处置云南盈江 *M*5. 8 地震、新西兰 *M*6. 3 地震、日本 *M*9. 0 地震、缅甸 *M*7. 2 地震和区内都安 *M*3. 0 地震、岑溪 *M*2. 5 地震等数十次显著有影响地震事件。在应急处置中，广西壮族自治区地震局按照地震应急预案，派出现场工作组，开展流动地震监测，组织震情分析会商，科学把握和判定震情趋势，高效有序开展应急处置工作。在日本 9. 0 级地震应急处置过程中，正式编辑出版《日本 9. 0 级地震图集》。组织编写日本地震启示录、广西破坏性地震应急指挥手册、海啸地震应急处置工作方案等。

（广西壮族自治区地震局）

海南省

1. 应急指挥技术系统建设

2011 年，完成海南省地震应急指挥管理技术系统建设。建成海南省地震应急指挥中心技术控制管理系统、市县地震灾情上报系统和市县地震应急指挥决策反应系统，实现省地震应急指挥中心与 18 个市县地震应急指挥中心互通互联、信息共享，保障地震应急指挥协调畅通，初步形成全省地震应急指挥决策反应能力。

地震应急指挥技术管理系统实现系统集成化功能，主要由地震应急指挥系统基础平台、技术支撑平台和业务应用系统 3 部分组成。其中，系统基础平台包括指挥大厅大屏幕显示系统、数字视频会议、会议发言系统、音响扩声系统、桌面液晶屏升降系统和集中控制系统等；技术支撑平台包括地震应急指挥技术系统网络、局域网内的服务器、工作站、终端设备等；业务应用系统实现触发控制、震害评估、辅助决策、灾情获取、震情处理、综合查询、指挥命令和数据库服务等功能。地震应急指挥技术管理系统的建成形成了完整的国家、省、市县三级地震灾害地震应急指挥体系，承担防震减灾相关数据获取及交换、上报任务，地震应急时承担灾情传送、快速评估及地震应急指挥任务。

2. 地震应急救援准备

11 月 11 日，海南省地震局在澄迈县组织召开全省地震安全综合示范市县建设研讨会暨地震应急避难场所建设现场会议，部署 2012 年地震应急避难场所建设，18 个市县地震局局长及省地震局有关部门负责人共 48 人参加会议。2011 年 12 月，澄迈县按国家标准建成全省第一个地震应急避难场所；海口市完成万绿园地震应急避难场所规划布局设计；三亚市完成红树林公园地震应急避难场所的选址；儋州市完成文化公园地震应急避难场所一期工程，包括避难场所总体规划设计、应急水井建设和设置应急供电、应急医疗救护、地震应急指挥等标识牌，并通过验收；万宁市完成市人民公园地震应急避难场所应急设施建设；琼海、保亭、定安和屯昌等市县制定地震应急避难场所建设规划，并落实部分建设资金。

3. 应急救援队伍建设

完成海南省地震、火山、海啸灾害紧急救援队（以下简称"省地震灾害紧急救援队"）扩编工作，增加武警海南总队第一支队工化中队、武警海南总队医院官兵及医务人员等76人，扩编后救援队总人数为136人。12月23日，举行省地震灾害紧急救援队扩编揭牌、授旗仪式，省政府李国梁副省长亲自为救援队授旗。

海南省地震局、海南省红十字会联合举办海南省地震应急现场卫生救护知识培训班，组织省地震灾害紧急救援队、省地震现场工作队、省地震局工作人员和18个市县地震局工作人员、地震灾害紧急救援队、地震应急志愿者等1500余人参加培训，受训合格人员由海南省红十字会统一颁发急救员证书。6—9月，为提高海南省救援队伍和志愿者队伍的综合救援能力，巩固地震应急现场卫生救护知识培训成果，海南省应急管理办公室、省地震局、省红十字会、省安全监督管理局共同举办2011年海南省第二届地震应急救护知识技能大赛，分别在海口、儋州、琼海3个赛区进行初赛，省地震灾害紧急救援队、18个市县地震灾害紧急救援队以及4支志愿者队伍190人参加比赛，比赛分知识竞赛和技能竞赛两部分，知识竞赛内容包括防震减灾知识和应急救护知识等，技能竞赛模拟发生地震后可能出现的各种事故现场进行处置和抢救。经过激烈角逐，省地震灾害紧急救援队夺得第一名。

2月，海南省抗震救灾指挥部组织省地震灾害紧急救援队和市县救援队伍技术骨干60余人到国家地震救援训练基地参加为期1个月的应急救援培训，训练内容包括搜索与救援、地震现场医疗救护、热烟逃生、狭小空间搜索、绳索下降与保护、废墟破拆、顶撑救援等实战训练和地震综合救援演练，有效增强了队伍的实战能力。10月，组织省应急管理办公室、武警海南省总队、海南省公安消防总队以及各市县人民政府市县长、地震局长等近50人参加为期1周的应急管理干部培训研修班，重点学习地震灾害的应对、应急响应与救援、地震应急救援队伍建设、地震灾害及防护、救援行动的安全管理、突发公共事件的处置等内容，并进行桌面演练，进一步提高地震应急管理干部的地震应急指挥能力。12月，组织救援队员20名参加为期1个月的海南省地震、火山、海啸灾害救援队救援重型工程机械技能培训班，学习推土机、汽吊车、叉车、装载机、挖掘机等大型工程机械操作技能和指挥技能，并通过考核领取全国通用特种行业操作专业技能合格证书。12月，进行地震现场工作队暨应急职工技能体能比武竞赛活动，激发现场工作队员强身健体的热情，加强锻炼，增强体能，为今后参加地震现场工作奠定良好基础。

4. 应急救援条件保障建设

海南省地震局落实应急救援保障经费，为省地震灾害紧急救援队和省地震局现场工作队购置医疗器材、装备器材、个人保障装备等。

（海南省地震局）

重庆市

1. 地震应急救援准备

重庆市政府办公厅正式印发《重庆市地震应急预案》。重庆市38个区县（自治县）地震应急预案实现全覆盖。重庆市地震应急救援队分别参加“重庆市综合应急救援总队联合拉动演练”“重庆市洪涝灾害综合应急救援演练”和“公安部消防局组织开展川滇地区跨区域地震救援演练”等。对区县（自治县）应急演练，采取全程指导，主动协调，事前共商演练脚本、事中参与演练和事后点评的模式。全年指导璧山、潼南、巫山、江津、巴南等区县开展区县级地震应急综合演练。

2. 应急救援队伍建设

在地震应急救援队伍的组建方式、发展规划、装备建设标准等方面为重庆市政府提出建设性意见。制定《重庆市地震应急救援队联席会议章程》和《重庆市地震应急救援队信息共享制度》等规范性文件，实现各成员单位优势互补、信息共享。组织召开2011年重庆市地震应急救援队联席会议，贯彻落实中国地震局、武警部队联合召开的兰州会议精神，推动重庆市地震应急救援队伍建设。成立地震应急技术服务队，开展相关培训和体能训练。

（重庆市地震局）

四川省

1. 应急指挥技术系统建设

2011年，在汶川地震灾后重建项目中，对四川省地震应急指挥技术系统进行升级改造。主要对“硬件平台”“数据库管理子系统”“地震快速触发响应子系统”“动态评估子系统”“辅助决策支持子系统”等进行升级完善；同时新增“专题图服务子系统”“信息发布平台”“Web地图服务”和“预案信息管理子系统”；对地震应急指挥大厅的发言系统、中央控制系统、监控系统和灯光系统等子系统升级和改造；在指挥技术系统中增加“灾情快速获取及处理”功能，预计2012年投入使用；在原有1辆静中通卫星通信车基础上，新增1辆动中通卫星通信车、一套BGAN移动通信系统和相关的便携式移动通信终端，建立机动、灵活的动中通卫星应急通信系统，适应山路及恶劣环境下的应急通信，为现场工作提供有力保障。11月29—30日，第四届四川地震应急指挥技术系统暨地震应急救援标准研讨会在广元召开。“雅安市地震应急指挥系统建设”项目实施，项目分为两部分，地震应急指挥平台纳入市政府应急办市综合地震应急指挥平台建设，地震指挥技术系统纳入市综合地震台网中心搬迁建设项目。石棉、天全地震应急指挥技术系统建立地震灾害损失评估系统。

8月，向各市（州）防震减灾（地震）局（办）下发开展地震应急基础地图及统计资料收集的通知，开展市州数据收集更新工作，要求各市州防震减灾局（办）组织开展本行政区及所属县（市、区）“地震应急基础图件与统计资料”的收集，购置收集市（州）、县

（市、区）两级行政区划的最新行政区划地图（册）、交通图、旅游图等，购置收集当地统计年鉴，上报四川省地震局。与统计局建立的长期、友好的数据更新、共享合作的工作模式，获取2010年县域统计信息表和四川省行政区划统计表（2010年底），收集全省行政区划信息，以及各区县人口、产业、企业、资产、经济、医疗、学校、保险、工业、林业、环境等方面的统计信息。地震应急基础数据更新。完成21个地市、181个区市县以及9个乡镇行政区划数据更新；完成地震活动信息更新；完成联络数据更新；完成学校数据更新；完成医院数据更新；完成人口与国民经济数据更新；完成全省范围1∶5万基础地理信息更新。截至12月31日，四川省地震应急基础数据库总容量达5.16G，共计395081条，更新102675条。

2. 地震应急救援准备

（1）各级各类地震应急预案修编情况。全省初步建立以《四川省地震应急预案》为总纲、“横向到边、纵向到底”的地震应急预案体系，推进应急预案修订工作，组织修订《四川省地震应急预案》，制定《地震现场工作管理规定实施细则》《地震灾情速报实施办法》《地震应急工作规程（试行）》，进一步规范地震现场、应急救援工作。各地也开展当地政府地震应急预案修订工作，推进应急联动机制建设。

广元市修订完善地震应急预案。市、县区政府共编制地震应急预案8件，修订2件；县区政府组成部门编制地震应急预案210件，修订130件；乡镇政府和街道办事处编制地震应急预案217件；居民委会、村民委会编制地震应急预案1164件。

（2）地震应急检查工作落实情况。四川省地震局联合省发展和改革委员会、省民政厅、省安全生产监督管理局转发中国地震局等4部门《关于印发地震应急工作检查管理办法的通知》。紧紧围绕震情制定并实施全省年度地震重点危险区应急准备工作方案，对眉山、宜宾、内江、广安、自贡等地进行实地检查，指导落实应急救援准备措施。

（3）地震应急演练落实情况。根据中国地震局地震应急指挥系统服务保障能力演练的要求，按照Ⅰ级响应开展地震应急实战演练，由四川省地震局王力副局长、王继斌纪检组长任后方指挥长，李广俊副局长任前方指挥长，分成秘书组、协调组、震情趋势判断组、地震监测组、灾害调查（评估）组、科学考察组、通信保障组、后勤保障组、宣传组，检验应对大灾害事件的能力。省地震灾害紧急救援队也参与这次大演练活动。

此外，四川省地震灾害紧急救援队参与公安部消防局在宜宾市组织的飞豹2011地震大演练，检验救援队集结、夜间行军、狭小空间救援、横向破拆救人、视频定位救人、高空深井救援和夜间照明救援，全面加强实施跨区域救援的各项准备，确保一旦有重特大灾害事故，能快速、有效、科学实施救援。

11月22日，由成都市政府主办，成都市防震减灾局、成都市政府应急办、成都市民政局及崇州市政府承办的“成都市2011年地震应急综合演练”在崇州市5个乡镇同时展开。演练主要内容是以突发地震灾害引发的房倒屋塌、人员伤亡及山体滑坡等次生灾害为重点，并引发生命线工程（交通、通信、电力等）损坏以及突发事件等的应急处置。在演练总结大会上，成都市政府副秘书长段成柱作总结讲话，四川省地震局副局长李广俊、崇州市市长赵浩宇出席会议并讲话。

（4）应急救援科普宣传教育情况。全省各地建立防震减灾科普教育基地，普及地震知识，培训抢险救灾、防震避震和自救互救等技能。

（5）地震灾情速报网络建设和管理情况。成都、自贡、宜宾、攀枝花、凉山等地积极推进地震灾情速报网络建设。

（6）应急避难场所建设情况。截至 2011 年 12 月 19 日，建成 1029 处应急避难场所，建立起以中央级成都救灾物资储备仓库为中心、19 个市级库为骨干、39 个县级库为基础的“覆盖四川、辐射西南地区”的灾害应急救助物资储备体系。

3. 应急救援队伍建设

（1）各级地震救援机构建设情况。部分市县相继组建具备地震灾害救援能力的综合应急救援队伍。社区、乡镇应急救援志愿者队伍蓬勃发展，组织开展形式多样、范围广泛的地震应急救援培训和演练，尤其是机关、企业、中小学校的地震应急演练逐步实现常态化。

（2）各级地震现场应急工作队伍建设和管理情况。四川省地震局组建地震应急保障中心，进一步强化地震现场工作队伍建设。

眉山市组建一支由防震减灾、民政、国土资源等各行业专家组成的 20 人左右的地震现场工作队，为全市突发自然灾害的应急救援提供保障。各区县加强地震应急队伍建设，仁寿县防震减灾局组建 100 余人的应急救援大队、22 人的地震现场工作队、50 人的地震应急救援志愿队，全面提升应急救援能力。

（3）各级地震灾害紧急救援队伍建设和管理情况。武警、地震部门推进省应急救援队组建工作，顺利通过武警总部和中国地震局联合检查组的评估验收。省交通、卫生、水利、通讯等部门和省军区进一步强化抢险救援队伍建设。省公安消防总队投入 4.29 亿元，组建省、市、县三级综合应急救援队伍 203 支，其中包括重型搜救队 9 支、轻型搜救队 14 支、医疗救护队 3 支和搜救犬队 1 支，实现县级以上行政区域专业应急救援队全覆盖。省安全生产监督部门建设安全生产应急救援队伍质量标准化一级达标队伍 4 支、二级 7 支、三级 20 支。

4. 应急救援条件保障建设

（1）地震现场应急装备建设情况。30 个县级防震减灾部门配备应急专用车辆，151 个县的 1000 余个乡（镇）配备音像、通信一体的手持灾情收集报送装备。

（2）救援物资及装备建设情况。国家、省、市、县救灾物资储备库建设和应急避难场所建设加快推进，应急保障和避险能力得到提高。加快推进“以中央级救灾物资储备库为中心、市州库为骨干、县（市区）库为基础”的建设格局，成都中央级救灾物资储备库于 4 月动工，全省救灾物资储备库开工 74 个、竣工 21 个；卫生、通信、广电等部门也加强行业应急物资储备。

5. 地震应急救援行动

2011 年 4 月 10 日，四川省甘孜州炉霍县发生 *M*5.3 地震，造成较为严重的经济损失和人员伤亡，在地震发生后立即组织开展震后应急响应，迅速收集报送震情灾情信息，组建地震现场工作队赶赴震区开展工作，快速查清地震灾害损失情况，完成地震灾害直接经济损失评估报告并通过省地震灾害损失评定委员会评审，圆满完成各项地震现场工作任务。

9 月 18 日，印度锡金邦发生 6.8 级地震，对中国境内西藏亚东县造成经济损失和人员伤亡，按照中国地震局的要求和区域联动机制，四川省地震局派出工作小组前往灾区，开展地震灾害实地调查和震灾损失评估，克服在平均海拔4000米的作业面出现的高寒、缺氧、胸闷、头疼、呼吸困难、失眠等高原反应，发扬地震应急现场工作队能吃苦能作战的工作作风，完成灾害调查和损失评估工作，为灾区的恢复重建提供翔实可靠的基础数据。

此外，组织实施了4月15日会东—巧家 *M*4.5 地震，11月1日广元市青川县、甘肃省陇南市文县交界 *M*5.4 地震应急处置工作。

（四川省地震局）

贵州省

1. 应急指挥技术系统建设

根据《贵州省级地震应急指挥中心运维细则》等规范和标准的要求，认真做好贵州省地震应急指挥技术系统的运行维护工作。同时，对应急基础数据库作了全面的更新，更新内容包括交通、水利、房屋、学校等数据。

2. 地震应急救援准备

一是进一步完善地方地震应急预案。督促和指导5个县（市、区）制定了地震应急预案，1个地区修订了地震应急预案。通过进一步完善各级地震应急预案，确保了地震发生后各级政府能够高效有序的开展地震应急救援工作。二是根据中国地震局、国家发改委、民政部和国家安全生产监督管理总局联合颁发的《关于印发〈地震应急工作检查管理办法〉的通知》要求及省政府有关领导批示，贵州省地震局会同贵州省发改委、省民政厅、省安全监管局拟定了《贵州省地震应急工作检查管理办法》。为加强地震应急管理，规范地震应急检查工作提供依据。

3. 应急救援队伍建设

一是5月贵州省政府对省地震局、省公安消防总队和卫生厅联合组建贵州省地震灾害紧急救援队举行授牌仪式，贵州省第一支地震紧急救援专业队伍正式成立。二是按照中国地震局相关要求，经过与贵州省武警总队协商，将省武警总队工化救援中队建设成贵州省抗灾救灾紧急救援队并纳入省地震救援队的建设和管理，实行贵州省地震局与贵州省武警总队共建共管，双方建立联席会议制度及相关工作制度。5月12日，贵州省地震局承办贵州省地震紧急救援队成立仪式及实战演练活动。参演队伍包括省地震局、省消防总队、省武警总队、省卫生厅、省公安厅、省青年志愿救援队伍以及金阳新世界国际学校7支队伍。孙国强副省长出席仪式和现场指挥演练，并代表贵州省委、省政府为贵州省地震紧急救援队揭牌和授旗。

4. 地震应急救援行动

2011年11月6日，贵州贞丰3.9级地震，2011年10月3日贵州贞丰3.3级地震等有感地震发生后，及时将地震相关情况上报中国地震局和贵州省委、省政府，立即启动相应级别应急预案，派出工作组及时赶往地震现场指导当地政府开展地震应急救援，对地震现场进行考察。作出地震趋势判断，稳定民心，确保社会安定。

（贵州省地震局）

云南省

1. 应急指挥技术系统建设

2011 年，结合“全面加强预防和处置地震灾害能力建设十项重大措施”之云南省现场工作队组建项目，云南省地震局逐步建立健全地震现场灾情调查、办公自动化、宿营、餐饮、卫星通信、短波通信等系统，为现场队员购置人身意外伤害保险，对现场队员个人装备进行强化建设，并对应急处置物资进行更新，现场工作队应对和处置地震灾害能力显著增强。

云南省地震局地震应急工作按照年度工作计划，圆满完成季度常规应急演练。此外，顺利完成 2011 年全国地震应急指挥系统服务保障能力演练。

2. 地震应急救援准备

为适时开展《云南省地震应急预案》和《云南省地震局地震应急预案》的修订，云南省地震局对预案修订进行调研，起草修订工作方案，并向云南省政府上报修订《云南省地震应急预案》的请示，完成预案修编工作方案；联合云南省发展和改革委员会、教育厅、民政厅、安全生产监督管理局制定《云南省地震应急工作检查管理实施办法》，制定《2011 年云南省地震局地震应急现场工作队出队方案》《云南省地震局地震应急期宣传工作预案》《云南省地震灾情速报工作规定实施细则》等规范性文件，确保应急工作有力、有序、有效。

云南省地震局联合民政厅、发展和改革委员会、教育厅、安全生产监督管理局对年度重点监视防御区进行抽检，从组织领导体系、预案体系、应急准备情况、应急对策和措施，特别是“提高三项水平”（地震应急指挥协调、综合保障、应急处置），“完善五大体系”（应急预案、指挥技术、物资储备、科普宣传、应急组织）等方面，对当地的地震应急准备和防震减灾工作进行全面检查指导，检查工作取得较好效果。

云南省地震局组织完成中日合作 JICA 项目，成功开展云南省灾害应对时刻表编制并进行桌面演练，派员参加赴日学习交流活动，云南示范项目达到预期目标，圆满完成各项既定任务。

云南省地震局积极推进云南省地震应急避难场所建设，通过与云南省政府办公厅和相关部门共同开展调研活动，积极争取资金，并牵头开展示范工程建设。2011 年，率先在条件较好的玉溪市、大理州、昭通市、红河州投入 350 万元，完成 7 个应急避难场所示范点建设工作。

3. 应急救援队伍建设

编制《云南省地震灾害紧急救援队联席会议方案》，抓紧完善相关配套制度建设，形成由云南省地震局牵头、承建部队为成员单位的联席会议，统一协调指挥云南省专业救援队管理事宜。

为进一步提高云南省应急救援队伍管理干部的地震灾害应急处置能力，组织救援队员参加2011年云南省救援队伍应急管理干部研修班。为督促各分队作好日常运维，每年根据各队的训练大纲进行审检，定期到部队进行授课，对各支队伍的训练进行跟踪。

4. 地震应急救援行动

成功处置省内地震应急工作。面对2011年云南省中强地震连发态势，圆满完成“1·1、1·2”盈江 M4.6、M4.8地震、“2·1”盈江 M4.8地震、“3·10”盈江 M5.8地震、“3·24”缅甸 M7.2地震、“5·31”腾冲 M4.5地震、“6·20”腾冲 M5.2地震、“8·9”腾冲 M5.2地震应急工作。地震发生后，云南省地震局及时启动应急预案，迅速开展动态灾情搜集上报和快速评估工作，及时向政府提出救灾建议，组织现场工作队抵达灾区，全面开展震情趋势判断、余震活动监视、紧急救援协调、灾害调查和经济损失评估、指导当地政府开展抗震救灾。快速、高效开展震害调查，完成地震灾害损失评估报告。

启动西南协作联动应急响应。9月18日，印度锡金邦发生 M6.8地震。震中距离中国西藏自治区亚东县仅73千米。地震发生后，云南省地震局立即组织协调现场工作组携带相关设备，于9月20日22时到达地震灾害现场，协助西藏自治区地震局做好地震应急工作。云南省地震局队员获取到翔实的抽样调查资料，参加灾区灾害损失评估计算及报告编写，工作得到西藏自治区灾区各级党委政府和自治区地震局高度评价。

（云南省地震局）

陕西省

1. 应急指挥技术系统建设

陕西省地震局制定地震灾情速报工作实施细则和地震应急指挥系统服务保障实施方案，组织参与全国地震应急指挥系统服务保障能力演练。完成应急通信车改造及基于GIS的地震灾情采集上报与服务系统开发任务，更新完善基础数据库。

2. 地震应急救援准备

陕西省政府修订省地震应急预案。指导地震重点危险区市县制定地震应急戒备方案，开展应急戒备检查，圆满完成西安世界园艺博览会期间的应急戒备和保障工作。陕西省地震局修订《陕西省地震应急工作检查管理办法》，并联合省应急办等有关部门到重点地区检查地震应急工作，督促指导全面做好应急戒备工作，落实《陕西省学校地震应急疏散演练指导意见》，为学校地震应急疏散演练进行指导。陕西省地震局联合省应急办、咸阳市政府共同实施11个科目的省地震应急预案演练，参演人数1.5万余人。西北五省区地震局、应急办联合签署地震应急救援协作联动协议，西北区域应急联动上升为政府行为。全省累计建成应急避难场所59处。

3. 应急救援队伍建设

举办全省地震现场应急工作培训班，省地震局现场工作队及各市县地震工作部门100

多人参加培训。开展 JICA 项目专业救援培训，组织省地震灾害紧急救援队 5 名队员，在国家地震紧急救援训练基地接受历时两个星期的地震紧急救援能力强化培训。推进省武警工化救援中队建设，完成武警陕西应急救援队的授牌，成为陕西省第二支地震专业救援队伍。西安、宝鸡、汉中志愿者队伍相继成立，全省地震应急救援志愿者服务总队招募志愿者已达 6000 多人。补充地震现场工作队装备。

4. 地震应急救援行动

2011 年 11 月 1 日 05 时 58 分，四川省广元市青川县、甘肃省陇南市文县交界（北纬 32.6°，东经 105.3°）发生 $M5.4$ 地震，震源深度 20 千米。汉中市震感强烈，安康、宝鸡部分地区有感，无房屋倒塌和人员伤亡。省地震局启动地震应急三级响应，派出 8 人地震现场工作组赴汉中地震现场进行灾情考察，并召开震情紧急会商会，向媒体发布地震信息。

（陕西省地震局）

甘肃省

1. 应急指挥技术系统建设

（1）建成甘肃省地震应急指挥视频会议系统，扩建甘肃省地震局 1 个主会场，新建和改建 14 个市州地震局、6 个中心地震台共 20 个分会场，保证震时为不同部门之间地震应急指挥联动提供技术支撑。

（2）建成平凉市地震应急指挥技术系统，安装相关软件。组织实施地震应急基础数据库更新工作，以甘肃省防震减灾工作领导小组办公室名义下发通知，对收集内容提出明确具体要求，14 个市州政府专题部署数据收集工作，各市州政府完成数据收集工作并报省局备案，基本建立省市县三级地震应急基础数据库共享机制，实现数据实时更新及动态管理。

2. 地震应急救援准备

甘肃省地震局指导全省修订各级各类地震应急预案 2000 件，预案可操作性明显增强；指导有关部门、单位、学校、医院开展地震应急演练 630 场次，有效提高公众、学校师生应对突发地震事件的能力；甘肃省地震局创办《甘肃抗震救灾》报刊，搭建省抗震救灾指挥部各成员单位和市县抗震救灾指挥部信息交流、了解国内外抗震救灾新动态的平台；修订《甘肃省地震应急工作检查办法》，由甘肃省地震局、省发展和改革委员会、省民政厅、省安全生产监督管理局以文件形式下发。甘肃省地震局加大指导力度，推进应急避难场所建设，全省各市州、县区市地震部门协调民政、发展改革、城乡规划等部门，新建应急避难场所 31 处。

甘肃省地震局与中国移动甘肃分公司和中国联通甘肃分公司分别签订战略合作协议，将驻各县、乡镇营业和管理人员纳入灾情速报队伍，强力解决灾情获取难、速度慢的问题；与甘肃省气象局建立抗震救灾期间气象预警信息服务与日常信息通报共享机制；与甘肃省卫生厅建立信息通报、数据共享、技术培训方面协作机制。

3. 应急救援队伍建设

甘肃省抗震救灾指挥部办公室协调指挥部有关成员单位，积极开展指挥部办公室和成员单位间协作联动机制建设，制定《甘肃省抗震救灾指挥部办公室人员组成、职责和分工》，完善工作制度。6 月 31 日，武警部队、中国地震局在兰州联合举行抗灾救灾力量建设会议，在兰州国家搜寻与救护基地实际检验甘肃省武警救援力量，武警部队司令员王建平，中国地震局党组书记、局长陈建民观摩实战演练，成功的演练为全国救援能力的进一步提高起到示范作用；甘肃省地震局因地制宜地推进社区地震应急救援志愿者队伍建设，新组建地震应急救援志愿者队伍 10 支，并配备救援专用装备，对志愿者队伍进行培训。

（甘肃省地震局）

青海省

1. 地震应急救援准备

2011 年 6 月，根据中国地震局机构设置要求，青海省地震局正式设立应急救援处，为适应应急工作需要，先后制定《地震应急工作检查管理办法》《灾情速报实施细则》《地震现场工作管理实施细则》等管理办法。青海省地震局与省政府应急办公室联合对青海省地震重点危险区的地震应急工作进行专项检查，受到青海省委、省政府的高度评价。为进一步显示青海省地震应急救援力量，并在地震应急救援工作中发挥出强有力的作用，青海省地震局先后在海西州、大通县开展大规模的地震应急演练及联合地震应急救援力量拉动演练。

2. 应急救援队伍建设

在青海省地震局、省政府有关部门的积极协调下，组建青海省武警部队应急救援队，海南藏族自治州成立民兵预备役抗震救援分队，果洛州玛沁县、海东地区民和县等地相继建立县级救援队伍。

3. 地震应急救援行动

2011 年 6 月 26 日囊谦 5.2 级地震后，青海省地震局立即启动Ⅳ级应急响应，组织人员进行地震趋势研判，派出由玉树州地震局组成的现场工作队赶赴震区。囊谦地震后，由青海省地震局负责编写的《“6·26”囊谦 5.2 级地震灾害损失评估报告》通过青海省地震灾害损失评定委员会审查，得到青海省委、省政府和中国地震局充分肯定。

（青海省地震局）

宁夏回族自治区

1. 应急指挥技术系统建设

举办宁夏回族自治区地震应急基础资料收集培训班，开展地震应急基础数据库、宁夏地区震害防御和应急救援服务系统、南北地震带灾区速判与灾情展布关键技术数据收集工作，丰富地震公共服务产品，提高对全社会的地震安全保障水平。

2. 地震应急救援准备

组建宁夏地震局地震应急保障中心，进行人员调整、职责整合和业务培训，制发多项应急管理制度，定期组织开展应急演练，形成内部协调运转的工作机制，完成2011年全国地震应急指挥和服务保障能力演练任务。加强地震应急检查。通过自治区人民政府应急办牵头，对各地地震应急准备工作进行检查，促进地震应急措施的落实。加强地震应急演练。充分发挥市县地震部门作用，积极引导不同地区、不同行业开展地震应急演练。据统计，“5·12”防灾减灾日期间仅银川市就开展地震应急演练200余场次，参加演练人员达25万人。2011年12月9日，在全区应急管理工作会议上，宁夏回族自治区地震局被宁夏回族自治区人民政府评为2011年度全区应急管理工作先进集体。

（宁夏回族自治区地震局）

新疆维吾尔自治区

1. 应急指挥技术系统建设

成立由各业务部门技术骨干组成的地震应急指挥技术组，在震时开展地震应急指挥技术服务，提供相应的应急资料和产品，服务领导决策指挥。制定《新疆地震应急指挥技术系统本地化工作实施方案》，规范地震应急专题图快速生成的技术要求，编制“地震应急指挥系统技术组应急工作流程”和指挥部向自治区党委政府汇报材料模板。

完成高考应急保障、亚欧博览会安全保障等6次地震应急指挥技术演练。演练检验人员反应速度、信息报送、专题图件制作、现场通信系统与自治区和中国地震局地震应急指挥系统之间的数据传输、实时通信能力，取得良好效果，切实提高新疆地震局应急服务保障能力。

4月1日起，新疆12322公益服务热线在全疆范围内全面开通，面向社会公众提供地震相关知识咨询服务的途径得到拓宽。

与自治区统计局、测绘局、民政局等外单位建立合作关系，对地震系统内部建立以应急与信息中心为技术指导、新疆地震局相关业务单位及各地州地震局为主要具体实施为机制的收集模式。完成人口数据更新和抗震安居建筑物的地区分配、更新等。收集整理水利、能源、交通等震后影响较大、容易产生次生灾害的工程资料。完成各类专题图模板的制作。

全疆各地州市地震局借助全国对口援疆工作的契机，积极编制地震应急指挥中心的建设规划，部分地州指挥中心已开工建设。乌苏市地震局建成首个全疆县级地震应急指挥系统。

2. 地震应急救援准备

修订《新疆维吾尔自治区地震应急预案》，从组织机构、工作机制、应急处置等方面进行补充和完善，使修订后的自治区地震应急预案的组织领导更加强化、执行更加有力，应对处置内容和措施更加符合实际，更具操作性和针对性。完成《新疆地震局地震应急工作流程》修订和应急通信录更新。各地州地震局及时更新本单位地震应急工作流程，并落实灾情速报员电话号码。

认真做好地震危险区应急准备工作，组织完成《2011年度新疆地震风险评估与对策研究工作报告》，对地震危险区进行相应的灾害损失和人员伤亡预评估，提出有针对性的应急救援处置方案，为政府统筹规划地震应急救援工作提供参考建议。同时，要求各地州根据实际细化本地区的应急准备方案，做好地震应急准备。

与自治区发展和改革委员会、民政厅、安全生产监督局4部门联合制订《新疆维吾尔自治区地震应急检查管理办法》。

地州不断完善本地区地震预案体系，积极开展各种规模和类型的应急演练和防灾避险宣传活动。

和田、阿克苏、伊犁州、昌吉州等地分别在各县建立多处地震避难场所，并完善水电、救护等基础设施建设。

3. 应急救援队伍建设

自治区党委、政府对防震减灾工作高度重视，专题召开常委会，听取新疆地震局关于防震减灾工作的汇报。自治区政府拨付1000万元专项资金用于新疆地震救援能力建设。主要建设模拟震后倒塌斜楼和地震废墟训练场地以及购置一批救援装备。

新疆地震局与新疆武警总队联合组建新疆第二支区级地震灾害救援队伍，并邀请中国地震局和自治区有关领导参加9月28日在新疆武警总队训练基地举行的救援队挂牌暨授旗仪式。

新疆地震局积极与自治区共青团、红十字会沟通、协商，开展志愿者队伍建设工作，出台地震救援志愿者实施管理办法，促进地州地震志愿者队伍工作向正规化、标准化建设和发展。

4. 地震应急救援行动

2011年新疆共发生5.0级以上地震8次，共造成21人受伤，直接经济损失10.5亿元。地震发生后，新疆地震局第一时间启动地震应急响应，共派出地震现场工作队6批次，110余人次，累计行程28000千米。在震区各级党委、政府的协同配合下，顺利完成地震灾害损失评估、科学考察、房屋安全鉴定、震情趋势判定等现场工作。为保障灾区社会稳定，控制和减轻突发地震事件所引起的社会危害作出应有的贡献。

6月8日托克逊 M5.3 地震发生在全国高考期间，新疆地震局立即启动应急工作响应，在应急处置中果断决策、科学判定、敢于担当，为有效稳定社会、确保考试正常秩序发挥重要作用。此次地震的成功应对，受到自治区党委和政府的高度评价。

（新疆维吾尔自治区地震局）

重要会议

2011 年国务院防震减灾工作联席会议

国务院防震减灾工作联席会议于 2011 年 1 月 4 日在北京召开。中共中央政治局委员、国务院副总理、国务院抗震救灾指挥部指挥长回良玉出席会议并讲话。

会议听取了中国地震局等部门和专家关于中国 2010 年防震减灾工作情况的汇报，研究部署了 2011 年重点工作任务。

回良玉副总理指出，2010 年在自然灾害极为严重、地震多发频发的情况下，经过各方面共同努力，中国防震减灾工作取得显著成效，科学依法统一，有力有序有效地展开了一场高寒高原地带规模最大、成效最显著的救援行动，奋力夺取了“4·14”玉树地震抗震救灾斗争的重大胜利，妥善安置受灾群众基本生活，及时组织开展灾后恢复重建，成功实施多次国际救援行动，防震减灾事业呈现出统筹发展、快速推进的良好局面。

回良玉副总理强调，防震减灾事关人民群众生命财产安全，事关国民经济发展与社会和谐稳定。进一步做好防震减灾工作，要按照党的十七届五中全会提出的“坚持兴利除害结合、防灾减灾并重、治标治本兼顾、政府社会协同”的总体要求，切实加强监测预警、防灾备灾、抗灾救灾、恢复重建等各环节工作，系统运用法律、行政、经济、科技、工程、教育等各项减灾手段，充分发挥军地各方资源力量，全面部署各区域防震减灾工作，不断提高防范应对地震灾害的综合能力。

回良玉副总理要求，各地区、各有关部门要创新思路、细化措施，全面做好 2011 年防震减灾各项工作。一要以国民经济社会发展规划纲要为依据，科学谋划“十二五”时期防震减灾事业发展。二要切实做好地震监测预报工作，加强震情趋势跟踪研判，充分发挥群测群防作用，力争多做有减灾实效的预报。三要进一步强化抗震设防监管，不断提高各类建设工程和基础设施抗震能力，加强防震减灾知识宣传普及，夯实城乡防震减灾基础。四要加快完善地震应急管理体系，健全地震应急法规和预案，加强军地救援能力建设，完善防震减灾社会动员机制。五要扎实推进灾后恢复重建工作，加快实施“4·14”玉树地震灾后重建规划，帮助受灾群众重建美好家园，尽快恢复灾区正常生产生活秩序。六要继续安排好受灾群众生产生活，及时拨付救助资金物资，妥善解决群众饮食、衣被、住所、取暖、医疗等问题，确保群众安全温暖过冬、欢乐祥和过年。

（中国地震局办公室）

全国贯彻实施《中华人民共和国防震减灾法》座谈会

2011年7月5日，全国贯彻实施《中华人民共和国防震减灾法》座谈会在大连召开。全国人大常委会副委员长路甬祥出席会议，并作重要讲话。全国人大教科文卫委员会主任委员白克明和中国地震局党组书记、局长陈建民分别发表讲话。辽宁省人大常委会副主任佟志武和大连市人大常委会主任怀忠民分别致辞。

会议指出，《中华人民共和国防震减灾法》自1997年颁布实施以来，对防御和减轻地震灾害，护人民生命财产安全、确保经济社会可持续发展发挥了重要作用。路甬祥对进一步贯彻实施好《中华人民共和国防震减灾法》提出了五点要求。一要广泛、深入地开展贯彻《中华人民共和国防震减灾法》宣传，进一步提高全社会对防震减灾工作重要性的认识和防震减灾意识。要将法律的基本精神和主要规定内容宣传落实到社会的方方面面，提高全社会的防震减灾意识，形成社会组织和个人依法参与防震减灾活动的良好氛围。二要加大法律的执行力度。全面贯彻实施《中华人民共和国防震减灾法》，需要各部门依法办事，严格按照职责分工，各负其责，密切配合，形成合力；要加强防震减灾行政执法，完善行政监督的体制和机制。三要坚持预防为主，防御与救助相结合的方针。要依靠科技进步，扎实做好地震监测预报工作，完善群测群防体系。切实提高城乡建筑物抗震能力，加强建设工程抗震设防监管。健全完善地震应急指挥体系，增强地震应急预案及相关预案的针对性和可操作性。加强地震灾害救援力量建设，因地制宜地设置应急避难场所，完善应急物资储备保障体系。四要加强对《中华人民共和国防震减灾法》实施情况的监督。各级人大应当经常和有重点地对本行政区域内《中华人民共和国防震减灾法》及相关地方性法规实施情况开展调研，广泛听取意见，寓监督于调研之中。必要时专门组织开展执法检查。通过检查，发现存在问题并提出可行建议，督促整改工作落实。

会议指出，防震减灾法律制度是中国特色社会主义法律体系的重要组成部分，既是推进依法治国、建设法治社会的需要，也是促进防震减灾事业发展的需要，为促进防震减灾事业全面可持续发展，已经并将继续发挥重要的引导、规范、支撑和保障作用。会议要求，进一步夯实防震减灾法制基础、群众基础、工程基础。各地方人大与地震工作部门要加强沟通与合作，共同努力，加快防震减灾地方性法规的制定或修订，尚未制定防震减灾地方性法规的，要抓紧开展调研，及时启动地方性法规的立法程序，已制定防震减灾地方性法规但还未根据新法进行修订的，要尽快将地方性法规的修订列入立法计划。要继续抓好建设工程抗震设防管理，提高建设工程的抗震设防标准。逐步提高地震科学研究水平，为防震减灾提供科技支撑。各级人大应当加强对法律实施情况的监督检查，督促政府有关部门改进工作，积极回应人民群众关注的热点问题，促进有关问题的解决。

会议指出，通过健全立法、加强普法、严格执法、强化监督，防震减灾工作全面迈入法制化管理轨道。在全国人大的有力监督和国务院的统一领导下，地震工作部门按照科学发展和依法行政的要求，以最大限度减轻地震灾害损失为根本宗旨，坚持科学、依法、合力防震减灾，将法律实施贯穿于防震减灾整体工作之中，在组织协调机制、地震灾害应对、防震减灾能力建设、防震减灾社会动员和事业发展条件保障等方面取得了明显成效。地震工作部门在贯彻实施《中华人民共和国防震减灾法》的过程中，注重把握制度创新与工作实践的关系、法制保障与科技支撑的关系、依法履职与部门协作的关系。陈建民局长强调，各级地震工作部门要自觉接受监督，在人大的指导下深入推进《中华人民共和国防震减灾法》实施。要坚持依法行政，全面加强和创新防震减灾社会管理，切实履行法律赋予的社会管理职能，在服务中实施管理，在管理中体现服务，通过强化公共服务，提升防震减灾社会管理的实效。提升地震监测预警能力、震灾预防能力、应急救援能力、科技支撑能力和社会动员能力，更好地服务经济社会科学发展。

《中华人民共和国防震减灾法》于1997年制定，并于2008年进行修订。此次座谈会是由全国人大教科文卫委员会和中国地震局联合举办的，目的是交流各地在开展防震减灾立法、执法和法律实施监督等方面的做法和经验，探讨如何进一步贯彻实施《中华人民共和国防震减灾法》，加强新时期防震减灾工作，促进防震减灾事业更好地为经济社会发展服务。全国31个省、自治区、直辖市人大有关专门委员会领导和地震局领导160多人参加会议。

（中国地震局办公室）

2011年全国地震局长会暨党风廉政建设工作会议

2011年全国地震局长会暨党风廉政建设工作会议于2011年1月11—12日在北京举行。

会议的主要任务：深入学习领会党的十七届五中全会精神，以科学发展观为指导，全面落实党中央、国务院关于防震减灾工作的重大部署，认真贯彻十七届中央纪委六次全会精神，回顾总结2010年和“十一五”期间的工作，科学规划“十二五”时期的事业发展，统筹部署2011年防震减灾和党风廉政建设工作。中国地震局党组书记、局长陈建民传达了中共中央政治局委员、国务院副总理回良玉对此次会议的指示，并作工作报告。

会议由中国地震局党组成员、副局长刘玉辰主持。党组成员、副局长赵和平、修济刚，党组成员、纪检组长张友民，党组成员、副局长阴朝民出席会议。中国地震局原局长陈章立，原副局长汤泉、岳明生，原纪检组长李友博，国务院应急管理办公室、国务院办公厅秘书局等部门的同志应邀参加并指导会议。各省、自治区、直辖市地震局党组书记、局长和纪检组长，各副省级城市和新疆生产建设兵团地震局主要负责人，各直属单位党政主要负责人和纪委书记，中国地震局机关各部门主要负责人，中国地震局直属机关纪委书记，中国灾害防御协会和中国地震学会秘书长约150余人参加会议。中国地震局机关副处级以上干部列席会议开幕式。

（中国地震局办公室）

2012年度全国地震趋势会商会

2011年12月4—6日，2012年度全国地震趋势会商会在北京召开。中国地震局党组书记、局长陈建民出席会议并作重要讲话。

会议听取了中国地震局地震预测研究所江在森研究员做的“未来1~3年地震大形势跟踪与趋势预测研究报告”和中国地震台网中心刘杰研究员做的“2012年度地震趋势和重点危险区汇总研究报告”，与会代表围绕着全国地震重点危险区和全国地震大形势进行了讨论。会议还听取了中国地震局第二监测中心王庆良研究员的“喜马拉雅”项目报告和湖北省地震局杨少敏副研究员的全球导航定位系统数据产品在地震科研与应用服务方面的专题报告。

各省、自治区、直辖市地震局，计划单列市、新疆生产建设兵团地震局和直属单位的部分主要负责人、分管领导、监测预报处和分析预报中心负责人，中国地震局机关各部门负责人，以及中国地震预报评审委员会部分成员等共130余人参加了会议。

（中国地震局办公室）

全国地震系统援疆工作会议

2011年7月7日，全国地震系统援疆工作会议在乌鲁木齐召开。中国地震局党组书记、局长陈建民，自治区党委常委、自治区人民政府常务副主席黄卫出席会议，自治区副主席靳诺、新疆生产建设兵团领导出席会议。新疆15个地（州、市）分管领导，参与对口援疆的全国15个省（市）地震局和中国地震局10个直属单位的主要负责人、中国地震局机关部分司室主要负责人、新疆地震局党组成员及各部门、各单位主要负责人和新疆15个地（州、市）地震部门负责人参加会议。中国地震局党组成员、副局长修济刚主持会议并传达《中国地震局关于进一步推进新疆防震减灾事业发展的意见》。中国地震局党组书记、局长陈建民在会上作重要讲话。

会议指出，要认真贯彻中央关于新疆工作的战略决策和国务院关于进一步加强防震减灾工作的意见，全面落实地震系统援疆工作，进一步推进新形势下新疆防震减灾事业发展，为促进实现新疆跨越式发展和长治久安提供坚强保障。

会议强调，实施地震系统援疆工作，是全国对口支援工作的重要组成，是地震部门落实党中央、国务院重大决策部署的重要政治任务，是地震系统广大干部职工的共同责任。做好地震系统援疆工作，要准确把握中央关于支持新疆发展的总体考虑，密切结合新疆防震减灾工作的实际，统筹兼顾，科学规划，突出重点，全面支持，要充分发挥对口支援的作用。

（新疆维吾尔自治区地震局）

天津市防震减灾工作会议

2011年3月30日，天津市人民政府召开2011年度全市防震减灾工作会议，市政府副市长王治平出席会议并讲话，市政府副秘书长王志铭主持会议。会议学习传达全国防震减灾工作联席会议精神和回良玉副总理重要讲话精神，通报当前和今后一个时期天津及邻近地区的震情形势，全面总结2010年和部署2011年的全市防震减灾工作。市防震减灾工作领导小组成员、各区县人民政府负责同志和各区县地震工作部门负责人共100余人参加会议。

会议充分肯定2010年天津市防震减灾工作取得的成绩，全面客观分析天津市防震减灾工作面临的形势。会议指出，2010年天津市防震减灾工作成绩显著，监测预报、震害防御和地震应急管理水平和能力以及全民的防震减灾意识都有明显提高。会议强调，在看到成绩的同时，也要清醒地认识到防震减灾工作还存在很多不足。主要表现在两个方面，一是思想认识不到位，二是基础工作不够扎实。面对当前形势，会议要求，第一，要进一步提高思想认识，切实增强做好防震减灾工作的责任感和使命感。第二，要进一步加强能力建设，提高综合防御水平。要突出抓好监测预报、应急救援、群众自救等三个能力的提升。第三，进一步强化抗震设防管理，提高基础抗震水平。第四，进一步强化组织协调能力，形成工作合力。会议强调，防震减灾工作，功在当代、利在千秋、责任重大。要切实增强大局意识、责任意识、忧患意识，通过扎实有效的工作，不断提高应对重大地震灾害的综合能力和水平，为加快滨海新区的开发开放，推动天津又好又快发展作出更大的贡献。

（天津市地震局）

山西省防震减灾工作会议

2011年4月1日，山西省人民政府在太原召开2011年度防震减灾工作会议。会议总结了“十一五”以来山西省防震减灾工作，对2011年的工作进行了安排部署。山西省委常委、副省长高建民出席会议并讲话。山西省政府副秘书长、应急办专职副主任孙跃进主持会议。山西省防震减灾领导组成员单位分管领导、联络员和山西省地震局处级以上领导干部参加了会议。

会议传达回良玉副总理在2011年国务院防震减灾工作联席会议上的讲话精神、王君省长重要批示和2011年山西省防震减灾工作要点。山西省防震减灾领导组副组长、省地震局局长赵新平作了防震减灾工作报告。太原市人民政府、省军区作了典型发言。高建民副省长与11个市人民政府分管市长签订2011年防震减灾工作目标责任书。

会议指出，做好防震减灾工作是构建和谐社会的必然要求，是政府强化公共事业的责任要求，是山西省实现转型跨越发展的战略要求。会议要求，各级各有关部门要认真贯彻国务院防震减灾工作联席会议和山西省防震减灾工作会议精神，加强组织领导，加强协调配合。按照《中华人民共和国防震减灾法》定职责，抓紧制定“十二五”防震减灾专项规划；要继续做好地震监测预报工作，提升地震科技服务质量，加强群测群防工作；要努力将抗震设防要求审批纳入基本建设管理程序，提高城乡建筑物抗震设防能力；要加快推进震害防御基础工作，积极开展活断层探测工作及震害预测工作；要推进地震应急避难场所建设，加强山西省各级救灾物资储备体系建设，着力提高地震应急救援能力。

（山西省地震局）

内蒙古自治区防震减灾工作电视电话会议

2011 年 2 月 23 日，内蒙古自治区人民政府召开防震减灾工作电视电话会议，贯彻落实 2011 年全国防震减灾工作联席会议精神和全国地震局长会议精神，全面总结“十一五”期间和 2010 年防震减灾工作，研究分析当前防震减灾工作面临的新形势新要求，安排部署 2011 年重点工作任务。

自治区、各盟市、旗县三级防震减灾工作领导小组成员、有关大、中型企业负责人、各地震台台长共计 1000 余人分别在自治区主会场、各盟市、旗县分会场参加会议。

（内蒙古自治区地震局）

辽宁省防震减灾工作会议

2011 年 2 月 22 日，辽宁省人民政府在沈阳召开 2011 年度防震减灾工作会议。会议主要内容是传达贯彻 2011 年国务院防震减灾工作联席会议及全国地震局长会议精神；通报了 2011 年震情趋势；总结 2010 年全省防震减灾工作，部署安排 2011 年全省防震减灾工作；表彰 2010 年度全省地震系统先进单位和先进个人。辽宁省政府常务副省长许卫国同志到会并发表重要讲话。

辽宁省防震减灾工作领导小组成员单位负责同志参加会议；各市地震局局长、绥中县科技局、各地震台台长、局机关各部门、局属事业单位负责同志列席会议。

（辽宁省地震局）

黑龙江省 2012 年度地震趋势会商会

2011 年 10 月 18 日，黑龙江省 2012 年度地震趋势会商会在哈尔滨召开，来自全省各市

（地）地震局、省属地震台站、省局各部门负责人及相关技术人员、省地震预报评审委员会成员 70 余人参加会议。会上，黑龙江省东部、西部 2 个片区代表分别做各自片区地震趋势会商报告，省地震分析预报与火山研究中心主任、研究员赵谊作全省 2012 年度地震趋势会商报告。

10 月 18 日下午，黑龙江省地震预报评审委员会召开会议，评审委员会对送审材料进行认真研究，按评审规程对预测意见结论及主要依据的可靠性、合理性、科学性进行审议，并提出具体意见，审定通过《黑龙江省 2012 年度地震趋势预测意见》，同意将预测意见上报中国地震局。

（黑龙江省地震局）

上海市防震减灾联席会议

2011 年 4 月 27 日，上海市人民政府召开 2011 年度防震减灾联席会议，上海市政府副秘书长尹弘、中国地震局应急救援司副司长尹光辉、上海市防震减灾联席会议成员单位的负责同志、上海市区（县）地震办主任出席会议。

会议通报了中国国际救援队赴日本救援情况，上海市地震局张骏局长汇报了 2010 年上海市防震减灾联席会议工作情况并提出了 2011 年工作计划。

会议指出，市委市政府高度重视防震减灾工作，市领导多次对防震减灾工作作出重要指示和批示，提出明确要求。上海防震减灾综合能力建设得到稳步提升，防震减灾工作取得明显成效，为确保世博会地震安全作出了重要贡献。会议同时指出，防震减灾要未雨绸缪、警钟长鸣，各单位要切实增强做好防震减灾工作的责任感与使命感。

会议强调：一是抓好地震监测预报及应急工作，提高防震减灾基础能力；二是抓好震灾预防及防震减灾宣传工作，扩宽防震减灾公共服务领域；三是加强组织领导，为防震减灾工作提供有力保障；四是加强防震减灾法制建设，科学谋划好“十二五”时期防震减灾事业发展。

会议要求全市各级、各部门深入贯彻落实科学发展观，统一思想、坚定信心，团结奋进、扎实工作，始终把人民群众生命财产安全放在最高位置，努力开创上海市防震减灾新局面，为加快实现“四个率先”、加快建设“四个中心”和社会主义现代化大都市作出更大的贡献。

（上海市地震局）

江苏省防震减灾工作联席会议

2011 年 4 月 26 日，江苏省人民政府召开 2011 年防震减灾工作联席会议，何权副省长出席会议并发表讲话。何权副省长在会上部署年度防震减灾任务，并代表省政府与市政府签订防震减灾工作目标管理责任书。

（江苏省地震局）

安徽省防震减灾工作领导小组会议

2011年11月22日，安徽省人民政府召开2011年防震减灾工作领导小组会议，审议通过了《安徽省防震减灾“十二五”规划》。

会议指出，“十二五”时期是安徽省工业化、城镇化快速推进，人民群众物质文化生活水平稳步提高的重要阶段，防震减灾工作面临着新的形势和要求。制定和实施省防震减灾“十二五”规划，对于科学谋划未来五年防震减灾事业发展蓝图，有效提升防御地震灾害综合能力，切实保障经济社会可持续发展，具有重要现实意义。

会议强调，领导小组各成员单位要切实增强责任意识和忧患意识，认真贯彻省委、省政府的决策部署，确保防震减灾规划全面实施。要围绕工作重点，抓住关键环节，强化工作措施，不断提升监测预报、综合防御、应急救援能力，积极拓展公共服务功能。要立足部门职责，强化协作配合，形成工作合力，推动规划实施，促进规划项目早日建成发挥效应。要加强对规划实施的宣传，提升公众对防震减灾工作的认识，努力形成全社会支持和推动规划实施的良好氛围，共同促进安徽省防震减灾事业又好又快发展。

（安徽省地震局）

福建省地震系统工作会议

2011年2月22—23日，2011年度福建省地震系统工作会议在福州召开，福建省地震局处级以上干部、各地震台站及九个设区市地震局的主要负责人约70人参加会议。

会议传达全国和福建省防震减灾工作会议以及全国地震局长会议暨党风廉政建设工作会议精神，福建省地震局党组书记、局长金星在会上做题为《回顾总结　科学规划　全面推进福建省防震减灾事业跨越发展》主题报告。会议指出，2010年福建省地震局党组在中国地震局和福建省委、省政府的领导下，坚持用科学发展观统领防震减灾工作，全面贯彻落实全国、全省防震减灾工作会议和全国地震局长会暨党风廉政建设工作会议的各项部署，大力促进“3+1”工作体系建设，着力开展科技创新、闽台合作、项目建设和执法检查，努力提高防震减灾综合管理和服务能力，全面推动防震减灾事业可持续发展，大力推进“十一五”防震减灾重点项目建设，认真筹划“十二五”规划和重点项目，防震减灾各项工作取得显著成效，2010年获厅局以上奖励的部门和单位62次，获奖个人33人，同时福建省地震局被省直党工委授予第十届省直机关文明单位。

会议从8个方面对福建省地震局2010年工作进行总结：一是传达贯彻全国防震减灾工作会议精神，落实部署今后一段时期全省防震减灾工作；二是及时有效处置台湾地震波及影响和地震谣传事件；三是三大体系工作取得实质性进展；四是科技创新成效明显；五是闽台地震科技交流合作有新的突破；六是大力推进“十一五”防震减灾重点项目建设，认真做好“十二五”重点项目规划；七是加强人才队伍建设，切实提高队伍素质；八是加强党风廉政建设，切实构筑单位和谐。

会议明确福建省“十二五”防震减灾工作需要坚持的主要原则和“十二五”防震减灾工作的关注重点，并从8个方面对2011年福建省防震减灾工作做部署：一是继续深入学习贯彻党的十七大精神和科学发展观，落实国务院、中国地震局和省委、省政府关于防震减灾工作的部署和要求；二是要正确把握监测预报的发展方向，着力为政府和公众提供准确快速的地震信息和震情趋势判断意见；三是要正确把握减轻地震灾害的根本途径，着力加强社会管理和公共服务，提升全社会共同抵御地震灾害的能力；四是要认真总结经验教训，做好地震应急各项准备工作，提高处置地震突发事件的能力；五是做好“十二五”规划和重点项目的立项工作，促进科技创新和闽台交流；六是加强人才队伍建设，着力培养科技人才和管理人才；七是加强党风廉政建设，营造廉洁勤政从政的环境；八是广泛开展创先争优活动，努力构建和谐单位。

（福建省地震局）

江西省地震局长会议

2011年1月14日，江西省地震局长会议在南昌召开。江西省政府副省长谢茹出席会议并讲话，省政府副秘书长晏驹腾出席会议。江西省地震局局长王建荣作会议主题报告，副局长张福平传达国务院防震减灾工作联席会议和全国地震局长会议精神，副局长郑栋主持会议。

王建荣局长的工作报告全面回顾2010年全省防震减灾工作，总结全省防震减灾发展经验，对2011年全省防震减灾工作作出具体部署，提出重点工作任务。谢茹副省长在讲话中充分肯定“十一五”期间特别是2010年全省防震减灾工作取得的显著成效，深刻分析全省防震减灾工作面临的新形势新要求，要求各地要创新思路、细化措施，全面做好2011年防震减灾各项工作。一是加强震情监测研判，提高地震安全基础服务能力；二是加强规划编制和重点项目实施，提高防震减灾可持续发展能力；三是加强抗震设防管理，提高地震灾害综合防御能力；四是加强应急救援机制建设，提高地震灾害应对处置能力；五是加强市县机构建设，提高防震减灾组织能力。

会议还表彰了江西省防震减灾先进单位和先进集体，听取了江西省地震局关于当前震情形势和“十二五”发展规划的专题报告，赣州市、南昌市、宜春市、寻乌县、丰城市和九江县分别做工作经验交流。

（江西省地震局）

山东省防震减灾工作领导小组会议

2011 年 1 月 24 日，山东省人民政府在济南召开 2011 年度防震减灾工作领导小组会议。会议由山东省政府副秘书长马越男主持，副省长王随莲出席会议并讲话。

会议指出，2010 年以来，在山东省委、省政府的正确领导下，各成员单位认真贯彻落实全国、全省防震减灾工作会议精神，扎实开展各项防震减灾工作，取得明显成效。

会议强调，防震减灾是保障人民生命财产安全，实现经济社会可持续发展，构建和谐社会的一项重要基础性工作。各成员单位要进一步增强做好防震减灾工作的责任感和紧迫感，密切协调配合，建立联动机制，形成工作合力。要突出抓好防震减灾规划实施，确保规划目标和各项任务落到实处。扎实做好地震监测预报工作，完善群测群防网络，提高地震预测预报的科学性和准确性。着力强化抗震设防基础性工作，加强建设工程抗震设防监管，按规定提高学校、医院等人员密集场所建设工程的设防标准。认真排查各类建（构）筑物、基础设施抗震设防存在的薄弱环节，及时消除地震安全隐患。要切实加强地震应急救援能力建设，认真做好救助保障准备工作。要大力开展防震减灾宣传教育，定期组织开展地震应急避险演练，提高群众自救互救能力。

会上，山东省地震局党组书记、局长晁洪太作《关于 2010 年山东省防震减灾工作情况》和 2011 年工作计划的汇报。省发改委、教育厅、财政厅、建设厅、交通厅、水利厅、卫生厅等部门就防震减灾工作情况进行交流。

山东省防震减灾工作领导小组成员单位参加会议。山东省地震局党组成员刘峰、林金狮、姜金卫、张有林，各市地震局，省地震局机关各处室、各直属单位负责同志列席会议。

（山东省地震局）

河南省防震减灾工作会议

2011 年 3 月 15 日，河南省人民政府在郑州召开 2011 年防震抗震指挥部（扩大）会议，贯彻落实国务院 2011 年防震减灾工作联席会议精神，回顾总结 2010 年防震减灾工作，研究分析河南省防震减灾面临的新形势、新要求，安排部署 2011 年重点工作任务。

河南省政府副秘书长介新出席会议并讲话。会议指出，2010 年 10 月 24 日，周口太康发生 4.7 级地震，省委省政府领导高度重视，迅速作出重要批示，要求当地政府、省政府应急管理办公室和地震局立即开展相关工作。河南省地震局等省市地震部门以及周口市委市政府高度重视，行动迅速，较好地完成了震后应急及现场工作任务。一年来，各级政府、各有关部门按照职责分工，密切配合，团结协作，做了大量卓有成效的工作，全省防震减灾工作取得明显成效。会议要求，2011 年要理清“十二五”发展思路，提升防震减灾基础能力，做好震情监视工作，强化城乡抗震设防监督管理，推进地震应急管理体系建设，深入开展防震减灾科普宣传教育。

29 个省防震抗震指挥部成员单位的领导、14 个省辖市政府办公厅（室）分管领导出席会议，省政府应急管理办公室的负责同志应邀参加了会议，各省辖市地震局局长、省地震局有关部门负责人列席会议。

（河南省地震局）

湖南省防震减灾工作会议

2011 年 3 月 9 日，湖南省人民政府在长沙召开 2011 年度全省防震减灾工作会议。副省长韩永文，中国地震局党组成员、副局长阴朝民出席会议并讲话，省地震局局长胡奉湘作工作报告，省政府副秘书长石华清主持会议。全省防震减灾工作领导小组成员单位负责人、各市州政府分管防震减灾工作的副市州长和地震、发展和改革委员会、住房和城乡建设等部门负责人及省地震局干部职工代表共 160 余人参加了会议。

会议总结了 2004 年以来全省防震减灾工作所取得的成绩，分析查找了防震减灾工作存在的薄弱环节，提出了今后 5 年全省防震减灾工作目标任务；长沙市人民政府、石门县人民政府、省教育厅代表分别作典型发言，衡阳市人民政府、常德市人民政府、邵阳市人民政府、省住房和城乡建设厅、省公安消防总队、省建筑设计院、省地震局监测中心、省防震减灾工程研究中心、省地震局桃源地震台向会议提供了经验交流材料；会议还表彰奖励了长沙市地震局等 10 个先进集体和全德辉等 25 名先进个人。

会议对湖南省防震减灾工作所取得的成绩给予充分肯定，对做好今后湖南的防震减灾工作提出要求。副省长韩永文在讲话中深刻阐述了做好防震减灾工作的重要意义，要求全省各级政府及防震减灾相关部门和单位强化使命感和责任感，扎实有效做好当前和今后一个时期的防震减灾工作。

（湖南省地震局）

广东省防震减灾工作会议

2011 年 12 月 8 日，广东省人民政府在广州召开 2011 年度全省防震减灾工作会议，总结近几年全省防震减灾工作，部署“十二五”期间防震减灾重点工作。副省长刘昆，中国地震局党组成员、副局长修济刚出席会议并讲话。

会议强调要重点抓好 6 个方面工作：一是进一步加强地震监测预报基础能力建设；二是进一步夯实城乡抗震设防基础；三是进一步加强地震应急救援综合体系建设；四是进一步加强防震减灾基本公共服务；五是进一步加强防震减灾宣传教育；六是进一步加强防震减灾工作的组织领导。

会议指出，重点要抓好6项工作，一是继续落实好“十二五”防震减灾规划；二是认真抓好防震减灾示范城市的创建工作；三是扎实做好地震监测预报工作；四是切实提高震害防御基础能力；五是大力推进地震应急救援能力建设；六是持续加强防震减灾科普宣传教育。

（广东省地震局）

广西壮族自治区防震减灾工作会议

2010年12月17日，广西壮族自治区人民政府在南宁召开2011年度防震减灾工作会议。自治区副主席、自治区防震减灾工作领导小组组长出席并讲话。

会议听取2011年全国和全区地震趋势意见，听取自治区教育厅、民政厅、住房和城乡建设厅、农业厅2010年防震减灾工作经验介绍，听取并审议《2010年全区防震减灾工作总结和2011年工作要点建议》，部署2011年全区防震减灾工作。自治区民政厅、住房城乡建设厅代表做专题发言。自治区防震减灾工作领导小组25个成员单位的成员、联络员参加会议。自治区人民政府副秘书长、自治区防震减灾工作领导小组副组长曾东主持会议。

（广西壮族自治区地震局）

海南省防震减灾工作联席（扩大）会议

2011年3月8日，海南省人民政府在省抗震救灾指挥部地震应急指挥大厅召开2011年全省防震减灾工作联席（扩大）会议。会议由省政府副秘书长倪健主持，省政府副省长李国梁出席会议，省抗震救灾指挥部成员单位分管领导、18个市县分管防震减灾工作的市县长和地震局长及省地震局全体干部职工160余人参加会议。

会上，海南省地震局研究员沈繁銮作2011年海南省及邻区地震形势报告。省抗震救灾指挥部副指挥长、省地震局局长牟光迅作2010年全省防震减灾工作总体情况汇报，并提出2011年防震减灾重点工作安排。各市县政府分别对2010年防震减灾工作情况和2011年工作计划作汇报。

会议就做好2011年全省防震减灾工作提出三点意见：一是提高认识，进一步增强做好新时期防震减灾工作的责任感和使命感；二是统筹规划，周密部署，扎实做好2011年防震减灾工作；三是加强领导，明确责任，切实把防震减灾工作任务落到实处。会议要求，各市县、各单位要加强组织领导，认真贯彻落实《海南省人民政府关于进一步加强防震减灾工作的意见》要求和防震减灾工作各项任务，不断提升我省防震减灾综合能力，为加快建设海南国际旅游岛、构建和谐安全海南作出新的贡献。

会后，李国梁副省长到省地震局视察，深入了解海南省震情和地震监测、预报及地震应急指挥中心工作情况。

（海南省地震局）

重庆市气象地震工作会议

2011 年 3 月 24 日，重庆市人民政府召开全市气象地震工作会议。会议由市政府副秘书长丁先军主持。重庆市委常委、常务副市长马正其出席会议并讲话。各区县（自治县）政府分管气象地震工作的领导，市级相关部门负责人，各区县（自治县）气象、地震部门主要负责同志近 200 人参加会议。

会议全面总结“十一五”时期全市气象地震工作取得的主要成绩，深入分析当前面临的形势和任务，安排部署“十二五”时期全市气象地震工作。重庆市气象局局长王银民、重庆市地震局局长陈铁流分别作全市气象工作报告和全市防震减灾工作报告。北碚、酉阳、万州、荣昌等四区县（自治县）分管领导分别作大会交流发言。会议还对全市气象、地震工作先进集体和先进个人进行表彰。

会议肯定了“十一五”期间全市气象地震工作取得的显著成绩。会议要求全市各级各部门对气象地震工作给予高度重视，切实加强组织领导，加强资金保障，加强督促检查，不断推动气象地震事业再上新台阶、再上新水平，为率先实现在西部地区全面建设小康社会的目标作出新的更大贡献。

（重庆市地震局）

四川省防震减灾领导小组扩大会议

2011 年 2 月 24 日，四川省人民政府在成都召开 2011 年度防震减灾领导小组扩大会议。省防震减灾领导小组 30 个成员单位负责人，成都、攀枝花、乐山、宜宾、雅安、阿坝、甘孜、凉山政府分管领导和防震减灾工作部门主要负责人参加会议。省防震减灾领导小组组长、省政府副省长张作哈出席会议并作重要讲话。会议由防震减灾领导小组副组长、省政府副秘书长张晋川主持。

会议传达贯彻国务院防震减灾工作联席会议和国办发〔2011〕2 号文件精神，听取省地震局等部门工作汇报，安排部署 2011 年全省防震减灾工作任务。

（四川省地震局）

四川省防震减灾40年总结大会

2011年12月19日，四川省防震减灾40年总结大会在成都召开。四川省委副书记、省长蒋巨峰向大会致贺信，中国地震局党组成员、副局长赵和平，四川省政府副省长曲木史哈出席会议并讲话，四川省军区副司令员沙正华、省政府副秘书长陈保明，省人力资源和社会保障厅厅长叶壮，省地震局局长张宏卫，中国地震局办公室主任唐豹在主席台就座。陈保明主持会议并宣读蒋巨峰贺信。叶壮宣读四川省人力资源和社会保障厅、四川省地震局《关于表彰全省防震减灾工作先进集体和先进个人的通报》，出席会议的领导同志为获奖代表颁发奖牌和获奖证书。

各市（州）政府分管领导及防震减灾工作部门负责同志，省防震减灾工作领导小组成员，受表彰的先进集体和先进个人代表和全省防震减灾工作离退休老同志代表参加会议；重庆、云南、西藏、陕西、甘肃、青海等省（自治区、直辖市）地震部门负责同志应邀参加会议。

（四川省地震局）

贵州省防震减灾工作联席会议

2011年3月14日，贵州省人民政府在贵阳召开2011年度全省防震减灾工作联席会议。传达贯彻贵州省委书记栗战书、省长赵克志关于全省防震减灾工作的重要指示精神，安排部署全省防灾减灾工作。贵州省副省长孙国强出席会议并讲话。

会议指出，近期中国云南、日本相继发生地震，造成了重大损失，为贵州做好防震减灾工作敲响了警钟。贵州地震活动的频度和强度总体处于全国中等水平，特殊地质和农村建筑设防不够，遇到震情容易发生“小震致灾、小震大灾”的情况，各级政府部门要坚决克服松懈麻痹情绪，牢固树立防震减灾的思想意识。

会议强调，要强化宣传教育工作，普及防震减灾知识，在4月开展防震减灾宣传月活动，要将防震减灾知识宣传到基层、到民众。相关部门要开展全面设防和排查工作，提高防震能力，重点排查城市设防、农村危房改造、校舍建设是否达标，3月底以前要完成排查，4月要全面展开整顿、改善和加固工作。同时要加强地震的监测预测，提高预测能力。

会议指出，各市（州、地）和省直机关相关部门要迅速贯彻落实赵克志省长的重要批示以及此次会议精神，要突出重点、点面结合，全面安排部署防震减灾工作。强化完善组织领导体系，落实一把手负责制、明确分管领导，要完善应急预案，并加强应急预案的完善、演练以及相关物资的储备工作。

（贵州省地震局）

云南省抗震救灾指挥部会议

2011 年 6 月 29 日，云南省抗震救灾指挥部会议在云南省地震局召开。会议的主要任务是：贯彻落实国务院防震减灾工作联席会议精神和云南省委、省政府对防震减灾工作的重要指示精神，总结成绩、分析形势、部署 2011 年和今后一个时期的防震减灾工作。

云南省委常委、常务副省长罗正富出席会议并讲话。云南省地震局、省民政厅等 40 个成员单位相关领导共 60 余人参加了会议。

（云南省地震局）

陕西省地震局防震减灾工作会议

2011 年 2 月 24—25 日，陕西省地震局召开 2011 年防震减灾工作会议。会议由陕西省地震局党组成员、副局长姬丁义主持，陕西省地震局党组书记、局长胡斌作工作报告，陕西省地震局党组成员、副局长刘晨出席会议。局干部职工及各地震台站负责人共 150 人参加会议。离退休老领导、局老专家咨询委员会成员及离退休党支部书记共 14 人应邀列席会议。

会上，胡斌作《聚焦科学发展，坚持真抓实干，确保“十二五”防震减灾事业开好局起好步》工作报告，回顾 2010 年和“十一五”期间防震减灾事业发展成就。

会议指出，2011 年防震减灾工作总体要求是：认真贯彻党的十七大和十七届五中全会精神，牢固树立震情第一观念，以最大限度减轻地震灾害损失为根本宗旨，以全面贯彻落实防震减灾重大部署为主线，抓好震情跟踪戒备、抓好项目收尾验收、抓好“十二五”规划落实，立足于防大震、谋发展、提能力、增实效，依法科学合力做好年度各项工作，实现“十二五”事业发展良好开局。

会议强调，要强化震情跟踪监视，加强台网运行管理，做好震情趋势研判，切实抓好震情跟踪工作；要深入贯彻省政府实施意见精神，加快推进“十二五”规划实施，做好“十一五”和灾后恢复重建项目验收总结，强化产品产出，全面落实防震减灾重大部署；要强化抗震设防要求监管，强化市县防震减灾工作和宣传教育工作，不断提升地震灾害综合防御能力；要加强应急戒备，不断健全预案体系，强化应急基础设施建设，加强救援队伍建设，进一步增强地震应急救援能力；要完善科技创新机制，强化技术应用，加强交流合作，大力推进地震科技工作；要加强法制建设和政策研究工作，强化依法行政和政策研究等。

（陕西省地震局）

科技进展与成果推广

本部分主要刊载获国家级、省部级、中国地震局局级科技成果奖项及通过中国地震局、省部级鉴定的项目；中国地震局授权发明专利及实用新型专利；重大科技项目及科技成果的推广及应用情况。

2011年地震科技工作综述

2011年，地震科技工作在中国地震局党组的坚强领导下，贯彻落实全国地震局长会议暨党风廉政会议精神，以开拓创新求发展，以狠抓落实求实效，着力推进地震科技创新，取得显著进展。

一、扎实落实科技规划，全面布局“十二五”科技工作

一是召开地震科技工作会议，全面部署“十二五”地震科技工作。中国地震局党组书记、局长陈建民和党组成员、副局长刘玉辰出席会议并作重要讲话，对“十二五”科技工作提出了明确要求。会后，各单位认真贯彻落实会议精神，9个单位新设了科技管理部门，科学技术司与局机关有关部门进一步明确职责，形成管理合力。二是抓立项落实科技规划。以“科技规划”项目库为基础，着力落实重点科技项目。通过激烈竞争，中国地震局牵头实施3项新的国家科技支撑项目、参加其他部门牵头的6项国家863和科技支撑课题，经过遴选的13项行业专项全部获得支持。批复地震科技星火计划项目77项，经费数比2010年增加1倍。2011年科技总经费投入超过2亿元。地震电磁监测试验卫星被列入“十二五”民用航天发展规划首批启动项目，立项建议书通过中咨公司评估，正式转入立项审批阶段。三是创新举措，开放合作，全面推动地震科技发展。完成首批8个部门重点实验室遴选，搭建了科技创新和团队建设的基础平台。与铁道部进行了交流磋商，就开展部局战略合作，协力推进我国高铁地震安全达成了初步共识。引导局所和市县地震机构合作，组织实施“南水北调渠首区地震安全科学探查”项目，经费额度1500万元，开辟了中央财政资金支持地方科技项目的新模式。配合科技委开展科技咨询和战略研究，《未来我国地震减灾领域地震学面临的巨大挑战》白皮书正式出版，组织了“科技委院士专家新疆行”活动。

二、重点科技项目进展顺利，支撑引领能力显著提升

“城市工程的地震破坏与控制”等2个973项目通过验收，共发表SCI、EI检索论文302篇，专著7部，获得专利授权17项。3个国家科技支撑项目也顺利通过验收，向科技部推荐了一批重大科技成果。正在实施的科技支撑项目还为“国家地震烈度速报与预警工程”项目的立项提供了科学储备和关键技术支持。

“喜马拉雅”计划全面开展。将分期、分区对中国大陆壳幔结构、活断层分布、地球物理场及其变化进行全面探查，从根本上改变我国地震科技基础性工作薄弱的局面。

地震行业科研专项成效显著。首批72个项目完成验收，绝大多数项目执行良好，其中7个项目被评为业务优秀项目。

省级地震局科技活力显著增强。承担国家自然科学基金等项目数量大幅增加，实用性

科技成果不断涌现。其中云南省地震局联合国内科技力量，突破许多技术难关，将减隔振技术成功应用于昆明新机场建设，受到国内外广泛关注。

三、以全过程管理为手段，探索地震科技项目管理新模式

一是从地震行业科研专项入手，全面加强科技项目的全过程监管。在立项阶段，结合规划项目库严格项目遴选，并加强立项论证、审查并细化考核指标；在项目执行过程中，强化年度进展报告审查；在项目验收时，坚持回避制度，严格验收标准，首批行业专项有3个项目业务验收未获通过。

二是改进科技支撑项目管理，发挥项目集成单位的作用，取消子课题、避免科研项目层层转包和层层验收的问题；组建重大科技项目管理办公室，建立制度，强化科研工程性项目进度和质量控制。

三是进一步完善“地震科技信息管理平台”，组织设计“地震科技星火计划网上管理平台”，建立地震科学台阵数据管理中心，出台《地震科学台阵数据汇交办法》。

四、抓好党风廉政，加强队伍建设

按照中国地震局党组部署，对党风廉政任务分解方案中牵头负责的1方面工作和配合开展的11项工作共落实24项具体措施，包括依托地震科技信息管理系统，逐步建立科研人员、项目承担单位的诚信评估平台；严格国际合作与交流审批等。

（中国地震局科技与国际合作司）

科技成果

汶川地震发生机理及其大区动力环境研究

该项目在2008年汶川地震后立项并开始执行。项目的首席科学家为中国地震局地质研究所马宗晋院士，项目由中国地震局地震预测研究所主持，中国地震局地质研究所是主要参加单位之一，承担项目第3课题“中亚大陆强震构造格局及其动力环境”，由研究员张家声负责。

项目执行时间为2008—2011年。项目通过构建亚洲中部从青藏高原的东、西构造结到贝加尔裂谷区，典型大陆内部三角形强震构造域（简称“大三角”）的地震构造格局和区域动力学条件，探索2008年5月12日汶川8.0级地震的成因联系。研究内容包括：卫星遥感图像的活动断层解释；强地震时空演变规律和活动地块地震参数差异的力学含义；东边界的构造分段与强震机理；西边界的性质及强震联系；主要和次级宽变形带差异运动（GPS）的定量研究；周边动力学条件；中亚大陆强震构造格局。此外，该项目还实现了中俄联合开展俄罗斯贝加尔湖地区的地震构造考察，了解并收集到俄罗斯萨彦岭地区、蒙古等地的地震构造数据资料。该项目于2011年通过验收。

（中国地震局地质研究所）

汶川地震三维发震构造、现今运动状态和区域活动断层发震危险性综合评价

该项目是国家自然科学基金委资助的第一个海峡两岸合作研究项目，项目负责人为中国地震局地质研究所徐锡伟研究员、台湾大学地质科学系陈文山教授，中国地震局地质研究所冉勇康负责古地震研究，项目执行时间为2009—2011年。该项目重新厘定了汶川地震地表破裂带的样式、最大垂直位移量值和右旋走滑分量，同震滑坡灾害的分布特征及其与发震断层的关系等，讨论了发震构造模型。发表SCI收录论文17篇，其中2009年5月发表在*Geology*上的论文，到2011年2月已被SCI引用65次，被Science Watch评为地球科学快速突破文章。此外，受国家自然科学基金委和台湾地区李国鼎基金委的委托，2010年1月，在四川省成都市成功召开了“海峡两岸汶川地震专题研讨会”，由中国地震局地质研究所徐锡伟研究员主持。研讨会为国家自然科学基金委与李国鼎基金委联合资助的4个有关汶川地震的专项合作课题，同时提供一个良好的交流平台。来自大陆和台湾地区的10余所科研院所的40余位地球科学工作者参加研讨，并对汶川地震区都江堰虹口乡深溪沟、八角庙、

小鱼洞大桥、白鹿乡白鹿中心学校、北川擂鼓镇、曲山镇等地震遗迹进行现场考察和专题讨论。

（中国地震局地质研究所）

新型流动卫星激光测距系统 TROS1000

该项目完成单位及人员为中国地震局地震研究所郭唐永、王培源、李欣、邹彤、谭业春、夏界宁、周云耀、朱威。

1. 成果概况

卫星激光测距（Satellite Laser Ranging，SLR）是空间大地测量领域的主要技术之一，其原理是利用测量激光脉冲往返地面和卫星的飞行时间获取精确距离，SLR 在卫星精密定轨、地壳运动监测、参考框架确定和维持等领域有重大作用。

在国家重大科学工程“中国大陆构造环境监测网络”的支持下，中国地震局地震研究所自主研制完成了第四代卫星激光测距控制系统，建设完成了目前世界上口径最大的新型流动式卫星激光测距系统 TROS1000，该系统具有口径大、测程远、技术集成度高、流动便捷的特点。TROS1000 在 2011 年测试验收后，先后在武汉九峰地震台、湖北咸宁、山东荣成地震台等地实现了运行观测。未来，TROS1000 将充分发挥其流动便捷的优势，赴新疆、青海、内蒙古等西部地区进行流动观测，可大大改善中国中西部地区 SLR 观测空白的问题。

流动式卫星激光测距系统 TROS1000 的研发成果，已推广应用于北斗导航系统三亚和喀什 SLR 站的建设，分别建设完成的 2 套 1 米口径的 SLR 系统其测程达到 3.6 万千米，可满足北斗系统中地球同步或倾斜同步轨道卫星测距需要，并成功实现白天和夜间观测。几年来的运行表明，系统能够克服三亚热带潮湿、喀什高寒风沙等严酷条件的限制，运行稳定、数据产出量高、质量可靠，为国防和经济建设发挥重大作用。

2. 主要创新点

（1）自主研发了第四代卫星激光测距控制系统。利用先进材料、工艺和电子技术，解决繁杂的连接问题，减小体积，提高可靠性、稳定性、控制性能和自动化程度，提高发射频率、转台精度、距离门控制精度等关键性技术指标，实现了控制系统的自动化、小型化、集成化、智能化。

（2）设计了紧凑的光学系统，车载接收望远镜口径达到 1 米，是目前世界上口径最大的流动式卫星激光测距系统，大大提高了目标搜索效率和弱信号接收能力，测距能力达到 3.7 万千米，可以满足同步卫星和北斗导航卫星的定轨需要，并为未来合作目标观测、激光测月等留下了发展空间。

（3）将集成化的控制系统置于望远镜上，摒弃传统安装于控制室的方式，解决了流动车空间小的问题。集成化系统和计算机通过无线通信，使望远镜转台的旋转不受限制，更加自由。

（4）系统采用标准半挂车底盘，通过改装连接和减震系统，实现车辆、观测设备的有机结合。系统在总重量达到 15 吨的情况下实现了便捷流动、快速设站、观测稳定的特点。

3. 应用效益及前景

（1）获取了 30 多颗卫星观测资料，为多种类型的卫星精密定轨发挥了作用。流动 SLR 观测系统从 2011 年经过系统测试，进入试运行以来，先后在武汉九峰地震台、咸宁经济技术开发区、山东荣成实现了运行观测，能够对地球动力学卫星、导航卫星、遥感卫星、海洋测高卫星等所有卫星进行成功观测。已观测近地星、Lageos、北斗、Glonass、伽利略等，总观测数量大于 1200 圈，其中单日最大观测圈数达到了 34 圈。

（2）北斗导航系统的技术应用。北斗卫星导航系统是中国正在实施的自主研发、独立运行的全球卫星导航系统。中国地震局地震研究所将 TROS1000 的技术，推广应用于北斗导航系统三亚和喀什 SLR 站的建设，分别建设完成的 2 套 1 米口径的 SLR 系统。由于观测目标包括 3.6 万千米的地球同步或倾斜同步轨道卫星，实现白天观测，且要满足三亚热带潮湿、喀什高寒风沙的品质要求，这在国际上也没有先例。但科技人员克服重重困难，于 2011 年顺利通过了专家组的测试和验收，2 套系统运行稳定，观测数据丰富、可靠，为国防和经济建设发挥着重大作用。

（3）自主研发的卫星激光测距控制系统已应用于国内所有卫星激光测距站和国际合作中的卫星激光测距站。

（4）中国地震局地震研究所在 SLR 的控制系统、软件系统等技术领域一直处于国内领先水平，本项目前期研究的相关技术成果曾在中科院测量与地球物理研究所、中国测绘科学研究院、国家天文台、云南天文台，以及阿根廷圣胡安观测站的卫星激光测距系统上推广，收到用户方的一致好评。

（中国地震局地震研究所）

强震监测预报技术研究

国家科技支撑计划“强震监测预报技术研究”项目于 2007 年获得科技部立项批复。项目牵头单位为中国地震局地震预测研究所，负责人为江在森研究员，执行期为 2006 年 1 月至 2009 年 12 月。在中国地震局组织实施下，项目由中国地震局地震预测研究所、中国地震台网中心、中国地震局地球物理研究所等 20 个单位负责承担研究任务，开展了地震立体观测技术、强震动力动态图像预测技术、强地震综合预测方法与预警技术、火山与水库监测预报关键技术等研究，2011 年 4 月项目顺利通过科技部组织的专家组验收。项目取得的主要研究成果如下。

1. 地震立体观测技术研究

研发了地震立体观测系统的主要关键技术，包括具有控制精度高、时间服务准确精密的可控人工震源观测系统；集宽频带地震计、井下磁力计、井下温度计、井下分量应变仪等仪器为一体，解决了深井环境下的抗干扰、通信、密封等关键技术的井下综合观测系统；高精度的三分量跨断层仪、感应式磁力仪、应力波仪、压力仪和动态流动组网观测系统等，可为中国发展地震立体观测系统和流动强化跟踪监测系统提供关键技术支撑。（该课题承担单位：中国地震局地球物理研究所、中国地震局地震预测研究所；负责人：滕云田研究员、王洪体研究员）

2. 强震动力动态图像预测技术研究

发展了基于多时空尺度、多学科动态图像研究强震孕育的构造动力过程的科学思路，研发了地震、形变、流体、电磁等动态场图像和动态信息提取技术，强震动力动态图像预测异常标志和判据等，初步建立了强震动力动态图像预测技术，对推动中国地震预测逐步向物理预测拓展有促进作用。（该课题承担单位：中国地震局地震预测研究所；负责人：江在森研究员）

3. 强地震综合预测方法与预警技术研究

研究了GPS、InSAR、卫星遥感和前驱波等新技术新方法在地震预测中的应用，结合典型构造区综合观测、力学实验和数值模拟与综合预测方法研究，初步形成了具有一定物理基础的强震综合预测方法；给出了西北、西南、华北和首都圈区域地震预测、警戒技术方法和方案。（该课题承担单位：中国地震台网中心；负责人：张晓东研究员）

4. 火山与水库地震监测预报关键技术研究

基于地震学、地形变以及重力、地下水等观测及遥感技术等应用，深部介质性质与应力状态，地震类型识别、活动规律与发生机理等研究，发展了火山与水库地震监测预报关键技术，初步形成了火山喷发的长、中、短期预测技术，建立了水库地震危害性模型和地震烈度衰减关系及易损性经验关系。（该课题承担单位：中国地震局地震预测研究所、中国地震局地质研究所；负责人：王晓青研究员、许建东研究员）

项目相关研究成果为发展中国地震立体观测系统提供了技术支撑，对推动中国地震预测逐步向具有一定物理基础和动力学含义的预测方向拓展具有促进作用，有助于不断提高地震预报的科学性、准确性和减灾实效。大量成果在实际的地震监测预报工作中得到了推广应用。

（中国地震局地震预测研究所）

汶川地震周围的地壳应力场及震前应力方向集中研究

该项目主要完成单位为防灾科技学院，主要完成人为万永革教授。

该项目得到了2008年汶川地震之前的构造应力场的空间和时间演化过程，揭示了汶川地震之前应力方向趋于促使主震破裂方向的现象；该项目首次得到了大震之前的构造应力场的时空图像，为揭示大地震之前构造应力方向集中的地震之前的前兆现象提供了基础数据。该研究成果有望用于所有大震之前地震观测资料比较丰富的地区，进一步积累数据，进行统计分析，为大地震前的应力前兆提供手段。

（防灾科技学院）

中国地震局地球物理勘探中心科技开发

1. 科技开发概况

2011 年，中国地震局地球物理勘探中心继续加强科技开发工作的管理，推进合作战略，狠抓市场开拓，强化协调配合，科技开发保持了自 2009 以来连续三年的良好发展势头，取得了良好经济效益。

以规范经费支出、保证项目质量为重点，不断健全完善规章制度，大力推进项目预算管理，加强对科技开发项目的监管力度，从法人委托、合同签订、野外施工、报告审核发出、发票开具、应收账款及个人借款清理、项目结算等全过程进行监管，确保经费支出合理，提高项目收益；同时也强化施工现场的安全、质量及进度管理。

2. 社会效益与经济效益

2011 年，共签订科技开发项目 411 项，合同金额比 2010 年有所增长，创造了中国地震局地球物理勘探中心科技开发工作有史以来的最高纪录，对弥补研究经费不足、促进事业发展作出了巨大贡献。

（中国地震局地球物理勘探中心）

黑龙江省区域地震台网智能管理软件系统研发

项目研究内容针对黑龙江省地震监测中心人员少、任务重、技术系统密集特点，开发一套基于 Windows 平台区域台网智能管理软件系统，实现仪器自动化监控与故障分析、台网智能化运行与管理、综合信息智能化发布等功能。平台 ORACLE 数据库建立框架，信息录入、完善，开发第三方对接部分接收所需数据。对月报生成软件设计及编制调试。独立开发了设备管理系统。重新设计了智能电源控制平台及上位机，使与整套平台对接。调整了动力环境监控系统数据产出部分，使与整套平台对接。彩信收发系统整体联调，猫池和数据库顺利对接。开展全省信息网络监控系统研发和前兆数据库对接工作。完善上位机软件编写。

（黑龙江省地震局）

通用多功能多通道前兆数据采集器的研制

项目研究内容是针对各类前兆观测手段所使用数采开展实际调研分析，深入探究各类前兆数采技术特点及应用需求，力争研制一款多通道、多功能、稳定、功耗较小新型前兆数采；重点研发如竖直摆倾斜、体应变等观测手段远程调零技术，解决“无人地值守形变台网”维护难问题。编写可与国家“十五”前兆数据台网相兼容数据通信格式。项目组研发出一款8路采集通道，用于多种前兆手段观测数采，实现竖直摆倾斜观测远程调零功能。同时，完成数采上位机监控软件编写工作，完成竖直摆远程标定功能。项目成果应用于新疆富蕴台、和田台竖直摆倾斜观测。

（黑龙江省地震局）

专利及技术转让

2011年中国地震局专利情况

序号	专利类别	专利名称	专利号	完成单位	完成人员
1	发明	用乐音准则进行结构损伤诊断的方法	ZL2009 10071850. X	中国地震局工程力学研究所	郭　迅、郑志华、李国东
2	发明	井下全方位潮汐观测系统	ZL2007 100536894	中国地震局地震研究所	李家明
3	实用新型专利	一种基于大阻尼比的双参量速度和加速度输出拾振器	ZL2011 20115866. 9	中国地震局工程力学研究所	杨学山、杨巧玉、孙志远、匙庆磊、高　峰、杨立志、王　南
4	实用新型专利	差动电容式加速度传感器极板调零装置	ZL2010 20243744. 3	中国地震局工程力学研究所	王　雷、高　峰、王　南
5	实用新型专利	数字强震仪自动呼叫和应答控制装置	ZL2010 20210143. 2	中国地震局工程力学研究所	高　峰、王　雷、魏继武
6	实用新型专利	智能化测量控制系统	ZL2010 201639556	中国地震局地震研究所	李树德
7	实用新型专利	一种稳固直埋式GPS观测标志	ZL2011 20093454X	中国地震局地震研究所	谭　凯
8	实用新型专利	便携式强制对中GPS天线安放装置	ZL2011 200934893	中国地震局地震研究所	谭　凯
9	软件著作权	土坝震害评估软件著作权	2011 SR005913	中国地震局工程力学研究所	郭恩栋

科技进展

青藏高原东部及邻区地壳上地幔结构和变形特征研究

1. 主要研究内容

（1）青藏高原东部地壳结构的探测与研究。实施穿越高原东部的竹巴龙—资中和奔子栏—唐克剖面的人工地震探测，以及沿北纬30°线的林芝—永川剖面的宽频带地震观测，提出沿北纬30°的二维地壳上地幔结构模型。利用接收函数和环境噪音方法确定S波速度结构和泊松比，揭示高原东部下地壳速度结构的异常特征。

（2）青藏高原岩石圈变形特征研究。利用远震SKS波分裂分析方法，揭示青藏高原上地幔各向异性特征。应用Rayleigh波层析成像方法，反演地壳上地幔的方位各向异性。用SKS分裂和GPS观测数据联合分析壳幔变形场，阐明青藏高原岩石圈的垂直连贯变形特征和壳幔力学耦合性质。

（3）中国大陆西部强烈地震发生的深部环境研究。在用主动源方法探测龙门山地区、北天山玛纳斯地震区和昆仑山断裂带的深部构造基础上，分析中上地壳的低速层的分布、地震断层向下延伸的产状和震源区浅部地壳P波和S波速度异常特征等，探索中国西部地区强烈地震发生的深部构造背景。

2. 重要成果

（1）沿川西藏东深地震测深剖面的二维地壳速度结构。获得竹巴龙—资中剖面和奔子栏—唐克剖面详细的二维P波速度结构。龙门山断裂带为区域地壳结构的分界：川西高原的地壳厚度、地壳平均速度和Pn速度与四川盆地差异很大。川西高原的马尔康以南地区上地壳的下部存在厚度约8km的低速层，其下地壳介质具有强衰减的特征。四川盆地具有地壳平均速度高和Pn速度高的特点。川西高原的地壳结构具有地壳增厚（主要是下地壳增厚）、地壳平均速度和Pn波速度低等特点，以及地壳缩短的碰撞变形动力学特征。

（2）青藏高原东部沿北纬30°剖面的岩石圈精细结构。用远震P波接收函数$H-k$叠加方法获得沿北纬30°剖面台站下方的地壳厚度和波速比，并用接收函数反演方法获得了该剖面下方0~80km深度范围的S波速度结构。在剖面的大部分地段，接收函数获得的地壳厚度与基于地形和Airy均衡所预测的地壳厚度基本一致，但是，班公—怒江缝合带和羌塘地块的地壳厚度大于预测地壳的厚度5~10km，可能是由于铁镁质物质的底侵作用使得地壳密度增大。下地壳S波低速异常连同地壳高泊松比特征，预示局部地区的下地壳存在部分熔融。沿剖面的下地壳低速结构具有强烈的横向变化特征，表明下地壳流的实际流量可能是很有限的。

（3）青藏高原东部SKS波分裂和上地幔介质各向异性图像显示高原内部的快波方向环

绕喜马拉雅东构造结的旋转。高原东南部北纬27°附近，快波方向从南北方向急剧改变为东西方向。在高原东部的缝合带或大型走滑断裂带，快波方向与构造走向相一致。青藏高原内部和高原外部具有不同的壳幔变形特征，在高原的东南缘（大致位于北纬26°~27°）存在与地表的断裂走向不一致的壳幔变形过渡带。预测上地幔各向异性方向与SKS分裂的快波方向之间良好的一致性，表明青藏高原上地幔各向异性主要来自岩石圈的垂直连贯变形。

（4）青藏高原东部下地壳地球物理异常特征。青藏高原东部的地壳结构的异常特征：①川西高原的地壳明显增厚，且地壳的增厚主要在下地壳。上地壳底部存在低速高导层，有利于逆冲断裂的活动，导致地壳缩短。②下地壳的剪切波速度偏低，预示那里的力学强度较小。③中地壳电阻率偏低，预示富含流体。④青藏高原的SKS分裂的快波偏振方向与GPS的速度场一致，推断岩石圈具有垂直连贯变形的特征。

3. 新发现和创新点

（1）首次在青藏高原东部开展大规模的地壳精细结构探测，揭示川西高原与四川盆地地壳结构的基本参数及其差异，提出川西高原具有地壳增厚、地壳平均速度和上地幔顶部Pn速度偏低的特点。详细阐述了2008年汶川8.0级地震的深部构造环境。

（2）首次用接收函数方法证明高原东部下地壳S波低速具有强烈的横向变化特征，用地壳的泊松比推断在局部地区下地壳可能处于部分熔融，但不存在广泛分布的下地壳流；提出与地壳泊松比密切相关的粘滞度是深部存在地壳流的关键参数，把下地壳低速异常作为通道流的主要依据是不充分的。

（3）首次用SKS波形的偏振分析和Rayleigh面波层析成像分别获得青藏高原下方上地幔各向异性图像和从地壳到上地幔的方位各向异性分布；用大量的SKS分裂和GPS观测数据联合分析青藏高原的壳幔变形场，揭示青藏高原的各向异性主要来自岩石圈，在造山过程中地壳和地幔是连贯变形的，并进一步推断地壳和岩石圈地幔是力学耦合的。

4. 成果应用及社会效益情况

本项目有关的研究所发表的论文已经被其他研究大量引用。已在本项目发表的41篇科学论文中，有21篇被SCI收录，16篇被EI收录，20篇被CSCD收录。在引用方面，有27篇被SCI引用244次，其中他引193次；有33篇被CSCD引用289次。

本项目为地震活动性的准确定位提供精细的地壳速度模型，并为大地震发生的深部构造环境提供可靠的地球物理依据。研究成果的应用充实丰富了四川及邻区深部结构研究内容和地震预测依据，提高了四川及邻区地震危险性判定的科学性与合理性，为该省提供了可借鉴的地球深部构造可靠依据。藏东地区一系列关于地震活动性研究和安全性评价项目充分应用了本项目取得的该地区地壳上地幔结构成果，在地震监测中中小地震的定位精度得到大大提高，为地震危险性的判定提供有力的证据。

该成果获中国地震局2011年度防震减灾优秀成果奖一等奖。

（中国地震局地球物理研究所）

基于 IPv6 的地震测震数据采集系统研发

项日依照项目任务书要求完成基于 IPv6 网络的测震数据采集系统研制任务，包括：研制完成支持 IPv6/IPv4 双协议栈的测震数据采集器，基于 IPv6 网络实现了 IPv6 数据采集器自动入网注册和安全认证服务，可根据用户需求提供多采样率、低延迟的实时波形数据流服务。研制完成基于 IPv6 网络协议的测震数据接收与处理系统软件，实现 IPv6 地震数据采集器的入网注册管理与用户对仪器的安全访问认证管理，可基于 IPv6/IPv4 网络实现实时波形数据流的接收与合并处理，基于 IPv6 网络提供波形数据流服务。在河北和四川建立了 2 个 IPv6 测震台站，开展了为期一年的观测试验，对基于 IPv6 协议的地震数据采集系统、地震观测组网模式和数据服务模式进行了验证，为 IPv6 网络技术在地震行业的广泛应用进行了技术准备。

（中国地震局地震预测研究所）

水库地震近场监测技术研究

1. 主要研究内容

项目研究于 2011 年执行完成，内容包括 4 个方面，解决了多个关键技术问题。

（1）在高灵敏度宽频带地震传感器研制方面，在目前成熟的宽频带地震计反馈技术，改进了反馈网络，重新设计了机械系统，采用相同的三分量传感器正交对称安装的技术体系，简化地震计传感器的生产、维护过程，在确保仪器零点稳定性、高共振频率、低噪声的条件下，提高了仪器灵敏度、拓展了高频段的频带范围，研制出了适合于水库地震观测的高灵敏度宽频带地震传感器，完成了任务书规定的研究任务。

本项研究工作的创新点在于宽频带向高频方向扩展到 80Hz，灵敏度提高到普通地震计的 4 倍，满足了水库地震近场观测和精密控制震源信号记录的需要。

（2）适用于近场密集观测的流动地震仪研制。一体化三分量微功耗的数字流动地震仪传感器与传统设计思路相比，省去了反馈网络中的积分电路，通过在后续的数据采集部分中应用数字信号处理技术来补偿由于取消积分电路带来的传感器传递函数的变化。一体化三分量微功耗的数字流动地震仪包括三分量传感器、24 位 ADC、大容量存储器、网络接口及授时单元等。采用这些技术，在实现一体化集成安装的同时，保持系统低噪声、低功耗，研制出了使用于水库地震流动观测的一体化流动数字地震仪。

本项研究工作的创新点在于小型一体化和低功耗，可以大大降低流动地震观测的劳动强度，同时频带扩展到 80Hz，对于水库的监测十分有利。

（3）精密可控震源及记录信息的提取和分析技术研制。研制可以流动的精密可控震源，在新丰江库区开展主动地震探测试验，是本项目研究的关键内容。本项目首先对起震单元进行了重新设计，在保证整体性的同时，实现起震单元模块化，便于流动安装，同时又从新设计了轴承系统，用圆锥滚子轴承替代了原来的深沟球轴承和圆柱滚子轴承组合，使载荷能力提高了 3 倍，改进了润滑系统，提高了免维护时间和设备使用寿命，还设计了可移动的耦合基座，实现了震源系统可移动。在控制系统方面，引入嵌入式系统，实现了信号设计与控制系统分离，提高了系统运行的灵活性，实现了网络远程控制功能，为将来通过互联网控制震源的运行打下了基础。在监控系统集成方面采用了 GPS 钟站伟震源发射站系统统一授时，时间精度可以达到 10ns，从根本上解决了震源运行中的时间服务精度问题，很好地满足了精密主动监测系统要求。在数据处理方面，开发可以多节点、多线程并行运行的数据处理程序，可以充分利用现有计算资源，极大地提高了精密控制震源计算处理的时间效率。

本项研究工作的创新点在于精密控制震源的高度可重复性和低信噪比信号提取技术，使四维地下介质结构和物性的探测成为了可能。同时，由于震源的低能量强度对地输入，对环境影响很小，其适用范围十分广泛。

（4）水库地震观测组网技术研发与数据处理系统软件研制。数据处理平台基于局域网构成，包括实时数据接收微机、数据汇集及处理微机、网络存储器、数据交换服务器等。通过合理设计软件架构，提高数据处理效率，并支持依据水库库区观测台站的数量和数据处理能力对硬件平台的数据处理能力进行扩充。实时数据接收微机用于实时接收水库库区固定观测台站的观测数据流，若流动观测点配置了通信设备，也可接收流动观测点产出的实时观测数据；数据汇集微机用于批量输入流动观测点产出的观测数据（非实时传输）。数据处理软件能够实时处理库区固定观测台站的数据流及配置传输设备的流动观测点产出的数据流，也能够批量处理流动观测点产出的非实时观测数据。

水库地震震源分布较浅、地震分布相对集中、震级相对较小，水库地震的发生与水库载荷变化、水渗透有关。布设较为密集的观测台站，能够获取丰富的观测资料，提高水库地震微小地震事件的检测定位能力。水渗透诱发的地震序列，分布相对集中，记录波形具有一定的相似性，应用相关检测技术，能够识别信噪比很低的地震事件，求取最大振幅的到时，也可对这类事件进行定位。

本项研究工作优化了体系结构，提高数据处理效率，研究了应用相关检测技术，提高了微小地震的检测定位能力，开发相应软件，并集成到实时和批量数据处理系统中，研发了在线人机交互分析处理软件，提供可视化、易操作的界面，提供基本的数据处理功能，并可外挂其他的数据处理模块，集成了水库微震精定位与地震活动图像分析、震源机制求解等功能，集成了精密可控震源信号提取和分析功能，集成了数据管理、网络服务等功能，实现了中国地震局“十五”地震观测网络互联互通。

2. 创新点

（1）小地震事件的扫描相关叠加检测，可以有效降低地震事件检测阈值，提高自动处理水平。

（2）离线自动处理技术，可以成批自动处理通过不同渠道达到处理系统的数据，大大提高流动观测数据处理的效率。

（3）民用网络的可靠地震数据传输技术，可以大大降低实时数据传输的成本。

本项目研制的高灵敏度宽频带地震传感器、适用于近场观测的一体化流动观测数字地震仪、精密可控震源及记录信息提取技术、水库地震观测组网技术与数据处理系统软件等四个方面的产品各自有其独立性，又构成一个整体，同现有的仪器设备一起构成了水库地震观测的仪器系统。

项目实施中形成的在新丰江水库库区及周围建成示范流动水库地震近场监测台网，通过实际的台网运行和数据分析处理来检验课题开发产品的指标、性能、实用与适用性，具有示范性的作用。

在新丰江水库库区及周围建成水库库区地下介质探测及结构与物性变化检测系统进行探测试验，由此形成的主动地震观测系统在水库库区地下介质探测、水库地震预测中具有重要意义。

本项目研究共发表文章12篇，其中SCI收录2篇，达到规定指标。

本项目取得专利授权1项，中国地震局地震预测研究所与北京港震机电技术有限公司共享。

本项目取得软件著作权授权书，中国地震局地震预测研究所与北京港震机电技术有限公司共享。

（中国地震局地震预测研究所）

水库地震监测与预测技术研究

根据水库地震的特殊性与水库防震减灾工作的需求，本项目的目标为：研发针对水库地震的近场数字地震观测仪器及组网技术；深化对水库地震发生条件（环境和机理）的认识，初步提出1~2项对水库诱发地震具有一定预测意义的方法及判据；建立水库地震震例库，研究水库地震发生地段和震级上限的预测方法，提出典型水库诱发地震危害性评定技术和预警技术。为实现上述目标，设置了4个研究课题：水库地震近场监测技术研究；水库地震发生条件探测技术研究；水库地震预测方法研究；典型水库诱发地震危险性评定技术及预警技术研究。

研究进展主要体现在以下9个方面：

（1）研发了3种地震观测设备：高灵敏度宽频带地震计、一体化流动数字地震仪和精密可控人工震源。在高灵敏度宽频带地震计研制中，采用了三轴对称悬挂结构，保证了3个单元摆参数的一致性；在坐标变换电路中实现了悬挂参数误差和灵敏度误差的校正，保证了垂直、北南、东西三路输出信号的准确度和正交性。在一体化流动数字地震仪研制中，将反馈地震计技术、24位数据采集技术、嵌入式数字滤波计算与网络技术集成在一个直径约170mm、高约260mm密封机箱内，实现了三分向、大动态、高分辨、低功耗（约0.6W）的高性能集成，并具有大容量数据记录能力和完善的包括多路实时数据流在内的网络数据服务功能，适用于水库地震观测、流动观测、人工震源探测等应用。研制的精密可控人工震源系统，通过精密控制的偏心质量体旋转离心力对地作用产生变频振动震动信号。精密可控人工震源系统具有环保、精密可控、连续运行等特点，其作用力为垂直线性，发射信号频带为4～16Hz，最大输出力大于4×10^5N。应用该震源系统在新丰江水库库区进行了三维主动探测试验，试验表明，距离该震源200km以上的台站可以获得有效记录，从而实现深部地震孕育区介质参数的探测和动态监测。

（2）研发了水库地震组网及数据处理软件系统，包括实时数据接收处理子系统、自动批处理子系统、交互分析处理子系统、基于数据库和文件系统相结合的测震数据服务子系统。

该项研究工作应用相关检测技术，提高了微小地震的检测定位能力，研发了在线人机交互分析处理软件，提供可视化、易操作的界面，集成了水库微震精定位与地震活动图像分析、震源机制求解等功能，集成了精密可控震源信号提取和分析功能，集成了数据管理、网络服务等功能。在数据交换和共享方面，实现了中国地震局“十五”地震观测网络互联互通。

（3）开发了基于ArcGIS地理信息系统平台的水库诱发地震危害性预警软件系统。按照新丰江、三峡、龙滩3个典型水库的三维地壳及地层构造模型，构建了基于GIS平台的典型水库诱发地震危害性预警基础数据库，包括地质灾害基础数据、地质灾害评价结果、危害性评定方法数据、水库地震危害性研究数据、地震计算基础数据等；开发了基于ArcGIS地理信息系统平台的水库诱发地震危害性预警软件系统。该系统能够计算新丰江、三峡、龙滩3个典型水库（设定）水库地震的地震动分布及衰减，评价地震动对水库大坝和附近城镇的影响程度，计算在设定震级的水库地震发生时对库区、大坝及下游的危害程度，并给出预警预案。

（4）水库诱发地震震例鉴别及水库诱发地震震例数据库建设。研究确定了鉴别水库诱发地震的7条规则。对世界上已发生水库地震震例的140多座水库信息进行了建库管理，其中，中国发生水库地震的水库共有40余座。基本信息包括水库名称、河流、坝高、正常水位、库容、蓄水时间、坝址岩性、基本烈度、区域应力状态、地震活动背景等24个元参数。

（5）实施了广东新丰江水库库区的主动震源探测试验，积累了开展主动震源探测及数据处理的技术和经验。主动震源探测试验实施规模为：4个围绕新丰江水库的主动震源点以及2个人工爆破点，合计76个接收台站。这次试验在技术上验证了精密可控人工震源系统的实用性。在数据分析方面，首次联合利用精密主动震源、人工地震及新丰江库区记录的水库地震数据，反演得到了新丰江水库库区精细速度结构。联合利用主动源三维台阵测深资料和天然地震直达波资料，重建了新丰江库区上地壳三维P波、S波速度扰动和波速比扰动分布图像，大坝附近地区反演结果的空间分辨尺度约为3km。

（6）水库地震发生介质环境的探测技术。通过综合分析典型示范库区地壳的非均匀结构和库水的渗透特征，获得了三峡及广西龙滩水库库区的三维精细速度、波速比、衰减及散射结构，深度的分辨率最高可达到2km左右，横向分辨率可达到5km左右。成像结果揭示了水库蓄水后的渗透特征和影响范围。水库地震基本发生在低速、低Q值和高散射系数区域。由低Q_P、低Q_S、高V_P/V_S和高散射系数分布推断库水的横向渗透范围在5～10km，深度不超过10km。

（7）水库库区蓄水后库区深部应力状态的三维有限元模拟技术。在考虑库区蓄水后库区深部介质流固耦合特征的情况下，应用有限元模拟技术，重点研究了紫平铺和三峡水库蓄水各个阶段，库区应力分布及变化情况，详细计算了在不同的水位上升阶段，库区不同位置处正应力、剪应力及孔隙压的分布情况，给出了库区各个断层总的库伦应力分布图像。对紫平铺水库的三维有限元数值计算结果表明，紫坪铺水库蓄水在汶川地震起始震源深度14~19km引起的库仑应力增量很小，汶川地震由紫坪铺水库触发的可能性极低。

（8）水库地震预测方法研究。通过研究我国内地水库地震统计特征研究及其与库水加卸载过程的关系，为水库地震预测提供统计依据。选取库深、库容、震中区岩性、库坝区基本烈度、区域应力状况5个基本因素，通过构建单因素对水库发生地震震级的隶属度函数，开展水库诱发地震最大震级的多因素综合预测。研究水库地震活动的潮汐影响。提出传染型余震序列模型（ETAS）的最优参数估计算法，并开展了流体触发微震活动强度的定量检测，研究了流体激发、地震自激发及序列衰减与加卸载过程的关系，探讨了不同时期水库诱发地震活动的主要因素，提出了水库区地震发生后流体定量检测、序列类型判定、最大震级和优势发震时段估计的预测方法。

（9）水库诱发地震危险性综合评定技术。在建立的水库诱发地震震例数据库的基础之上，使用了全世界150余例诱发地震震例和532座中国大型水库资料，考虑库深、库容、区域应力状态、断层活动性、岩性介质条件和地震活动背景6个因素，利用灰色聚类定量分析方法，形成水库诱发地震危险性综合评定技术。使用该方法，分析了新丰江水库、长江三峡水库和龙滩水库典型水库诱发地震震级上限。

（中国地震局地震预测研究所）

城市工程的地震破坏与控制

973计划项目“城市工程的地震破坏与控制”以中国地震局工程力学研究所为牵头承担单位，邀请了大连理工大学、哈尔滨工业大学、同济大学、浙江大学、东南大学、中国地震局地球物理研究所、北京工业大学等国内知名高校和科研院所共同参与研究工作。项目总经费2468.27万元。项目以1976年唐山大地震和2008年汶川地震为研究对象，从地震动、城市地下建筑和地上建筑3个层次，深入研究近场强地震动的破坏性基本特征和空间分布规律、城市工程地震破坏机理以及城市建筑地震破坏的控制方法，最终实现对2008年汶川地震中都江堰市的地震灾害进行重演，并对新唐山市再次遭遇1976年地震的城市工程地震灾害进行预测。该项目于2007年启动，2011年11月16日通过结题答辩。

围绕项目研究目标，按照从地下到地上，从机理到控制的逻辑关系，在立项之初将本项目研究工作分为5个研究课题，分别取得重要研究成果。

（1）近场强地震动的破坏作用及其空间分布规律。组织实施了2008年汶川地震余震流动观测和强震动观测数据处理与出版，发展了近场强地震动数值模拟技术；在此基础上，基于近场强地震动记录和数值模拟方法，研究了近场强地震动的破坏作用及其空间分布规律，模拟了典型城市近场历史地震作用破坏特征。

（2）城市多龄期建筑的地震破坏过程与倒塌机制。进行了大量的多龄期建筑构件和整体结构地震破坏试验，研究了多龄期建筑构件的非线性滞变模型，发展了多龄期建筑结构体系（包括既有建筑和新建建筑）地震破坏过程和倒塌机制的多尺度精细化数值模拟方法，揭示了多龄期建筑结构地震破坏机理。

（3）城市地下基础设施的地震破坏与抗震理论。围绕城市地下基础设施地震破坏的关键科学问题，建立了土体动力本构模型、混凝土三维弹塑性本构模型、土－混凝土界面本构模型，研究了城市地下基础设施地震破坏特征，建立了城市地下基础设施地震破坏过程数值模拟平台，发展了地下结构抗震设计方法。

（4）城市建筑地震破坏的控制原理与方法。研制了多种新型被动及智能控制装备，分析了其技术原理，提出了相应的设计方法；研究了城市建筑地震破坏的主动控制理论与试验方法；提出了城市建筑地震失效模式优化与控制理论和具体实现方法。

（5）典型城市地震破坏模拟与预测。以四川省都江堰市和河北省唐山市为典型示范城市，收集、整理两个城市建筑结构基础信息数据建立数据库；研究了城市建筑单体、群体震害预测方法和城市工程整体抗震能力评估方法；集成本项目5个课题研究成果，构建了城市工程地震破坏模拟与预测系统。

通过5年的综合性科学研究，项目参加人员以国家重点基础研究发展规划项目“城市工程的地震破坏与控制”专项支持为第一、第二标注，发表论文390篇，被SCI收录91篇，EI收录162篇。

项目以第一标注出版学术专著5部。其中本项目编辑出版的 *Proceedings of 14th World Conference on Earthquake Engineering*（《第十四届世界地震工程大会论文集》）收录了3041篇论文，分41卷在中国地震出版社出版。

通过本项目的研究，获得了一批宝贵的科学数据，主要包括：①418组汶川地震主震加速度记录和701组余震加速度记录；②都江堰市8692栋建筑及唐山市8777栋建筑基础信息资料和震害调查资料；③2座建造于80年代建筑结构原位破坏试验数据，以及4座建筑汶川地震余震响应监测数据；④71个不同龄期钢筋混凝土梁、柱及剪力墙构件试验，9个整体结构模型模拟地震振动台试验；58个各类阻尼器的抗震性能试验；7个地下基础设施大型振动台模型试验，11个离心机振动台模型试验的试验数据。

项目研究成果被应用于多个实际工程（包括上海环球金融中心、上海中心、浦东机场二号航站楼、上海国际设计中心、世博会中国国家馆、上海证大喜马拉雅艺术中心、上海嘉里中心等7座大型工程），并被收录到多个技术规范和标准（GB 18306—2001《中国地震动参数区划图》、GB/T 17742—2008《中国地震烈度表》、GB 50267—97《核电厂抗震设计规范》、GB/T 24335—2009《建（构）筑物地震破坏等级划分》、GB/T 24336—2009《生命线工程地震破坏等级划分》、GB/T 17742—2008《中国地震烈度表》、GB/T 18208.3—2000《地震现场工作第三部分：调查规范》、GB/T 19428—2003《地震灾害预测及其信息管理系统技术规范》）。

（中国地震局工程力学研究所）

宏观震害等级标准研究

该项目进展主要有以下 3 个方面：

（1）国标地震烈度标准修订。针对 GB/T 17742—1999《中国地震烈度表》中的房屋评判对象仅为未经抗震设计的单层和多层砖砌体房屋，而这类房屋中国目前很少，并且缺乏量化指标，难以依其进行实际烈度评判，急需给出适合中国目前量大面广的房屋类型的烈度评判标准。为此，本项目以前期研究为基础，对该烈度标准进行了第一次修订，重点修订内容为给出 3 种类型房屋的烈度评定方法和量化评判指标。新修订的烈度标准（GB/T 17742—2008）于 2009 年 3 月颁布实施。

（2）房屋宏观震害等级标准研究。搜集了 72 次地震的房屋震害资料，包括本课题组在地震现场的调查资料。其中农居共计 100 多万栋，楼房 4 万多栋。

基于统计分析，给出 5 种类型房屋的烈度评定标准；检验了 2008 版《中国地震烈度表》定义的相应 3 类房屋的烈度评定指标，结果表明规范中大部分评定指标与统计结果相关性较好，仅个别需要稍加改进，以便与实际统计结果相关性更好。

给出 5 种结构类型房屋在不同烈度下的平均震害指数建议值；修订了 C 类房屋的平均震害指数；增加了穿斗木屋架房屋和钢筋混凝土房屋两类建筑的平均震害指数。

提出了综合震害指数的具体计算方法。先选取地震区最普遍存在的一类建筑作为基准，基于本研究给出的各类结构平均震害指数与烈度的关系，将烈度评定区其他各类建筑的平均震害指数换算成基准建筑的平均震害指数，再按各类建筑的栋数或面积加以平均，最后得到综合震害指数，用来综合评定该地区的地震烈度。

（3）依据典型生命线工程结构破坏评定烈度研究。收集、总结了唐山、海城和汶川地震中管道、电力设备、桥梁的破坏。分析了管道破坏与地震烈度、管道直径、材料的关系，研究了汶川地震中供水管道功能状态与地震烈度的关系；分析了电力设备震害与地震烈度、安装方式的关系，研究了汶川地震中电力系统功能状态与地震烈度的关系，分析了桥梁破坏与地震烈度、桥梁类型的关系。

（中国地震局工程力学研究所）

城镇建筑物群体震害预测方法研究

该项目取得如下研究成果：

（1）收集了新中国成立以来破坏性地震的大量单体震害数据和震害预测结果数据，尤其是收录了汶川地震中近 5000 栋房屋的基本信息及震害结果。这些数据包括建筑物单体的具体结构类型、设防情况、基础形式及质量现状、在不同地震烈度下的破坏程度等，建立了单体样本数据库。

（2）统计整理分析了汶川地震中各结构类型的房屋破坏情况，获得了各种结构类型的震害矩阵，建立了震害矩阵数据库。

（3）通过对震害实例和震害预测结果的分析总结，科学地提取影响各类建筑物抗震能力的主要因素，如建筑年代、场地条件、设防标准、使用现状、用途等，研究其对现有震害矩阵的影响程度，把预测区域的建筑结构同已有震害矩阵中的抽样单元进行类比，研究基于已有震害矩阵对预测区进行群体震害预测的方法，先后建立了多种对预测区进行群体震害预测的方法。

（4）利用上述群体震害预测方法，建立了不同地区不同结构类型的基础震害矩阵，为全国各地区的防震减灾规划做好前期基础工作。

（5）发表的文章 *The Wenchuan Earthquake Creation of a Rich Database of Building Performance* 被《中国科学（英文版）》收录（SCI）；《建筑物单体震害预测新方法》，被《北京工业大学学报》收录（EI）；在《地震工程与工程振动》上发表《基于已有震害矩阵模拟的群体震害预测方法研究》《经验震害矩阵的完善方法研究》《云南省乡镇农村地震灾害直接经济损失研究》等近30篇科技论文。

（中国地震局工程力学研究所）

强震动记录误差分析方法与校正处理技术研究

该项目取得如下研究成果：

（1）利用新的数字化设备，给出激光扫描仪分析处理软件和消除数字化噪声实例，并提供误差分析处理方法和程序，完成了强震加速度记录数字化误差分析和处理方法。

（2）针对中国强震动台网使用的各种型号的数字强震仪给出了仪器校正误差分析处理方法和示例，并编制相应算法和程序。

（3）完成数字强震动记录的低频误差分析和处理方法。

（4）编写了一套实用的强震动记录校正处理软件，并用于国家强震动台网处理强震数据，使处理工作规范化和标准化。

（中国地震局工程力学研究所）

地震次生灾害危险性评估及震时成灾的数值模拟

该项目取得如下研究成果：

（1）建立了地震次生火灾重大危险源危险性等级辨识模型和城市地震次生火灾高危害小区评估模型，为城市地震次生火灾危险性评估提供了方法；建立了基于建筑震害的城市地震次生火灾蔓延模型，为火灾蔓延过程和结果影响评估提供了可行方法。

（2）根据实际可能获取到的参数信息情况，确定以冲击波超压准则评估爆炸致灾影响范围，给出爆炸引起的人员伤害区域模型、建筑破坏区域模型，并建立了人员伤亡计算模型、经济损失评估模型和事故等级的划分方法。

（3）考虑毒气与放射源的不同泄露方式，给出符合实际的致灾过程的3种扩散模式；基于危险源对人员伤害的特性，对致灾范围进行危险性分析区，并建立了人员伤亡的评估模型，进而给出事故等级的划分方法。

（4）编制了基于GIS平台下的典型地震次生灾害危险性评估及震时成灾的数值模拟软件，以实时、直观、动态、定量的形式给出成灾过程的数值模拟结果及其造成人员伤亡和经济损失的评估结果。

（中国地震局工程力学研究所）

数字强震动加速度仪质量检定技术研究

该项目取得如下研究成果：

（1）通过若干文献的调研对目前中国强震动仪质量检定技术现状进行了较为详细的介绍，并简要讨论了开展强震动仪质量鉴定技术研究的必要性。

（2）基于零频转台的工作原理制定了测试加速度传感器灵敏度、线性度等的实验方法。

（3）首先对相对校准法技术进行了简要介绍，继而对绝对校准法实验原理进行了归纳。提出了一种绝对校准检测加速度计幅频、相频特性的实验方法。

（4）以SLJ－100型三分量力平衡式加速度计为例，对力平衡式加速度计的工作原理及摆体质量块运动微分方程进行了简要介绍，提出了基于功能实验的仪器性能评价方法。

（5）针对“中国数字强震动台网”典型入网设备，利用汶川地震强余震流动观测，开展了强震动仪的一致性现场观测实验。同时，对仪器非一致性产生机理进行了分析，简要介绍了一致性实验方法，并提出了一种基于振动台的一致性检验方法。

（中国地震局工程力学研究所）

基于网络理论的电力供应系统地震应急技术

该项目取得如下研究成果：

（1）电力供应系统震后连通性研究。根据图论中图的基本概念和图的表示方法，网络连通性分析和可靠性分析的概念、分类和基本算法为基础，通过分析电力供应系统的概念和组成，电力供应系统的地理接线表示，在进行合理假设的基础上，建立电力供应系统网络基本模型：有向图及一般赋权网络。

在电力供应系统网络基本模型基础上，增加单元（节点和支路）两值工作状态假设，从而建立了电力供应系统网络连通性分析模型。对网络连通性的分析算法进行了详细的介绍，包括基于邻接矩阵的传递闭包算法、基于邻接表的深度优先搜索算法和基于关联表的节点标记算法。并采用基于邻接表的深度优先搜索算法，分析了川西北区域电网汶川8.0级地震中网络连通性。

（2）电力供应系统地震可靠性研究。从结构和简单系统层面研究了电力供应系统单元的抗震可靠性，包括点单元（发电厂及变电站）的抗震可靠性和边单元的抗震可靠性。建立了电力供应系统网络可靠性模型，介绍了蒙特卡罗方法的基础知识，给出了基于蒙特卡罗的电力供应系统网络可靠性分析算法。最后以汶川地震重灾区电力供应系统为例，依据蒙特卡罗算法，研究了该区域电网在各级给定地震下的连通可靠性。

（3）电力设施地震功能失效分析方法。对国内外该方面的历史过程最新进展，搜集了中外历史地震中电力供应系统设施的实际地震破坏资料和部分中国震害预测的结果资料；以汶川地震为契机，结合汶川地震科学考场，重点对电力供应系统的震害进行了详实细致的考察，搜集了电力通信系统宝贵的震害资料。

基于中国十几个地区震害预测结果、实际地震震害调查统计结果以及中国最近发生的特大地震—汶川地震的相关统计数据的基础上，通过统计回归方法，建立了电力设施地震时功能失效分析方法。

电力供应系统地震功能失效及安全性优化控制。潮流分析和安全性分析是电力供应系统稳态分析的两个重要组成部分，其目的是根据给定的系统运行方式及接线方式求解系统运行状态变量；潮流计算针对正常运行状态，安全分析则针对受到干扰后的运行状态。考虑到电力供应系统震后恢复的特殊性，在潮流分析时采用快速解耦法。该方法是在牛顿法的基础上，根据高压电力供应系统的物理特性，抓住影响功率传输的主要矛盾，将有功功率和无功功率解耦后得到的，能在较短时间内得到正常情况下的运行变量。

最后以美国旧金山湾地区电力供应系统在1989年LomaPrieta地震中的破坏为实例，对系统进行潮流分析、功能失效分析、安全性分析和安全控制，验证了所提出的方法的正确性和实用性。

（中国地震局工程力学研究所）

基于地震发生全概率的灾情数值分析方法研究

该项目取得如下研究成果：

（1）通过若干文献的调研对目前中国地震灾害准实时评估系统研究技术现状进行了较为详细的介绍，并简要讨论了开展地震灾情准实时评估系统研究的必要性。

（2）考虑基于地震发生全概率的震害损失分析方法。在考虑全概率地震损失过程中，震源、传播途径、场地效应以及结构物的易损性均与震害损失相关，本项目将重点考虑地震活动性对全概率分析方法的影响，即建立基于地震发生全概率的震害损失分析方法。

（3）震害损失数据库技术。对于某一区域，建立震害损失评估数据库是一个比较实用的震害损失评估手段。其原理是将研究区域按照建筑物分布和建筑类型等特征进行网格划分，网格大小为，计算每个网格点的震害损失，建立数值损失空间数据库。

（4）以砌体结构、框架结构为例，分析了地震动参数与结构破坏指标的相关性研究，并基于全概率的地震风险分析的数学模型。研究了模糊相似度在砌体和框架群体易损性分析中的应用和基于 GA－ANN 宏观易损性模型的震灾经济损失预测方法，研究结构抗震研究和全寿命总费用评估。

（5）研究基于地震发生全概率的新一代地震灾情准实时评估系统中场地分类方法，即基于场地成因和基于 DEM 并在地震危险性区划应用。研究了基于 ShakeMap 框架基于地震发生全概率的新一代地震灾情准实时评估系统，并结合汶川地震与强震动记录编目处理方法模拟地震动合理生成过程，通过建立空间插值数据库，实现了对本文成果的集成。

（中国地震局工程力学研究所）

核电厂抗震设计规范（GB 50267—97）修订

根据《工程建设国家标准管理办法》和《工程建设行业标准管理办法》有关规定，2009 年住房和城乡建设部制定了《2009 年工程建设标准规范制定、修订计划》，其中“核电厂抗震设计规范（GB 50267—97）修订”被列为修订计划之一，并由中国地震局工程力学研究所承担。该规范适用于极限安全地震震动的峰值加速度不大于 0.5g 地区的压水堆核电厂中与核安全相关的安全壳、建筑物、构筑物、地下结构、管道、设备及相关部件的抗震设计。主要技术内容包括：核电厂抗震设计的基本要求、设计地震动、地基和斜坡、安全壳、建筑物和构筑物、地下结构和地下管道、设备和部件、工艺管道、地震检测与报警等具体技术规定。

该规范的修订旨在贯彻国家防震减灾及核安全相关法律法规，严格实行民用核设施安全第一的方针，确保核电厂运行安全、质量可靠、技术先进、经济合理。其主导思想关键有两点：其一，安全性是民用核电存在和发展的首要因素，在核电厂抗震设计尚未有长期充分的实践验证（尤其是若干破坏性地震的考验）之前，在目前核电发展处于第二次低潮的背景下，抗震设计的保守性不宜降低。其二，目前中国尚未有完全自主的系统核电技术，且相关基础研究尚显薄弱，故仍必须参照使用各核电技术先进国家的现行技术标准，具有采纳不同设计方法的包容性；即使在未来中国开发出完全自主的核电技术，为适应技术不断发展的需求，相关技术标准也不宜条条硬性强制。

该规范修订项目自立项以来，分别在深圳、大连、哈尔滨等地召开了多次大型修编研讨会，针对规范各章节内容进行了多次研讨和修改，形成向社会各界征求意见的征求意见稿。

（中国地震局工程力学研究所）

金沙江下游梯级水电站水库地震监测系统建设

为促进研究所科技成果转化，提高研究所实施管理工程建设项目的能力，最终将建设成果有效地服务于工程，受中国地震局和中国长江三峡集团公司的委托，中国地震局工程力学研究所负责金沙江下游梯级水电站水库地震监测系统的建设和运行，该项目自2006年建设以来，中国地震局工程力学研究所作为牵头单位，云南省地震局、四川省地震局和中国地震应急搜救中心为合作单位。2011年，中国地震局工程力学研究所项目部人员坚持“质量第一，服务为先”的思想，严格按照国家重大工程建设项目管理程序和国家技术标准、规范保质保量实施。完成项目一期建设所有工作，产出大量监测数据，形成多项建设成果，完全满足合同与设计要求。

1. 项目内容

主要承担向家坝和溪洛渡测震台网的运行、强震台网的运行、地下水网的运行、地壳形变向家坝和溪洛渡第四期监测、临时网络管理中心建设与试运行、乌东德和白鹤滩两库区勘选与设计等工作，重要工作包括向家坝和溪洛渡水电站蓄水前地震监测专项验收、乌东德和白鹤滩两库区勘选与设计工作。

年度工程项目的特点：工作面广；工程量大；工期紧；强度高；难度大。

2. 项目规模

测震台网35个子台、10个中继站和2个分中心运行，强震台网20个子台运行，地下水网6个子台运行，1个临时网络管理中心试运行，向家坝和溪洛渡第四期地壳形变监测，二期40个子台、10个中继站、2个分中心勘选与设计。

3. 项目一期顺利通过蓄水前地震监测专项验收

8月29—31日，中国地震局和中国长江三峡集团公司在成都联合组织召开金沙江下游向家坝和溪洛渡水电站蓄水前地震监测专项验收会议。

中国地震局党组成员、副局长阴朝民，中国长江三峡集团公司副总经理樊启祥出席会议并讲话。中国地震局工程力学研究所所长孙柏涛、书记杨小峰以及有关科技人员参加会议。

与会专家一致同意金沙江下游向家坝和溪洛渡水电站蓄水前一期工程通过验收。专家组一致认为：项目一期工程自2006年3月开始建设以来，系统运行情况良好，各项功能指标满足工程设计和相关技术标准、规程规范的要求；项目的实施和运行积累了向家坝、溪洛渡水电工程截流前和蓄水前的重要资料；项目运行管理制度健全；验收资料文档齐全，符合工程资料归档要求；专家建议一期工程与相关省级地震监测系统数据共享，从而更充分发挥其社会效益。

金沙江下游梯级水电站水库地震监测项目，中国地震局工程力学研究所2006年负责承建并开始启动以来，历时五年半，固定测震网络、活断层强震动监测网络、地下水网络、地壳形变监测网络4个分项工程在经过了系统建设、试运行及正式运行的阶段验收后，迎来了此次一期工程蓄水前总体验收。这次会议的召开，对于检验金沙江地震监测系统的工程实施质量，展示项目的建设成果，促进行业内专家的交流与沟通，加强水库地震监测学科的发展，将产生积极的推动作用。

4. 项目其他工作

11 月 3 日，白鹤滩和乌东德库区勘选与设计、概预算审查会议在成都召开，此次会议由中国三峡集团工程建设管理局主办，经过汇报、答辩和专家质疑、讨论，形成如下意见：设计单位克服困难，通过野外勘选和现场测试，完成了乌东德库区 19 个固定测震子台（其中 8 个子台兼做中继站）、白鹤滩库区 21 个固定测震子台（其中 6 个子台兼做中继站）、8 个强震动观测台、乌东德和白鹤滩 2 个台网分中心，及两库区各 1 个精密水准—重力综合观测网和库盆谷宽监测网、共 7 个跨断层三维形变监测场地的站点勘选和组网设计等。设计深度符合相关规程、规范要求，审定后可纳入乌东德和白鹤滩水电站可行性研究报告报审。

向家坝和溪洛渡测震台网、强震台网、地下水台网稳定运行，运行率在 95% 以上，完全符合合同和设计要求。向家坝和溪洛渡第四期地壳形变监测野外工作进展顺利。

5. 项目年度总体评价

金沙江地震监测项目自 2006 年工程建设以来，在强有力的领导班子带领下，开展了工程设计、场地勘察、土建施工、设备安装、系统运行等各阶段工作。通过中国长江三峡集团公司组织的验收会议：一期系统全面进入运行期，部分技术指标超额完成，实现了预期的目标，建设成果显著，项目质量和进度符合合同和设计要求，为水电工程抗震设防提供了大量的、可靠的、具有科研价值的数据资料。

（中国地震局工程力学研究所）

工业电气设备地震安全研究

“工业电气设备地震安全研究”是中国地震局地震行业科研专项，2011 年顺利通过中国地震局组织的验收。项目研究了适用于工业电气设备的抗震设计、抗震鉴定及电气设备抗震试验且能反映地震环境、场地条件等特性的地震动参数设定方法。采用振动台试验和计算分析两种手段相互验证的方法，分析了典型设备（安装减震器与不安装减震器情况）分别在正弦共振调幅 5 波输入和地震动输入下的反应，评价了不同种类减震器的减震效果及其对于工业电气设备的适用性。

项目建立了适用于工业电气设备的抗震设计、抗震鉴定及电气设备抗震试验且能反映地震环境、场地条件等特性的地震动参数设定方法。通过分析，给出了适用于中国场地分类的地震动场地系数。对包含可靠长周期信息的基岩记录进行了统计分析，得到新的 0. 04 ~ 10s 的不同阻尼比反应谱的转换关系。以正弦拍波、人工合成地震波为例，研究了电气设备抗震性能检测时输入地震动的合理确定。

项目对减震技术在工业电气设备抗震中的应用进行了研究。通过铅合金减震器的动力试验，研究了加载频率对其动力特性的影响。不同的加载频率得到不同的本构关系，研究了对单自由度体系的地震反应的影响。通过振动台试验和分析，研究了铅合金减震器在断路器减震中的应用，并进行了适用性研究。

项目对电气设备的抗震性能进行了分析研究。利用ANSYS，建立了瓷柱式SF6断路器的有限元模型；通过与试验结果对比，验证了有限元模型的合理性；分析了减震器的减震结果。利用ANSYS，分析了变压器套管的自振特性，对其抗震性能进行了初步评价。研究了220kV变电站中导线连接的隔离开关、电流互感器和断路器所组成的耦连体系的动力反应。

项目完成了变电站主要电气设备抗震性能检测标准初步研究，给出了变压器、断路器、隔离开关、互感器、避雷器等变电站主要电气设备抗震性能检测的相关规定，包括：总则、运行要求、抗震性能评定方法、评定程序、评定准则、报告要求、抗震标示牌等。这将为电气设备抗震性能检测标准的制订和相关规范的修改提供合理建议。

（中国地震灾害防御中心）

重庆市都市区活断层探测与地震危险性评价

重庆作为罕有第四系覆盖的基岩山城，地震强度较弱但频度较高，以往对该区中强地震发震构造的认识比较模糊，尤其对地表断裂与褶皱“底腹断层”的关系难以解释。本项目的工作不同于平原或盆地区城市活断层探测手段，重点对区内背斜-断裂带进行控制性探测，总结出一套由浅层电磁法、中深层石油物探、深地震反射及小震精定位的组合式物探方法和地质构造分析、地貌面分析、组合地层分析等相结合的，行之有效的深浅构造研究方法。

首先利用夷平面、溶洞层和河流阶地等构造地貌资料，建立研究区第四纪地层与地貌面的时代序列，确定地表褶皱构造第四纪活动性；进而综合地质填图、深浅地球物理探测资料联合反演、小震重新定位，得到研究区深浅构造特征，尤其是2条深反射剖面清晰揭示了统景和荣昌震源区的地壳精细结构，结合动力学分析提出了该区孕震发震构造模型以及未来地震危险性。

重庆隔挡式褶皱构造区的地震多发生在背斜深部滑脱层，震源深度浅、复发周期长，受基底断裂、褶皱发育形态和所处应力场位置的影响，分别具备发生5~6级地震的危险性。研究结果对进一步分析重庆隔挡式褶皱构造等现代构造活动相对较弱地区的地震构造与地震危险性等具有重要参考价值。

本项目完成总报告1部，专题报告9个，提交了相应技术成果。该成果目前已应用在重庆市城市规划，国家重大项目及重要建筑物选址当中。

（中国地震灾害防御中心）

华北克拉通岩石圈构造及深部过程的研究：主动源和被动源综合地震学方法

该项目取得主要进展如下：

（1）求得了沿剖面的波速比结构和泊松比结构。发现华北平原裂谷带内，波速比和泊松比异常不但幅度大，而且分布范围广。推测华北平原裂谷带的地壳曾受到过深部岩浆涌入的影响，被严重破坏和改造过。

从地震活动性来看，华北平原地区强震震中较分散，呈弥散型分布。这从另一个侧面反映了地壳介质破碎、流变强度低。

（2）根据Pm、Sm波超临界尾波发育情况，推断华北克拉通东部、中部和西部3个区域的Moho面分别为被严重改造过、被轻微改造过和没有被改造过。

（3）结合地质构造，对华北克拉通东部的进一步分区进行了探索，认为兰考—聊城断裂是一条重要的分界线。

（4）根据岩石圈的速度结构，结合实验室结果，推断了华北克拉通岩石圈的岩性结构、组成和变质相。

（5）对华北克拉通东部岩石圈破坏的成因机制进行了推断。根据这次人工地震的结果，并考虑其他地球物理学方法的研究，该项目更倾向于热机械－化学侵蚀作用。当然，考虑到诸城—宜川人工地震剖面的位置，这一看法仅限于华北克拉通南部。

太行山东西两侧的多种差异的出现，推测都和软流圈热物质的运动相联系。也就是说，复杂的壳－幔过渡带、壳内低速体、高的大地热流值和地幔热流值、广泛发育的玄岩浆活动等属于同源产物，这个源就是上地幔热物质的作用。正是这种热侵蚀作用引起了岩石圈减薄和破坏。

（6）对引起岩石圈破坏的构造因素进行了分析。根据本项目所得到的太行山两侧岩石圈结构的差异得出：太平洋板块俯冲是改变华北克拉通岩石圈地幔性质的重要动力学因素。

（中国地震局地球物理勘探中心）

用超长观测距地震宽角反射/折射剖面研究华北克拉通北部岩石圈结构和性质

该项目对山东半岛东端至内蒙古阿拉善左旗和屯池、剖面全长1550km的长观测距地震宽角反射/折射数据，即地震记录截面清晰记录到来至上地壳回折震相Pg波组、壳内反射震相Pin（$n=1, 2, 3, \cdots$）波组、Moho反射震相PmP波组和首波震相Pn波组、壳下岩石圈震相PLn（$n=1, 2, 3$）所示进行了二维解释。

利用正则化走时成像算法对初至波Pg和Pn走时进行成像，得到了沿剖面的地壳二维P波速度结构。利用二维动力学射线追踪对地壳上地幔顶部震相正演拟合，得到沿剖面的地壳二维 P 波速度结构和构造图像。结果表明，昌邑以东的山东半岛基底几乎出露，地壳平均速度为6.18km/s，厚度为33km 左右，上地幔顶部 Pn 波速度为8.05km/s；昌邑至石家庄的华北盆地基底整体下陷，呈现隆凹相间排列，地壳平均速度为 6.14km/s，厚度为 30km 左右，上地幔顶部 Pn 波速度为7.9~7.95km/s；山西高原基底呈两侧浅、中间深形态，地壳平均速度为 6.1km/s，厚度从东往西由 37km 加深至 42km，上地幔顶部 Pn 波速度为 8.0~8.05km/s；鄂尔多斯块体基底从东向西逐渐加深，埋深在 2~3km，地壳平均速度为 6.2km/s，厚度约为 42km，上地幔顶部 Pn 波速度为 8.3km/s。

东西横穿华北克拉通的地壳二维 P 波速度结构构造显示，克拉通遭到了明显破坏，破坏的位置位于华北盆地，破坏的地壳结构构造标志为基底下凹，Moho 面上隆，厚度薄，壳内分层不明显。鄂尔多斯块体保留了原克拉通的结构，和全球大多数地台的结构相似。

岩石圈二维 P 波速度结构显示，鄂尔多斯壳下岩石圈 P 波速度维持高值，华北盆地下岩石圈速度值相对低，表明克拉通破坏至少是岩石圈尺度的。

（中国地震局地球物理勘探中心）

中国地震活断层探察——华北构造区深地震反射和折射剖面综合探测

2011 年 1—3 月，完成野外原始资料的预处理，包括所有观测点位和地震记录的集成装配、汇集显示、装配入库、记录图输出。

江苏盐城至内蒙古固阳深地震宽角反射/折射探测项目野外探测时间在 2011 年 1 月 5—30 日。完成一条长 1340km 的宽角反射/折射剖面，东起江苏省盐城市东台县，向北西方向经江苏大丰、盐城、阜宁、灌南、东海，山东临沭、临沂、平邑、泰安、茌平、临清，河北南宫、晋州、藁城、行唐，山西繁峙、应县、左云、右玉，内蒙古托克托等 20 余个市县，止于包头市固阳县，全长 1340km。探测剖面横跨郯庐断裂带、鲁西隆起、冀中凹陷、沧县隆起、太行山断裂带、山西地堑北部和河套盆地东部等主要地质构造单元和断裂构造带。野外工作投入 693 台三分量数字地震仪、反射地震仪器 1000 道，钻机、水车、卡车、观测用车 57 台辆，人员 200 多人，实施了 21 次吨级爆炸观测。中国地震局副局长修济刚到野外慰问工作人员，询问装备、车辆、仪器设备情况，对野外工作进展情况表示满意，对下一步工作提出要求和希望。野外工作正值数九寒冬，滴水成冰，200 多工程人员克服了难以想象的困难，1 月 27 日，高质高效地完成了地震行业专项华北构造区深地震探测项目中的江苏盐城至内蒙古固阳深地震宽角反射/折射探测任务。

中国地震活断层探察——华北构造区郯庐断裂带深地震反射探测项目于 2011 年 1 月 15—26 日进行了野外数据采集工作，完成深地震反射测线 101.275km。测线总体位于江苏省宿迁市南部，测线由东向西铺设，东端点位于江苏省宿迁市泗阳县三庄乡王老庄村北，刘三线公路南；西端点位于安徽省宿州市灵璧县渔沟镇南。数据采集使用爆破震源和法国 Sercel 公司生产的 408UL 遥测数字地震仪。采用 30m 道间距、600 道接收、50 次覆盖的观测系统。野外工作投入钻机4台、水车2辆、观测用车10辆、人员30人。

2011年4—12月对地震探测剖面资料进行多种方法的初步处理计算和解释。

本项探测研究采用深地震宽角反射/折射和高分辨折射综合探测方法，利用初至波走时成像方法、二维射线追踪走时拟合方法和正则化反演方法获得了沿剖面高精度的基底速度结构分布、地壳深部界面起伏变化形态、地壳上地幔速度分布，这些结果为深入认识和理解华北地区的地壳深、浅部结构与构造以及介质的动力学环境和对未来地震危险性作出有效的评价等，提供了重要的基础资料。

（中国地震局地球物理勘探中心）

中国地震活断层探察——南北地震带中南段深地震反射和折射剖面综合探测研究

2011年收集整理研究区已有的地质和地球物理探测成果，对拟开展的深地震探测剖面进行现场踏勘，落实具体的剖面位置。

开展室内数值模拟和模型设计，制订野外探测实施方案。

对深地震探测仪器设备进行测试、标定，开展前期工作准备。

（中国地震局地球物理勘探中心）

中国综合地球物理场观测——青藏高原东缘地区

作为“中国综合地球物理场观测—青藏高原东缘地区”地震行业科研重大专项（“喜马拉雅”计划项目之一）项目的牵头单位，编写上报2011年项目观测计划方案和进展情况简报。组织协调参与项目的6家单位的日常业务工作，召开多次技术设计、方案研讨、质量监督、进度检查等会议，确保了项目质量与进度。及时提交观测资料和研究报告，并在年度震情会商分析中得到较好应用。牵头系统内外20个单位，申请立项了“中国综合地球物理场观测—鄂尔多斯地块周缘地区”地震行业科研重点专项，保障了中国综合地球物理场观测项目的连续性和深入性。

（中国地震局第二监测中心）

水驱前缘动态监测的微地震精确定位方法研究

为了有效利用微地震资料，实时动态精准监测水驱前缘，本项目重点研究任意分层介质中微地震定位技术，发展基于射线追踪和波场逆时成像的微地震精确定位方法。该项目的研究成功将有利于提升微地震监测技术在油气田低渗透储层压裂的裂缝动态监测和油藏水驱前缘的监测能力，为油气田开采油气藏提供精准的地球物理监测方法，并进一步为优化水力驱油设计方案提供重要的参考和指导作用。

（防灾科技学院）

应急流动观测与科学产品加工关键技术研究

2011 年通过对震后应急流动台网布设、数据汇集产出流程、数据产品加工等关键技术环节的研究，制订了“测震应急流动观测技术规程”“地震地磁应急流动观测技术规程”“地震重力应急流动观测技术规程”“大地电磁应急流动观测技术规程”，规程对中国测震、地震地磁、地震重力、大地电磁 4 个学科应急流动观测的启动结束、架设运行、数据汇集处理、产品加工产出等环节的技术、方法和内容进行了规范。4 个技术规程分别通过各学科技术交流研讨会以及培训班的形式完成了面向全国相关应用单位的宣贯培训。

完成了地震序列自动处理方法研究、深度测定方法研究、加速度数据测定震级方法研究、地震数据校正的 Shakemap 计算方法研究、地震矩张量自动反演方法研究、大震破裂过程反演技术研究、地磁和重力学科数据处理方法和数据产品加工技术研究，研究过程中充分考虑应急数据产品产出的时效性需求，注重自动化处理方法的研究，进行了大批量的数据试算，形成了实用化算法和程序原型，提交了研究试验报告，为本项目后面的软件研发奠定了技术基础。

在处理方法研究的基础上，研制了数字地震参数综合处理与产品加工软件包，实现了密集地震序列的自动事件检测、震相识别、地震定位、震级计算和人机交互校核、编辑序列目录功能；实现了联合利用测震台网速度波形记录和加速度波形记录测定震级功能和滑动时窗相关法自动测定 sFPn－Pn 倒时差计算震源深度功能；实现了利用区域台网数据自动反演 4.5 级以上地震矩张量解功能，实现了利用远场波形数据反演大震破裂过程功能；实现了利用实际地震观测数据进行校正的 Shakemap 计算产出功能；实现了地磁台网数据子夜均值、分钟值、秒值频谱分析等大震应急地磁产品加工功能；实现了野外流动地磁测量数据录入、处理、读取、存储等功能；实现了流动重力测网数据管理、成果归算和重力变化计算以及图像产出功能。软件包中的各个软件通过技术交流研讨会以及培训班的形式完成了面向全国相关应用单位的培训，在部分省局和中国地震台网中心、中国地震局地震预测研究所、中国地震局地球物理研究所等直属单位部署运行。

通过对各类大震数据产品的管理、交换和可视化展示技术进行研究，研发了 1 套数据产品可视化展示与服务平台。其中基于云平台和 WebGIS 的数据产品综合发布网站实现了地震速报参数的快速发布和可视化显示，实现了测震、地磁、重力等学科大震应急数据产品的上传、发布和地震专题的自动生成。移动平台地震信息发布客户端软件实现了地震速报的准实时推送、地震信息图形化展示和通过微博和电子邮件分享功能。数据产品综合发布网站已经在新浪云平台上安装部署、在线运行，移动终端信息发布软件目前已有约 19.2 万人下载安装运行。

四川芦山 7.0 级强烈地震的应急响应工作中，依据本项目制定的“测震应急流动观测技术规程”开展了应急流动观测，利用本项目研发的软件应急产出了 Shakemap 震动图、地震矩张量解、地震破裂过程、地磁总强度 F 夜均值逐日差空间分布图、成都地磁台秒数据临震时段频谱图、全国范围的地磁场 IQR 日变畸变空间分布图等数据产品，并在数据产品综合发布网站上发布。使用本项目研发的数字地震参数处理系统的序列处理功能产出序列目录，使用 sPn 计算深度软件测定了主震及 29 个 4 级以上余震的震源深度。芦山地震发生后，原大震快速产出网站由于访问用户过多无法响应，数据产品无法上传，而本项目研发的基于新浪云平台的数据产品综合服务网站运行正常，承担了主要的服务任务。

（河北省地震局）

山西省地震局科技进展

2011 年，山西省地震局组织验收科研项目 49 项。投入经费 6 万元资助局级科研项目 21 项。争取到山西省科技计划项目 3 项、中国地震局震情跟踪工作任务合同制项目 2 项、中国地震局监测预报科研三结合项目 3 项、中国地震局星火计划项目 2 项，经费共计 77.5 万元；参与地震行业科研专项及合作研究项目 3 项，经费共计 206 万元。2011 年组织推荐 2012 年度中国地震局监测预报科研三结合项目 5 项、推荐 2012 年度山西省科技计划项目 5 项、推荐 2012 年度中国地震局星火计划项目 3 项。完成 2011 年度山西省地震局防震减灾优秀成果奖项目评审工作，评出优秀成果奖项目 4 项，其中一等奖 1 项，二等奖 1 项，三等奖 2 项。山西省地震局共有 3 项成果获 2010 年度中国地震局防震减灾优秀成果奖，其中二等奖 1 项、三等奖 2 项。在 2010 年度全国观测质量评比中有 18 项获前三名。

（山西省地震局）

吉林省地震局科技进展

中国地震局“三结合”3 项课题按期结题，2 项中国地震局科技星火项目按进度完成研究工作，申报 3 项 2012 年度科技星火项目和 1 项中国地震局监测预报司“三结合”课题。3 个项目获得年度吉林省级防震减灾优秀成果二等奖。在各类刊物发表文章 42 篇，其中在 SCI 发表 2 篇，EI 发表 1 篇，其他核心期刊 4 篇。组织开展长白山天池火山监测预警建设项目立项工作，完成项目可研方案编制工作，上报中国地震局进行论证。

（吉林省地震局）

广东省地震局科技进展

通过多年的技术经验积累，研发了大桥强震动监测警报与健康诊断系统。该系统通过在桥址地基、桥墩和桥塔主梁等主要部位布置加速度计，实时监测桥梁结构振动状况，为判断桥梁健康状况提供参考依据，并具有突发事件报警功能；获取桥梁实际强震记录，为桥梁抗震设计服务，并为震后桥梁安全性评估和修复提供基础数据。该系统已经应用在九江大桥、虎门大桥、黄埔大桥等特大桥梁。

（广东省地震局）

云南省地震局科技进展

2011 年度，云南省地震局获批国家自然科学基金项目 2 项，地震行业科研专项 4 项，中国地震局星火计划项目 1 项，云南省应用基础研究计划项目 2 项。发表 SCI 论文 4 篇，出版专著 2 部，待出版专著 1 部，拟出版文集 1 部，发表科研论文 72 篇，待刊论文 3 篇。

2011 年，云南省地震局获省部级奖励 4 项，其中，中国地震局防震减灾优秀成果奖一、二、三等奖各 1 项，云南省自然科学奖三等奖 1 项。《地震研究》的影响因子上升到 1.021，取得长足进步。

（云南省地震局）

陕西省地震局科技进展

陕西省地震局与中国地震台网中心等签订了科技合作交流共建框架性协议，加强了与中国地震局地震预测研究所、中国地震局地质研究所、中国地震局地球物理研究所、长安大学、西北大学等单位的沟通合作，共同开展项目、课题研究 5 项。陕西省地震局首次获得国家自然基金课题 1 项，并有 3 项中国地震局星火计划项目、1 项省科技发展项目、中国地震局 4 项震情跟踪定向工作任务和 4 项“三结合”课题获得资助。

“陕西省地震应急指挥与信息服务系统建设”获中国地震局 2011 年度防震减灾优秀成果奖二等奖。评出陕西省地震局防震减灾优秀成果奖一等奖 2 项、二等奖 2 项、三等奖 6 项。

（陕西省地震局）

甘肃省地震局科技进展

2011 年，甘肃省地震局组织国家、省部级各类科研项目申报，20 个项目得到资助；在研项目科技成果被及时应用于地震预报、灾后重建、应急救援等领域。依托“西部地球科学与防灾工程论坛”，举办了甘肃省地震学会学术年会及岷县漳县地震一周年学术研讨会，先后邀请了 30 多位国内外专家作了 28 场学术报告；与希腊地震工程学会、国际土力学和岩土工程学会地震岩土工程技术委员会、清华大学、中国科学院寒区旱区环境与工程研究所等科研机构开展了学术交流活动。

本年度已发表论文 120 篇，其中 SCI 10 篇、EI 15 篇；石窟文物抗震防护技术对策研究项目获甘肃省科技进步二等奖。甘肃省科技厅大力推广防震减灾设施技术及产品推广应用，开展防震柜、墙、逃生通道等系列产品并在河西市县建立了 5 个示范点，大力推进科技成果应用于防震减灾工作。

（甘肃省地震局）

青海省地震局科技进展

青海省地震局“青海盐湖集团综合利用项目二期工程 A 标段地基检测”课题获局防震减灾“科技成果转化推广工作成果”一等奖；“敦格铁路青海段（DK298 + 000—DK475 + 000）工程场地地震安全性评价”课题获局防震减灾“科技成果转化推广工作成果”二等奖；“常州市蔷薇园西侧地块工程场地地震安全性评价”课题获局防震减灾“科技成果转化推广工作成果”二等奖；“青海东南部 6 ~ 7 级地震重点危险区深入跟踪研究”课题获局防震减灾“地震预测预报成果”二等奖；“青海省 1990 年以来的 6. 5 级以上地震应力触发作用及未来强震预测研究”课题获局防震减灾“地震预测预报成果”二等奖；“西宁火车站综合改造项目工程场地地震安全性评价”课题获局防震减灾“科技成果转化推广工作成果”三等奖；“利用数字地震资料跟踪研究大柴旦强震群序列”课题获青海省地震局防震减灾“地震预测预报成果”三等奖。

（青海省地震局）

新疆维吾尔自治区地震局科技进展

2011 年，新疆维吾尔自治区地震局申报国家自然科学基金项目 5 项，获批 3 项，其中 2 项为青年基金，总金额 108 万元；获批中国地震局星火计划项目 3 项，“三结合”项目 2 项；申报其他科研项目 10 项，金额 153. 4 万元；申报新疆维吾尔自治区自然基金 3 项，获批 1 项，金额 8 万元。申报中国地震局防震减灾优秀成果奖 2 项，获得二等奖 1 项、三等奖 1 项。

2011 年，组建成立新疆维吾尔自治区地震局科技处（外事办公室），筹备成立新疆维吾尔自治区地震局科学技术委员会，制定了《新疆维吾尔自治区地震局科研项目管理规定》《新疆维吾尔自治区地震局基金管理规定》《新疆维吾尔自治区地震局科学技术委员会章程（草案）》。受中国地震局监测预报司委托，9 月 29—30 日，新疆维吾尔自治区地震局组织召开 2011 年新疆强震形势研讨会，共同研判天山地区大震形势。中国地震台网中心、中国地震局地震预测研究所、中国地震局地壳应力研究所、中国地震局第一监测中心、中国地震局第二监测中心、广东省地震局等单位的 40 余位专家参加了会议。

2011 年，新疆维吾尔自治区地震学会、新疆维吾尔自治区灾害防御协会办公室，积极利用“防灾减灾日”“全国科技活动周”“全国科普日”集中开展形式多样的防灾减灾系列科普宣传活动。完成《中国地震年鉴（2011 年）》（新疆维吾尔自治区地震局）、《新疆维吾尔自治区年鉴》（地震）的组织编撰工作，完成《新疆维吾尔自治区简志（1986—2005 年）》的组稿、编撰、审核任务。2011 年新疆维吾尔自治区灾害防御协会、新疆维吾尔自治区地震学会分别被自治区科协、中国地震学会表彰为自治区先进集体。

（新疆维吾尔自治区地震局）

科学考察

黑龙江省地震局漠河北（境外）6.6级地震灾害调查

2011年10月14日14时10分俄罗斯发生M 6.6地震，漠河地区震感较强烈，黑龙江省地震局现场工作队震后15分钟完成集结，携带装备驱车于次日赶到灾区塔河县，迅速建立现场指挥部，组成震灾评估专业工作组，展开灾害调查工作。

震灾评估专业工作组分别带领3个小分队共16名队员，沿东北、西北、北北向3条路线展开抽样调查。工作组先后调查塔河县和漠河县等多个县及下属乡镇、行政村，考察和震害评估现场调查路线呈放射状覆盖地震主要灾区。在野外调查同时，尽可能地搜集、汇总和上报各乡镇、各村灾情。此次地震灾区现场调查中，按照《地震现场工作，第四部分：灾害直接损失评估》（GB/T 18208.4—2005）技术要求，以抽样调查方式为主，实地获得该次地震震害评估和圈定地震宏观烈度等震线所需基本数据和资料。

中国境内最高烈度为Ⅵ度，呈北东东向椭圆分布，Ⅵ度区长半轴约194.6km，短半轴约113km，包括杨北极村、开库康乡、马林林场等；Ⅴ度区长半轴约243km，短半轴约160km，范围包括太龙站、曙光林场、碧水镇、东方红林场等。此次地震有感范围较大，哈尔滨、黑河等市有震感，大兴安岭地区则震感强烈，多数人有感觉。

（黑龙江省地震局）

机构·人事·教育

本部分主要收载机构设置及领导名单，人事教育工作，地震系统院士、有突出贡献中青年专家、享受政府特殊津贴人员简介，入选跨世纪人才名单和新通过评审的研究员名单，以及表彰情况等。

机构设置

中国地震局领导班子成员名单

（2011年12月31日）

党组书记、局　长：陈建民
党组成员、副局长：刘玉辰
党组成员、副局长：赵和平
党组成员、副局长：修济刚
党组成员、纪检组长：张友民
党组成员、副局长：阴朝民

中国地震局机关司、处级领导干部名单

（2011年12月31日）

部门	职位	姓名	职能处室	职位	姓名
办公室	主　任 副主任 副主任	唐　豹 王　蕊 张志波	秘书处（值班室）	处长、局长秘书、党组机要秘书	米宏亮
			新闻宣传处	处　长	（空缺）
				副处长	马　明
			文电与信息化处	处　长	康　建
			综合处	处　长	闫京波
			行政事务处	处　长	董艺斌
			机关财务处	处　长	申居娟
政　策 法规司	司　长 副司长 副司长	方韶东 李　健 唐景见	政策研究处	处　长	（空缺）
				副处长	郑　妍
			法规处	处　长	刘凤林
			标准计量处	处　长	李成日
			综合处（监督处）	处　长	（空缺）

续表

部门	职位	姓名	职能处室	职位	姓名
发展与财务司	司　长 副司长 副司长	牛之俊 徐铁鞠 韩志强	发展规划处	处　长	顾　劲
			预算处	处　长	周伟新
				副处长	黄　蓓
			投资处	处　长	（空缺）
				副处长	关晶波
			财务与资产处	处　长	吴　晋
人　事 教育司	司　长 副司长 副司长	何振德 刘铁胜 吴仕仲	机关人事处	处　长	康小林
				副处长	张琼瑞
			干部处（干部监督处）	处　长	付跃武
			人才与教育处	处　长	张大维
			机构工资处	处　长	陈　光
				副处长	牟艳珠
科　学 技术司 （国际 合作司）	司　长 副司长 副司长	胡春峰 赵　明 李　明	基础研究处	处　长	王　峰
				副处长	刘豫翔
			应用研究与成果处	处　长	王春华
			双边合作处	处　长	徐志忠
			国际组织与 国际会议处	处　长	王　剑
监　测 预报司	司　长 副司长 副司长	李　克 宋彦云 车　时	预报管理处	处　长	刘桂萍
				副处长	马宏生
			监测一处	处　长	王　飞
			监测二处	处　长	陈　锋
				副处长	熊道慧
			信息网络处	处　长	余书明
震　害 防御司	司　长 副司长 副司长	杜　玮 黎益仕 韦开波	社会宣教处	处　长	金　雷
			社会防御处	处　长	李永林
			防灾基础处	处　长	张黎明
			抗震设防处	处　长	（空缺）
震灾应急 救援司	司　长 副司长 副司长	（空缺） 苗崇刚 尹光辉	应急协调处	处　长	侯建盛
			综合处	处　长	（空缺）
				副处长（主持工作）	延旭东
			紧急救援处	处　长	王志秋
				副处长	冯海峰
			技术装备处	处　长	周　敏

续表

部门	职位	姓名	职能处室	职位	姓名
直属机关党委	常务副书记 副书记	刘连柱 杨小瑛	宣传部（党校）	部　长 局党校副校长	乔福生
			直属机关工会 （直属机关妇工委）		（空缺）
			直属机关团委 （青年工作部）		（空缺）
监察司 （纪检组）	司　长	孙晓竟	案件审理室 （综合室）	副司级纪律检查员兼 案件审理室主任	杨　威
			纪检监察室	主　任	（空缺）
				副主任	秦久刚
			审计室	主　任	王　蔚
离退办	主　任 副主任	王　霞 高玉峰	综合处	处　长	王　羽
			老年教育活动处	处　长	贾国军
			机关离退休处	处　长	（空缺）

（中国地震局人事教育司）

中国地震局所属各单位领导班子成员名单

（2011 年 12 月 31 日）

序号	工作单位	姓名	党政领导职务
1	北京市地震局	吴卫民	党组书记、局长
		徐　平	副局长
		胡　平	党组成员、副局长
		陶裕录	党组成员、纪检组组长
2	天津市地震局	赵国敏	党组书记、局长
		冯俊生	党组成员、副局长
		聂永安	党组成员、副局长
		武丁辰	党组成员、纪检组组长
		王玉生	党组成员、副局长

续表

序号	工作单位	姓名	党政领导职务
3	河北省地震局	周清良	党组书记、局长
		王钟山	副局长
		孙佩卿	党组成员、副局长
		赵　军	党组成员、副局长
		戴泊生	党组成员、纪检组组长
		高景春	副局长
4	山西省地震局	赵新平	党组书记、局长
		樊　琦	党组成员、副局长
		郭跃宏	党组成员、纪检组组长
		郭君杰	党组成员、副局长
5	内蒙古自治区地震局	包东健	党组书记、局长
		曹　刚	党组成员、副局长
		张建业	党组成员、副局长
		魏电信	党组成员、纪检组组长
		卓力格图	党组成员、副局长
6	辽宁省地震局	高常波	党组书记、局长
		卢　群	党组成员、副局长
		臧　伟	党组成员、副局长
		宋万学	党组成员、纪检组组长
		廖　旭	党组成员、副局长
7	吉林省地震局	任利生	党组书记、局长
		包晓军	党组成员、副局长
		陈凤学	党组成员、副局长
		孙继刚	党组成员、副局长
		张明宇	党组成员、纪检组组长
8	黑龙江省地震局	孙建中	党组书记、局长
		张　莹	党组成员、副局长
		赵　直	党组成员、副局长
		蒋贵宏	党组成员、纪检组组长
9	上海市地震局	张　骏	党组书记、局长
		王建军	党组成员、副局长
		李红芳	党组成员、纪检组组长
		王绍博	党组成员、副局长

续表

序号	工作单位	姓名	党政领导职务
10	江苏省地震局	丁仁杰	党组书记、局长
		张振亚	党组成员、副局长
		仲建民	党组成员、纪检组组长
		倪岳伟	党组成员、副局长
		刘建达	党组成员、副局长
11	浙江省地震局（中国地震局干部培训中心）	苏晓梅	党组书记、局长（主任）
		宋新初	党组成员、副局长（副主任）
		傅建武	党组成员、副局长（副主任）
		陈经华	党组成员、纪检组组长（副主任）
12	安徽省地震局	张　鹏	党组书记、局长
		姚大全	党组成员、副局长
		王　跃	党组成员、副局长
		刘　欣	党组成员、副局长
		姜久坤	党组成员、纪检组组长
13	福建省地震局	金　星	党组书记、局长
		朱金芳	党组成员、副局长
		黄向荣	党组成员、副局长
		史彝华	党组成员、副局长
		李青春	党组成员、纪检组组长
		朱海燕	副局长
14	江西省地震局	王建荣	党组书记、局长
		张福平	党组成员、纪检组组长、副局长
		郑　栋	党组成员、副局长
15	山东省地震局	晁洪太	党组书记、局长
		孙亚强	党组成员、副局长
		刘　峰	党组成员、副局长
		林金狮	党组成员、副局长
		姜金卫	党组成员、副局长
		张有林	党组成员、纪检组组长
16	河南省地震局	王合领	党组书记、局长
		卢国合	党组成员、副局长
		刘尧兴	党组成员、副局长
		陈　达	党组成员、纪检组组长
		王士华	党组成员、副局长

续表

序号	工作单位	姓名	党政领导职务
17	湖北省地震局 （中国地震局地震研究所）	姚运生	党组书记、局（所）长
		吴　云	党组成员、副局（所）长
		邢灿飞	党组成员、副局（所）长
		黄社珍	党组成员、纪检组组长
		杜瑞林	党组成员、副局（所）长
18	湖南省地震局	胡奉湘	党组书记、局长
		燕为民	党组成员、副局长
		宁　萍	党组成员、纪检组组长
		罗汉良	党组成员、副局长
19	广东省地震局	黄剑涛	党组书记、局长
		梁　干	党组成员、副局长
		吕金水	党组成员、副局长
		钱顺琴	党组成员、副局长
		武守春	党组成员、纪检组组长
		钟贻军	党组成员、副局长
20	广西壮族自治区地震局	高荣胜	党组书记、局长
		劳王枢	党组成员、纪检组组长
		龙安明	党组成员、副局长
		李伟琦	党组成员、副局长
21	海南省地震局	牟光迅	党组书记、局长
		郭坚峰	党组副书记、副局长
		李战勇	党组成员、纪检组组长
		陈　定	副局长
22	重庆市地震局	陈铁流	党组书记、局长
		王　强	党组成员、纪检组组长
		吴晓莉	党组成员、副局长
		黄　雍	党组成员、副局长
23	四川省地震局	张宏卫	党组书记、局长
		邓昌文	党组成员、副局长
		王　力	党组成员、副局长
		吕弋培	党组成员、副局长
		李广俊	党组成员、副局长
		王继斌	党组成员、纪检组组长

续表

序号	工作单位	姓名	党政领导职务
24	云南省地震局	皇甫岗	党组书记、局长
		陈　勤	党组成员、副局长
		王　彬	党组成员、副局长
		毛玉平	党组成员、副局长
		解　辉	党组成员、副局长
		龙清风	党组成员、纪检组组长
25	西藏自治区地震局	李振海	党组书记、局长
		朱　荃	党组成员、副局长
		索　仁	党组成员、纪检组组长、副局长
		郭星全	党组成员、副局长
26	陕西省地震局	胡　斌	党组书记、局长
		姬丁义	党组成员、纪检组组长
		李炳乾	党组成员、副局长
		刘　晨	党组成员、副局长
		王恩虎	党组成员、副局长
27	甘肃省地震局（中国地震局兰州地震研究所）	王兰民	党组书记、局（所）长
		周志宇	党组成员、副局（所）长
		杨立明	党组成员、副局（所）长
		王克宁	党组成员、纪检组组长
		石玉成	党组成员、副局（所）长
		袁道阳	党组成员、副局（所）长
28	青海省地震局	张新基	党组书记、局长
		哈　辉	党组成员、副局长
		樊兰宝	党组成员、纪检组组长
		宋　权	党组成员、副局长
29	宁夏回族自治区地震局	佟晓辉	党组书记、局长
		马贵仁	党组成员、副局长
		金延龙	党组成员、副局长
		李　杰	党组成员、纪检组组长
		柴炽章	党组成员、副局长
30	新疆维吾尔自治区地震局	王海涛	党组书记、局长
		吐尼亚孜·沙吾提	党组成员、副局长
		宋和平	党组成员、副局长
		李根起	党组成员、纪检组组长
		张　勇	党组成员、副局长
		蔚晓利	党组成员、副局长

续表

序号	工作单位	姓名	党政领导职务
31	中国地震局地球物理研究所	吴忠良	党委副书记、所长
		乔　森	党委书记、副所长
		高孟潭	副所长
		杨建思	副所长
		宁为民	纪委书记、副所长
		李小军	副所长
		张东宁	副所长
32	中国地震局地质研究所	张培震	所　长
		欧阳飚	党委书记、副所长
		江　钊	党委副书记、纪委书记、副所长
		马胜利	副所长
		徐锡伟	副所长
33	中国地震局地壳应力研究所	谢富仁	党委副书记、所长
		阮晓龙	副所长
		陆　鸣	副所长
		何　玉	纪委书记
		陈　虹	副所长
		杨树新	副所长
34	中国地震局地震预测研究所	任金卫	党委副书记、所长
		孙　雄	党委书记、副所长
		蔡晋安	副所长
		李志雄	副所长
		汤　毅	副所长
		张雪洁	纪委书记
35	中国地震局工程力学研究所	孙柏涛	党委副书记、纪委书记、所长
		杨小峰	党委书记、副所长
		张孟平	副所长
		李山有	纪委书记、副所长
36	中国地震台网中心	潘怀文	党委副书记、主任
		李强华	党委书记、副主任
		张晓东	副主任
		贺　钦	副主任
		张　敏	纪委书记
		陈华静	副主任

续表

序号	工作单位	姓名	党政领导职务
37	中国地震应急搜救中心	吴建春	党委书记、主任、基地指挥长
		谭先锋	副主任
		黄宝森	副主任
		曲国胜	总工程师
		刘鹏飞	纪委书记
		张　辉	灾协秘书长
		高　伟	救援基地副指挥长
38	中国地震灾害防御中心	孙福梁	党委书记、主任
		王　英	党委副书记、副主任
		梁宪章	副主任
		张周术	副主任
		陈国星	副主任
39	中国地震局地壳运动监测工程研究中心	李　强	主任、党委副书记
		张　金	党委书记、副主任
		吴书贵	副主任
40	中国地震局地球物理勘探中心	李松岭	党委书记、主任
		方盛明	副主任
		王夫运	副主任
		王秋润	副主任
		刘保金	副主任
		李　齐	纪委书记
41	中国地震局第一监测中心	龚　平	党委副书记、主任
		刘宗坚	党委书记、副主任
		刘广余	副主任
		薄万举	副主任
		高荣建	纪委书记
42	中国地震局第二监测中心	张尊和	党委副书记、主任
		李顺平	党委书记、副主任
		王庆良	副主任
		白伟东	纪委书记
		熊善宝	副主任
		陈宗时	副主任

续表

序号	工作单位	姓名	党政领导职务
43	防灾科技学院	齐福荣	党委书记
		薄景山	院　长
		宿景贵	党委副书记、副院长
		钟南才	纪委书记
		刘春平	副院长
		迟宝明	副院长
		谭金意	副院长
44	地震出版社	张　宏	党委书记、社长、总编辑
		王天星	副社长
		傅　宏	纪委书记
		胡勤民	副社长
45	中国地震局机关服务中心	巩曰沐	党委副书记、主任
		韩晓东	党委书记、副主任
		马铁民	纪委书记、副主任
		徐京华	副主任
		李　伟	副主任
46	中国地震局深圳防震减灾科技交流培训中心	续新民	党组书记、主任
		刘升礼	党组成员、副主任
		宗　耀	党组成员、纪检组组长、副主任

中国地震局局属有关单位机构变动情况

（2011 年 12 月 31 日）

1. 批准甘肃省地震局管理机构调整

科技发展处更名为科学技术处并独立设置，成立外事办公室，与科学技术处合署办公；计划财务处更名为发展与财务处；法规处更名为政策法规处，仍与办公室合署办公；地方地震工作处更名为市县工作处，仍与震害防御处合署办公。

（中震人函〔2011〕18 号，2011 年 1 月 26 日）

2. 批准陕西省地震局管理机构及下属事业单位调整

管理机构：法规处更名为政策法规处，仍与办公室合署办公；计划财务处更名为发展与财务处；科技监测处更名为监测预报处、科学技术处，仍与外事办公室合署办公；地方地震工作处更名为市县工作处，仍与震害防御处合署办公。

下属事业单位：预报中心更名为陕西省地震预报中心；监测中心更名为陕西省地震监测中心；信息中心更名为陕西省地震应急中心；科技服务中心更名为陕西省防震减灾宣传教育中心；机关服务中心更名为条件保障中心，对外可使用机关服务中心印章。

（中震人函〔2011〕20 号，2011 年 1 月 28 日）

3. 批准中国地震台网中心内设机构调整

独立设置党委办公室、离退休干部工作办公室；纪检监察审计室更名为纪检监察审计处并独立设置；成立应急救援处，与监测预报处合署办公；成立项目管理部；人力资源处更名为人事教育处；发展财务处更名为发展与财务处；科技管理处更名为科学技术处；中国地震局人才交流中心挂靠在人事教育处。

（中震人函〔2011〕29 号，2011 年 2 月 25 日）

4. 批准中国地震局地震预测研究所科研业务机构调

调整后机构为地震中长期综合预测研究室、地震构造研究室、地震流体研究室、数字地震学应用研究室、地震形变研究室、地震电磁研究室、地震观测技术研究中心、地壳运动观测网络数据中心、计算与网络中心、地震灾害信息研究中心。

（中震人函〔2011〕40 号，2011 年 2 月 28 日）

5. 批准山东省地震局部分机构调整

管理机构：独立设置监测预报处、科学技术处，撤销科技监测处，外事办公室与科学技术处合署办公；计划财务处更名为发展与财务处；震害防御处加挂行政执法监察总队牌子。

部分下属事业单位：行政执法监察总队不再单独设置，其牌子挂在震害防御处；成立宣传教育中心，其主要任务由山东省地震局自行研究确定。

（中震人函〔2011〕41 号，2011 年 2 月 28 日）

6. 批准新疆维吾尔自治区地震局部分下属事业单位更名

机关服务中心更名为地震应急保障中心；科技信息中心更名为网络数据中心；地下水研究中心更名为地下流体与前兆台网中心。

（中震人函〔2011〕42号，2011年2月28日）

7. 批准四川省地震局部分机构调整

管理机构：科技发展处更名为科学技术处并独立设置，成立外事办公室与其合署办公；成立市县工作处，与震害防御处合署办公；计划财务处更名为发展与财务处；法规处更名为政策法规处，仍与震害防御处合署办公。

下属事业单位：地震地质勘察中心更名为地震应急保障中心。

（中震人函〔2011〕58号，2011年3月11日）

8. 批准中国地震局第一监测中心管理机构调整

独立设置纪检监察审计室。

（中震人函〔2011〕59号，2011年3月15日）

9. 批准甘肃省地震局下属事业单位调整

撤销地震学研究室、电磁研究室、地下流体研究室、地震地质研究室、黄土动力学研究室，成立地震应急中心、地震灾害防御中心、行政执法监察总队、陆地搜寻与救护基地管理中心。

（中震人函〔2011〕69号，2011年3月28日）

10. 批准中国地震应急搜救中心管理机构调整

独立设置纪检监察审计室。

（中震人函〔2011〕94号，2011年4月18日）

11. 批准海南省地震局管理机构调整

独立设置纪检监察审计处、离退休干部管理处、应急救援处，成立政策法规处与应急救援处合署办公；科技监测处更名为监测预报处，成立科学技术处与其合署办公；震害防御与法规处更名为震害防御处，加挂行政审批办公室的牌子；计划财务处更名为发展与财务处，同时撤销开发处。

（中震人函〔2011〕95号，2011年4月18日）

12. 批准西藏自治区地震局管理机构和下属事业单位调整

管理机构：独立设置人事教育处、应急救援处、纪检监察审计处，成立离退休干部管理处与人事教育处合署办公；成立外事办公室与办公室合署办公；计划财务处更名为发展与财务处，科技发展处更名为科学技术处同发展与财务处合署办公；震害防御与法规处（地方地震工作处）更名为震害防御处（政策法规处、市县工作处）。

下属事业单位：成立地震网络信息中心；将机关服务中心更名为地震应急保障中心。

（中震人函〔2011〕127号，2011年6月1日）

13. 批准广东省地震局管理机构调整

成立科学技术处；计划财务处更名为发展与财务处；法规处更名为政策法规处，仍与办公室合署办公；地方地震工作处更名为市县工作处，仍与应急救援处合署办公。

（中震人函〔2011〕151号，2011年7月5日）

14. 批准中国地震灾害防御中心管理机构调整

独立设置纪检监察审计室。

（中震人函〔2011〕157 号，2011 年 7 月 11 日）

15. 批准河北省地震局管理机构调整

科技处更名为科学技术处并独立设置，外事办公室与其合署办公；计划财务处更名为发展与财务处；应急管理处更名为应急救援处；政策研究室和法规处合并为政策法规处，与震害防御处合署办公。

（中震人函〔2011〕172 号，2011 年 8 月 9 日）

16. 批准上海市地震局设立地震台站

设立浦东张江地震台、长江农场地震台。

（中震人函〔2011〕194 号，2011 年 9 月 7 日）

17. 批准广西壮族自治区地震局南宁地震遥测台更名

南宁地震遥测台更名为广西地震台网中心。

（中震人函〔2011〕196 号，2011 年 9 月 9 日）

18. 批准山西省地震局管理机构更名

计划财务处更名为发展与财务处，地方地震工作处更名为市县工作处，市县工作处仍与震害防御处、抗震设防要求管理处合署办公。

（中震人函〔2011〕198 号，2011 年 9 月 9 日）

19. 批准北京市地震局管理机构调整

撤销科技监测处，独立设置监测预报处、科学技术处。科学技术处与外事办公室合署办公；计划财务处更名为发展与财务处；震害防御与法规处更名为震害防御处（政策法规处），仍与抗震设防管理办公室合署办公。

（中震人函〔2011〕251 号，2011 年 10 月 26 日）

20. 批准江西省地震局管理机构调整

独立设置应急救援处、离退休干部管理处；成立科学技术处、外事办公室，与监测预报处合署办公；计划财务处更名为发展与财务处；法规处更名为政策法规处，仍与震害防御处合署办公。

（中震人函〔2011〕252 号，2011 年 10 月 26 日）

21. 批准福建省地震局信息网络与地震应急指挥中心更名

信息网络与地震应急指挥中心更名为地震应急指挥与宣教中心，仍与闽台地震科技交流培训中心合署办公。

（中震人函〔2011〕276 号，2011 年 11 月 24 日）

22. 批准湖北省地震局下属事业单位调整

撤销地球科学仪器与技术中心、地震工程研究院、武汉科衡地震仪器厂，成立地震灾害防御中心（防震减灾行政执法监察总队）、地震应急救援中心、卫星导航定位数据处理与应用中心；减灾与遥感技术应用中心更名为减灾与遥感应用研究室。

（中震人函〔2011〕277 号，2011 年 11 月 28 日）

23. 批准山西省地震局下属事业单位调整

成立五台地震科技中心。

（中震人函〔2011〕278 号，2011 年 11 月 28 日）

24. 批准江苏省地震局下属事业单位调整

成立防震减灾宣传教育中心；成立地震应急救援中心，与防震减灾宣传教育中心合署办公；成立地震灾害防御中心。

（中震人函〔2011〕293 号，2011 年 12 月 27 日）

25. 批准重庆市地震局下属事业单位调整

设置重庆市地震预报研究中心，重庆市地震监测预报中心更名为重庆市地震监测中心，仍与重庆市三峡水库地震监测中心合署办公。

（中震人函〔2011〕294 号，2011 年 12 月 27 日）

（中国地震局人事教育司）

人事教育

2011 年中国地震局人事教育工作综述

一、深化干部人事制度改革，扎实推进干部队伍建设

加强领导班子思想政治建设。在干部队伍建设中始终坚持理论学习和实践锻炼相结合，以进一步提高领导干部的政治素质和领导能力为目标，突出思想政治和能力建设，围绕选好配强领导班子、优化领导班子结构、增强队伍活力 3 个重要环节全面做好干部工作。进一步优化领导班子结构，增强干部队伍活力。全年共调整 39 个单位领导班子，占局属单位总数的 84.8%。对 11 个单位的领导班子进行了任期满考核，组织开展副职选拔、纪检组长人选考察、非领导职务推荐、试用期满考核 26 次，共选拔 34 人。局机关领导干部队伍进一步加强，全年选拔司级干部 5 人。深化干部人事制度改革。从全面加强领导班子建设入手，研究制定了《深化干部人事制度改革规划纲要实施意见》《干部选拔工作主要负责人离任检查办法》《干部选拔任用工作记实办法》，有力地推进了干部选拔工作的科学化、规范化。

创新干部选任方式，构建充满活力的选人用人机制。一是加大了竞争上岗力度。全年各单位领导班子副职和局机关副司长全部采用竞争上岗方式进行选拔，绝大多数单位报名踊跃，竞争激烈。二是规范副职竞争上岗程序。全部通过笔试、面试、民主测评、民主推荐等环节，并将上述 4 项成绩加权进行综合考虑，确定考察对象，实行了差额考察。三是在系统首次开展纪检组长（纪委书记）公开选拔。根据地震系统干部队伍实际和岗位特点，以开阔的视野，面向全系统以公开竞争的方式选拔一批后备人选，在系统内统一调配使用。112 名人选报名，经各单位民主测评和党组（党委）推荐，有 63 人参加了统一笔试，41 人参加了集中面试，为系统干部提供了展现自我的平台，体现了民主公开、竞争择优的原则，为党组选人用人提供了充足的后备人才。

加大干部教育培训。充分利用党校、行政学院、干部学院等培训资源，选派 40 多名机关干部和局管干部参加了上述培训。组织举办局管干部研修班、中青年干部培训班、处级干部初任培训班、新录用公务员初任培训班，培训 163 人。同时，积极推动各单位选派局管干部、处级干部参加地方培训。按照党组要求，加强对领导班子和领导干部的任期考核工作力度，积极开展巡视工作，注重对考核和巡视结果的分析、反馈和使用。对在考核、巡视中发现的苗头性问题，及时向领导班子和本人反馈，做到早发现、早提醒、早纠正。对领导班子考核、巡视结果较差的，由党组成员或责成人教司、监察司负责人，与领导班子成员有针对性的谈话，分析查找原因，提出整改意见，并对有关干部进行组织调整。公

务员“进、管、出”各个环节进一步规范，公务员队伍素质不断提高。结合部门业务招录相应专业的人员，公务员队伍知识结构、年龄结构不断优化。全年共招录58名，调任公务员38名。开展公务员登记工作，2006年首次登记时部分单位机构不规范、超职数配备干部的现象已经基本整改。

二、以科学谋划人才发展规划为重点，全面做好人才培养工作

人才队伍建设对提高防震减灾综合能力、促进防震减灾事业科学发展具有重要的基础性和战略性作用。组织编写了《防震减灾“十二五”人才规划》，及重要专项《中国地震局防震减灾科技领军人才培养计划》，着手编制《全员业务素质提升计划》和《人才培养基地建设专项建议书专项建议书》。大力加强专业技术人才队伍建设。“地震青年骨干人才出国留学项目”进展顺利，成为培养青年后备人才的重要抓手，和优化人才合理布局的有效途径。交流访问学者计划顺利开展，35名省局青年科技骨干赴我局有关研究所交流学习。在4个省地震局进行第5期“地震台站全员培训”。注重研究生教育，举办了第四期研究生导师研讨班，为研究生培养提出了新思路、新理念，收到了良好效果。2项博士学位和9项硕士学位授权增列一级学科，获得国务院学位办批准。新增博士招生指标5人，硕士招生指标20人。继续评选“中国地震局优秀博士硕士毕业论文奖”。开展地震专业正高级职称和二级专技人员评审工作。

三、以事业单位分类改革为重点，切实做好各单位机构编制调整

全面启动分类推进事业单位改革。成立改革领导小组，多次与中央编办沟通，先期开展清理规范工作，摸清了情况。召开研讨会，研究拟定中国地震局清理规范事业单位的意见，确定了“先完成分类、再循序推进各类改革”的改革实施步骤，明确了“理顺政事关系、事企关系、转变管理方式，力争机构编制不减少、职能任务不削弱、机构编制配置更加科学合理”的改革目标。完善各单位的机构布局。调整了33个单位的内设机构和14个单位的下属事业机构，增加80名干部职数。为缺编较严重的8个单位增加了编制。稳步推动事业单位岗位设置工作，44个单位完成事业单位首次岗位聘用工作，加快了事业单位人员由身份管理向岗位管理的转变。在充分调研基础上，拟定了地震台站管理改革工作的指导意见和配套办法。指导各单位开展各类人员津补贴的规范工作。规范参公人员的津补贴，做好离退休人员补贴规范及落实工作。

（中国地震局人事教育司）

2011年中国地震局人才培养工作综述

防震减灾工作是关系到中国经济社会发展全局的一项重点工作，人才队伍建设对提高

防震减灾综合能力、促进防震减灾事业科学发展具有重要的基础性和战略性作用。2011 年，中国地震局重点开展了以下 3 项工作。

一、以人才规划为切入点，科学谋划人才队伍发展

积极组织有关专家，深入开展总结和调查研究，广泛征求各方面意见，提出了今后一段时期中国地震局人才队伍发展的指导思想、基本原则、总体目标、指标体系和主要任务，规划了人才队伍建设的战略重点和工作布局，提出了4 个方面的保障措施，形成了《"十二五" 防震减灾人才规划》（以下简称《人才规划》）。针对人才发展亟待解决的突出问题，提出了"领军人才培养与推进计划""全员知识更新计划""人才培养基地建设工程"3 个人才队伍建设重大计划和专项，编入《中国地震局事业发展规划纲要》四大"战略行动"之一的"人才培养与促进计划"。

为落实《中国地震局事业发展规划纲要》精神，将防震减灾领军人才的培养落在实处，紧紧围绕防震减灾事业发展需求，瞄准防震减灾重点学科、重点领域和重点科技问题，组织编制了《中国地震局防震减灾科技领军人才培养计划》，提出了利用人才培养专项、地震行业科研专项、基本科研业务专项、出国留学专项、教育培训专项等经费资源，采取 1 年素质锤炼、2 年科研实践、1 年巩固提高的"1 +2 +1" 的模式对青年科技骨干进行有针对性培养和支持的培养计划。

二、以出国留学项目为抓手，加强后备人才队伍培养

截至 2011 年，中国地震局已累计派出 3 批 71 名交流访问学者和联培博士赴美国地质调查局、美国麻省理工学院、美国加州大学伯克利分校、日本东京大学等有影响的科研机构或大学学习和工作，项目进展顺利，成效初步显现。派出人员科研能力和知识水平大幅度提升，对人才成长发挥了重大作用；通过与国外著名专家和一流科研机构建立起的稳定持久的学术交流渠道，掌握了国外相关领域的新技术、新方法，带动了相关学科的发展和本单位科研氛围的改变，所带回的先进理念和管理经验，对提升中国防震减灾能力、拓展社会服务领域起到积极的促进作用，已成为中国地震局培养青年后备人才的重要抓手和进行人才合理布局的有效途径。

三、开展教育培训，建设高水平的人才队伍

大力开展教育培训工作，统一规划、统筹安排、分类管理、分级实施，较好地完成了中国地震局重点培训计划、基层重点培训计划等培训任务。完成了 31 个省局的地震台站全员培训工作，对拓宽台站人员知识面、强化业务培训，提高自身能力起到重要作用。

研究生教育在后备人才培养中发挥重要作用。一方面继续采取积极措施吸引优秀生源，举办研究生优秀学位论文评选，着力提高研究生培养质量；另一方面举办研究生导师高级研修班，加强对研究生导师的业务培训。2011 年新增博士招生指标 5 人，硕士招生指标 20

人，有2项博士学位和9项硕士学位增列一级学科申请获得国务院学位办批准。防灾科技学院被教育部列为第二批实施“卓越工程师教育培养计划”高校和开展培养硕士专业学位研究生试点工作建设单位。

组织实施中国地震局“交流访问学者计划”，并依托中组部“西部之光”计划积极开展地震青年科技骨干培养。重点支持各省地震局的科技人员到有关重点接收单位进行学习交流，支持高水平科技专家到各省地震局进行业务指导或项目合作。国内交流访问学者计划实施以来已累计支持了399位访问学者，极大地促进了研究所与省地震局、省地震局与省地震局之间的科技交流与科研合作，促进了相互间的工作交流、优势互补，对推动地震科技队伍能力建设起到了积极的作用。

与人力资源和社会保障部共同举办专业技术高级研修班，加强专业技术人员高层次人才培养和知识更新。针对地震行业内急需、热点的领域聘请国内外知名专家授课并开展学术交流研讨，为不同学科、不同岗位专业技术人员搭建高水平学术交流平台，有效促进了学科的交叉融合，受到广大科研人员的热烈欢迎。

（中国地震局人事教育司）

2011年中国地震局系统教育培训工作情况

2011年，中国地震局系统教育培训总体执行情况较好，共举办各类各级培训班272期，培训人数达15758人次，投入经费1258.84万元。中国地震局2011年计划培训50期，实际培训55期，完成计划培训43期，增加培训12期（其中完成局重点培训班11期，培训人数820人，完成率91.7%；完成局一般培训班26期，培训人数1642人；完成局基层重点培训班12期，培训人数782人次；完成台站全员培训5期，培训人数159人；基层各单位根据自身实际情况自主举办培训班217期，培训人数12355人次）。较好地完成了基层重点培训（除江西省以外）及台站全员培训任务。

（中国地震局人事教育司）

局属单位教育培训工作

上海市地震局

2011年，上海市地震局参加了上海市科技系统多层次、多类型的培训。其中，安排2人次参加党员教育培训示范班，学习新形势下党员教育培训的新观念、新做法；安排2人次参加党务干部和人事部门负责人研修班，提高有关负责人的业务能力；安排3人次参加青年专家政治理论培训班，提高青年科技人员的政治理论素养，牢固树立青年科技人员的工作使命感、责任感；安排2人次参加科学发展主题培训示范班，为顺利推动上海市“科学发展主题培训”行动计划打下基础；安排4人次参加民主党派、妇女干部研修班，提高相关人员构建和谐政治环境的能力；安排2人次参加入党积极分子培训班，进一步扩大上海市地震局党员队伍的规模。

（上海市地震局）

广东省地震局

2011年，在职学历（学位）教育进一步得到加强，3人通过在职硕士学历（学位）学习入学考试，1人通过本科函授学历学习。一年来，局举办培训班11期，参训450人次；派出机关工作人员、事业单位专业技术人员参加各类理论学习、专业技术培训130人次。

组织“地震预测新思路及研究方法研讨班”“地震分析预报新软件使用培训班”“全省地震应急救援志愿者骨干培训班”“社会服务工程数据采集技术规程培训班”“测震暨地震安全性评价培训班”5个自办培训班，举办地震学会报告会和5个讲座，参加人数达600人次。联合省委党校首次举办“全省地震系统干部能力提升培训班”，全省防震减灾管理有关人员以及新疆喀什地区防震减灾管理人员共100多人参加培训。

（广东省地震局）

广西壮族自治区地震局

2011年，广西壮族自治区地震局举办新任干部培训，新提任副处级、科级干部及地震台长、新录用人员共43人参加。此外，还举办广西地震系统公文质量检查评比会议暨公文写作培训班、全区市县抗震设防要求管理培训班、广西市（县）地震应急指挥中心技术培训班、广西地震系统公文写作培训班、地震应急拓展训练班等。全年共举办培训班 6 个，参训计 345 人次。

积极选派干部职工参加地震系统内外举办的政务、人事、财务、纪检及防震减灾业务等培训，包括 2010 年新任干部培训、全国地震系统地震现场灾害评估培训、GNSS 观测数据处理人员培训、全国地下流体岗位培训、地震安全性评价与工程应用培训等。同时，鼓励干部职工积极参加继续教育等。

（广西壮族自治区地震局）

云南省地震局

2011 年，云南省地震局网络学习覆盖率达 99.7%。共承办、举办各类培训班 5 个。

共有 1 人获得博士学位，5 人获得硕士学位，1 人考取博士研究生，4 人考取硕士研究生。选派 4 名同志赴地震预测研究所、中国地震台网中心、湖北省地震局交流学习。

（云南省地震局）

陕西省地震局

2011 年，陕西省地震局新招录公务员 2 名，招聘事业单位工作人员 15 名。调整了省地震局机关事业单位编制和职责任务，17 名处级领导干部、4 名一般干部轮岗交流，13 位同志竞聘到处级岗位，2 个地震台台长进行调整。全年选派局级干部 2 名、处级干部 12 名到省委党校、干部培训基地进行培训学习。举办了 7 个培训班次，培训省市县人员 340 多人次。选送 65 人次专业技术人员参加各类培训，选派 5 名骨干出国交流培训，3 名青年人才到研究所交流访问，6 名大学生到台站锻炼，对新录用人员开展一期培训。

根据更名后的机构修订“三定”方案，调整了各单位、部门的职责任务。与人社厅、财政厅联系，由两厅联合下发了关于提高艰苦地震台站补助的通知，提高了艰苦地震台站的补助。完善职称评审、岗位分级聘用定量考核办法，评审高工 19 人。

（陕西省地震局）

甘肃省地震局

2011 年，甘肃省地震局职工教育培训工作以科学发展观为指导，紧紧围绕甘肃省防震减灾事业发展和科技创新体系建设需要，以人才资源能力建设为核心，以提高全体干部职工综合素质为重点，全年共举办各类培训班 13 期，参加培训人数达 561 人；选派 239 人参加中国地震局、甘肃省政府部门组织的信息管理、档案管理、公文管理等培训；选派 15 人参加出国考察访问；接收交流访问学者 4 名。

（甘肃省地震局）

青海省地震局

2011 年，青海省地震局在人才队伍建设方面积极探索干部队伍考评和选任方式新途径，构建选人用人机制。通过选拔程序，在全局范围内公开选拔任用 11 名处级干部和 19 名科级干部。不断改善人才队伍结构，加大教育培训力度，先后选派 6 名管理干部和 41 人次专业技术人员参加培训学习，支持鼓励职工积极参加在职教育，加强系统内交流访问学者工作，提高专业技术人员的业务能力和科研能力，为青海省防震减灾事业的可持续发展提供了人才保障。

（青海省地震局）

新疆维吾尔自治区地震局

坚持“内培外援”，多种形式培养人才。2011 年 7—8 月，邀请中国科学技术大学徐文骏教授前来授课，举办了为期一个月的地球物理基础知识研修班，近年来参加工作的研究生及 2011 年参加工作的 37 名同志参加了培训。培训内容包括地球物理常识、弹性力学基础、简明地震学教程。整个培训过程准备、酝酿充分，过程组织精心细致，要求高，标准高，保证教学质量，安排有自习、作业、闭卷考试，培训效果较显著。

坚持先培训、后上岗。7 月举办新入局人员培训班，对新入局人员 17 人进行了为期一周的岗前培训。

积极争取地方支持。参与自治区党委组织部的“西部之光人才”培养计划，选送 1 人赴武汉学习。积极参与自治区“少数民族高层次骨干人才培养计划”。获自治区公派出国留学计划 1 人。

用好政策支撑。积极组织人员参加中国科学技术大学在职专业硕士学位研究生班考试。申报青年拔尖人才支持计划 1 人。中国地震局交流访问学者 4 人，局内交流访问学者 3 人。

（新疆维吾尔自治区地震局）

人物

2011 年通过研究员（正研级高级工程师）专业技术职务任职资格人员名单

序号	姓名	性别	单位	任职资格	研究方向（工作领域）
1	武安绪	男	北京市地震局	正研级高工	监测预报
2	安卫平	男	山西省地震局	正研级高工	震害防御
3	黄　耘	女	江苏省地震局	正研级高工	监测预报
4	张继红	女	山东省地震局	正研级高工	监测预报
5	顾申宜	女	海南省地震局	正研级高工	监测预报
6	朱　航	男	四川省地震局	正研级高工	监测预报
7	师亚芹	女	陕西省地震局	正研级高工	震害防御
8	周　红	女	中国地震局地球物理研究所	研究员	地球物理
9	李传友	男	中国地震局地质研究所	研究员	地质
10	王　萍	女	中国地震局地质研究所	研究员	地质
11	李德文	男	中国地震局地壳应力研究所	研究员	地质
12	陈　阳	女	中国地震局地震预测研究所	正研级高工	监测预报
13	刘如山	男	中国地震局工程力学研究所	研究员	地震工程

2011 年获得专业技术二级岗位聘任资格人员名单

序号	姓名	单位	学科方向	专业技术岗位
1	丁志峰	中国地震局地球物理研究所	固体地球物理	科学研究
2	冉勇康	中国地震局地质研究所	地震地质	科学研究
3	刘力强	中国地震局地质研究所	固体地球物理	科学研究
4	王　琪	中国地震局地震研究所	大地测量	科学研究
5	王庆良	中国地震局第二监测中心	固体地球物理	科学研究

（中国地震局人事教育司）

合作与交流

主要收载地震系统一年来双边、多边国际合作项目，以及重要学术活动概况，是了解国内外地震领域科研进展，学术交流的窗口。

合作与交流项目

2011 年中国地震局合作与交流综述

2011 年，地震科技工作在中国地震局党组的坚强领导下，贯彻落实全国地震局长会议暨党风廉政会议精神，坚持“两个服务”，以开拓创新求发展，以狠抓落实求实效，着力推进地震科技创新和防震减灾国际交流合作，国际交流与合作取得新成绩。

一、全面落实温家宝总理中日韩三国峰会倡议

成功组织召开东亚地震研讨会，共有来自日本、韩国、中国等 18 个国家和地区以及 5 个国际组织的 100 多位专家学者参加。会议形成《北京共识》，正式启动中日韩地震、海啸、火山三边合作项目，履行中国政府的庄严承诺，发挥中国地震局在区域防震减灾合作中的主导作用。

二、多渠道多层次巩固拓展国际合作和区域交流

举办中美地震学双边研讨会及中美地震科技协调人会晤，加强了与英国、俄罗斯、意大利、葡萄牙、缅甸、澳大利亚、新西兰等国的科技合作，开拓与东欧、非洲等国双边合作关系，与西班牙、埃及、朝鲜等国续签了双边合作谅解备忘录，接待联合国副秘书长、智利、瑞士、朝鲜、蒙古、韩国、捷克等高层团组来访。组织 160 多名专家参加 IUGG、AGU 等重要国际学术会议，跟踪国际前沿动态。中蒙合作“远东地区地磁场、重力场及深部构造观测与模型研究”顺利完成野外工作，是中国地震局首次在国外开展大规模系统野外科学工作。遴选 2 期中西部省局管理干部和青年科技人才 41 人参加国外培训，通过国家外专局项目引进 35 名外国专家。海峡两岸联合实施跨海峡人工深部测深项目第二期计划。

三、圆满完成国外大震响应和国际救援任务，继续推进援外台网建设

2011 年，共对新西兰、日本等 10 个国家的地震和火山喷发事件开展应急响应，发扬不怕疲劳、连续作战的拼搏精神，迅速、高效组织和协调中国国际救援队赴新西兰和日本开展救援及后续活动，得到广泛好评。援巴基斯坦台网进展顺利，援萨摩亚地震台网进入基建及设备安装阶段，援建缅甸地震台网的设计、论证工作开始起步。

四、继续严格和规范出国（境）管理

严格执行因公出国（境）团组量化管理，全年系统因公出访团组 154 个，出访人数 425 人次，实现中央提出的“零增长”要求。严格外事纪律，开展出访报告评估，强化监督，提高国际合作实效。

（中国地震局科技与国际合作司）

2011 年出访项目

7 月 24 日—8 月 6 日

河北省地震局戴泊生、郑浩波、成琳参加中国地震局 JICA 项目赴日研修团，参加灾害应对培训。

8 月 13—19 日

河北省地震局派出杨家亮等 5 人访问奥地利气象和地球动力学研究中心，参观奥地利地震台，就将来的合作内容和方式进行讨论。

10 月 26 日—11 月 4 日

河北省地震局孙佩卿参加中共中央党校赴日本学习调研。

11 月 7—15 日

湖北省地震局申重阳研究员、玄松柏助理研究员、谈洪波助理研究员和中国地震台网中心李正媛研究员 4 人组成代表团赴卢森堡参加 2011 年 Walfdange 欧洲绝对重力比对。

11 月 13 日—12 月 12 日

河北省地震局王红蕾赴美国参加中国地震局中青年专家地震科技赴美培训班。

12 月 14—19 日

湖北省地震局姚运生等一行 4 人赴美国进行工作访问，参观美国 REF TEK 公司位于美国得克萨斯州普拉诺的地震仪器制造设施，就中国地震局“十二五”相关地震仪器研发科技项目合作事宜展开洽谈。

（中国地震局科技与国际合作司）

2011 年来访项目

2 月 26 日

美国 LaCoste&Romberg - Scintrex（LRS）集团总裁 ChrisNind 及劳雷公司副总裁孙晓航女士一行 7 人来湖北省地震局（中国地震局地震研究所）交流访问。双方主要就绝对重力仪、相对重力仪在地震重力观测领域的应用作深入探讨，并针对重力观测技术的发展及相关仪器的使用经验进行交流。

6 月 5—10 日

卢森堡大学地球物理实验室 Olivier Francis 教授访问湖北省地震局，就当今国际上有关重力与潮汐观测在地球动力学方面的应用发展前沿等方面开展一系列学术交流活动。

6 月 17 日

美国奥斯汀得克萨斯大学空间研究中心陈剑利博士来访湖北省地震局，并作报告。

7 月 10—23 日

越南科学技术研究院地球物理研究所的 3 位专家 CaoDinhTrieu、Nguyen HuuTuyen、Mai

Xuan Bach 来湖北省地震局开展合作研究工作，就越南境内新观测站的勘测、观测仪器架设与数据通信网的建设等问题进行研讨。

7 月 14—15 日

希腊观测总站主任 Makropoulos Konstantinos 教授来河北省地震局访问交流，作学术报告。

8 月 2 日

美国南加州大学数学系王春鸣教授到湖北省地震局（中国地震局地震研究所）进行工作访问并作学术报告。

10 月 24—30 日

哈萨克斯坦地震研究所所长助理萨德洛夫一行 5 人来新疆维吾尔自治区地震局交流访问，就资料交换合作事宜深入交流和座谈。

10 月 28—31 日

肯塔基州地质调查局地质灾害研究室主任王振明教授、肯塔基大学地质系 Edward W. Woolery 副教授来河北省地震局访问，并作专题报告。

（中国地震局科技与国际合作司）

2011 年港澳台合作交流项目

2 月 10—14 日

台湾“中央”大学地球科学学院院长王乾盈教授为团长一行 7 人访问了中国地震局地球物理勘探中心。双方就海峡两岸爆破地震联合观测进行研讨，对实施方案交换意见。

3 月 25 日—7 月 29 日

中国地震局地球物理勘探中心徐朝繁研究员应台湾“中央”大学地球科学系陈浩维教授的邀请赴台，合作开展“复杂构造成像与模拟前沿研究——三维震源与构造成像的探讨”。

（中国地震局科技与国际合作司）

学术交流

“震害预测研究”学术研讨会

3月13日，“震害预测研究”学术研讨会在中国地震局工程力学研究所（以下简称“工力所”）三楼报告厅召开。会议由谢礼立院士主持，防灾科技学院院长薄景山，工力所所长孙柏涛、副所长李山有、张敏政研究员等所内科技人员，以及来自哈尔滨工业大学、黑龙江省地震局的专家和所内外广大研究生等参加研讨会。

会议期间，袁一凡研究员、尹之潜研究员、杨玉成研究员、赵振东研究员、张敏政研究员、郭恩栋研究员、张令心研究员、孙柏涛所长先后围绕从事“震害预测研究和实践”的意义和目标（最终目标和未来5年的目标）、对中国防震减灾工作、地震工程学科发展的意义和作用，2001—2011年国内外在震害预测工作方面新的进展和突破、存在的问题、发展前景，特别是“十二五”期间的主攻方向以及工力所应该怎样组织力量对震害预测进行科研攻关等关键问题做了重点阐述。与会科研人员踊跃发言，献计献策，提出许多建设性意见。会议期间，谢礼立院士还特别设计并向参会人员分发一份调查问卷，共计76名参会人员认真填写问卷。大家一致认为震害预测对中国地震工程学科发展意义重大，将在中国的防震减灾工作中发挥重要作用，工力所今后应该在该领域扩大研究规模，增强科研力量。最后，谢礼立院士从震害预测研究的意义、科学问题、性质及今后发展方向4方面进行总结。

（中国地震局工程力学研究所）

中国地震学会地壳深部探测专业委员会换届工作会议暨学术研讨会

11月5—8日，中国地震局地球物理勘探中心承办的中国地震学会地壳深部探测专业委员会在贵州省贵阳市召开换届工作会议暨学术研讨会。会议的主要内容有：一是地壳深部探测专业委员会换届工作；二是学术交流。来自中国科学院有关研究所、国土资源系统、国家海洋局系统、高等院校、中国地震局系统的40名代表参加会议。会上交流学术报告15篇，涉及地壳深部探测专业的方法进展和大陆、海洋深部探测的最新研究成果。

（中国地震局地球物理勘探中心）

河南省地球物理学会2011年常务理事会会议

河南省地球物理学会于2011年12月30日在郑州市召开河南省地球物理学会2011年常务理事会会议。会议由方盛明理事长主持，来自10个单位的20名副理事长、常务理事代表参加会议。会议总结学会2011年工作，部署2012年工作计划，讨论学会今后发展方向、工作方式，更新部分单位信息。会后大家对所关注的地球物理相关领域的新技术、新方法展开热烈讨论。

（中国地震局地球物理勘探中心）

第三届风险分析与危机反应国际学术研讨会

2011年5月22—25日，第三届风险分析与危机反应国际学术研讨会在美国得克萨斯州拉雷多市召开，防灾科技学院任鲁川教授被选为组织委员会成员，参与筹备该国际学术研讨会。研讨会由国际风险分析学会中国分部主办，美国得克萨斯农工国际大学承办。主要协办单位有国际风险分析学会、国际风险分析学会欧洲分部、国际风险分析学会日本分部、国际风险分析学会澳大利亚和新西兰分部、韩国环境毒理学学会等学术机构。

（防灾科技学院）

广东省地震局学术交流活动

澳门地球物理暨气象局举办测震暨地震安全性评价技术培训班，派出4名业务骨干对澳门气象局和香港天文台有关技术人员进行为期1周的培训。香港天文台新任台长岑智明太平绅士一行来访，双方就地震速报、预警、活断层探测、海啸研究等的交流与合作达成共识，并形成会谈纪要。香港元朗—屯门100平方千米地区滑坡与地震影响小区划项目工作进展顺利，完成野外勘测工作和部分资料汇集、整理及分析工作。组团赴台湾“中央”气象局、台北市灾害应变中心等开展科技交流。派员赴德国、美国、日本参加应急管理、科研管理等培训，提高相关人员的业务素质。组团赴英国、意大利等国考察交流地震监测、应急管理、地震预警等技术。参加援建萨摩亚、巴基斯坦地震台网。

（广东省地震局）

云南省地震局学术交流活动

2011 年，云南省地震局派员赴菲律宾、缅甸、古巴、墨西哥、德国、日本、蒙古的培训、考察交流和承担国际合作观测研究项目 8 批 17 人次，与墨西哥和古巴相关机构达成合作意向，组织专家到第九届东盟华商投资西南项目推介会暨亚太华商论坛与日本专家开展科技交流。日本、美国的科研人员共计 4 批 12 人次到云南省地震局进行科学考察、地震科技合作、学术交流。

（云南省地震局）

陕西省地震局学术交流活动

陕西省地震灾害紧急救援队接受了 JICA（Japan International Cooperation Agency，日本国际协力机构）项目专业救援培训，派出 5 人参加国家专业搜救技能与实战能力培训。

全年共有 4 人（次）因公出国学习交流，接待美国、日本等共 4 名国外专家学者来局交流。

（陕西省地震局）

计划·财务·纪检监察审计·党建

主要收载中国地震系统年度的事业发展计划与财务工作综述；地震系统有关情况统计；审计、纪检监察工作状况；党建工作概况。

发展与财务工作

2011年中国地震局发展与财务工作综述

2011年，中国地震局党组提出“以最大限度减轻地震灾害损失为根本宗旨，强化社会管理，拓展公共服务，全面提升防震减灾基础能力”的国家防震减灾指导思想，贯彻落实年度全国地震局长会暨党风廉政工作会议的精神。以“构建事业、和谐资源、规划未来、引领发展”为管理使命；把“设计科学化、决策民主化、实施规范化、预算透明化和管理开放化”的现代管理思想贯穿到工作的每一个环节；以战略研究为先导，以模式创新为核心，以资源配置为纽带，以规制建设为途径，前瞻未来，锐意改革，追求卓越，做好发展规划、预算管理、投资管理、财务管理和国有资产管理等各项工作。

一、规　　划

国家防震减灾规划体系白皮书颁布之后，依靠中国地震局各司室、各省级地震局和中国地震局直属事业单位，多次征求意见，注重目标、任务、投入紧密衔接，确保规划间相互协调，力求资源配置和谐有序。20个省和170个市颁布本级规划；完成地震系统事业规划纲要和13个专项规划颁布；9个直属单位发布自身规划。首次外请国务院发展研究中心、社科院、发改委、财政部等八部委专家，滚动式地充实团队。

积极践行援疆、援藏、主体功能区等国家战略。中国地震局党组书记、局长陈建民赴新疆维吾尔自治区出席中国地震局援疆启动会，25个单位对口支援经费2250万元，已到位784万元，援助总额预计超过1亿元。确定投资2500万元推进局省合作。继湖北之后，与广东省签署珠江三角洲合作协议；与陕西省签署关中天水合作协议。

二、预　　算

2011年，人员经费新增3.016亿元，同比再创历史新高，年度基数达10.32亿元，首次突破10亿元大关；收入分配13.53亿元，人均收入6.41万元，比2006翻了一番；中央财政支持率为76.32%，地方财政支持率为6.86%，参公在职离退和事业离退支持为100%；新增固定资产24.5亿元，同比增长41.5%，总资产达到84亿元，首次突破80亿元大关。

2012年，预算重点投资国家地震安全计划、国家“喜马拉雅”计划、地震预测预报科学探索计划、人才培养与促进计划和国民防震减灾素质提升计划；同时支持中国地震局人事教育司困难地区艰苦补贴和台站特殊津贴1800万元，支持中国地震局办公室主动式宣传300万元，支持局科技与国际合作司星火专项1000万元，支持局监测预报司野外人员装备

1500 万元，支持局震害防御司市县投入 3500 万元。2012 年依然把人员经费作为第一争取目标，继续缓解各单位人员经费赤字压力，为事业发展改革创造更为安全和谐的环境。

三、项　　目

实施项目责任人终身负责制，强化全过程管理，特别是质量和投资的严格控制，在国家地震安全计划和“喜马拉雅”计划实施中彻底实现了标本兼治，项目法人全权负责，中国地震局发展财务司通过每月例会进行宏观协调。陆态网络总执行率达 99.20%；背景场年度执行率达 99.05%，社服工程执行率达 98.05%，“喜马拉雅”项目执行率达 99.50%。

国家发展和改革委员会批复增加中国大陆构造环境监测网络项目的地震台站监测系统、维护保障系统和检测测试系统等建设内容，项目总投资从 52228 万元调增至 52417 万元。截至 2011 年底，全部完成项目主体建设任务，基准网、区域网和数据系统进行了半年的试运行，达到规定验收标准，并按照相关程序向国家发展改革委申请验收。

中国地震背景场探测项目和国家地震社会服务工程进入建设工期第一年，开始主体任务建设。

四、预算公开

预决算社会公开提升了地震部门为社会服务的良好公共形象，进一步增强了公众对防震减灾工作的理解与支持，成为防震减灾事业拓展公共服务的重要窗口之一。

2011 年 3 月 19 日，公开部门预算书，7 月 17 日公开部门三公经费，成为中央部委中首个详列下属单位三公经费的部门。中央电视台等媒体将中国地震局作为典型进行专题采访报道，给予高度肯定，广大网友反响积极热烈。8 月 18 日，公开 2010 年度中国地震局详细决算书，同样获得新闻媒体和社会网民理性好评。

（中国地震局规划财务司）

财务、决算及分析

一、年度收入情况

截至 2011 年 12 月 31 日，地震系统全年经费收入 587116.41 万元。其中，中央财政收入 248672.75 万元，地方财政收入 69115.99 万元。事业收入 37585.76 万元，经营收入 22614.00 万元，附属单位缴款收入 2951.43 万元，其他收入 206176.48 万元。

二、年度支出情况

地震系统 2011 年经费支出总额 426031.02 万元。其中，基本支出 197829.16 万元，项目支出 208247.72 万元，经营支出 19954.14 万元。

三、年末资产情况

截至 2011 年末，地震系统固定资产 541895.32 万元，较上年度增加 202766.6 万元，增幅为 59.8%。

（中国地震局规划财务司）

国有资产

经营性国有资产改革遵循事企分离、管做分开、改制入市、国资监管、新老有别的原则，用 3 到 5 年时间，在主办单位和企业间建立起以资本为纽带的产权关系，实现企业经营方式和收益分配的规范化管理，建立企业国有资产监管机制。鼓励从事地震仪器及软件研发、地震安全性评价等的企业做大做强。印发指导意见，颁布管理办法，组织制定实施方案，全面推进改革。

（中国地震局规划财务司）

机构、人员、台站、观测项目、固定资产统计

地震系统机构

独立机构分类	机构数/个
合计	47
省（自治区、直辖市）地震局	30
中国地震局直属事业单位（研究所、中心、学校）	15
中国地震局机关	1
中国地震局直属国有企业（地震出版社）	1

地震系统人员

人员构成	人数/人	占总人数的百分比/%
合　　计	13185	—
其中：固定职工	11613	88.08
合同制职工	685	5.20
临时工	887	6.72
生产经营人员	2141	16.24

地震台站

观测台站种类	观测台站数/个	投入观测手段	投入观测仪器/台套	备注
合计	1617	合计	3258	1. 强震台观测点：2209 个 主要观测仪器：2398 台套 2. 投入经费：142798 万元
国家级地震台	187	测震	1008	
省级地震台	211	地磁	404	
省中心直属观测站	627	地电	216	
		重力	62	
市、县级地震台	1219	地壳形变	590	
企业办地震台	186	地下流体	671	
		其他	307	

流动观测（常规）

项目名称	计量单位	计划指标量	实际完成量	完成计划比例（%）
区域水准	千米	4703	4699	100
定点水准	处/次	62/4610	62/4607	100
跨断层水准	处/次	640/838	644/842	101
流动地磁	点	1756	1738	99
流动重力	千米/点	338344/3979	346674/3989	100
流动 GPS	点	226	226	100
基线测距	边	660	678	103

固定资产

固定资产分类	计量单位	数量	原值总计/千元	
				其中：当年新增
合　计			5423044	2055258
房屋和建筑物	平方米	1853708	1921875	520308
其中：业务用房	平方米	—	953262	403680
仪器设备	台套	191795	2962787	1303368
交通工具	辆	1086	337413	66347
图书资料	册	1601399	52418	10466
其他	—	—	148551	154769
土地	平方米	7139482	—	—
其中：台站用地	平方米	4946622	—	—

（中国地震局规划财务司）

纪检监察审计工作

2011 年地震系统纪检监察审计工作综述

2011 年，中国地震局纪检监察审计工作认真贯彻落实中央纪委第六次全会和国务院第四次廉政会议精神，以完善惩治和预防腐败体系为重点，以“六个加强”为抓手，党风廉政建设工作各项任务全面落实，为事业健康发展提供有力保障。

一、决策落实监督有力

加强重大决策部署贯彻落实的监督检查，促进党中央、国务院防震减灾工作部署贯彻落实，保证年度重点任务落实。中国地震局党组同志带领机关司室负责人深入基层 113 次，重点调研检查“3 + 1”工作体系建设和党风廉政建设工作任务落实情况，及时总结推广可资借鉴的做法经验，指导系统工作，将基层提出的意见分解到有关职能部门，解决部分单位资源配置、队伍建设和经费缺口等具体问题。党组同志分别与分管职能部门专题研究规范项目管理问题，督促各部门落实年度分工任务。监察司会同办公室、发展与财务司等有关部门抓好组织协调，逐一对京区 11 个单位、分片对京外 34 个单位落实年度任务情况调研检查，办公室对 87 件重大事项进行督察督办。

局属单位结合实际，将重大决策部署落到实处，如有的省级地震局将党组关于强化社会管理、拓展公共服务的要求落实到“十二五”规划和具体项目中，做到规划、项目、经费三落实。同时，在调研检查中注意解决基层台站和市县地震机构实际困难。

二、教育监督措施到位

中国地震局党组召开各单位主要负责人和纪检组长（纪委书记）、机关干部、京区领导班子成员、台网中心职工 4 个专题通报会，以案为鉴，有针对性地开展警示教育。监察司会同直属机关党委结合“小金库”和“三项”经费监管专项治理暴露的突出问题，在京区 11 个单位，分别召开警示教育报告会，从院士到研究生 1500 多人参会。各单位结合典型案例，对照“小金库”专项治理情况通报进行警示教育。用身边事教育身边人更生动深刻，更有说服力。

各单位继续学习贯彻《廉政准则》，教育党员干部自觉践行“52 个不准”。开展落实《廉政准则》自查自纠，覆盖面达 100%。有的单位把《廉政准则》纳入干部培训和考核内容，有的研究所开展以钱学森为榜样的严谨、诚实、守纪科研学风教育。局机关和京区单位组织开展反腐倡廉建设知识竞赛活动。上海市地震局认真整治领导干部收受礼金和购物卡问题，山东省地震局实施礼品登记上缴制度。

加强领导干部监督，有力促进领导班子和干部队伍建设，党组同志分别指导6个单位民主生活会，考核6个单位党风廉政建设责任制，组织8个单位巡视和回访，7个单位领导向党组述职述廉，全面检查指导班子建设和履职情况。注重审计监督，对3个单位主要负责人进行离任审计，对拟提拔为主要负责人的2名干部进行任前审计，对年度地震事业经费预算执行、项目经费和汶川、玉树等地震灾后恢复重建资金开展专项审计监督和财务稽查，共审计216个项目，金额达49.2亿元，保证项目资金干部安全。

三、制度建设成效显著

为期两年的反腐倡廉制度建设活动突出系统思维，抓好顶层设计，紧扣廉政重点，强化验收考核，取得显著成效。

围绕对权力的制约和监督，重点在对人财物事的管理，横向上包括教育、监督、预防、惩治四个方面，纵向上包括基本制度、专项制度、具体制度3个层面，基本形成横向关联、纵向贯通的反腐倡廉制度体系。中国地震局机关先行一步，出台地震系统反腐倡廉制度体系目录，发挥指导作用；各单位领导重视，纪检部门组织协调，各部门落实责任，干部职工积极参与，完善制度、学习制度、执行制度的意识普遍增强。各单位、各部门在有效管控上下功夫，结合实际，在民主决策、干部选拔、财务管理、项目监管、责任追究等方面制定了一批重要制度，共清理评估制度2899项、废止568项、修订488项、保留1843项、新建1027项。

通过单位自查、协作区互查和检查组验收，陕西、江西、上海、浙江4个省（市）地震局被评为优秀单位，北京市地震局等16个单位受到通报表扬，对存在差距的单位当面约谈，督促整改。评选出39项优秀制度，形成了常用法律法规、中国地震局、局属各单位三个层面的制度汇编。

四、专项治理扎实有效

按照中央纪委部署，开展公务用车、因公出国（境）、“小金库”和庆典、研讨会、论坛等专项治理。对58辆超标车辆进行处理，及时纠正个别单位治理“小金库”不彻底的问题，建立出访评审机制，因公出国（境）团组和人数零增长，庆典、研讨会、论坛得到有效控制。

中国地震局党组认真分析近两年违纪违规问题发生的重点部位，部署开展经营性国有资产、重大项目、科研项目“三项”经费监管专项治理。各单位高度重视，迅速开展自查，并对发现的问题剖析原因、查缺补漏、建章立制、规范管理。

中国地震局发展与财务司会同局监察司、科技司，对16个单位进行抽查，发现的主要问题由检查组反馈意见、提醒指导、督促整改；对发现的严重违纪线索，由纪检监察部门专项调查。

五、责任制进一步落实

坚持防震减灾与党风廉政建设工作一起部署、一起落实、一起检查、一起考核，中国地震局党组同志身体力行党风廉政建设责任制的规定。局属各单位主要负责人履行“第一责任人”责任，分管领导“主要责任”意识得到增强，通过落实责任制、签订责任书、明确任务分工、责任制年度考核等措施，保证党风廉政建设工作落实。机关各部门在推进业务工作的同时，注意抓好分管范围的反腐倡廉工作。局办公室、合作司在公务用车、出国（境）等专项治理中发挥牵头协调作用；局发财司出台《经营性国有资产改革指导意见》，不断完善规制体系，规范财务管理；局人事教育司注重巡视和考核结果的运用，对苗头性问题早发现、早提醒、早纠正，对违纪干部诫勉谈话和相应处理；局人事教育司、局科技司对科研人员实施诚信监督，对违纪人员申报职称、申请课题、成果评奖予以限制；直属机关党委组织协调局机关反腐倡廉教育和制度建设，成效明显；局政策法规司建立了行政执法人员管理和过错追究机制；监测、震防、应急等职能部门在加强项目和安评管理方面出台了一系列有效举措。各级纪检监察部门与综合部门的配合更为密切，与业务部门协作更为顺畅，对各工作业务范围内涉及的廉政问题，及时沟通、共同解决。人事部门会同纪检监察部门认真贯彻《加强纪检监察审计队伍建设的意见》，批准 10 个单位独立设置纪检监察机构。在全系统首次集中公开选拔一批纪检组长（纪委书记）优秀后备人选，部分同志已走上领导岗位；举办 3 期纪检业务培训班，通过参加巡视、办案、审计等实践锻炼，纪检干部能力得到增强，队伍素质得到提升。

（中国地震局人事教育司）

党建工作

2011 年中国地震局直属机关党建工作综述

一、基层组织建设

一是加强党建工作规范化、科学化建设。把深入学习贯彻新修订的《中国共产党党和国家机关基层组织工作条例》（以下简称《条例》）作为机关党建的重要基础性工作，研究制定实施办法，加强督促检查，切实推动《条例》的贯彻落实。进一步修改完善《中国地震局党组中心组学习制度》《中国地震局基层党组织党务公开实施细则（试行）》《中国地震局直属机关党委常委会会议制度》，完善党内情况通报、党内选举、党内民主决策、党内民主监督、党内事务听证咨询、党员定期评议基层党组织领导班子成员等制度。

二是强化党组织功能。着力做好“两委”书记选拔配备组织保障工作，健全直属单位党的工作机构。中国地震台网中心党委完成换届。认真做好海淀区人大换届选举工作，圆满组织完成海淀区万寿路 13 选区的人大代表选举工作。组织京区单位“两委”书记、支部书记、专职党务干部学习培训，举办发展对象和新党员培训班。京区直属单位发展新党员 285 人（其中学生党员 248 人），预备党员转正 184 人（其中学生 154 人），建立入党积极分子队伍 2182 人（其中学生 2074 人），2011 年办理组织关系转接 560 余人次。通过中央国家机关工委推荐 2 名党外同志到北京市地方挂职。爱心捐献、结对帮扶、走访慰问等活动经常性开展，下拨党费共 83000 余元，下拨工会会费 7 万余元，组织社会捐献 5 万余元。机关党委开展的创先争优研究课题被全国党建研究会评为一等奖，机关党委获中央国家机关党建研究会组织奖。

二、精神文明建设和文化建设

围绕中国共产党成立 90 周年，地震部门开展主题展览、红色歌会、红色运动会、文艺演出、主题实践、专题报告、知识竞赛、征文活动、主题演讲、党史系列主题宣传教育等庆祝纪念活动。组织举办了京区第三届职工运动会、健步走等活动。开展先进基层党组织、优秀共产党员和党务工作者评比表彰工作，表彰 2009—2011 年直属机关 18 个先进基层党支部、18 名优秀党务工作者和 37 名优秀共产党员。做好向上级组织的推优荐优工作，分别获得中央国家机关优秀党务工作者标兵、优秀共产党员、先进基层党组织荣誉称号。各单位党委、机关各党支部组织开展文明单位考核、青年志愿者、巾帼建功、青年文明号等一系列推优荐优活动。9 家京直单位和局机关被评为中央国家机关文明单位，两家京直单位被评为首都文明单位。多人、多集体获中央国家机关工委、团中央、全国妇联等组织表彰。

（中国地震局直属机关党委）

附　　录

收载本系统一年的重大事件、本系统各单位离退休人员人数统计表，以及出版的重要地震科技图书简介。

2011 年中国地震局大事记

1 月 1 日

9 时 56 分，新疆维吾尔自治区克孜勒苏柯尔克孜自治州乌恰县发生 5.1 级地震，震源深度约 10 千米。震中距乌恰县城约 40 千米，距喀什市约 70 千米，乌恰、喀什震感较强。震中附近地区平均海拔约 2000 米，人口密度较小。

1 月 1 日

15 时 31 分、1 月 2 日 07 时 33 分，云南省德宏傣族景颇族自治州盈江县相继发生 4.6 级、4.8 级地震。震源深度约 10 千米。地震造成盈江县城震感强烈，2008 年 5.9 级老震区部分房屋受损，无人员伤亡报告。

1 月 4 日

2011 年国务院防震减灾工作联席会议召开，国务院副总理回良玉出席会议并作重要讲话。防震减灾工作联席会议全体成员和联络员以及中宣部、中编办、法制办、国研室负责同志参加会议。中国地震局党组书记、局长陈建民代表联席会议办公室作工作汇报，中国地震台网中心张晓东研究员作 2011 年地震趋势会商结论的汇报。

1 月 5 日

中国地震局印发 2011 年度全国地震趋势会商意见和震情跟踪工作安排意见的通知。

1 月 6 日

中国地震局印发《中国地震局地震预测意见管理办法（试行）》的通知。

1 月 8 日

07 时 34 分，吉林省延边朝鲜族自治州珲春市发生 5.6 级地震，震源深度约 560 千米。震中距珲春县城约 60 千米，距延吉市区约 130 千米，距长春市区约 470 千米。

1 月 11—12 日

中国地震局在北京召开 2011 年全国地震局长会暨党风廉政建设工作会议，会议认真贯彻十七届中央纪委六次全会精神，全面落实 2011 年国务院防震减灾工作联席会议各项部署，回顾 2010 年防震减灾和党风廉政建设工作进展，统筹安排 2011 年防震减灾和党风廉政建设工作。会议传达了国务院副总理回良玉的重要批示精神，陈建民同志作会议主报告。

1 月 12 日

9 时 19 分，南黄海发生 5.0 级地震，震源深度约 10 千米。震中距上海市区约 320 千米，距江苏省南通市区约 310 千米。上海、苏州、南通等地有震感。

1 月 14 日

中国地震局党组成员、副局长赵和平代表中国地震局与中国联通签署战略合作协议。中国地震局印发关于成立第三届全国地震标准化技术委员会的通知。

1 月 18 日

中国地震局转发《关于提高艰苦地震台站津贴标准的批复》的通知。

1 月 19 日

12 时 07 分，安徽省安庆市辖区与怀宁县交界发生 4.8 级地震，震源深度约 9 千米。震中距安庆市区约10千米，距合肥市区约140千米，安徽省安庆市、池州市等地震感明显，合肥市区有感。地震造成安庆市宜秀区、怀宁县、桐城市15200余人受灾，8964间房屋受损，无人员伤亡。

1月26日

中国地震局印发《地震应急工作检查管理办法》的通知。

1月26日

中国地震局党组书记、局长陈建民签署第9号中国地震局令，发布《水库地震监测管理办法》，自2011年5月1日起执行。

2月22日

7时51分，新西兰南岛发生6.2级地震，震源深度约10千米。截至2月28日，新西兰民防和应急管理部称地震造成148人死亡，200余人失踪，70人成功获救。经国务院批准，中国地震局局会同外交部24日11时50分派出中国国际救援队飞赴新西兰地震灾区开展救援工作。

3月3日

金沙江下游梯级水电站水库地震监测2011年度工作会议在云南省昆明市召开。中国地震局监测预报司、中国地震局工程力学研究所、中国地震应急搜救中心及中国长江三峡集团有限公司、云南省地震局等有关单位领导、专家参加。

3月7日

1时51分，山西省忻州市五寨县发生4.2级地震，震源深度约5千米。震中距朔州市约70千米，距忻州市约110千米，距太原市约150千米，忻州市震感明显，朔州市、太原市部分群众有感。

3月10日

12时58分，云南省德宏傣族景颇族自治州盈江县发生5.8级地震，震源深度约10千米。

3月11日

13时46分，日本本州东海岸附近海域发生强烈地震（日本气象厅13日将震级修订为9.0级），该地震为日本有地震记录以来震级最大的地震。截至北京时间2011年3月15日15时，中国台网共记录到震区附近发生6.0级以上地震30次，最大震级为7.4级。

3月30日

第三届全国地震标准化技术委员会成立大会暨年度工作会议在北京召开。

4月12日

中国地震局印发《全国地震标准化技术委员会章程》和《全国地震标准化技术委员会秘书处工作细则》。

4月19日

中国地震局印发日本9.0级地震启示及加强中国防震减灾工作建议的报告。

4月21—22日

中国地震局副局长刘玉辰赴四川出席中美2011年地震科技合作研讨会。

4月25—28日

中国地震局党组成员、副局长刘玉辰赴云南省地震局宣布班子并参加滇西主动源探测项目研讨会。

4 月 28 日

中国地震局副局长阴朝民会见新西兰环境部长兼气候变化议题部长尼克·史密斯一行，双方就进一步加强应急救援、灾后重建等领域合作进行交流。

5 月 4 日

中国地震局印发《关于进一步加强依法行政的意见》。印发《地震法制工作管理办法》《地震行政执法人员管理办法》《地震行政处罚裁量权规定》和《地震行政执法过错责任追究办法》的通知。

5 月 5 日

中国地震局党组成员、副局长阴朝民赴陕西出席中国地震学会地震预报专业委员会与历史地震专业委员会年会并讲话。

5 月 8—10 日

中共中央政治局常委、国务院总理温家宝赴四川考察汶川地震恢复重建工作，中国地震局党组书记、局长陈建民陪同。

5 月 12 日

中国地震局印发《成立中国地震局、陕西省人民政府共同推进关中—天水经济区防震减灾体系共建合作执行委员会的复函》。

5 月 17 日

国务院召开国家地震灾害紧急救援队成立 10 周年座谈会，中共中央政治局常委、国务院总理温家宝作出重要批示，中共中央政治局委员、国务院副总理回良玉接见救援队员代表并作重要讲话，中国地震局党组书记、局长陈建民同志汇报救援队 10 年来建设和发展情况。外交部、发展改革委、公安部、民政部、财政部、交通运输部、商务部、卫生部、安监总局、总参谋部、总政治部、北京军区、武警部队负责人出席会议，会议向国家地震灾害紧急救援队建设发展作出突出贡献的部门和单位颁发荣誉证书。

5 月 21—22 日

中国地震局局长陈建民陪同温家宝总理赴日本出访。

6 月 10 日

中国地震局印发成立地震应急指挥服务保障领导小组及办公室的通知。

6 月 27—30 日

中国地震局震害防御司在天津组织召开 2011 年国家防震减灾科普教育基地认定会议。会议认定唐山大地震遗址纪念园为国家防震减灾科普教育示范基地，四川青川县东河口地震遗址公园、江苏常州防震减灾科普教育基地等 19 家单位为国家防震减灾科普教育基地。

7 月 7 日

中国地震局印发《中国地震局重点实验室管理办法（试行）》和《中国地震局重点实验室评估规则（试行）》的通知。

7 月 12—21 日

中国地震局局长陈建民率地震代表团赴西班牙、葡萄牙两国访问。

7 月 28 日

唐山市举行唐山抗震 35 周年纪念活动，在唐山大地震遗址纪念公园举行向唐山

“7·28”大地震罹难同胞和在抗震救灾中捐躯的英雄敬献花篮仪式暨国家防震减灾科普教育示范基地揭牌仪式。中国地震局党组书记、局长陈建民，国家文物局副局长宋新潮，河北省副省长龙庄伟等出席仪式，唐山市有关领导和唐山各界代表600多人参加仪式。

8月20—31日

金沙江下游梯级水电站水库地震监测系统与地震台网一期工程顺利通过验收。该系统工程包括测震观测、强震观测、地壳形变观测和地下水观测4个分项工程。

8月22日

中国地震局印发《关于公布2010年度防震减灾优秀成果奖评审结果的通知》，印发《中国地震局政策研究课题管理办法》。

8月22—30日

中国地震局副局长修济刚出访克罗地亚和希腊。

10月8日

中国地震局印发《年度地震危险区地震灾害应急风险评估与应急对策工作指南（试行)》的通知。

10月19日

由中国地震应急搜救中心承担的国家863计划重点项目“废墟搜索与辅助救援机器人研制”课题顺利通过科技部验收。

10月24日

中国地震局局长陈建民、副局长刘玉辰会见朝鲜地震代表团，并出席中朝地震科技交流计划书签字仪式。

10月27日

中国地震局副局长赵和平会见香港天文台台长岑智明一行，并讨论了双方相关合作事宜。

11月2日，11月6—7日

全国地震大形势会商会在北京召开。

11月15日

中国地震局副局长刘玉辰会见捷克消防和救援总局局长一行，双方交流应急管理工作经验，并就未来合作进行商讨。

12月4—7日

2012年度全国地震趋势会商会在北京召开。

12月7日

中国地震局党组书记、局长陈建民，党组成员、副局长修济刚参加中国地震局与广东省政府“共同推进珠江三角洲地区防震减灾工作合作协议签字仪式”。

12月28日

中国地震局发布《地震救援装备检测规程、液压动力工具等3项地震行业标准的通知》。

2011 年地震系统各单位离退休人员人数统计

（截止时间：2011 年 12 月 31 日）

序号	单位	总计	离休干部				退休干部					其中		工人	
			小计	局级	处级	其他	小计	局级	处级	研究员	副研	其他	增加	减少	小计
		9572	384	89	257	38	7290	304	1292	461	2027	3206	100	24	1898
1	北京市地震局	69					65	5	26	4	18	12	1	1	4
2	天津市地震局	184	6	2	4		161	6	33	11	53	58	8	1	17
3	河北省地震局	397	9	2	6	1	336	10	47	16	78	185	7	1	52
4	山西省地震局	182	8	3	5		148	4	30	4	34	76	2	2	26
5	内蒙古自治区地震局	143	8	1	7		122	2	18	1	21	80	3	1	13
6	辽宁省地震局	316	19	5	14		245	8	58	13	94	72	5	1	52
7	吉林省地震局	82	7	1	4	2	67	5	16		27	19	1	1	8
8	黑龙江省地震局	118	9	3	6		97	7	35		13	42	1	1	12
9	上海市地震局	129	6		6		107	10	25	6	26	40	2		16
10	江苏市地震局	258	4	1	3		233	10	36	7	88	92	2		21
11	浙江省地震局	65	3	2	1		53	5	16	2	13	17			9
12	安徽省地震局	124	7	3	3	1	103	4	19	4	23	53	3	1	14
13	福建省地震局	280	5	2	2	1	216	9	29	9	71	98	6		59
14	江西省地震局	32	2		2		29	2	8		6	13	1		1
15	山东省地震局	300	25	4	18	3	235	8	45	1	48	133	5		40
16	河南省地震局	138	8	2	4	2	117	4	20	5	29	59	1		13
17	湖北省地震局	468	17	5	12		328	10	45	40	103	130	2		123

续表

序号	单位	总计	离休干部				退休干部					其中		工人	
			小计	局级	处级	其他	小计	局级	处级	研究员	副研	其他	增加	减少	小计
		9572	384	89	257	38	7290	304	1292	461	2027	3206	100	24	1898
18	湖南省地震局	76	6	3	3		57	4	26		9	18	2		13
19	广东省地震局	438	11	1	7	3	304	10	49	15	70	160	2	2	123
20	广西壮族自治区地震局	78	4		4		70	5	20		8	37	2		4
21	海南省地震局	49	1		1		35	5	9		9	12			13
22	四川省地震局	632	19	5	14		449	10	85	7	91	256	5		164
23	云南省地震局	630	18	4	13	1	478	7	52	23	144	252	4	2	134
24	西藏自治区地震局	13	1			1	8	2	2		1	3			4
25	陕西省地震局	200	13	3	10		153	5	24	7	48	69	3		34
26	甘肃省地震局	512	19	9	7	3	406	5	51	36	97	217	3		87
27	宁夏回族自治区地震局	91	1		1		77	6	9	3	13	46		1	13
28	青海省地震局	77	2	1	1		55	3	10		6	36		1	20
29	新疆维吾尔自治区地震局	257	6	2	4		193	7	22	13	43	108	5		58
30	中国地震局地球物理勘探中心	224	7	1	4	2	150	8	27	3	46	66	5		67
31	中国地震局第一监测中心	208	5	1	4		128	2	36	5	36	49	2		75
32	中国地震局第二监测中心	184	8		7	1	105	3	19	1	25	57	2	1	71
33	中国地震局工程力学研究所	417	18	4	13	1	310	6	28	45	103	128		2	89
34	中国地震局地球物理研究所	397	20	6	12	2	345	6	40	60	148	91			32
35	中国地震局地质研究所	333	17	1	16		267	6	23	67	87	84	4	1	49
36	中国地震局地壳应力研究所	471	20	3	13	4	314	12	38	23	122	119	1	1	137
37	中国地震局地震预测研究所	206	12		8	4	191	10	65	9	66	41		1	3
38	中国地震应急搜救中心	58	2			2	46	1	11	3	18	13	2		10
39	中国地震台网中心	142	4	3	1		129	13	26	15	41	34	5		9

续表

序号	单位	总计	离休干部				退休干部					其中		工人	
			小计	局级	处级	其他	小计	局级	处级	研究员	副研	其他	增加	减少	小计
		9572	384	89	257	38	7290	304	1292	461	2027	3206	100	24	1898
40	中国地震局机关服务中心	63					53	7	26			20	1	1	10
41	中国地震局深圳 防震减灾科技交流培训中心	6					5	1	2		1	1			1
42	防灾科技学院	104	1			1	93	3	29	2	29	30			10
43	震防中心	287	6		6		101	1	7	1	16	76	1	1	180
44	重庆市地震局	20					18		12		5	1			2
45	中国地震局局机关	113	20	6	11	3	87	47	37			3	1		6
46	中国地震局地壳工程中心	1					1		1						

（中国地震局离退休干部办公室）

地震科技图书简介

地震安全性评价技术教程

胡聿贤　著

定价：60.00 元

本教程共分为 4 篇 23 章，总则阐述了地震安全性评价工作的意义、内容及工作要求；地震地质篇较为详细地论述了地震地质构造调查、地震区带和潜在震源划分等工作；地震学篇介绍了区域或近场地地震活动特性分析、确定性等地震区划方法；工程地震篇从地震动的工程特征开始，介绍了地震动衰减、人造地震动、场地口。

朱岗崑先生纪念文集

中国地球物理学会　编

定价：78.00 元

朱岗崑先生是中国知名地球物理学家、中国近代地磁与高空物理学的奠基人和开拓者。本文集收录了纪念文章 55 篇，以缅怀朱岗崑先生对中国地球物理事业作出的卓越贡献，并以此激励后人。

地壳残余应力场

安欧　著

定价：25.00 元

该书系统总结了地壳残余应力场的力学性质、分类、产生机制、物理特性、释放途径、测量方法、在中国西南和华北测区的分布规律及在石油力学、地震力学、岩体力学与地质力学中的应用。

中国地震科研总览（2010）

中国地震局　编

定价：100.00 元

《中国地震科研总览（2010）》反映 2010 年度地震科研课题的全貌和进展，是一本管理型的工具书。读者可以通过该书较全面系统地了解地震相关课题 2010 年的进展和取得的成果。科研管理人员可以通过该书了解科研投入的效益，并开展相应的评价，以便作为今后进一步资金投入和新课题评估的借鉴，科研人员也可以通过该书及时了解与自己科研课题相关的信息。

2007—2009 年强震动固定台站观测未校正加速度记录

国家强震动台网中心　编

定价：50.00 元

该书收录的是 2007 年 1 月 1 日至 2009 年 12 月 31 日国家强震动台网未校正处理加速度记录。国家强震动台网在全国范围内获取的加速度事件 780 余组，地震 150 余次。如此大范围的台站获得加速度记录，是继已经出版的汶川大地震主震未校正加速度记录、余震未校正加速度记录之外，中国地震局在“十五”期间建设的国家强震动台网产出成果，极大地丰富了中国的强震动记录数据库，这批记录将为中国防震减灾事业的发展发挥很大的作用。

西北农居抗震设防技术指南

王兰民　编著

定价：68.00 元

该书以西北地区农村居民抗震设防技术为主线，从地震基础知识、农居地震安全的基本原则、西北地区地震灾害特征、西北农居现状及典型农居结构特征、西北农居震害特征与机理、场地的震害效应及选址、地基和基础的地震安全技术、土木农居地震安全技术、农居建造价估算方法等方面为农村建房提供技术指南。该书为农居地震安全工程技术服务用书，出版价值较大。

京津唐地区地震密集与历史强震

王健　著

定价：50.00 元

该书运用定量方法分析了 1970—2009 年仪器记录的大量中小震活动特征，并就显著特征——地震密集详加研究并进行分类。通过地震密集与唐山大地震及与历史强震的关系分析，探讨地震密集的物理含义以及与强震内在的联系。利用这一规律来校订那些震中定位精度较差的历史强震参数。在此基础上，界定了地震活动性力学的研究范畴，力图科学系统地揭示地震活动性物理本质。

地震台站优化改造十年巡礼

中国地震局监测预报司　编

定价：70.00 元

该书由“全国重点地震监测台站优化改造项目”工程的实施过程、经验和取得的主要成果汇编而成，从科学管理、优化改造、台站新貌、显著效益等不同侧面，反映了十年来该项目取得的成果。

地震与防震减灾知识 200 问答

肖和平　编著

定价：28.00 元

该书阐述了地震、地震预报、防震减灾和地震安全性评价等知识，同时研究了地震灾害生成的环境，较系统地指出了各类地震灾害的工程防御措施、政府行为对策及个人避险防护。该书是一本集科学性、知识性为一体，通俗易懂的科普读物。

全球地震目录

宋治平　张国民　刘杰
尹继尧　薛艳　宋先月　编著

定价：100.00 元

全书含公元前 9999 年至 1963 年 5 级以上地震和 1964 年至 2011 年 6 月 6 级以上地震目录共 3 万多条，包括地震发生时间、震中位置（经纬度、英文地名、中文地名）、震源深度、震级、震级标度以及资料来源等。

防震减灾实用知识手册（第二版）

北京市地震局，北京市科学
技术委员会　主编

定价：10.00 元

大量国内外的地震事件表明，为社会公众提供公共安全教育是减轻地震灾害影响的最重要和最有效的途径之一。编写该书的目的是积极、主动、科学、有效地开展防震减灾宣传教育，帮助民众掌握防震、避震、自救、互救的知识和技能，提高民众的心理承受能力和增强全民防震减灾意识，努力使可能的地震灾害损失减小到最低程度。

小谚语　大道理

武玉霞　编著

定价：36.00 元

该书围绕着“地震现象小谚语，避险自救大道理”的思路编写。地震谚语始于1966 年邢台地震。其时，随着群测群防工作的兴起，地震谚语以其简练朴素的体裁、深入浅出的语言深受群众欢迎。一大批地震谚语随即广泛流传于民间，并在随后数十年的地震科普宣传中起到了积极的作用。

全球地震灾害信息目录

宋治平　张国民　刘杰
尹继尧　薛艳　宋先月　编

定价：120.00 元

全书主要包括三部分。第一部分是全球地震灾害信息目录，即公元前 9999 年至2011 年 6 月的地震灾害信息目录；第二部分是全球巨大地震灾害信息目录，即全球地震灾害中死亡人数超过 1 万人或经济损失超过 1 亿美元的灾害信息目录，是从第一部分中提取的，可称之为地震巨灾目录；第三部分是全球无震级地震事件的震级确定方法与灾害信息目录修订。

半生震缘

陈鑫连　著

定价：45.00 元

该书收集了作者 1969—1998 年的部分论文，内容涉及地震科学和地震社会学中的地震监测、地震预报、地震对策及灾害研究等方面。文章按时间顺序编排，基本反映了作者 30 多年来工作的精彩片断。

前兆台网数据处理与评价方法理论模型

周克昌　李辉　杨冬梅　李正媛
王兰炜　刘春国　编著

定价：30.00 元

在整合、建设、完善地震前兆综合监测的实践过程中，中国地震前兆按期建成了网络体系，使观测信息数据量增多、传输变快、数据信息实现统一集中共享。该模型已在预测预报实践中显示其先进性和有效性，有助于增强和提高地震监测预测预报研究能力和水平，从而对我们监测预报工作有所启发和帮助。

山东省农村民居建筑抗震设计优秀方案图集

山东省地震局　山东省住房和
城乡建设厅　主编

定价：120.00 元

这套图集由农村民居建筑方案和施工图组成，适合山东省不同地域农村民居建筑特点，功能设计合理，符合不同地区的建筑特征、人文生活习惯和经济发展水平等实际情况。施工图设计主要由山东省甲级设计院承担完成，结构施工图设计主要由国家一级注册结构师承担完成，山东省地震局和山东省住房和城乡建设厅共同组织有关专家进行了审查、评审和审定。

地震应可预测

许绍燮　著

定价：100.00 元

该书选编了许绍燮院士 1973 年以来的主要代表性论文、论著，共 38 篇。其内容涉及新构造、地壳运动、活断层现代地震现场考察及地震预测多个方面，其中许多文章选取中国地震研究的代表性和开创性成果。

地壳构造与地壳应力文集（23）

中国地震局地壳应力研究所　编

定价：20.00 元

该书为中国地震局地壳应力研究所连续性学术性论文集的第 23 集，全书包括地震地质、工程地质以及地下流体和钻孔应力应变前兆观测等方面的内容。

重庆市地震监测志

重庆市地震局　编

定价：30.00 元

该书记述了重庆市地震监测的历史与现状，内容涉及监测简史、地震监测系统、监测队伍、监测成果、地震监测管理等方面，是很好、很全面的地震史料文件。

南京市活断层探测与地震危险性评价

侯康明　张振亚　刘建达
刘保金　王萍　编著

定价：198.00 元

该书是江苏省地震工程院立项、属国家发改委立项资助的国家级“十五”重大科学工程的总结和研究成果。全书共分为 10 章，对南京市地震活动危险性作了结论性评价，有助于读者全面了解南京市活断层情况。

何谓慢地震

［日］Ichiro Kawasaki　主编
马丽　译

定价：50.00 元

该书主要对慢地震进行了较为系统的阐述。有关慢地震的研究在中国起步较晚，许多人对这方面工作不甚了解，这本译著的出版有助于推进中国对此方面的研究。

纪念翁文波先生百年诞辰文集

中国地球物理学会　编著

定价：88.00 元

2012 年 2 月 18 日是翁文波先生 100 周年诞辰纪念日。翁文波先生是中国著名地球物理学家，是中国石油地球物理勘探、石油地球物理测井和石油地球化学的主要创始之一，中国科学院院士。中国地球物理学会成立了以荣誉理事长纪念活动筹备组，编辑出版《纪念翁文波先生百年诞辰文集》，以深切缅怀翁先生，激励后人向未来冲击，不断取得新的成就，再创新的辉煌。

地震追踪：地震系列轨迹的形态分析

陈宝祥　著

定价：50.00 元

该书分析研究了地震震中的迁移规律，从而探索地震预报的途径，试图解决中强震中、短期预报等问题，为地震研究提供参考资料。

20 世纪全球地震活动性（纲要）

赵荣国　魏富胜　曹学铎　等　编著

定价：80.00 元

该书细致总结并描述了全球不同地区、带的发震情况，指出了以往不同工作人员用不同方法测得震级的不准确之处及其原因。此外，书后的附录列出了全球百年地震的发震情况，以供后人参考并为今后研究和预测提供了依据。

首都地震安全示范社区建设

吴卫民　兰从欣　编

定价：30.00 元

该书主要概述了建筑物地震安全性能评估、防震减灾科普宣传教育、地震应急准备、震情监测与档案信息系统建设、地震安全社区建设标准探讨等，以期让读者，特别是社区建设者对建筑物抗震有整体认识，进而起到带头示范作用。

《中国地震年鉴》特约审稿人名单

谷永新　北京市地震局
郭彦徽　天津市地震局
翟彦忠　河北省地震局
郭君杰　山西省地震局
弓建平　内蒙古自治区地震局
赵广平　辽宁省地震局
孙继刚　吉林省地震局
张明宇　黑龙江省地震局
李红芳　上海市地震局
徐桂明　江苏省地震局
王秋良　浙江省地震局
张有林　安徽省地震局
朱海燕　福建省地震局
胡翠娥　江西省地震局
李远志　山东省地震局
王志铁　河南省地震局
晁洪太　湖北省地震局
黄志东　湖南省地震局
钟贻军　广东省地震局
李伟琦　广西壮族自治区地震局
陈　定　海南省地震局
杜　玮　重庆市地震局
张永久　四川省地震局
陈本金　贵州省地震局
毛玉平　云南省地震局
张　军　西藏自治区地震局
王彩云　陕西省地震局
石玉成　甘肃省地震局
王海功　青海省地震局
张新基　宁夏回族自治区地震局
吕志勇　新疆维吾尔自治区地震局
李　丽　中国地震局地球物理研究所
单新建　中国地震局地质研究所
张晓东　中国地震局地震预测研究所
李山有　中国地震局工程力学研究所
李永林　中国地震台网中心
陈华静　中国地震灾害防御中心
陈洪波　中国地震局发展研究中心
翟洪涛　中国地震局地球物理勘探中心
宋兆山　中国地震局第一监测中心
范增节　中国地震局第二监测中心
何本华　防灾科技学院
高　伟　地震出版社

《中国地震年鉴》特约组稿人名单

姓名	单位
赵希俊	北京市地震局
王志胜	天津市地震局
张帅伟	河北省地震局
赵晋红	山西省地震局
王金波	内蒙古自治区地震局
韩　平	辽宁省地震局
赵春花	吉林省地震局
李丽娜	黑龙江省地震局
孙敏震	上海市地震局
郑汪成	江苏省地震局
沈新潮	浙江省地震局
李　昊	安徽省地震局
王庆祥	福建省地震局
[曹　健]	江西省地震局
李志鹏	山东省地震局
滕　婕	河南省地震局
安　宁	湖北省地震局
陈　萍	湖南省地震局
袁秀芳	广东省地震局
吕聪生	广西壮族自治区地震局
陈健群	海南省地震局
朱　宏	重庆市地震局
格桑卓玛	四川省地震局
何国文	贵州省地震局
徐　昕	云南省地震局
冯宏光	西藏自治区地震局
谢慧明	陕西省地震局
许丽萍	甘肃省地震局
胡爱真	青海省地震局
沙曼曼	宁夏回族自治区地震局
宋立军	新疆维吾尔自治区地震局
卜淑彦	中国地震局地球物理研究所
高　阳	中国地震局地质研究所
张　洋	中国地震局地震预测研究所
彭　飞	中国地震局工程力学研究所
薛　杭	中国地震台网中心
杨　睿	中国地震灾害防御中心
许启慧	中国地震局发展研究中心
魏学强	中国地震局地球物理勘探中心
孙启凯	中国地震局第一监测中心
屈　佳	中国地震局第二监测中心
张玉琛	防灾科技学院
郭贵娟	地震出版社